ORGANOGENE DÜNENBILDUNG

Wolkenbildung im aufsteigenden Luftstrom über der Dünenlandschaft.
Dellewal, West-Terschelling.

ORGANOGENE DÜNENBILDUNG

Eine geomorphologische Analyse der Dünenlandschaft der West-Friesischen Insel Terschelling mit
pflanzensoziologischen Methoden

VON

DR. J. W. VAN DIEREN

Mit 2 Karten, 12 Abbildungen und 33 Figuren

SPRINGER-SCIENCE+BUSINESS MEDIA, B.V.

ISBN 978-94-017-0030-6   ISBN 978-94-015-7568-3 (eBook)
DOI 10.1007/978-94-015-7568-3

INHALTSVERZEICHNIS

Seite

VORWORT VII

I. KAPITEL. DIE ENTSTEHUNGSGESCHICHTE DER DÜNEN-
LANDSCHAFTEN SÜDLICH VON TEXEL 1
§ 1. Die Bases der Dünenlandschaften zwischen Bergen
und Monster. 1
§ 2. Die Dünenlandschaften von Schoorl und Goeree. 16

II. KAPITEL. DIE ENTSTEHUNGSGESCHICHTE DER NIEDER-
LÄNDISCHEN NORDSEE-INSELN (im Besonderen
von Terschelling) 28
§ 1. Ergebnisse der Bohrungen 28
§ 2. Die Herkunft des Sandes 33
§ 3. Die Entwickelung des Wattes 41
§ 4. Die Torfreste auf den Friesischen Watten . . . 46
§ 5. Das Entstehen der Insel Terschelling 52

III. KAPITEL. EINLEITUNG ZUR BIOLOGISCHEN UNTER-
SUCHUNG DER DÜNEN 64
§ 1. Einleitendes über die organogene Dünenbildung . 64
§ 2. Die Methodik der pflanzensoziologischen Untersuchung 75

IV. KAPITEL. DER STRAND 79
§ 1. Einleitung 79
§ 2. Die Zusammensetzung des Strandwalles 79
§ 3. Der Kalk im Dünensande 83
§ 4. Die Bedeutung des Kochsalzes 85
§ 5. Warum fehlt der Pflanzenwuchs auf der Strandfläche? 88
§ 6. Das Eisen im Dünensande 95
§ 7. Der Sandtransport. Kleintromben und Barkhane. 99

Seite

V. KAPITEL. DIE ENTWICKELUNG DES DÜNENINDIVIDUUM 109
   § 1. Der sekundäre Standort 109
   § 2. Das Wasser in den Dünen 114
   § 3. Die Wechselwirkung zwischen den Pflanzengesell-
       schaften und dem Sandtransport 128
   § 4. Die Pflanzendecke ausserhalb des Gebietes der
       Sandzufuhr 153

VI. KAPITEL. DIE VERJÜNGUNG DER DÜNEN DURCH ÄOLI-
       SCHE UMSETZUNG 165
   § 1. Der Einfluss der marinen Erosion auf die Dünen. 165
   § 2. Der Einfluss des Menschen auf das Dünengebiet. 169
   § 3. Der Einfluss des Windes auf die Dünen 183
   § 4. Die Geomorphologie von Halden- und Parabeldünen 189
   § 5. Die Pflanzengesellschaften der Parabeldünen. . . 194

VII. KAPITEL. DIE GEOMORPHOLOGIE DER DÜNEN 204
   § 1. Einteilung der Dünen an den West-Europäischen
       Küsten, und ihre Nomenklatur 204
   § 2. Die Perioden der Dünenbildung am Vlie 214
   § 3. Die geomorphologische Beschreibung der Dünen . 222

VIII. KAPITEL. KURZE ÜBERSICHT ÜBER ANSIEDELUNG UND
       GESELLSCHAFTSFOLGE DER PFLANZENDECKE IN DEN
       DÜNENTÄLERN 247

VERZEICHNIS DER BENUTZTEN KARTEN 288

LITERATURVERZEICHNIS 293

FIGUREN I—XXXII.

ERRATA.

VORWORT

Im Anfang meiner Dünenuntersuchung auf den W e s t f r i e s i -
s c h e n I n s e l n, unter welchen ich aus verschiedenen Gründen
T e r s c h e l l i n g als besonderes Arbeitsfeld wählte, sah ich sehr
bald, dass die spärlichen Angaben über ihre Geologie, die in der
Literatur zerstreut zu finden sind, keineswegs eine zuverlässige
und vollständige Grundlage für eine pflanzengeographische Untersuchung ergeben. Die Pflanzengeographie muss ja doch von der
Geologie und der historischen Geographie ausgehen um zu gut
begründeten Ergebnissen zu gelangen. Daher sah ich mich gezwungen, diese Grundlage selbst zu schaffen. An Hand dessen, was
wir einerseits von der Küste von H o l l a n d und Z e e l a n d,
andererseits vom Bau der O s t f r i e s i s c h e n I n s e l n wissen,
habe ich versucht, eine Entwickelungsgeschichte der N i e d e r l ä n-
d i s c h e n N o r d s e e i n s e l n zu entwerfen, die sich der Geschichte der angrenzenden Küste harmonisch einpasst. Dazu benutzte
ich die feststehenden, geologischen und historisch-geographischen
Tatsachen, die ich in der Literatur fand. Ausserdem standen dank
der Hilfsbereitschaft des Bohrmeisters P. SMIT eine grosse Anzahl
Bohrproben von T e r s c h e l l i n g zu meiner Verfügung. Ferner
erweiterte ich das Tatsachenmaterial um Beobachtungen in freier
Natur und Feststellungen, die sich aus der Durchforschung von
Archiven und Kartensammlungen ergaben.

Im Laufe der Untersuchung habe ich danach gestrebt, die Dünen
selber zu zergliedern in eine Anzahl kleinster, geomorphologischer
Einheiten, die in regelmässiger Wiederholung diese Landschaft aufbauen. Es stellte sich heraus, dass diese Einheiten sich häufig mit dem
Auftreten von mengenmässig zu unterscheidenden, einfachen Pflanzengesellschaften decken. Die meisten Dünen werden unmittelbar
von derartigen Beständen aufgebaut, die in humifiziertem Zustand
einen spezifischen Bestandteil des von ihnen gebildeten Düneninvidi-
duum darstellen (organogene Dünenbildung). Es war dabei nicht
meine Absicht, eine Soziographie oder Soziofloristik der Dünen zu

geben, doch habe ich danach gestrebt, eine Untersuchung der Dünenbildung mit soziographischen und ökologischen Methoden dadurch vorzubereiten, dass ich den Aufbau der Landschaft untersuchte und so zu kleinsten charakteristischen Einheiten gelangte, die sich zu einer quantitativen Analyse eignen.

Diese Analyse habe ich selbst in der Weise in Angriff genommen, dass ich auf einer Versuchsdüne des Parabeltypus 9 Monate lang auf 5 mikrometereologischen Stationen Beobachtungsreihen durchführte in Zusammenhang mit der Lage und den mosaikförmigen Gliederungen der Pflanzendecke. Nur einige dieser Resultate sind in diese Arbeit aufgenommen. Der Umfang dieses Zahlenmaterials zwang mich im übrigen, es für eine besondere Veröffentlichung zurückzustellen.

Floristische Beobachtungen, die ich während dieser Untersuchung machte, sind in dieser Arbeit ebenfalls nur teilweise verwendet worden. Vollständig findet man sie in der Kartothek des I n s t i t u u t v o o r V e g e t a t i e o n d e r z o e k i n N e d e r l a n d .

(Die in dieser Arbeit wiedergegebenen photographischen Dokumente wurden von JAN P. STRIJBOS nach Anweisungen des Verfassers aufgenomen. Die deutsche Übersetzung der Arbeit besorgte HANS HIRSCH, biol. drs. in Utrecht.)

ERSTES KAPITEL

DIE ENTSTEHUNGSGESCHICHTE DER DÜNENLANDSCHAFT SÜDLICH
VON TEXEL

§1. Die Bases der Dünenlandschaften zwischen Bergen und Monster.

In der Mitte des vorigen Jahrhunderts waren die Geologen der Meinung, dass die gesamten holländischen Dünen grösstenteils aufgebaut seien aus fenno-skandinavischem Sand, der von der See umgearbeitet und dann gegen die langsam ansteigende Küste als ,,Nehrung'' abgesetzt wäre. Auf diesem primären Strandwall baute der Wind, manchmal unter Mithilfe von Hindernissen, landeinwärts Dünen, die später zum grössten Teil eine Pflanzendecke erhielten (WINKLER 1878, BOSSCHA 1879, u.a.).

Bereits LE FRANCQ VAN BERKHEY (1771) hatte ausführliche Beschreibungen von Dünenprofilen gegeben. Dabei hatte sich ergeben, dass nicht alle Dünen den gleichen Aufbau zeigten, sondern dass die Dünenlandschaft nördlich von B e r g e n vollkommen abweichend gebaut war. Dort war der Sand ganz anders geartet als in der sogenannten Binnendünen von H o l l a n d, worin Profile mit Ortsteinschichten vorkamen. Diese erinnerten LE FRANCQ VAN BERKHEY an Bodenaufschlüsse in den diluvialen Heideflächen von G o o i l a n d.

STARING (1856, 1860) wies zwar darauf hin, dass in einigen Binnendünen, die anscheinend vollkommen selbständig inmitten der holländischen Moorlandschaft lagen, Ortsteinschichten vorkämen, liess aber ihre Entstehungsgeschichte noch unentschieden. Aber er teilte doch mit, dass bei H u i s d u i n e n und auf den Inseln T e r s c h e l l i n g und A m e l a n d ausgedehnte Dünenflächen bestehen, die mit Heide bewachsen sind. Diese stimmen so sehr mit den Heidefeldern auf diluvialem Boden überein, dass man auf diesen Inseln glaubt, in einer Heidegegend zu sein.

Das Vorkommen von Heideflächen in den Dünen hatte schon früher die Aufmerksamkeit von KOPS (1798), BRUINSMA und MIQUEL (1837) auf sich gezogen. Aber erst HOLKEMA (1870) beschrieb in den Jahren 1868 und 1869 diese Bildungen ausführlicher.

Geologische Tatsachen über den Unterbau der Dünen fehlten damals noch vollkommen. HOLKEMA sah sich aber durch die Übereinstimmung der Pflanzenwelt dieser Dünen mit der Heideflora des Diluvium veranlasst, eine Hypothese aufzustellen, nach der bestimmte Pflanzen Indikatoren sein sollen für das Zutagetreten diluvialer Schichten. Hierin ging HOLKEMA also weiter als STARING. Dieser hatte die obige Meinung mit grosser Vorsicht ausgesprochen und mehr Wert gelegt auf die Tatsache, dass der Kern von T e x e l aus skandinavischem Diluvium besteht, das sich bei D e n B u r g als D e H o o g e 'B e r g und D e W i t t e E n g e l deutlich 15 Ellen ($\pm$ 10,5 m) über den Meeresspiegel erhebt. Ausserdem fanden sich in der O o s t- m e e p südwestlich von T e r s c h e l l i n g Kieslagen nordischer Herkunft. Gerollte Kiesel diluvialer Herkunft traten regelmässig auf dem Strande von T e x e l, V l i e l a n d, T e r s c h e l l i n g und A m e l a n d in Erscheinung.

Auch VAN EEDEN (1868, 1885) kam auf Grund floristischer Untersuchungen zu dem Schluss, dass ausser den Heideflächen auf den W e s t f r i e s i s c h e n I n s e l n auch die in den Binnendünen zwischen A l k m a a r und M o n s t e r auf ursprünglichen diluvialen Schichten wuchsen, obwohl er bereits wusste, dass das Vorkommen von Heidepflanzen in diesen Dünen mit der relativen Kalkarmut der Rhizosphaere in Verbindung steht.

Das Fehlen geologischer Tatsachen und das Bedürfnis nach einer pflanzengeographischen Erklärung liess also die Forscher geologische Schlüsse auf Grund floristischer Tatsachen ziehen; diese Arbeitsmethode wurde in den darauffolgenden Jahren noch oft angewandt.

Man kam also zu der Feststellung, dass ein Teil der niederländischen Dünen aus ursprünglichen diluvialen Schichten bestünde, mit anderen Worten: typische Landdünen wären. Die übrigen Dünen bestünden dann aus von der See bewegten diluvialen Schichten, deren Kalkreichtum oft durch die Vermischung mit Resten mariner Organismen erhöht wäre.

Eine Notiz in der Zeitung ,,H e t N i e u w s v a n d e n D a g'' vom 15 März 1887, in der mitgeteilt wurde, dass beim Abgraben einer Binnendüne bei H i l l e g o m Walfischwirbel gefunden wären (vergl. RUTTEN 1909), war für LORIÉ jedoch der Anlass, diese ,,wunderlichen Landdünen" einer näheren Untersuchung zu unterziehen. Dabei (1890, 1893) stellte sich heraus, dass diese Binnendünen alte Seedünen sind, die grösstenteils noch auf ihrem ursprünglichen, marinen Untergrunde liegen, aber durch eine Verschiebung der Küstenlinie in westlicher Richtung vom Meere getrennt worden sind. Ausserdem zeigte sich, dass die Kalkarmut auf die oberste Schicht beschränkt war. Es handelte sich also anscheinend um eine sekundäre Erscheinung, die auf Auslaugung beruhte. Auch LE FRANCQ VAN BERKHEY (1771) hatte bereits nachgewiesen, dass diese Dünen manchmal auf Moorboden, oft aber auf alten Tonen mariner Herkunft liegen.

In den darauffolgenden Jahren wurde der Untergrund der Dünen besser bekannt durch zahllose Bohrungen, die der hydrologischen Untersuchung zum Zwecke der Wasserversorgung der grossen Städte dienten. Unter der gesamten Dünenkette von H o l l a n d fand man einen dicken Komplex mariner, alluvialer Sand- und Tonschichten, die nach unten abgeschlossen wurden von einer dünnen Schicht harten, zusammengepressten Torfes, dem sogenannten ,,Torf-in-grösserer-Tiefe" (bis zu $\pm$ 20 m). Darauf folgen grobsandige Schichten, die örtlich, vor allem im Norden, auf Schichten des E e m-Komplexes liegen (Riss-Würminterglazial). Der Geschiebelehm (die Grundmoräne aus der Riss-Eiszeit) findet sich überall erst in grösserer Tiefe, die zwischen 30 und 250 m (B e r g e n) schwankt. Die Torfschicht wäre also die Grenze zwischen diluvialen und alluvialen Ablagerungen. Die darüberliegenden marinen Schichten und die darauf ruhenden Dünen rechnete man von da an vollkommen zum Alluvium. Damit fiel die Diluvialpflanzenhypothese [1]).

---

1) VERMEER-LOUMAN (1934) analysierte den Torf in grösserer Tiefe. Dadurch können wir jetzt den Zeitpunkt seiner Entstehung näher festlegen. Der Torf auf der DOGGERBANK entwickelte sich augenscheinlich bis in den Anfang des Boreals hinein, grösstenteils aber noch im Präboreal (Birkenzeit). Die weiter landeinwärts gelegenen Moore haben länger bestanden. Dagegen ist in ihnen eine besondere Birkenzeit noch nicht nachgewiesen. Hier entstand der älteste Torf in der *Pinus*-Zeit. Eine Gruppe von Mooren entwickelte sich bis zu einem *Corylus*-Maximum. Im übrigen lässt sich eine Zunahme von *Alnus* feststellen. Im Stadium des *Quercetum mixtum* endet das Wachstum dieser Moore infolge von Überschwemmung. Nur an vereinzelten Stellen setzt sich die Moorbildung im sogenannten jungholozänen Torf fort. Die Hauptentwickelung fällt geochronologisch also in die Jahre von 7800 bis 5600 v. Chr., mit anderen Worten: Der Torf entstand vom

Erst JESWIET (1913) zog hieraus 1912 die Folgerung und liess seiner botanischen Dünenuntersuchung eine Untersuchung nach Dünenprofilen und Bohrungsresultaten vorangehen. Er gründete also seine pflanzengeographische Arbeit auf geologische Tatsachen, — was jetzt möglich geworden war, — und nicht umgekehrt. Der Geologe VAN BAREN untersuchte gleichzeitig (1913) Dünenprofile.

Während die Profile der holländischen Aussendünen von oben bis unten fast homogen und im grossen und ganzen kalkreich (9,7—73⁰/₀₀) waren, wechselten in den Innendünen verschiedene Schichten miteinander ab.

In den einfachsten Profilen liessen sich doch immer noch 5 Schichten unterscheiden. Aus N o o r d w ij k e r h o u t beschrieb VAN BAREN (1913) folgende Schichtenfolge:

1. kalkfreier oder -armer, gelber Sand (1,5 m).
2. Torf in einer Dicke von 0,75 m.
3. grau gefärbter kalkfreier Sand (Bleichsand) in einer Dicke von 0,60 m.
4. brauner, *kalkfreier* Ortstein in einer Dicke von 0,25 m.
5. *kalkhaltiger*, graugrüner Sand, oben ohne, unten mit Molluskenschalen (sogenannter grauer ,,Klinksand" im Sinne von JESWIET). Die Molluskenschalen zeigen, dass das Profil tatsächlich bis zur Dünenbasis untersucht wurde.

Nun beschreibt JESWIET aber Profile, in denen sich dieselbe Schichtenfolge zweimal findet:

1. brauner, staubhaltiger Sand, oft bis zu einer Dicke von 5 m.
2. Bleichsand (darunter vermutlich eine Ortsteinschicht, v. D.).
3. grauer ,,Klinksand" (kalkhaltig).
4. Torfschicht.
5. bläulich-brauner, kalkarmer Bleichsand (anscheinend darunter eine Ortsteinbank, v. D.).
6. grobkörniger, kalkreicher, grauer Sand.
7. Bank von Molluskenschalen.

Schliesslich hat LE FRANCQ VAN BERKHEY im Jahre 1771 schon

Boreal bis ins Atlantikum hinein. Hieraus lässt sich eine erhebliche marine Transgression ableiten, die durch eine dauernde oder unterbrochene Bodensenkung, ein Steigen des Meeresspiegels oder ein Zusammentreffen beider Faktoren entstanden sein kann.

einige interessante Profile abgebildet, u.a. das folgende von der Heide zwischen 's G r a v e n h a g e und W a s s e n a a r:

1. eine arme, braune, sandige Schale, sehr fest verbunden (1 Fuss dick).
2. armer (anscheinend also kalkarmer) Sand (1 ½ Fuss).
3a. eine rote Ockerschicht (½ Fuss).
3b. eine braune Ockersandschicht (1 ½ Fuss).
3c. braunschwarzer Ockersand (1 Fuss).
4. schwarzes, armes, sandiges Moor (1 ½ Fuss).
5. gelber Sand (2 ½ Fuss).
6. grober Ton.

Gleichfalls äusserst interessant ist das folgende Profil aus der K a t- w ij k e r Sandgrube:

1. gewöhnlicher Dünensand.
2. zwei Torfschichten, getrennt durch 1 Fuss weissen Sand.
3. Sand, höchstwahrscheinlich Bleichsand (3—4 Fuss).
4. gelbe Sandockerschicht (1 Fuss).
5. Torf mit ,,rivierhoorntjes'' (Süsswassermollusken).
6. Sand (3 ½ Fuss).
7. Torf mit Baumwurzeln (1 ½ Fuss).
8. Sandockerschicht mit Eisenmandeln (1 ½ Fuss).
9. grauer Sand (anscheinend kalkreicher grauer ,,Klinksand'') 7 Fuss rheinländisches Mass.

Es würde hier zu weit führen, noch mehr Profile zu beschreiben. Ich muss an dieser Stelle auf die deutlichen Fotografien von VAN BAREN und die Kupferstiche von LE FRANCQ VAN BERKHEY verweisen. TESCH (1922) teilt mit, dass der Kalkgehalt einer Düne bei T w i s t- d u i n in 0,1 bis 0,2 m. Tiefe 0,01 %, bei 5,5—6 m Tiefe (,,Klinksand'') 2,88 % beträgt.

Aus diesen Tatsachen ergibt sich, dass alle Binnendünen die Schichtenfolge: Torf-Bleichsand-Ortstein-kalkreicher Sand jeweils gemeinsam haben.

Diese Schichtenfolge kann sich im Profil zwei- bis dreimal wiederholen.

Die Ortsteinschicht ist nicht immer gleichmässig ausgesprochen. Manchmal ist die Grenze zwischen Bleichsand und grauem ,,Klinksand'' kaum sichtbar, aber häufig tritt eine Gelbfärbung auf der Grenzfläche auf, während dann und wann eine sehr harte, dunkelrote Bank gebildet worden ist.

JESWIET hat diese Reihenfolge als Auslaugungsprofil (Podsolprofil) gedeutet. Unter Einfluss der Pflanzendecke und des Klima wären die oberen Schichten ausgelaugt und ausgewaschen, wobei sich die Humuskolloide auf der Grenze des kalkreichen Sandes niedergeschlagen hätten (Anreicherungsschicht). Daraus ergibt sich die Schlussfolgerung, dass die Wiederholung dieser Schichtenfolge im selben Profil auf einem Sandtransport während der Auslaugungszeit beruht. Die staubhaltige, kalkarme, gelbe Sandschicht, die ganze Gebiete bedeckt, erklärt JESWIET als äolisch umgearbeitete, dem Windtransport unterworfene Bleichsand — Ortsteinschicht („jüngst Übergewehtes"). Er zog hieraus die Schlussfolgerung, dass man zwei Dünenlandschaften, eine alte und eine junge, unterscheiden muss. Die erste ist gekennzeichnet durch das Auftreten von Auslaugungsprofilen. Sie ist dadurch an der Oberfläche sehr kalkarm und mit einer Heideflora bewachsen. Die zweite ist gekennzeichnet durch die grosse Gleichförmigkeit ihrer Schichten, Kalkreichtum im gesamten Profil und eine „kalkholde" Flora.

Zwischen der Bildung der beiden Dünenlandschaften soll eine lange Zeit liegen, in der ein grosser Teil der alten Landschaft zerstört wäre. Erst zwischen dem 5. und 11. Jahrhundert n. Chr. hätte dann die Neubildung stattgefunden.

DUBOIS (1916) hielt wie LORIÉ (1893) die Diskontinuität in der Dünenbildung und darum in Verbindung mit der Bodensenkung auch die Diskontinuität in der Lage des Dünenuntergrundes nicht nur für unbewiesen, sondern auch für unwahrscheinlich. Bestünde wirklich eine Diskontinuität im Entstehen der Dünen, so müsste man, da eine Dünenbasis gekennzeichnet wird durch eine Molluskenbank, infolge der Bodensenkung stellenweise zwei Molluskenbänke übereinander finden. DUBOIS teilte zwar mit, dass die Dünenbasis der jüngeren Dünenlandschaft höher läge (bezw. 2,56 m — N.A.P. und 0,86 m + N.A.P.), meinte aber, dass seewärts die Lage sich allmählich ändere. Die alte Dünenlandschaft von JESWIET wäre dann nur der ältere Teil desselben Dünengebietes. Definitiv gelöst ist diese Kontroverse anscheinend noch nicht, obwohl die Meinung von JESWIET heute allgemein angenommen wird.

Aus der geologischen Untersuchung hatte sich also ergeben, dass Diluvium in situ in H o l l a n d südlich von B e r g e n an der Dünenbildung nicht beteiligt ist, sondern dass die Dünenlandschaft im Alluvium (Holozän) gebildet wurde.

Eine zweite Frage blieb die genauere Bestimmung, wann diese Dünenbildung stattgefunden hatte. DUBOIS knüpfte an diese Frage nun die Frage nach der Herkunft des Sandes. Bis zum Jahre 1916 war man allgemein davon überzeugt, dass die Dünenküste aus umgearbeitetem fenno-skandinavischem Sande bestünde, der herstamme aus diluvialen Ablagerungen in der Nordsee. Eine zweite Quelle erblickte man von altersher im von den Flüssen R h e i n , M a a s und S c h e l d e mitgeführten Sande.

DUBOIS (1911, 1915, 1916) wies aber darauf hin, dass der südliche Teil der Nordsee bedeckt ist mit einer dicken Lage alt-alluvialen Sandes. Eine Ausnahme davon finden wir bei den W e s t f r i e s i - s c h e n   I n s e l n und südlich von der D o g g e r b a n k , wo grosse Felder ausgewaschener diluvialer Rollsteine den Boden bedecken. Das Diluvium ist übrigens in grossen Gebieten von Torf (lowest submerged forest) bedeckt und liegt obendrein, jedenfalls im Süden, zu tief, als dass es für eine Umarbeitung in Frage käme. Ausserdem stellte es sich heraus, dass die Menge Sand, die von den Flüssen transportiert wird, nicht genügt, um die gesamte Dünenbildung zu erklären.

DUBOIS konnte nun nachweisen, dass ein „übermässiger Strom" in nordöstlicher Richtung an der niederländischen Küste entlangstreicht, der sogenannte Kanalstrom. Folgende Tatsachen führten DUBOIS zu dem Schluss, dass die Hauptmasse des Dünensandes aus der Umgebung der M e e r e n g e   v o n   C a l a i s stamme: 1. die Transportintensität des Kanalstromes nimmt nach Norden hin ab, während die Korngrösse des Dünensandes von Norden nach Süden zunimmt; 2. die Küsten der M e e r e n g e   v o n   C a l a i s sind einer intensiven Erosion durch das Meer ausgesetzt.

Diese Auffassung wurde bis vor kurzer Zeit allgemein angenommen. Wir müssen sie aber heute einigermassen abändern. EDELMAN (1933) hat Sand der westeuropäischen Strande und Dünen petrologisch näher untersucht. Aus dem folgenden Abschnitt wird sich ergeben, dass die Sande der Nordseeinseln teilweise aus zurückgebliebenem gemischtem Diluvium, teilweise aus umgesetztem nordischen Diluvium bestehen. Wären nun die Sande südlich von B e r g e n grösstenteils von Erosionsprodukten der armorikanischen Felsen im K a n a l abzuleiten, so müssten sie zu einer anderen „petrologischen Provinz" gehören. Die Sande aus N o r d f r a n k r e i c h , F l a n d e r n und

H o l l a n d unterscheiden sich aber keineswegs von den Sanden von
T e x e l und T e r s c h e l l i n g. Auch sie bestehen aus umgesetztem,
gemischtem Diluvium. Nun weisen die meisten geologischen Tatsachen darauf hin, dass dieser Sand aus südlicher Richtung gekommen
ist. EDELMAN weist also auf die Möglichkeit hin, dass er aus fluvioglazialen Ablagerungen stammt, die von den Flüssen im Erosionstal
von C a l a i s abgelagert wurden, als die Vereinigung des schotti-
schen und norwegischen Eises einen Abfluss in nördlicher Richtung
unmöglich machten. Also hätten nicht die Küsten der M e e r e n g e
v o n C a l a i s, sondern diese, von Flüssen während der Eiszeit
abgelagerten, fluvioglazialen Sande nach ihrem Nordtransport ein
erhebliches Kontingent unseres Dünensandes geliefert.

Aus dieser Auffassung folgt nun dass die holländische Dünenküste
also zum grossen Teil gebildet ist nach dem Durchbruch der M e e r-
e n g e v o n C a l a i s. Dies Ereignis nahm TESCH daraufhin als
Zeitpunkt an, der das Alluvium (Holozän) einteilte in das Altholozän,
worin die niederländische Küste nur unter dem Einfluss des aus
Nordwesten kommenden atlantischen Stromes stand und das Jungholozän, worin der Durchbruch der M e e r e n g e v o n C a l a i s
auf Flut- und Sturmfluthöhe (GALLÉ 1917) und die Morphologie der
niederländischen Küste (u.a. JESSEN 1922) ausschlaggebende Bedeutung erlangt hat.

Das Entstehen des K a n a l s wird in der Tat auf die Bildung der
niederländischen Küste einen ungeheuren Einfluss gehabt haben. Anfangs dürfte die ,,Trichterwirkung'', die auf die Fluthöhe von so grossem Einfluss ist, noch heftiger gewesen sein, während die Erosion anfangs einen sehr intensiven Transport von Produkten in nördlicher
Richtung zur Folge gehabt haben muss.

Ich möchte hier noch auf die Gliederung der alten Dünenlandschaft
hinweisen. Sie ist aufgebaut aus mehr oder weniger parallel zur Küste
liegenden Dünengruppen, die durch grosse, mit Moor bedeckte Ebenen
voneinander getrennt sind. Wie sich aus den Untersuchungen wiederholt ergeben hat, besteht der Boden, auf dem das Moor entstand
aus Seesand. Eine befriedigende Erklärung für das Entstehen dieser Ebenen hat man bisher nicht finden können. Die älteste Auffassung (VAN DER HULL 1838) ist, dass zwischen ihnen ein Rheinarm
bestanden hätte, der nördlich in H o l l a n d die See erreicht
hätte. Die Dünen bestünden denn auch grösstenteils aus Flussand.

Schon STARING (1860) widerlegte diese Flusstalhypothese, weil u.a
an Ort und Stelle keine Ablagerungen fluviatiler Herkunft zu finden
sind. Das hat aber nicht verhindert, dass dieser Rheinarm, vor allem in der botanischen und historischen Literatur, bis zum heutigen
Tage noch regelmässig auftaucht. Allgemein angenommen wird heute
die Hypothese von LORIÉ (LORIÉ 1893, 1895; VAN BAREN 1924;
TESCH 1924), der unterstellt, dass die Küste ursprünglich bestanden
hätte aus einer Reihe von Inseln und Bänken, zwischen denen Meeres-
arme ins Land vorstiessen, die sich hinter den Dünengebieten parallel
zur Küste verzweigten (sogenannte „S l u f t e r s"). DUBOIS hat aber
darauf hingewiesen, dass die Höhenlage der verschiedenen Flächen
damit nicht übereinstimmt. Es muss hinzugefügt werden, dass dann
stellenweise, vor allem an der Westseite, dicke Tonlinsen hätten entstehen müssen. Auch die Fauna dieser Ablagerung ist mit der oben
genannten Hypothese keineswegs in Übereinstimmung. Ausserdem
hat sich aus der Untersuchung des Torfes ergeben, dass der Ausgangspunkt dieser Bildung im Gegensatz zu anderen Gebieten in H o l-
l a n d *nicht* halophile Assoziationen, besonders kein brakiger Schilf-
sumpf auf Seeton, sind (VAN BAREN 1927, S. 25). Man hat daher schliesslich an Windbildungen gedacht, diese Täler wären dann bis auf das
Grundwasser ausgewehte Dünenflächen (DUBOIS).
Keine dieser drei Hypothesen kann alle bekannten Tatsachen erklären. Sollten in der Tat (was wahrscheinlich ist) die alten Dünenketten durch eine westliche Verschiebung der Küstenlinie ins Binnenland verlagert sein, so kann das niemals geschehen sein durch eine
langsame, allmähliche Verschiebung der Küstenlinie, wie sich TESCH
(1921) das vorstellt. Eine langsame, schrittweise Verschiebung der
Küstenlinie seewärts hätte notwendig ein allmähliches Anwachsen
des Dünengebietes zur Folge gehabt und eine Diskontinuität wäre
nicht entstanden. An Stellen, wo der Sandtransport heute noch sehr
stark ist (z.B. im M a r s d i e p und V l i e), beobachten wir aber
keine allmähliche Küstenverbreiterung, sondern, da der Sand in
Form von Sandbänken wandert, sieht man plötzlich die Sandbänke
in grossen Gebieten stranden und über Wasser kommen. Dadurch
kommt keine allmäkliche, sondern eine plötzliche Küstenverbreiterung
zustande. Wie in einem der folgenden Kapitel nachgewiesen werden
soll, findet danach stets Dünenbildung *an der Aussenseite* statt, oft in
grossem Abstand von der alten Küstenlinie (VERSLUYS 1917; VAN

DIEREN 1932). Dadurch entsteht zwischen dem alten und dem neu-
gebildeten Dünengebiet eine ausgedehnte primäre Strandfläche. Darin
staut sich das Grundwasser; es entstehen Dünenseen und dort kann
Moorbildung eintreten. In den Rahmen dieser Vorstellung passt vollkommen die Entstehungsgeschichte des von VAN BAREN c.s. untersuchten Moores] von H i l l e g o m (1927). Es ist jedoch dann
unnötig, für eine derartige lokale Moorbildung eine Hebung oder
auch nur einen Stillstand der Küste anzunehmen, wie in der oben
genannten Arbeit auf Rat von WEBER geschieht. Auch heutzutage
kommen derartige Moorbildungen zustande. Müsste man für jede lokale Moorbildung eine Hebung der Küste annehmen, so wäre das
Resultat ein unwahrscheinlicher, unübersichtlicher und unlogischer
Komplex von Oszillationen.

Auf Grund dessen, was wir heute noch an progressiven Küsten beobachten können, komme ich also zu dem Schluss, dass die paralellen,
auf grossem Abstand voneinander liegenden Dünenketten der alten
Dünenlandschaft von JESWIET, die durch breite, mit Moor gefüllte,
ursprünglich aber sandige Flächen voneinander getrennt sind, entstanden sind als Folge sukzedaner Küstenverbreiterungen infolge
einer anfangs sehr intensiven Sandanfuhr. Der Anfang dieser Periode
wäre anzusetzen zu einem Zeitpunkt kurz nach der Überflutung der
M e e r e n g e   v o n   C a l a i s.

Die absolute Festlegung dieses Zeitpunktes ist noch nicht völlig
befriedigend. Es ist zwar sicher, dass die Dünenbildung älter ist als
die dahinter liegenden holländischen Küstenmoore, welche stellenweise gegen den Dünenfuss auskeilen (LORIÉ 1890) und die etwa im
späteren Atlantikum entstanden sind (POLAK 1929; VERMEER—LOU-
MAN 1934). DUBOIS (1915) hat versucht, aus der Lage der Dünenbasis
in Verbindung mit der Bodensenkung ihr Alter zu berechnen. Er
kommt an Hand dieser Methode auf die Jahre 3000—5000 v. Chr.
Dies Ergebnis stimmt mit der neueren Datierung der Küstenmoore
sehr gut überein. Ausserdem fand man Gegenstände aus der Bronzezeit (1000—2000 v. Chr.) in den alten Dünen sowie auf den Strandwällen von Nordfrankreich.

Wird also die Dünenbildung von C a l a i s bis B e r g e n mit der
Bildung des K a n a l s in Verbindung gebracht, dann ergibt sich
daraus, dass beide Dünenlandschaften zum Jungholozän zu rechnen
sind.

Man darf aber keinesfalls vergessen, dass sich aus der Art der altholozänen Ablagerungen, im besonderen auch aus den eingeschlossenen Organismen, ergeben hat, dass unsere Küste damals den Charakter eines Wattengebietes trug.

Hieraus geht hervor, dass schon damals seewärts eine Reihe von Sandbänken und Strandwällen und ein dahinter liegendes Lagunengebiet zu unterscheiden war. Im letzteren kamen die feineren Bestandteile mit Hilfe von Organismen zur Ruhe. Hier bildeten sich die alten blauen Seetone und der feine altholozäne Wattensand. Flora und Fauna weisen hierauf ebenfalls hin (HARTING 1852; LORIÉ 1887; BROCKMANN 1928). Natürlich gehört zu einem altholozänen Wattengebiet eine altholozäne sandige Zone, umsomehr, da die Brandungsfläche in sandigen Schichten gebildet wurde, sodass unter Einfluss der aus Norden kommenden Flutwelle und des gegen die allmählich ansteigende Küste totlaufenden Flutstromes schon damals ein Strandwall entstehen konnte, auf dem Dünenbildung wahrscheinlich war (vergl. TESCH 1920). Schon VAN BAREN (1924) nimmt an, dass die alte Dünenlandschaft vor dem Durchbruch des K a n a l s von Norden her entstanden ist; dass sie also im Gegensatz zur jungen Dünenlandschaft zum Altholozän zu rechnen ist.

Wie wir im folgenden Kapitel sehen werden, wollen die meisten anderen Forscher diese Möglichkeit nur für die Urdünenlandschaft nördlich von B e r g e n und für die Basis der W e s t f r i e s i s c h e n I n s e l n gelten lassen. Es muss jedoch die Möglichkeit offen gelassen werden, dass manche Teile der alten Dünenlandschaft von .JESWIET bereits im späteren Teile des Altholozäns entstanden sind Es steht aber fest, dass von diesem Zeitpunkt an eine Landschaftskontinuität bestanden hat.

Man ist also noch lange nicht in allen Punkten zu einer Übereinstimmung gekommen; eine feinere Analyse des Dünengebietes mit Methoden der Geomorphologie und der Pflanzensoziologie, vor allem auch eine Untersuchung der Torfbänke in und unter den Dünen werden zahlreiche neue Gesichtspunkte ergeben. Aber schon heute können wir sagen, dass das Auftreten von Heideflächen auf den Binnendünen an der holländischen Küste südlich von B e r g e n *nicht* in Verbindung steht mit dem Zutagetreten pleistozäner Schichten. Das Diluvium liegt überall auf mindestens 20 m Tiefe. Die Basis des Dünengebietes wird gebildet von altalluvialen, marinen Ablagerungen.

In dieser Dünenlandschaft können wir mit JESWIET eine alte Dünenlandschaft unterscheiden, die gekennzeichnet ist durch ein Profil, in dem unter dicken Torf- oder Humuslagen Bleichsandschichten vorkommen, die ihrerseits wieder auf kalkreichen Sanden liegen und von ihnen durch Ortsteinschichten getrennt sind. Diese Profile sind ganz deutlich durch Auslaugung der Oberschicht unter Einfluss des Klimas und der Pflanzendecke entstanden; der Boden ist daher kalkarm und die Flora aus kalkscheuen Elementen zusammengesetzt.

Nach Angabe einiger Forscher wurde diese Dünenlandschaft bereits im späteren Teile des Altholozäns, also vor der Bildung des K a n a l s vom Norden aus (T e x e l) gebildet. Nach Angabe der meisten Forscher ist sie jedoch erst entstanden als Folge des Sandtransportes in nordöstlicher Richtung nach dem Durchbruch der M e e r e n g e v o n C a l a i s, obwohl man eine Landschaftskontinuität mit einer Reihe von altholozänen, dünentragenden Inseln und Sandbänken für wahrscheinlich hält.

An manchen Stellen besteht dies Dünengebiet aus parallel liegenden Ketten, die durch ausgedehnte, mit Moor gefüllte Täler von einander getrennt sind. Diese sind wahrscheinlich entstanden als Folge plötzlicher Küstenverbreiterungen, die eine anfangs intensive Sandzufuhr verraten. Dies Dünengebiet war in der Mitte des Atlantikums bereits vorhanden. Ausserdem findet sich nach der See zu ein deutlich jüngeres Dünengebiet, das stellenweise über die älteren Dünenbildungen hinweggreift und fast homogene Profile zeigt. Die Düne ist von oben bis unten kalkreich; das findet seinen Ausdruck in der Flora. Die Basis dieses Dünengebietes liegt auch höher; das deutet in Verbindung mit der Bodensenkung auf ein späteres Entstehen.

Nach Ansicht einiger Forscher ist dies Dünengebiet nur der jüngere Teil derselben Dünenlandschaft; nach Ansicht der meisten Forscher dagegen schliessen die beiden Bildungen weder zeitlich, noch stratigraphisch aneinander an. Von einer sicheren Datierung dieser jüngeren Landschaft kann vorläufig gar keine Rede sein. Sie beruht auf einigen archäologischen Funden unter jungen Dünen, die darauf hinweisen, dass einige Gebiete zwischen dem vierten und achten Jahrhundert nach Christus bereits gebildet waren, doch kann man das natürlich keine absolut sichere Datierung nennen.

Auch die Bildung dieser jüngeren Dünenlandschaft wird mit Ereignissen im K a n a l in Verbindung gebracht, doch sind diese im Augenblick noch nicht näher zu umschreiben.

Nachdem die obenstehenden Zeilen bereits geschrieben waren, hat BEIJERINCK in einer Reihe von Aufsätzen (1933 a, b, c, d, e, f, 1934) seine neueren Erkenntnisse über das Entstehen der sogenannten Ortsteinbänke veröffentlicht. Diese brauchten an dieser Stelle nicht näher besprochen zu werden, wenn er seine Hypothese nicht auch anwendete auf die Ortsteinbänke in der alten Dünenlandschaft und die ,,Knikbänke'' im holozänen Seeton.

In den letzten Jahren hat BEIJERINCK die Struktur des Bodens unter Heidefeldern ausführlich untersucht. Es stellte sich dabei heraus, dass darin eine grosse Zahl verschieden gebauter Schichten vorkamen, die in ungefähr 32 verschiedenen Arten miteinander kombiniert sind. 1930 entdeckte er nun, dass in diesen humushaltigen Sanden Pollenkörner vorkommen, die mit einer bestimmten Technik zu isolieren sind. Dadurch konnten Pollendiagramme dieser sandigen Böden aufgestellt werden. Vier charakteristische Profile in A n h o l t, S t e e nb e r g e n, O o s t e r w o l d e und N o r g (D r e n t e) untersuchte er nun pollenanalytisch und es stellte sich heraus, dass die Pollenspektra von diesen vier sehr verschiedenen Stellen gewisse Übereinstimmungen zeigten. Im Ortstein fand er *Selaginella*-Mikrosporen, Sporen von *Hypnum*-Typ, Moosreste, *Betula*-Pollen und *Ericaceen*-Tetraden, in den darüber liegenden Bleichsandlagen dagegen Pollenkörner von *Fagus, Carpinus, Tilia* und *Ulmus*, die in den obersten Schichten wieder verschwinden; dort treten *Quercus* und *Betula* wieder mehr in den Vordergrund.

Man hat bisher Profile, in denen Ortstein und Bleichsand auftraten, als Auslaugungsprofile gedeutet. BEIJERINCK zieht nun aber den Schluss, dass Ortstein und Bleichsand miteinander nicht in Verbindung stehen, sondern zu verschiedenen Zeiten gebildet sind. Der Bleichsand wäre eine postglaziale, äolische Bildung, der Ortstein soll arktischen Charakter zeigen und eine ,,Tundrabank'' darstellen.

Wahrscheinlich haben nur die Eisdecken der R i s s - Periode niederländischen Boden erreicht. Die beiden W ü r m - Vereisungen sind anscheinend nicht weiter als bis zur E l b e vorgedrungen. Doch werden die beiden letztgenannten Perioden auch in den N i e d e r-l a n d e n ihren Einfluss geltend gemacht haben, sodass auch hier eine W ü r m - Periode der Eiszeit festzustellen sein muss. Die in dieser Periode wieder auftretenden arktischen Stürme müssen die Verwehungen zur Folge gehabt haben, deren Folgen wir heute als „Steinsohle" in diluvialen Profilen erkennen können. Diese „Steinsohle" ist nach BEIJERINCK die Basis der W ü r m - Eiszeit in den N i e d e r l a n d e n. Sie selbst besteht zum grössten Teil auf den später darauf abgesetzten „Decksanden". Soweit diese Decksande in der damaligen Zeit eine Pflanzendecke getragen haben, muss dem Orte und der Zeit entsprechend eine Tundra entstanden sein. FLOR-SCHÜTZ (1930) hat diese Tundravegetation in der Nähe von Z u t-f e n (G e l d e r l a n d) tatsächlich nachgewiesen. Auf fluvioglazialen Sanden aus der R i s s - Eiszeit fand er eine Tonschicht mit Resten einer Süsswasserflora, in der u.a. *Salvinia* und *Aldrovanda* auftreten. Hierüber lag Sand mit den Resten einer *Dryas*-Flora: *Arctostaphylos, Dryas octopetala, Salix herbacea, polaris, reticulata* und *retusa, Selaginella, Carex, Batrachium, Hippuris, Menyanthes* und *Potamogeton.*

Auf Grund seiner mikro-palaeolithischen Untersuchung meint BEIJERINCK nun, dass die Ortsteinschichten unter den Heidefeldern ebenfalls Tundrabänke seien. In einem vereinzelten Profil (A n h o l t) treten zwei Ortsteinschichten übereinander auf; beide zeigen pollen-analytisch denselben Charakter, sodass sie bezw. zu W ü r m I und W ü r m II gehören. Sie werden getrennt von einer Bleichsand-schicht, in der wieder *Fagus, Carpinus* und *Ulmus*, sowie an anderen Stellen *Tilia* vorkommen. Diese Sandschicht stellt nach der Ansicht von BEIJERINCK eine interglaziale Ablagerung dar.

Ein Nachprüfen der BEIJERINCK'schen Theorie fällt nicht in den Rahmen dieser Arbeit [1]). Zweifelsohne bedeutet eine Analyse dieser Profile eine Vertiefung unserer Einsicht in den Aufbau des niederländischen Diluviums und in die Geschichte des Werdeganges unserer Heidelandschaft. Näheres über diese Frage lässt sich aber erst sagen, wenn BEIJERINCK weitere Tatsachen veröffentlicht haben wird. Nur seine Vorstellung, dass auch die Ortsteinschichten der Binnendünen

---

1) Kritische Betrachtungen bei FLORSCHÜTZ (1934) und WASSINK (1934).

und die „Kniklagen" des angrenzenden Holozän Tundrabänke wären, muss hier noch besprochen werden.

BEIJERINCK kommt, wie gesagt, zu dem Schlusse, die Binnendünen seien keine alluvialen Bildungen, sondern wären bereits im späteren Teile der R i s s—W ü r m-Zwischeneiszeit entstanden; sie sollen Hinweise darauf zeigen, dass sie in der W ü r m-Eiszeit eine Tundradecke getragen haben.

Nach den uns heute zur Verfügung stehenden Tatsachen ist dieser Schluss bestimmt falsch. Die Datierung der altalluvialen Küstensenkung ist heute näher bestimmt durch die Untersuchung von Torfschichten, welche längs der Küste verstreut in altholozänen, marinen Ablagerungen auf verschiedener Höhe vorkommen. Diese Torfbildungen haben im Boreal angefangen und sind erst im Atlantikum allgemeiner aufgetreten (OVERBECK und SCHMITZ 1931; SCHUBERT 1932; VERMEER-LOUMAN 1934). Frau VERMEER-LOUMAN (1934) hat weiterhin eine vollständige Serie von Torflinsen aus den E e m-Schichten untersucht. Die Serie begann mit Ablagerungen, welche direkt aus der R i s s-Eiszeit unter den E e m-Schichten stammten, und endete mit Resten, die unmittelbar über den jüngsten E e m-Schichten gefunden wurden.

Aus dieser Untersuchung ergibt sich mit überzeugender Deutlichkeit, dass gegen das Ende der R i s s-W ü r m-Zwischeneiszeit „the impoverishment of the forest-growth increased: finally only a few *Betula*-pollengrains are present, together with chiefly *Pinus*-pollen. Possibly the *Pinus*-forests were not so pronounced as the high frequency of *Pinus*-pollen would make suppose. Perhaps an almost treeless vegetation reigned, built up by mosses, *Ericaceae* and ferns, the *Pinus*-pollen being transported by the wind from fare away to these countries".

Mit anderen Worten: in den jüngsten Ablagerungen der E e m-See fanden sich direkte Hinweise auf eine Entwicklung des Klimas in arktischer Richtung, sodass jedenfalls das Äquivalent der „Tundrabank" von BEIJERINCK aus der W ü r m-Eiszeit nicht durch die beiden Ortsteinbänke in den alten Binnendünen von H o l l a n d gebildet wird, sondern zu suchen ist in den obersten E e m-Schichten oder in den untersten Ablagerungen der Niederterrasse, die durch einen dicken Komplex nacheiszeitlicher Sand- und Tonschichten fluviatiler und mariner Herkunft davon getrennt sind. Die Dünenprofile und die Heideprofile zeigen auch nur oberflächliche Ähnlichkeiten.

Nach BEIJERINCK finden sich in seinen Profilen fast gar keine freien Minerale. Diese sind nur in organischer Bindung an die Humuskolloide vorhanden. Im Gegensatz dazu bildet die Ortsteinschicht in den Dünen, soweit sie vorhanden ist, die Grenze zwischen dem kalkarmen Bleichsand und dem mineral-, in casu Ca-reichen, grauen „Klinksand". Aus den Bleichsandschichten liegen, soweit sie in situ vorhanden sind, Torf- und Humusschichten. Der „Podsolierungs"-Prozess wird von BEIJERINCK nicht geleugnet. Dass kalkreiche Schichten ausgelaugt werden, dass ungesättigte Humussäuren als Schutzkolloide wirken, dass diese Kolloide ausflocken, wenn sie mineralreichere Schichten erreichen, sind zu allgemeine Erscheinungen, als dass sie in der langwierigen Entwicklungszeit des Dünengebietes nicht aufgetreten wären. Diese Erscheinungen sind obendrein nicht im geringsten auf arktische oder früher arktische Gebiete beschränkt (z.B. auf B i l l i t o n , N. O. I n d i e n).

Es scheint mir denn auch falsch, die Ortsteinschichten in den Dünen, die bis zu dritt übereinander auftreten, mit bestimmten Eiszeiten zu synchronisieren und sie mit den Ortsteinschichten unserer Heideflächen gleichzuschalten, welcher Herkunft sie auch immer sein mögen. In zahllosen Punkten weichen die Profile voneinander ab. Im Gegensatz zu den Heideprofilen können sie ohne Zweifel in alluvialen Böden ganz anderer Herkunft und ganz anderer Zusammensetzung gebildet sein.

Bei aller Wertschätzung für die Arbeit, die BEIJERINCK in D r e n t e im Laufe der Jahre geleistet hat, scheint es mir doch unmögich, seine Erklärung für den Bau der niederländischen Dünenküste zu übernehmen, sodass diese oben auf Grund der Beobachtungen zahlloser Forscher zusammengefasste Entstehungsgeschichte der niederländischen Dünenküste ohne Änderungen als Ausgangspunkt dieser Untersuchung über die Dünen gelten kann.

Dass es dabei trotzdem wünschenswert bleibt, Dünenprofile an der Hand neuerer Methoden zu untersuchen, ist selbstverständlich.

§ 2. D i e D ü n e n l a n d s c h a f t e n v o n S c h o o r l u n d
     G o e r e e.

Viele Forscher haben sich mit der Rekonstruktion der Geschichte der Dünenbasis zwischen H o e k v a n H o l l a n d und B e r g e n beschäftigt. Die Bohrungen für die Wasserleitungen, Erdarbeiten bei Kanalanlagen, zur Sandversorgung der grossen Städte und der Blumenzwiebelkultur haben in diesem Gebiet nicht wenig dazu beigetragen, unsere Einsicht zu vertiefen, sodass heute in den wichtigsten Punkten eine gewisse Übereinstimmung erzielt ist, wenn auch unser Wissen, vor allem soweit es die Geomorphologie der Dünen selber angeht, noch viel zu wünschen übrig lässt.

Auch die Dünenlandschaft zwischen B e r g e n und T e x e l ist in den letzten Jahren besser bekannt geworden. Dies Gebiet gehört denn auch in der Tat im Gegensatz zu den W e s t f r i e s i s c h e n I n s e l n, über die nur sehr wenige Forscher eine eigene Meinung veröffentlicht haben, zu den viel beschriebenen und besprochenen Gegenden der Niederlande. Der Charakter dieses Gebietes stimmt nun in vielen Punkten mit der besprochenen holländischen Dünenlandschaft nicht überein, sondern zeigt eine auffallende Ähnlichkeit mit der Dünenlandschaft der W e s t f r i e s i s c h e n I n s e l n, sodass eine Anzahl Forscher für beide Gebiete denselben Werdegang annehmen. Es ist daher erwünscht, bevor wir den Versuch wagen, die Geschichte der W e s t f r i e s i s c h e n I n s e l k e t t e zu rekonstruieren, die erheblich voneinander abweichenden Erkenntnisse der verschiedenen Forscher über das Entstehen dieses S c h o o r l-Komplexes zu besprechen.

LE FRANCQ VAN BERKHEY (1770) wusste bereits, dass der Sand nördlich von B e r g e n reiner aussieht, als an anderen Stellen in H o l l a n d; er war daher damals als vorzüglicher Glassand bekannt. „Im Gegensatz zu den kahlen Stellen in den H a a r l e m m e r Dünen, die eine hell bräunlichgelbe Farbe zeigen", schreibt VAN DER SLEEN (1912) „sind die Wanderdünen bei S c h o o r l glänzend weiss". Die bräunlich-gelbe Farbe stammt nun von Eisenoxydhydrat, das als Mantel um die Quarzkörner liegt. Bei einer Untersuchung nach dem Eisen-, Kalk- und Magnesiumgehalt von an der Nordseeküste gesammelten Sandproben stellte sich heraus, dass diese Werte zwischen B e r g e n und T e r s c h e l l i n g erheblich kleiner waren als zwischen B e r g e n und H a a m s t e d e auf S c h o u w e n. Während der Gehalt an $CaCO_3$, in $^0/_{00}$ ausgedrückt, im erstgenannten Gebiet zwischen 0,74 und 3,77 schwankte, erreichte er an anderen Stellen 28,56—76,62, obwohl er örtlich auf S c h o u w e n wiederum nur 6,78, bei W e s t - K a p e l l e 3,75 beträgt. Auch der Gehalt an

Mg CO_3 (0,71—0,66 $^o/_{oo}$ gegen 1,03—5,83) und an Fe_2O_3 (1,42—2,48 gegen 4—10,44) ist in H o l l a n d südlich von B e r g e n bedeutend grösser (VAN DER SLEEN).

Der Kalkgehalt der Dünen wird zu einem geringen Teil verursacht durch das Auftreten von Kalzit in Kristallen und Splittern. Das Hauptkontigent aber stellen Reste kalkhaltiger Produkte von Seeorganismen.

Die grösste Masse kommt mit ziemlicher Sicherheit auf die Rechnung von *Mollusken*-Schalen. VAN BAREN (1927), HOFKER und VAN RIJSINGE (1932) haben jedoch für O v e r v e e n und V o o r n e nachgewiesen, dass Fragmente von *Echinodermen*-Skeletten und Schalen von *Foraminiferen* ebenfalls eine wichtige Rolle spielen. Zahllose Reste beider Kategorien fanden die beiden letztgenannten Forscher hinter den Büscheln des *Ammophiletum*.

STARING (1856) hat bereits darauf hingewiesen, dass nördlich von B e r g e n, aber auch auf W a l c h e r e n die grösste Menge der angespülten Schalen fast ausschliesslich von *Cardium*-Arten gestellt wird mit einer kleinen Beimengung von *Mactra*- (*Spisula*-) Arten. Bei Z a n d v o o r t ist das Verhältnis dagegen umgekehrt.

LORIÉ (1890, 1913) unterschied daraufhin eine *Cardium*- und eine *Mactra*-Fauna. Neben der Tatsache, dass diese beiden einander also horizontal längs unserer Küste abwechseln, fand LORIÉ ausserdem eine vertikale Schichtung: die *Cardium*-Fauna charakterisiert nämlich bis zu einem gewissen Grade die altholozänen Ablagerungen unter der Dünenbasis in H o l l a n d. Man erhält so den Eindruck, dass die *Mactra*-Fauna über die *Cardium*-Fauna hinweggeschoben ist. Letztere wäre also nur stellenweise, namentlich nördlich von B e r g e n und auf den W e s t f r i e s i s c h e n I n s e l n, bis heute erhalten geblieben. Für die Kenntnis der Zusammenstellung unseres Dünensandes ist diese Frage von sehr grossem Interesse. Es wäre daher sehr erwünscht, wenn ein Biologe sie eingehender untersuchte.

Neben quantitativen Unterschieden im Verhältnis zwischen den Arten ist es weiterhin sehr wichtig, dass auch die totale Menge angespülter Schalen im Norden von Strandpfahl 33, nördlich von B e r g e n, plötzlich bedeutend abnimmt. TESCH hat hierauf hingewiesen und auch ich (VAN DIEREN 1923) habe die Erscheinung für T e r s c h e l l i n g ausführlich beschrieben.

Hierdurch ist der landeinwärts gewehte Sand, aus dem die Pflanzen die Dünen aufbauen, von Anfang an verhältnismässig kalkarm.

Die Flora des Komplexes zwischen B e r g e n und S c h o o r l weicht nun ebenfalls von der der kalkreichen jungen Dünenlandschaft ab. Dabei zeigt sie in einigen Punkten Übereinstimmungen mit der der sekundär kalkarmen Binnendünen. Auf diese Tatsache hat bereits im Jahre 1868 VAN EEDEN hingewiesen. Er hat auch schon gesehen, dass die Flora den Wäldern und Heideflächen im Osten der N i e d e r- l a n d e gleichfalls auffallend ähnelt. Nachdem HOLKEMA für das verwandte Dünengebiet von T e r s c h e l l i n g und A m e l a n d die Diluvial-Pflanzenhypothese aufgestellt hatte (1870), wandte VAN EEDEN (1885) diese auch auf die Landschaft um B e r g e n an.

Die älteste geologische Hypothese besagte also besonders auf Grund des Auftretens von *Vaccinium myrtillus*, dass diese Dünen aus diluvialen Sanden an primärer Lagerstätte beständen, mit anderen Worten echte Landdünen seien. Auch HEIMANS und SCHUILING (1912) vertraten diese Hypothese, wenn auch mit einigen Einschränkungen. Erst kürzlich verteidigten sie in etwas veränderter Form VAN BAREN und BIJHOUWER (1926). Für sie war das Auftreten von *Vaccinium myrtillus* und *Myrica Gale* ein Beweis dafür, dass der Sand bei B e r- g e n herstamme von einer mächtigen Flussmündung, welche fast bis in historische Zeit hier grosse Mengen von Sedimenten deponiert haben soll, sodass hier die Niederterrasse beinah ungestört bis tief ins Jungholozän fortgesetzt wäre.

Wie wir gesehen haben, hat bereits LORIÉ (1893) überzeugend nachgewiesen, dass das Auftreten bestimmter Pflanzen bestenfalls einige Hinweise gibt auf die Zusammensetzung des Bodens, jedoch unbrauchbar ist, um eine geologische Formation zu bestimmen, auch wenn örtlich die Grenzen eines Areals und einer geologischen Formation einmal mehr oder weniger zusammen fallen (WEEVERS 1933). Gleichzeitig räumte LORIÉ zu Recht mit allen hypothetischen Rheinarmen auf, die von verschiedenen Forschern, oft nur auf Grund des Auftretens sogenannter fluviatiler Indikatorenpflanzen, entworfen waren, weil grosse Mündungstrichter ausgedehnte Schichten fluviatiler Herkunft zu hinterlassen pflegen, und davon ist bis jetzt nichts gefunden worden.

Eine Bestimmung der Tiefenlage des Dünenfusses ist bei S c h o o r l sehr schwierig. An anderen Orten dient als Merkmal hierfür die Lage der Muschelbank. Da der Sand nun hier bis in grosse Tiefe kalkarm ist und die Schalenarmut des Strandes eine alte Erscheinung sein kann, ist die Dünenbasis hier im Bohrungsprofil schwierig zu erfassen und man bekommt den Eindruck, als habe sich der altholozäne Schichtenkomplex bis in rezente Zeit ungestört entwickelt. In jedem Falle aber ist die Dünenbasis nicht fluviatiler, sondern mariner Herkunft. Das ergibt sich bei näherer Betrachtung der Bohrungsprofile.

JESWIET (1913) kannte aus dem ganzen Gebiet keine Profile, sondern ausschliesslich die Flora. Er identifizierte daher die ganze Gegend mit seiner alten Dünenlandschaft.

TESCH (1923) hat hiergegen eingewendet, dass die Geomorphologie mit dieser Anschauung nicht übereinstimmt. Die Düneninduviduen zeigen sehr junge Formen, die sich von denen des kalkreichen, jungen Dünendistriktes südlich von B e r g e n nicht unterscheiden, und die in keiner Weise eine Übereinstimmung zeigen mit den abgeschliffenen, niedrigen Formen der alten Dünenlandschaft.

Gegen diese Auseinandersetzung von TESCH habe ich folgendes Bedenken. Die Dünenform hängt nicht allein mit dem absoluten Alter eines Komplexes zusammen; sie ist lediglich ein Zeichen für das Mass von Ruhe, in der ein Gebiet sich befunden hat. Der Komplex um S c h o o r l ist noch immer gekennzeichnet durch eine intensive Umsetzung der Düneninduviduen durch den Wind (BRAAK 1919). Aus der Landschaftsform lässt sich nur schliessen, dass die Dünenform des oben genannten Komplexes anscheinend auf eine bis in rezente Zeit reichende Verjüngung hinweist. Das steht also nur in Beziehung zu dem Zustande, worin sich die natürliche Pflanzendecke befunden hat und noch befindet.

Von mehr Interesse ist daher die Bemerkung von TESCH, dass sich — im Gegensatz zur sekundären der alten Dünenlandschaft — aus dem Untergrund und aus Beobachtungen auf dem Strande die primäre Kalkarmut dieses Gebietes ergibt. Die typischen Auslaugungsprofile fehlen überall; ausserdem enthält der Sand einen gewissen Prozentsatz gröberer Körner (0,5—3 mm Durchmesser).

Es finden sich also Unterschiede zur alten Dünenlandschaft. Der S c h o o r l e r Komplex wird obendrein im Gegensatz zur letzteren noch fortwährend umgesetzt und an der Dünenseite setzt sich bis in rezente Zeit die Bildung verwandter Düneninduviduen fort. Natürlich ist diese Erscheinung heute durch das Festlegen der Vordünen mehr oder weniger gehemmt. Wir können also im Anschluss an TESCH die Identifizierung mit der alten Dünenlandschaft fallen lassen.

Eine weitere Auffassung über dies Gebiet äusserte VAN DER SLEEN (1912). Er kam auf Grund der Tatsache, dass die ersten unverletzten Schalen auf einer Tiefe von 10—12 m — N.A.P. gefunden wurden, zu dem Schluss, dass der Dünenfuss hier bedeutend tiefer liege als an anderen Orten in H o l l a n d. Er knüpfte daran die Vermutung, dass der ganze Komplex noch bedeutend älter wäre als der alte Dünendistrikt von JESWIET. Die sehr grosse Kalkarmut wäre dann durch eine noch intensivere Auslaugung entstanden. Wir haben bereits festgestellt, dass diese Vermutung bestimmt falsch ist. Die geringe Zahl von Muschelschalen auf dem alten Strande wird im vorliegenden Falle das Erfassen des Dünenfusses erschwert haben.

Aus Bohrungen (STEENHUIS 1915; WATERSCHOOT VAN DER GRACHT 1916) hat sich denn auch ergeben, dass der Dünenfuss weniger tief liegt, als VAN DER SLEEN meinte. Er findet sich im allgemeinen auf derselben Tiefe wie an anderen Stellen in H o l l a n d. Der Komplex um S c h o o r l besteht also weder aus Diluvium noch aus Niederterrasse; auch handelt es sich weder um alte Dünen in situ noch um eine altholozäne Dünenlandschaft in situ.

Um zur Lösung des Problems zu kommen, müssen wir an Hand der Auffassungen von DUBOIS (1916) und TESCH (1923), genau wie wir das früher für andere Gebiete durchgeführt haben, die Herkunft des Sandes und die Lage des Dünenfusses näher untersuchen. DUBOIS hat auseinander gesetzt, dass die Dünendistrikte, die in der Nähe des diluvialen Komplexes um T e x e l liegen, nicht in unmittelbarer Verbindung zu stehen brauchen mit der Bildung des K a n a l s. Es besteht die Möglichkeit, dass dort bereits vor diesem Ereignis unter Einfluss des aus nördlicher Richtung kommenden atlantischen Stromes hinter dem T e x e l-Kern aus den Produkten der D o g g e r b a n k Nehrungen aufgebaut worden sind. Letztere war bestimmt einer starken Erosion durch das Meer ausgesetzt. Der weisse Sand von S c h o o r l und den W e s t f r i e s i s c h e n I n s e l n stamme also aus dem Norden und sei teilweise fenno-skandinavischen Ursprunges. Das würde auch das Auftreten gröberer Elemente im Dünenfuss erklären. Die übrigen charakteristischen Eigenschaften dieses Sandes gäben dann Anlass zu der Vermutung, dass es sich um Bleichsand handelt, der gelegen hat unter den dicken Torfschichten der alten Nordsee-Landschaft (lowest-submerged-forest), deren Reste noch heute den Boden der Nordsee bedecken (Karte bei SCHÜTTE 1927 und VERMEER-LOUMAN 1934).

TESCH hält es nicht für nötig, den Sand soweit herkommen zu lassen. Er denkt vielmehr an den diluvialen Kern von T e x e l, der ebenfalls der Erosion ausgesetzt ist, wie nicht nur die vielen diluvialen Rollsteine auf dem Strande von T e x e l, sondern auch die Rollsteinfelder in der Nähe der Küste beweisen. Aus Bohrungen ergab sich diese Tatsache ebenfalls (VAN BAREN 1924). TESCH sieht also in dem Gehalt an gröberen Körnern einen Hinweis darauf, dass ein Teil des Sandes der Dünen um S c h o o r l von T e x e l stammt. VAN BAREN nimmt an, dass die gröberen Körner auch wohl aus einigen Sandlinsen, anscheinend fluviatiler Herkunft, die sich unter dem S c h o o r l-Komplex befinden, herkommen könnten. TESCH hat hiergegen einzuwenden, dass gerade dieser Sand keine gröberen Elemente enthält.

Sehen wir nun, was sich aus Bohrungen über die Lage der rezenten Dünenbasis ergeben hat. Dann zeigt sich, dass ein Teil des Komplexes auf jungem Seeton liegt, aus dem auch der angrenzende Polder besteht: nur liegt die Basis unter der Düne etwa 4 m unter N. A. P. Ein anderer Teil liegt anscheinend auf einem Dünengebiet, das nach TESCH mit der alten Dünenlandschaft von JESWIET identisch ist und dessen deutlich begrenzte Basis zwischen 4 und reichlich 6 m — N.A.P. liegt.

Zuletzt liegt ein Teil des Sandes mit viel Torf in einer Tiefe von höchstens 5,2 m — N.A.P.; VAN OLDENBORGH und TESCH halten diese Torfschicht für eine jungholozäne Bildung des Haffs.

Bringen wir diese Tatsachen nun in Verbindung mit der Darstellung, die uns DUBOIS und TESCH über die Herkunft des Sandes gegeben haben, so ergibt sich der Schluss, dass das Dünengebiet ursprünglich weiter nach Westen gelegen hat; es hat sich später einheitlich landeinwärts verschoben und geriet so über junge bis sehr junge, holozäne Gebilde.

Diese Darstellung weicht etwas von der von TESCH ab, steht ihr aber sehr nahe. Denn TESCH denkt im Anschluss an DUBOIS an eine altholozäne Sandbank mit Dünenbildung, die sich von T e x e l bis B e r g e n erstreckte. Sie wäre in jungholozäner Zeit zunächst vernichtet worden und aus den Trümmern dieser Urdünenlandschaft, die also aus Erosionsprodukten des T e x e l'schen Diluviums entstanden war, wäre später weiter landeinwärts das heutige Gebiet aufgebaut, woran sich nun auch Material aus der Gegend um C a l a i s beteiligt hätte.

Ich halte diese Diskontinuität für unwahrscheinlich, wenn wir die gesamte Küste in unsere Betrachtung einbeziehen und mit folgender Tatsache rechnen. Unter natürlichen Umständen verschwindet eine dem Winde ausgesetzte Kliffküste nicht, sondern weicht landeinwärts zurück (GERHARD-JENTSCH (1900) und SOLGER (1911); siehe Kapitel VI, § 1).

Aus den Untersuchungen von TESCH, LORIÉ, DUBOIS und anderen hat sich also ergeben, dass die Nehrung anfangs in einem stärker nach Osten zurückspringenden Bogen zwischen C a l a i s und dem Komplex von T e x e l ausgespannt war. Die Erweiterung des K a n a l s hatte aber zur Folge, dass diese Tendenz sich langsam änderte, wie sich aus dem Verlauf der verschiedenen Nehrungen bei S a n g a t t e (TESCH 1920) deutlich ergibt.

Das hatte für unser Gebiet zur Folge, dass die Küste im Süden und im äussersten Norden zurückwich und an einigen Stellen, wo die Erosion durch das Meer anscheinend schneller ging als die äolische Verschiebung, gänzlich verschwand. In der Biegung der Küste ging die Dünenbildung später jedoch noch weiter: hier entstand das sogenannte junge Dünengebiet. Beim Auftreten des Menschen, der die Pflanzendecke der Dünen ausnutzte, wurde diese äolische Verschiebung in östlicher Richtung noch gefördert. Hierfür finden wir einen Beweis in der Tatsache, dass man unter den Dünen Reste menschlicher Niederlassungen findet. Ist diese Betrachtungsweise richtig, dann müssen wir also im äussersten Norden und im äussersten Süden der Küste das stärkste Zurückweichen und demzufolge die stärkste Erosion finden. Aber an diese Gebiete überwiegender mariner Erosion müssen sich Gebiete angeschlossen haben, in der die marine Erosion langsamer verlief, als die äolische Verschiebung der Kliffküste ostwärts; wo also ein Zurückweichen der Küste möglich war. Im Zentrum von H o l l a n d wird dieses Zurückweichen nur geringe Ausmasse angenommen haben, da der Sand, der zu der Zeit von Süden kam, in der Ausbuchtung der Küste abgesetzt wurde. Dagegen ist im Norden und im Süden die Küste in der Tat an zahlreichen Stellen vollkommen verschwunden. Die südlichsten Komplexe in ursprünglicher Lage der alten Dünenlandschaft von JESWIET liegen bei M o n s t e r. Aus folgenden Tatsachen können wir darauf schliessen, dass sich diese Dünenlandschaft in früherer Zeit weiter nach Süden ausgestreckt hat: in Z e e l a n d und W e s t-F l a n d e r n liegen im Meere vor der Küste die Reste des jungholozänen Küstenmoores, das, wie wir gesehen hatten, jünger war, als die alte Dünenlandschaft, und ursprünglich auf den Watten hinter dieser Landschaft entstanden war. Auf diesem Moor liegen gallo-romanische Altertümer. Und unter und hinter den heutigen jungen Dünenkomplexen an diesen Stellen, die grösstenteils zu den jungen kalkreichen Dünenbildungen zu zählen sind, liegt ebenfalls Torf (Derrie) unter jungem Seeton (VAN BAREN 1913).

Ursprünglich hat die Dünenküste hier also weiter nach Westen gelegen. Sie war so geschlossen, dass eine Moorlandschaft sich auf weiten Flächen ruhig entwickeln konnte. Auch zwischen S c h o o r l und T e x e l, wo wir in späterer Zeit grosse Lücken in der Dünenreihe antreffen, muss sich, wie sich aus derartigen Torfablagerungen schliessen lässt, früher ebenfalls eine weiter nach Westen gelegene, geschlossene Dünenkette befunden haben. Das M a r s d i e p ist denn auch geologisch gesprochen eine sehr junge Bildung (RAMAER 1913).

Die Dünengebiete von G o e r e e und B e r g e n liegen also gerade auf den Punkten, wo wahrscheinlich ein Zurückweichen der Küste stattfand, aber sich die Möglichkeit einer schnelleren äolischen Verschiebung nach Osten ergab.

Auch in diesem Zusammenhang ist die Untersuchung der kalkarmen Dünen von G o e r e e sehr wichtig (WEEVERS 1919, 1923).

WEEVERS gibt eine sehr ausführliche Beschreibung des sogenannten alten Kernes (W e s t d u i n e n, L a n d v a n D i e p e n h o r s t, M i d d e l- e n O o s t d u i n e n), der aus kalkarmen Dünensand besteht, ohne dass sich ein typisches Auslaugungsprofil findet. Die Basis besteht aus einer lehmigen Torfbank auf ungefähr 1 m — N. A.P., d. h. einer typischen „Haffbildung". Er betrachtet diesen Komplex als eine verschobene, alte Dünenlandschaft. Sie wird vom jüngeren Dünengebiet getrennt durch eine Reihe von Poldern, die im 14., 15. und 19. Jahrhundert eingedeicht worden sind. Dies ist wichtig, da hierdurch wahrscheinlich gemacht wird, dass nach der Verschiebung eine plötzliche Küstenverbreiterung aufgetreten ist, nach der sich am Meere wieder Dünen bildeten. Hierdurch wurde der alte Kern zum grössten Teil vor dem Hinzutreten neuer kalkreicher Elemente geschützt.

Die anderen Dünengebiete der Inseln von Z u i d-H o l l a n d und
Z e e l a n d sind noch nicht allzu gut untersucht. Zusammenfassende
Analysen und Erklärungen fehlen; es bestehen nur einige, kürzere
Beschreibungen.

V a n d e r S l e e n hat aber auch für diese Gegend darauf hingewiesen, dass hier ebenfalls verlagertes, altes Dünengebiet an den jüngeren Dünenbildungen beteiligt sein kann. Er berichtet von kalkarmen
Dünen bei H a a m s t e d e und D o m b u r g und hält es für
wahrscheinlich, das bei R e n e s s e und W e s t-K a p e l l e um-
gesetzter Sand von Binnendünen an der Bildung beteiligt ist.

Für das südliche Küstengebiet steht also fest, dass die Dünenkette
im Anfang nicht nur weiter nach Westen gelegen hat und bedeutend
schwerer und geschlossener war, sondern auch, dass weite Flächen davon zerstört wurden.

Es wird dann wahrscheinlich, dass während der Periode des Küstenrückganges die dem Winde ausgesetzte Kliffküste nach Osten stob.
Das ist auch heute noch bei der herrschenden Windrichtung ausge-
setzten, zurückweichenden Küsten zu beobachten. Ausserdem traten
später Neubildungen auf, die auf G o e r e e grösstenteils vom alten,
ostwärts gewehten Gebiete unabhängig blieben, während sie an
anderen Stellen anscheinend mit älteren Elementen in Verbindung
traten. Betrachten wir nun den Komplex um S c h o o r l , so brauchen wir möglicherweise keine vollständige Vernichtung mit erst
später auftretender Neubildung anzunehmen.

Die Ton- und Torfbildung des Untergrundes und im Hinterlande,
die doch sicher nicht an einer offenen Küste entstanden sind, lassen
das ebenfalls nicht als wahrscheinlich erscheinen. Ausserdem werden
auch hier ausgedehnte Moorbildungen westlich der heutigen Hochwasserlinie gefunden (FABER 1926).

Ein grosser Unterschied zwischen dem G o e r e e-Kern und dem
Ur-Komplex von S c h o o r l besteht aber darin, dass letzterer
möglicherweise bedeutend älter ist als die alte Dünenlandschaft; dazu
kommt noch, dass der Sand zum Teil deutlich anderer Herkunft ist.
Obendrein ist aber die Dünenbildung und die Umsetzung an dieser
Stelle bis in die Jetztzeit weitergegangen und die jüngeren Bildungen
schliessen sich durch ihre primäre Kalkarmut sehr eng an die älteren
an und sind mit ihnen offensichtlich unentwirrbar verbunden.

Fassen wir unseren vorläufigen Schluss zusammen, dann ergibt sich, dass auf Grund der Geschichte der niederländischen Küstenlinie und der Art des Sandes als wahrscheinlich angenommen werden muss, dass auf der Höhe von B e r g e n und S c h o o r l bereits vor dem Durchbruch der M e e r e n g e   v o n   C a l a i s, also noch im Altholozän, eine Küste mit Dünenbildungen entstand, die sich von dem diluvialen T e x e l-Komplex in südlicher Richtung ausdehnte. Die Dünen wurden unter Einfluss des aus dem Norden kommenden Stromes aus Material aufgebaut, das dem diluvialen Kern von T e x e l und Sanden aus der Gegend der D o g g e r b a n k entstammt.

Dieser Komplex ist nach dem Durchbruch und vor allem nach der Erweiterung der M e e r e n g e   v o n   C a l a i s und der darauffolgenden Geradestreckung der Küstenlinie im Süden und Norden teilweise zerstört, teilweise aber auch zusammenhängend in östlicher Richtung verschoben worden, wodurch er schliesslich jung-, bis sehr jungholozäne Ablagerungen bedeckte. Diese Umschichtung durch den Wind wird bis heute fortgesetzt; daher zeigt die Landschaft ihre geomorphologisch jungen Formen (Siehe Kapitel VIII, § 3).

Auch Neubildungen traten auf und daran ist Sand, der aus dem Süden stammt, ebenfalls beteiligt. Die Armut an *Mollusken*-Schalen auf dem Strande, und die damit in Zusammenhang stehende primäre Kalkarmut des Sandes bringen es jedoch zuwege, dass diese Neubildungen untrennbar in den Komplex eingegliedert werden.

In seiner Gesamtheit ist der Komplex durch seine primäre Kalkarmut scharf geschieden von der jungen, kalkreichen und der sekundär kalkarmen Dünenlandschaft von JESWIET.

Die Beurteilung des Dünengebietes um B e r g e n zieht dieselben eigenartigen Schwierigkeiten nach sich, wie die Rekonstruktion der Dünenlandschaft auf den W e s t f r i e s i s c h e n   I n s e l n. Hier fehlen alle bekannten Punkte, worauf wir eine Entwicklungsgeschichte der holländischen Dünen begründen können. Vergebens sucht man nach charakteristischen Profilen, stabilen Dünenindividuen, einer deutlich kenntlichen, ursprünglichen Dünenbasis und nach abgeschlossenem Wachstum.

Doch zeigt sich hier deutlich, dass, obwohl das Gebiet aufgebaut ist aus Dünenindividuen und Sandmassen sehr verschiedenen Alters, trotzdem eine Einheit vorliegt, die scharf von dem südlicheren Gebiete zu trennen ist. Mir scheint es ganz bestimmt falsch, diese Landschaft auf Grund der Tatsache, dass ihre Formen „jung'' sind und in ihnen auch neue Bildungen vorkommen, mit dem jungen Dünengebiet in H o l l a n d gleichzustellen.

Wohl finden sich bis in kleinste Einzelheiten Übereinstimmungen mit den nördlichen Dünengebieten. Bevor ich aber zu einem Vergleich zwischen diesen beiden übergehen kann, möchte ich erst auf Grund geologischer Tatsachen und Betrachtungen versuchen, eine Entstehungsgeschichte der W e s t f r i e s i s c h e n I n s e l k e t t e, im besonderen der Insel T e r s c h e l l i n g, zu entwerfen.

ZWEITES KAPITEL

DIE ENTSTEHUNGSGESCHICHTE DER NIEDERLÄNDISCHEN NORDSEE-INSELN

(IM BESONDEREN VON TERSCHELLING)

§ 1. Ergebnisse der Bohrungen.

Die ersten Bohrungen auf Terschelling erfolgten im Jahre 1910 (LORIÉ 1913). Beide wurden auf West-Terschelling angelegt. 1920 veröffentlichte STEENHUIS einige weitere Tatsachen. Später erhielt ich selber Bodenproben aus Midsland, Formerum und Lies (VAN DIEREN 1929, 1932).

Schliesslich verschaffte mir TESCH (1933) einige Tatsachen über Bohrungen auf West-Terschelling und bei Hoorn, und durch die Vermittlung von Herrn P. SMIT aus Midsland erhielt ich einige neue Bohrprofile aus Kinnum, Midsland aan Zee und Klein-Lies.

Die meisten dieser Bohrungen gingen nur etwa 22 m tief, da die Bohrmeister aus Erfahrung wissen, dass auf dieser Tiefe die beste Schicht für Trinkwasser liegt. In anderen Fällen gehen die Profile tiefer, bleiben aber etwa bei 33 m im Ton stecken. Nur ganz wenige erreichen Tiefen von 42 und 62 m unter der Erdoberfläche der Bohrstelle.

Vergleichen wir nun die Bohrprofile, so stellt sich heraus, dass sie über die ganze Länge der Insel grosse Ähnlichkeiten aufweisen. Es hat daher keinen Sinn, sie einzeln ausführlich zu beschreiben.

Für sie alle ist es charakteristisch, dass man zwischen 5 und 18 m eine dicke Schicht von sehr bis äusserst feinem Wattensand findet, stellenweise mit Muschelschichten, die bestehen aus *Cardium edule* L. *Spisula solida* L., *Spisula subtruncata* DAC., *Donax vittatus* DAC. (8 m: Hoorn; 10 m: West, Hoorn; 18 m: Midsland, Hoorn).

Stellenweise werden diese Wattensandschichten auch von dünnen Tonschichten unterbrochen (6 m: Formerum; 10 m: West).

Über diesem Schichtenkomplex liegt eine bemerkenswerte Lage von Moorresten mit Ton. Unter ihr finden wir eine grobsandige Schicht mit vielen Kieseln. Beide Schichten sind voneinander fast stets getrennt durch Holzreste und kleine Stücke harten schwarzen Torfes, in denen Frl. Dr. POLAK nach brieflicher Mitteilung *Gramineen*-Wurzeln, Braunmoos, *Polypodium vulgare* (Spore), *Diatomeen*, *Pinus*-Pollen (42), *Carex riparia*, *Phragmites* (Blatt), *Corylus*-Pollen (5) und *Aspidium Thelypteris* (?; Spore) erkannte (19 m: W e s t; 20 m: L i e s; ausserdem gefunden bei M i d s l a n d und K i n n u m) [1].

Die oben genannte grobsandige Schicht enthält in tieferen Lagen Molluskenreste der E e m - S e e (*Tapes senescens* DOED. var. *eemiensis* NORDM., *Cerithium reticulatum*, *Corbula gibba*, *Nassa reticulata* L.), deren Sedimente bei M i d s l a n d auf etwa 35 m Tiefe in ungestörter Lagerung angebohrt werden. Eine Menge von Doppelschalen von *Tapes senescens*, grösstenteils noch bedeckt von dem goldfarbigen Periostrakum, finden sich hier im Profil. Ablagerungen der E e m - S e e sind weiterhin bekannt aus K i n n u m und H o o r n. Unter K i n n u m liegen diese Schichten auf einer dünnen Schicht Torfgrus.

Der Geschiebelehm findet sich schliesslich auf W e s t - T e r s c h e l l i n g in 33—35 m Tiefe, unter B a a i d u u n auf 30 m, unter M i d s l a n d auf 35 m und weiterhin unter L i e s. Übrigens findet man zwischen 30 und 40 m groben, weissen Sand, gemischt mit Kies und kleinen Findlingen, faustgrosse Stücke Kalk, Granit, Gneis, Feuerstein und Sandstein; einige davon zeigen Gletscherschrammen. Darunter erscheint auf W e s t - T e r s c h e l l i n g grober Sand, untermischt mit feinem, worin Schalenschutt von *Cardium edule* L., *Macoma balthica* L., *Mytilus edulis* L., *Barnea candida* L., *Hydrobia stagnalis* BAST., und *Utriculus* sp. vorkommt. Darunter finden sich dann wieder grobe und feine Sande, in denen stellenweise Holzstücke, grobe Körner, scharfkantige Stücke von rotem Granit und glimmerhaltiger Sand auftreten.

---

1) VERMEER-LOUMAN (1934) hat diesen Torf näher untersucht. Sie fand in diesem Moore *Sphagnum*-Sporen (8), Farnsporen des Typus von *Athyrium Filix femina*, viele Monokotylenwurzeln, Korkrinde, Epidermis von *Cyperaceen*, Radizellen von *Carex*, Pollen von *Pinus* (149; bis 98 %), *Betula* (1 %), *Corylus* (1 %) und Farnsporen (14). Dieses Moor entstand also auf dem Höhepunkt der *Pinus*-Phase. Der Boden war mit einem *Caricetum* bedeckt, in dem Moose und Farne wuchsen.

Eine im Prinzip nicht abweichende Bohrung beschrieb STEEN-
HUIS aus V l i e l a n d; dort wird aber der Geschiebelehm bereits in 20 m Tiefe erbohrt. Darunter liegt ebenfalls Sand mit Meeres-
mollusken.

Schliesslich ist eine ähnliche Schichtenfolge aus T e x e l bekannt.
Dort kommt bei D e n B u r g der Geschiebelehm dicht unter die
Oberfläche und liegt auf einem dicken Paket diluvialen Sandes, das
stellenweise eine Dicke von 200 m erreicht. Wie sich aus der Anwesenheit mariner Muschelschalen (*Cardium edule* L., *Macoma
balthica* L., *Ostrea edulis* L., *Spisula subtruncata* DAC.) ergibt, muss
auch dieser Komplex während seiner Bildung stellenweise vom Meere
überflutet worden sein. Westlich von D e n H o o r n findet man
derartige Spuren u.a. zwischen 43,3 und 57 m. (Vergleiche TESCH:
Geologische Karte von T e x e l).

Nicht nur auf T e r s c h e l l i n g, sondern auch auf V l i e l a n d
und T e x e l liegen also unter dem Geschiebelehm Muschelschalen,
die auf eine jungpräglaziale marine Transgression hinweisen (STEEN-
HUIS 1923).

In meinen Arbeiten von 1927 und 1932 habe ich versucht, die
Ergebnisse dieser Bohrungen auszuwerten. Die neuen Ergebnisse
passen sich der dort gegebenen Erklärung einwandfrei ein; auch
TESCH schliesst sich nach brieflicher Mitteilung meiner Meinung an.
Es stellte sich also heraus, dass der Geschiebelehm von D e n B u r g
und D e n H o o r n auf T e x e l, wo er zu Tage tritt (7,90 + N.A.P.)
nach Nordosten absinkt (D e C o c k s d o r p: 17,95 m, O o s t-
V l i e l a n d: 20,06 m). Unter T e r s c h e l l i n g findet man ihn
auf 30—35 m Tiefe.

Dieser Geschiebelehm (R i s s - Eiszeit) liegt über einer Schichtenfolge von diluvialem Sande, der während seiner Bildung marin beeinflusst worden ist.

Über dem Geschiebelehm finden wir Ablagerungen der E e m - S e e
in situ (35—28 m) (R i s s - W ü r m - Interglazial), die seinerzeit
wieder von reinem Sande bedeckt wurden („Sanddiluvium": 28—20 m
W ü r m-Eiszeit, Nacheiszeit und Präboreal). Dieser Sand enthält
in seiner oberen Schicht Holzreste und „Torf-in-grösserer-Tiefe"
(Tannenphase des Boreal); die letztgenannte Ablagerung gilt im
allgemeinen als erste Bildung des Alluviums. Über diesem groben
Sande, aus dem zumeist das Trinkwasser stammt, liegt ein Komplex

sehr feinsandiger und tonartiger mariner Ablagerungen, die die Sonde oft in einem Arbeitstage durchstösst. Darin finden sich stellenweise Muschelschichten, die augenscheinlich von der altholozänen Nordsee abgelagert sind (Boreal-Atlantikum).

In einer Tiefe von 5—6 m unter der hochgelegenen Erdoberfläche folgt dann Ton, bedeckt mit Torfresten, den Resten des hier im übrigen weggespülten, jungholozänen, „ertrunkenen Moores" von H o l - l a n d (Atlantikum bis Subatlantikum). Von dieser Bildung sind weiter im Norden anscheinend dickere Schichten gefunden worden (Heide von M i d s l a n d, Dünen bei O o s t e r e n d). Stellenweise trifft man dieses Moor auch im Wattenmeer an.

Auf diesem Torf liegt dann wieder Wattenton, Wattensand und Dünensand, örtlich mit neuen Moorbildungen (Subatlantikum). Die Verbreitung dieser Bodenarten, worauf die Gliederung der Landschaft und damit die Verbreitung der Pflanzengesellschaften zu einem nicht geringen Teile beruht, wird erst in einem der folgenden Kapitel zur Sprache kommen. Es ergibt sich aber bereits aus dieser Schichtenfolge, dass sich der Boden im Verhältnis zur See seit dem Diluvium merklich gesenkt hat. Diese Senkung kann unterbrochen werden durch Perioden von Stillstand oder Hebung.

Dass den Torfresten in 5—6 m ($\pm$ 3 m + N.A.P.) und 18—22 m Tiefe in der Tat erhöhte Bedeutung zukommt, wird bestätigt durch die Erfahrung, dass man eine Pumpe nur über 6 m oder zwischen 20 und 30 m ansetzen darf, wenn man gutes Trinkwasser erhalten will. Es kommen also als Wasserlieferanten vor allem die groben Sande des Diluviums und die Ablagerungen der E e m - S e e in Frage. In geringerem Masse lässt sich das auch für die jungen Sande über der Torf- und Tonschicht in 5—6 m Tiefe sagen.

Das alles gilt aber nur für das Gebiet, das um den und nördlich des sogenannten „N o o r d e l ij k e W o o n w a l" liegt. Weiter im Süden, z.B. in K i n n u m und B a a i d u u n wird das Wasser schon in etwa 7 m Tiefe salzig und bleibt es bis auf die Moräne. Da wir uns hier bereits in grosser Entfernung vom Dünengebiet befinden und die Niederschläge im Polder von einem ausgedehnten Grabennetz direkt nach dem Meere abgeleitet werden, liegt dies Gebiet offensichtlich ausserhalb des „Süsswassersackes", der nach BADON-GHYBEN und HERZBERG unter jeder Nordsee-Insel vorhanden ist. Auch das Wasser unter dem Geschiebelehm ist als Trinkwasser nicht geeignet.

Unter M i d s l a n d roch es sehr stark nach Humus und war eisenhaltig. In grösserer Tiefe wurde es auch hier brackig. Diese Tatsache gestatten uns einen gewissen Einblick in den hydrologischen Zustand des Untergrundes.

Bohrungen unter dem Dünengebiet, die tiefer gingen als einige Meter, sind bisher noch nicht angestellt worden. Dass diese Profile hier in wichtigen Punkten von dem oben beschriebenen Typ abweichen, ist nicht anzunehmen.

Wir finden auf T e r s c h e l l i n g das Diluvium also erst in 20 m Tiefe. Alle Angaben, dass Geschiebesand — nach VAN BAREN ein Auswaschungsprodukt einer zweiten, jüngeren Eisbedeckung — diluviale Ablagerungen mit Findlingen, Niederterrasse oder diluvialer Ton auf T e r s c h e l l i n g namentlich bei M i d s l a n d zu Tage treten, sind unrichtig (STARING 1856, VAN BAREN 1924, MOLENGRAAFF, VAN DER SLEEN, JESWIET u.a.). Auch die Meinung, die bewohnten Rücken wären diluvialen Ursprunges (VAN DER SLEEN, VAN BAREN 1913), oder die Dünenebenen seien direkte Fortsetzungen der diluvialen Gebiete im Osten der Niederlande (HOLKEMA 1870, VAN EEDEN 1885, VUYCK 1898, BOLDINGH 1912), müssen berichtigt werden, ebenso wie wir das schon für die Dünen in H o l l a n d nachgewiesen haben.

Schliesslich konnte auch das Auftreten fluviatiler Ablagerungen bis sehr dicht unter der Oberfläche (BIJHOUWER) nicht bestätigt werden.

Nach brieflichen Angaben von TESCH ist das Holozän auf A m e l a n d und S c h i e r m o n n i k o o g noch nicht durchstossen; auf B o r k u m wurde das Diluvium in 20 m Tiefe gefunden. Es besteht im Augenblick kein Grund zu der Annahme, dass die anderen Inseln, was das Holozän angeht, bedeutend vom Bau von T e r s c h e l l i n g abweichen. Nur auf T e x e l erscheint das Diluvium also sehr nahe unter der Oberfläche. Das Dünengebiet ist aber auch dort keine diluviale Bildung.

Wir können also von den Dünengebieten von T e x e l, V l i e l a n d, T e r s c h e l l i n g und A m e l a n d, ebenso wie vom Gebiet um S c h o o r l, sagen, dass auch da das Auftreten von Heideflächen in den Dünen nicht im Zusammenhang steht mit dem Zutagetreten diluvialer Ablagerungen. Eine Dünenlandschaft, die erst durch Auslaugung einer ursprünglich kalkreichen Oberschicht Eigenschaften erhalten hat, die das Wachstum von Kalkflüchtern ermöglicht, liegt ebenfalls nicht vor. Es handelt sich auch nicht um Dünengebiete, die durch äolische Umsetzung von alten, ausgelaugten Dünen entstanden sind.

Im Zusammenhang mit der Armut an Muschelschalen, die wir auf dem Strande und in den Dünen bis in grössere Tiefen beobachten können, lässt sich sagen, dass hier, ebenso wie bei S c h o o r l, die Heide wächst auf primär kalkarmen Sande, der im Holozän abgelagert wurde. S c h i e r m o n n i k o o g, das offensichtlich die gleiche Entwicklungsgeschichte hinter sich hat, ist jedoch anscheinend kalkreicher.

§ 2. Die Herkunft des Sandes.

Bevor wir die Entstehungsgeschichte der W e s t f r i e s i s c h e n I n s e l n zu rekonstruieren versuchen, ist es erwünscht, auch hier nach der Herkunft des Sandes zu fragen.

Dubois (1916) war der einzige, der sich, soweit es die Nordsee-Inseln selbst angeht, hierüber ausgelassen hat. Wir haben bereits gesehen, dass er annimmt, der weisse Sand der Dünen um S c h o o r l stamme von anderen Stellen als der gelbliche Sand der Dünen in H o l l a n d. Seiner Ansicht nach wurde der Sand bereits gebleicht und ausgelaugt, bevor er an der heutigen Lagerstätte abgelagert wurde. Dieser Vorgang hat stattgefunden unter den Torf- und Humusschichten der spätdiluvialen Nordsee-Landschaft.

Auch Tesch hält es für möglich, dass bei S c h o o r l diluvialer Sand an der Bildung der Dünen beteiligt ist. Er schliesst das aus dem Gehalt an gröberen Körnern, denkt aber bei der Herkunft nicht an die D o g g e r b a n k, sondern an den diluvialen Kern von T e x e l. Es ist nun von grossem Interesse zu untersuchen, welche grösseren geologischen Objekte am Strande angespült werden.

Ich möchte dann zuerst darauf hinweisen, dass am Strande von T e r s c h e l l i n g und A m e l a n d Bernstein gefunden wird. Er ist jedenfalls in heutiger Zeit nicht allgemein, tritt aber im Laufe der Jahre doch regelmässig auf. Ich selber habe verschiedene Stücke in der Hand gehabt. Die wichtigsten Fundorte liegen im Gebiet der N o r d f r i e s i s c h e n I n s e l n (S y l t, A m r u m, F ö h r, N o r d s t r a n d, die H i t z b a n k bei E i d e r s t e d t, die Watten H i n n e r k und H u n d, sowie die Düne von H e l g o l a n d). Schon Plinius schreibt, dass das ,,glaesum'' der Germanen herstammt

von den Inseln des N ö r d l i c h e n O z e a n s. Eine Insel aus einer
Reihe von 23, die bei den Bewohnern „A u s t e r a v i a" hiess, wurde
daher von den römischen Soldaten „G l a e s a r i a" genannt. Schoo
(1933) identifiziert diese Insel auf Grund historisch-geographischer
Erwägungen mit A m e l a n d, doch steht dies keineswegs fest. Weitere Angaben über Bernsteinfunde in den N i e d e r l a n d e n findet
man bei Arends (1833), Venema (1849), Staring (1860) und van
Baren (1915). Diese nennen für den Norden der Niederlande, ausser
A m e l a n d, R o t t u m und die nördliche Ecke des D o l l a r d
an der Landspitze von R e i d é und der F i v e l.

Wie bekannt ist, handelt es sich bei Bernstein um fossilisiertes
Harz, u. a. von *Pinus Hageni* Heer, *Pinus succinifera* Conw., *Pinus
silvestris* L., *Pinus silvatica* und *P. baltica* (Jongmans 1910). Er ist
anscheinend im Eozän entstanden. Man kennt ihn aber nur aus den
unteroligozänen Glaukonitsanden des S a m l a n d e s und von den
Küsten des S c h w a r z e n M e e r e s, aus W e s t r u s s l a n d und
von der N i e d e r e l b e, wohin er anscheinend durch Flüsse transportiert ist.

Der Bernstein, der in den N i e d e r l a n d e n bei W i n s c h o -
t e n (Anhöhe K l o o s t e r h o l t), in der Nähe von E m b d e n und
in D r e n t e gefunden wurde, ist denn auch durch das Landeis aus
den baltischen Schichten dorthin transportiert worden. Auch die angespülten Stücke stammen offensichtlich aus dem Diluvium. Das
Gleiche gilt für die Braunkohle, die nach Staring ebenfalls auf den
Inseln anspülen kann.

Weiterhin muss an dieser Stelle gewiesen werden auf die diluvialen
Rollkiesel, die man auf dem Strand von T e x e l, aber auch auf
V l i e l a n d und T e r s c h e l l i n g finden kann. Auf T e x e l
finden wir vor allem zwischen den Strandpfählen 26 und 29 Granit,
Gneis und Feuerstein (van Baren 1924, 1927).

Deren Herkunft muss gesucht werden im Kern von T e x e l selber,
aber auch in den Rollsteinschichten, die nördlich von T e x e l und
V l i e l a n d den Boden der Nordsee bilden, sowie in den Kieslagen
in der O o s t m e e p. Auch die angespülten Tonlinsen, die nach Annahme der Forscher limnische, pleistozäne Bildungen darstellen, sind
in diesem Zusammenhang von Wichtigkeit.

Die E e m-Schichten sind vertreten durch zahllose Fragmente von
Muschelschalen. Auf dem Strande von T e r s c h e l l i n g ist *Tapes*

senescens DOED. var. *eemiensis* NORDM. nicht selten (östlich von Strandpfahl 8) und auf der B o s c h p l a a t sind viele Splitter von *Chlamys
varius* L. und *Bitthium* sp. gefunden worden. *Tapes senescens* wird auch
von T e x e l gemeldet, und zwar in ziemlich grosser Zahl (VAN DER
SLEEN). Wahrscheinlich sind derartige Fragmente bedeutend zahlreicher, sind aber nicht mit vollkommener Sicherheit zu erkennen, da
die meisten Schalen aus den E e m-Schichten auch heute noch in der
Fauna vertreten sind. Es ist aber nicht unwahrscheinlich, dass die
Schneckenhäuser von *Turitella communis* LAM. (T e r s c h e l l i n g:
Strandpfahl 13) und die sehr abgeschliffenen Exemplare von *Nassa
reticulata* L. ebenfalls aus diesen Schichten stammen.

Wir haben gesehen, dass die Niederterrasse unter T e r s c h e l-
l i n g überlagert wird von einem dicken Schichtenkomplex sehr feiner
Sande, untermischt mit Muschelschalen (die sogenannte *Cardium*-
Fauna von LORIÉ), die den altholozänen Seeboden bilden. Während
also in H o l l a n d die *Cardium*-Fauna von einer *Mactra-Spisula*-
Fauna abgelöst wurde, hat sich die *Cardium*-Fauna im Norden mehr
oder weniger gehalten. Ich vermute, dass das zusammenhängt mit der
Anwesenheit der Watten hinter den Inseln, wodurch die optimalen
Lebensbedingungen von *Cardium* verwirklicht sind (HOEK 1910). Diese Watten blieben im Norden stellenweise bestehen oder sind jedenfalls in späteren Teile des Jungholozäns wieder aufgetreten. Oben
wurde auseinander gesetzt, dass die holländische Küste im Altholozän,
und nach der Meinung von LORIÉ (1893) auch im Anfang des Jungholozän, den Charakter trug eines Gürtels von Inseln und Sandbänken, hinter dem sich ein Wattengebiet entwickelte, das heute die
Grundlage für die holländischen Polder bildet. Erst die Überflutung
der M e e r e n g e v o n C a l a i s liess Nehrungen entstehen, und
dadurch wurde die Küstenlinie umgewandelt zu einer *ununterbroche-
nen*, sandigen, sanft ansteigenden Küste mit Brandung. Dieser Vorgang riegelte das Wattengebiet vom Meere ab. Auf ihm entstanden
die Schilfwälder, die den Untergrund bildeten für den breiten Aufbau
der holländischen Übergangs- und Hochmoore. Diese Umwandlung
brachte gleichzeitig eine Änderung in der Fauna der Küste zuwege;
Mactra-Spisula-Arten traten mehr in den Vordergrund. Ist diese Auffassung richtig, dann ist das Vorhandensein der *Cardium*-Fauna ein
durchschlagender Beweis für die Auffassung, dass im Altholozän auch
der holländische Teil der Küste den Charakter trug des heutigen Wat-

tengebietes. Dies besteht aus einer Zone von Inseln und Sandbänken, die aus gröberem Material aufgebaut sind. Hinter ihnen könnte u.a. infolge der Bodensenkung ein Komplex feinsandiger und lehmartiger Schichten abgelagert werden; hierbei spielt der Einfluss der Küstenfauna, worin *Cardium edule* einen belangreichen Bestandteil darstellte, eine wichtige Rolle (vergl. die Wattenbildung bei SCHÜTTE 1927 und RICHTER 1918—1926).

Für die Herkunft des Sandes ist es also wichtig, dass, wie nachgewiesen wurde, auf dem Diluvium eine dicke Schicht altholozäner Sande liegt, die von der See noch heute täglich umgesetzt wird. In diesen altholozänen Schichten liegen bedeutende Molluskenschalenschichten, die von der Schalenfischerei ausgebeutet werden; diese Schalen werden also bestimmt auch an den Strand geworfen werden. Da die Küstenfauna aber bis zum heutigen Tage — abgesehen vielleicht von einigen örtlichen oder zeitweiligen Unterbrechungen — denselben Charakter trägt, sind sie dann nicht mehr als altholozäne Schalen zu erkennen.

Wir müssen nun noch die zahlreichen, manchmal sehr umfangreichen Torfstücke und die offensichtlich aus einem Hochmoor stammenden Kiefernstubben besprechen, die auf dem Strande der Watteninseln sehr oft anspülen.

Teilweise wird es sich um Reste des Torfs-in-grösserer-Tiefe handeln, des „lowest-submerged-forest", der u. a. von VERMEER-LOUMAN (1934) untersucht wurde und ausgedehnte Teile des Nordseebodens noch heute bedeckt. Das wären also organogene Reste, die wir zum Sanddiluvium A rechnen können und die also im Zusammenhang stehen mit den dünnen Torfschichten, die sich an unserer Küste, auch unter Terschelling, auf etwa 20 m Tiefe finden. Nach dem Binnenlande zu liegen sie bedeutend höher und gehen stellenweise ohne Unterbrechung über in die rezenteren Küstenmoore.

Zum anderen Teile aber werden es Teile sein des „ertrunkenen Moores", das, wie sich aus den Torfresten im nördlichen Teil der Zuidersee ergibt, einen viel grösseren Umfang gehabt hat. BRAAT (1932) hat während seiner archäologischen Untersuchungen im Wieringermeer nochmals unerwarteterweise nachgewiesen, wie dieses Moor weggespült wurde. Wie man auch an anderen Stellen hat feststellen können, werden Torfschichten, die vom Meere angegriffen werden, in grossen Schollen abgeschält. Diese heben und senken sich

eine Zeit lang unter Einfluss des Gezeitenwechsels, um schliesslich
als Ganzes abgehoben zu werden. Dies ist gerade im W i e r i n g e r-
m e e r, das früher eine teilweise bewohnte Moorlandschaft war, sehr
schön zu sehen. Dort findet man nicht nur lose zerstreut grosse Torfschollen, die mit dem Untergrunde in keinem näheren Zusammenhang
stehen, sondern auch Torfbänke in ursprünglicher Lage, die mit Wurzeln im Ton festsitzen, ebenso wie POLAK das aus H o l l a n d beschrieb. Sie sind hier durch die Fundamente einer einfachen Hallen-
kirche, an anderen Stellen wahrscheinlich durch einen Deich aus Seegras an ihrer Lagerstätte festgehalten worden. RAMAER hat die ursprüngliche Verbreitung dieser Moorgegenden im Norden der N i e-
d e r l a n d e historisch-geographisch untersucht. Bereits STARING
beschrieb sie von der Ostküste von T e x e l, VAN BAREN untersuchte
sie nördlich von der F r i e s i s c h e n K ü s t e bei G r i e n d und
an der Südseite von A m e l a n d, wo er Torf unter einer Schicht
von unverwittertem Flugsand antraf. Vielleicht gehört hierher auch
das ausgedehnte Moor, das nördlich von B e r g e n auf dem Strande
zu Tage tritt (FABER 1926) und das man auch unter dem Komplex
von S c h o o r l findet (STEENHUIS 1915). Ebenfalls hierher gehören
unter Umständen die Moore, die VAN BAREN (1924) aus P e t t e n,
K ij k d u i n, N i e u w e d i e p und von den Watten bei A m e-
l a n d („das H e i d e f e l d") beschrieb und die von WEBER und FRÜH
analysiert wurden. Die Zusammensetzung dieser Moore werde ich an
anderer Stelle noch besprechen. Vielleicht sind die letzteren auch
teilweise Dünenmoore.

Zuletzt möchte ich nochmals an dieser Stelle hinweisen auf drei
Geweihfragmente von *Cervus elaphus* L. Das eine wurde bei der O o s t-
m e e p, das andere an der Südwestspitze von T e r s c h e l l i n g
gefunden. Nach DUBOIS, der diese Geweihfragmente gesehen hat,
weichen die kräftigen Stangen stark ab vom Typus, der heute noch
in den N i e d e r l a n d e n vorkommt. Derartige Geweihbruch-
stücke und Knochen von Edelhirsch sind jedoch allgemein angetroffen
worden in den Wurten (VAN GIFFEN 1913) und im jungholozänen
Moor (SCHEYGROND 1933). Kürzlich sah ich noch ein ähnliches Ge-
weihbruchstück bei einem Bauern in F o r m e r u m, der mir aber
über dessen Herkunft keine Angaben machen konnte. Anscheinend kommen jedoch beim Aufsaugen von Kies und Muschelschalen, Knochen
und Geweihstücke nicht selten zutage, gehen aber meistens verloren.

Grosse Mengen von Kiefernzapfen, die bei derartigen Gelegenheiten gefunden werden und die man auf Terschelling zum Feueranmachen benutzt, gehören wahrscheinlich ebenfalls zur Vegetation, aus der die Küstenmoore bestanden. Ich möchte an dieser Stelle noch hinweisen auf den wenig bekannten, aber darum nicht weniger interessanten Fall, dass beim Anschneiden des Seebodens in der Nähe der Oostmeep grosse, ölige Flecken auf dem Wasser erscheinen. Hier denkt sogar die Bevölkerung an organische Reste im Boden. Da bei der Oostmeep das Diluvium stellenweise auf dem Seeboden zu Tage tritt, ist es nicht ausgeschlossen, dass derartige Reste bedeutend älter sind.

Wir haben also nachgewiesen, dass Steine und Fossilien aus der Grundmoräne, den Eem-Schichten, der Niederterrasse, dem Altholozän und dem organogenen Jungholozän allgemein und im Verhältnis bedeutend häufiger als in Holland auf dem Strande der Westfriesischen Inseln erscheinen.

In einem der folgenden Kapitel werde ich beweisen, dass die Dünenbildung von Terschelling in engem Zusammenhang steht mit dem Wandern der Sandbänke im Vlie, und dass ein erheblicher Teil des Baumaterials für die Dünen aus diesem unterseeischen Delta stammt.

Aus der Lage und Tiefe der Fahrrinnen und Seearme im Norden der Zuidersee und des Wattenmeeres kann man, im Zusammenhang mit der Tiefenlage der verschiedenen geologischen Schichten, schliessen, dass vom Meere umgesetzte, fluvioglaziale Sande zu einem grossen Teile an der Bildung der Dünen auf den Westfriesischen Inseln beteiligt sind. Wir müssen dabei mit der Tatsache rechnen, dass im Südwesten von Terschelling und im Osten von Texel das Sand-Diluvium bedeutend näher an der Oberfläche liegt, sodass man mit recht von einem Texel-Wieringen-Komplex sprechen kann, der in südöstlicher Richtung sich bis Gaasterland ausgedehnt hat.

Ausserdem kommt der Sand im Frage, der im Meere längs der Küste verschoben wird und der stammen kann: 1. vom diluvialen Texel-Kern, 2. von den unbedeckten diluvialen Gebieten westlich von Vlieland dicht bei der Küste oder 3. den ausgelaugten weiter weg liegenden diluvialen Sanden aus der Umgebung der Doggerbank, auf die bereits DuBOIS hingewiesen hat.

Schliesslich sind auch holozäne Sande an der Bildung beteiligt. Soweit diese aus dem Altholozän stammen, bestehen sie zum grössten Teil aus umgesetzten Sanden der Moräne, der E e m-Schichten, sowie der Niederterrasse. Im Jungholozän begann aus dem Süden stammender Sand, sowie geringe Mengen von in neuerer Zeit abgelagertem Flussand der nördlichen R h e i n-Arme bei der Dünenbildung eine Rolle zu spielen. Es ist aber nicht wahrscheinlich, dass die Bildung der Dünenbasis mit diesem Sande in irgend welchem Zusammenhang steht.[1]

Aus unserer Untersuchung nach der Herkunft des Sandes hat sich also tatsächlich ergeben, dass die Bildung der Dünenbasis auf den W e s t f r i e s i s c h e n   I n s e l n mit dem Durchbruch der M e e r e n g e   v o n   C a l a i s nicht notwendigerweise in direktem Zusammenhang zu stehen braucht.

Es ist eine allgemeine Erscheinung, dass vom Meere transportiertes Material von Strom und Wellenschlag sortiert wird. Wir müssen daher als feststehend annehmen, dass im Zusammenhang mit der Bodensenkung und unter Beihilfe von Organismen Ablagerung von feinen

---

[1] Beobachtungen über das Wandern der Sandbänke im V l i e und die Aufzählung der gröberen Einschlüsse des Sandes führten uns also zu der Auffassung, dass der Sand des Strandes und der Dünen von T e r s c h e l l i n g aus marin umgesetztem, gemischtem Diluvium besteht. Nach Abschluss dieses Manuskriptes veröffentlichte EDELMAN (1933) eine ausführliche, petrologische Analyse einer Sandprobe, die einer Bohrung bei W e s t - T e r s c h e l l i n g aus einer Tiefe von 61 Metern entstammt. In den höheren Schichten überwiegen Granat und Epidot. Mit zunehmender Tiefe nimmt der Granatgehalt ab, während der Anteil von Hornblende steigt. Der Epidotgehalt ändert sich kaum oder gar nicht. Auch der Prozentsatz von Saussurit ist in den tiefsten Schichten am grössten; danach nimmt er etwas ab, um in den jüngsten Teilen wieder etwas grösser zu werden. Hieraus kann EDELMAN den wichtigen Schluss ziehen, dass T e r s c h e l l i n g aus umgesetztem, gemischtem Diluvium aufgebaut ist. Dies bedeutet also eine Bestätigung der oben vertretenen Ansicht. Bei S c h i e r m o n n i k o o g nimmt der Saussuritgehalt ab, um weiter nach Osten vollkommen zu verschwinden. EDELMAN zieht hieraus die Folgerung, dass die Küste östlich von S c h i e r m o n n i k-o o g aus umgesetztem, nordischem Diluvium besteht. Seine Ergebnisse zeigen eindeutig, wie wichtig dergleichen petrologische Untersuchungen für die Geschichte unserer Küste sind. Für nähere Angaben über die Zusammensetzung der Sande auf den W e s t f r i e s i s c h e n   I n s e l n, verweise ich auf seine Dissertation.

bis sehr feinen Bodenteilen stattgefunden hat hinter einem Gürtel
von Sandbänken und Inseln, die aus dem gröberen Material aufgebaut
waren. Aus der Tatsache, dass sich die Brandungsfläche bildete in
diluvialen (glazialen und fluv'atilen) Ablagerungen, kann man schliessen, dass diese in grösseren Mengen vorhanden waren. Auf Grund der
Geschichte der Nordsee und der geologischen Tatsachen, über die wir
im Folgenden berichten, muss denn auch angenommen werden, dass
die Bildung der Basis der Urdünenlandschaft, besonders im Norden
der N i e d e r l a n d e, schon im Altholozän, d.h. vor Überflutung
der M e e r e n g e v o n C a l a i s stattgefunden haben kann.

Dabei machten der aus Nordwesten kommende, atlantische Strom, die
Flutwelle und das beim Auflaufen gegen die allmählich ansteigende Küste abnehmende Transportvermögen des Wassers ihren Einfluss geltend.

Der diluviale Komplex von T e x e l, W i e r i n g e n und G a a s-
t e r l a n d muss infolge der damals bedeutend niedrigeren mittleren
Fluthöhe wie ein hohes Kap in See geragt haben; auch hat er sich weiter nach Norden erstreckt. Dies Kap wird die aus Nordwesten kommenden Strömungen geteilt haben, sobald die allmähliche marine
Transgression eine derartige Ausdehnung erreicht hatte. Infolgedessen
wurden um und hinter diesem Kern in südlicher und nordöstlicher
Richtung Nehrungen aufgebaut.

Aus einem Vergleich mit Bohrprofilen aus dem E m s-Gebiet (WILD-
FANG 1911), O s t f r i e s l a n d (SCHÜTTE 1927, SCHARF 1929) und
den südlichen Teilen von *Nordfriesland* (PETERS-SCHÜTTE 1929) ergibt
sich, dass mit Ausnahme von geringen lokalen Unterschieden im geologischen Bau eine auffallende Übereinstimmung besteht mit dem,
was bisher auf den W e s t f r i e s i s c h e n I n s e l n nachgewiesen
wurde. Auch hier treffen wir überall die mächtig entwickelte ,,alte
Marsch'', die auf diluvialen bis borealen Moorablagerungen in grösserer Tiefe ruht. Sie zeigt andererseits vor allem in ihren oberen Schichten jüngere Torfbänke und Tonlinsen, welche, wie schon SCHARF
(1929) sagt, nicht an einer flachen offenen Küste, sondern ,,nur in den
ruhigen Buchten und hinter Inseln'' entstanden sein können.

Unsere Untersuchung nach der Herkunft des Sandes und dem Aufbau des Bodens bis in grössere Tiefe, sowie die Erwägung, dass
,,Marschbildung'' eine schützende Zone gröberen Materiales voraus-
setzt, führt uns also zu einer gewissen Bestätigung der 1916 ausgesprochenen Vermutung von DUBOIS.

§ 3. Die Entwicklung des Wattes.

Aus dem oben Gesagten hat sich also als wahrscheinlich ergeben, dass dieser Teil der Küste bereits im späteren Teile des Altholozän den Charakter einer Wattenlandschaft trug. Diese war durch eine Gliederung in Hochland (Sandbänke und Dünenbasis) und „Sietland" gekennzeichnet. Im Hinblick auf die folgende Auseinandersetzung über die Bildung des Küstenmoores und die Landschaftsgliederung auf den Inseln ist es wichtig, die Ursachen dieser Verteilung näher zu besprechen.

Ein Wattengebiet müssen wir als Ausgleichsküste auffassen. SCHÜTTE konnte nachweisen, dass ein derartiger Küstensaum ausschliesslich dort entsteht, wo Ebbe und Flut zweimal am Tage eine Veränderung des Wasserstandes verursachen und die Küste sich gleichzeitig sehr langsam ins Meer senkt. Erst dann hat die jeweils wiederkehrende Flutwelle Gelegenheit, eine dünne Schicht von Sedimenten nach der anderen abzulagern. Dadurch kann im Laufe der Zeit ein Schichtenkomplex von feinem Sand und Ton entstehen, der zuweilen eine Dicke von 20 m erreicht.

In diesem Zusammenhang sei nochmals betont, dass dieser Schichtenkomplex auf einem starken Gezeitenunterschied in der altholozänen Nordsee hinweist. Daher muss die Möglichkeit für das Entstehen eines breiten Sandstrandes und damit für Dünenbildung auf den Gürteln gröberen Materials allgemein gegeben gewesen sein.

Der Unterschied zwischen Ebbe und Flut ist von lokalen Umständen sehr stark abhängig. Durchschnittlich schwankt aber der Wasserstand um etwa 3,50 m. Während die Wassermassen über grösseren Tiefen diese Bewegungen regelmässig ausführen, treten im Bereich der Küste Abweichungen auf.

Das ganze Wattengebiet wird durchschnitten von einem ausgedehnten und sehr fein verzweigten System von Prielen, die sich in die Seegatten ergiessen. Der Widerstand für strömendes Wasser ist in diesen weiten, tiefen Öffnungen und Priele natürlich am geringsten. Das Flutwasser geht also durch die Priele „stosstruppartig" ins Wattengebiet vor und verbreitet sich danach von dort aus über die Wattenfläche (Vorflut). Danach zieht die eigentliche Flut gleichmässig von den Seegatten aus in das ganze überschwemmte Gebiet ein. Umgekehrt strömt das Wasser bei Ebbe erst regelmässig über das ganze Gebiet nach den Seegatten und konzentriert sich erst allmählich auf die Priele, durch die das Wasser schliesslich wie die Nachhut einer Armee abfliesst; dabei können die feineren Verzweigungen der Priele vollkommen ohne Wasser sein (SCHARF 1929). Hieraus ergibt sich, dass die Geschwindigkeit des Flutwassers am grössten ist in den Öffnungen zwischen den Inseln; je weiter es ins Watt vorstösst, desto grösser ist die Reibung und desto geringer die Stosskraft. Schliesslich tritt, abhängig von Ort und Umständen, Stillstand ein, der den Umschlag ankündet. Darauf beginnt die Ebbe; hierbei spielen sich dieselben Vorgänge in umgekehrter Reihenfolge ab. Beim Eintreten in die Nordsee verliert das Wasser schnell seine Geschwindigkeit und damit sein Transportvermögen. Dadurch entsteht an der Seeseite der Seegatten eine Kette von Sandbänken, die ausserdem noch Zuzug erhalten durch Sandmassen, die in östlicher Richtung an der Küste entlang wandern. Diese Deltas werden wir noch ausführlicher besprechen, da sie auf den W e s t f r i e s i s c h e n I n s e l n das Material für die Dünenbildung liefern.

Beschränken wir uns zunächst auf das rein physikalische und mechanische Geschehen, so ist deutlich, dass bei abnehmender Strömungsgeschwindigkeit erst die gröberen und dann die feineren Bestandteile abgelagert werden. Infolge des Wellenschlages kommen die schwebenden Teilchen erst in einer Tiefe von 40 m, also in grösserem Abstand von der Küste, zur Ruhe. Daher wird im Gebiet der Küste, besonders in der Brandungszone, nur das gröbere Material (Sand) abgelagert; die feineren Teile bleiben schweben. Durch den Flutstrom werden nun die letzteren zusammen mit grossen Mengen Sand ins Watt verfrachtet.

Bei Anfang des Wattengebietes nimmt das Transportvermögen des Wassers schnell ab, sodass hier an der dem Festlande zugekehrten Seite von Insel zu Insel ein Kranz von Sandbänken abgelagert wird (zwischen T e r s c h e l l i n g und V l i e l a n d: A m e r i k a a n - d e r, Z u i d w a l, J a c o b s R u g g e n, R o b b e k o p, P a n n e - p l a a t und R i c h e l). Aber in den Hauptstromlinien des Prielsystems bleibt die Geschwindigkeit der Strömung zunächst noch gross, sodass auf diesem Wege weiterer Sand watteinwärts transportiert wird. Dieser Sand wird in der unmittelbaren Umgebung der Priele abgelagert: daher werden letztere durch einen erhöhten Wall begleitet. Die schwebenden Teilchen verbreiten sich aber über die ganze Fläche des Watts.

Früher glaubte man, dass sie bei Stillwasser im Schutze der Strand-wälle (sowohl hinter dem grossen Strandwall, den die Inselreihe dar-stellt, als hinter den zahllosen kleineren, die die Priele begleiten) sich absetzten.

Später ist man zu dem Schluss gekommen, dass gleichzeitig kolloi-dale Ausflockungserscheinungen Hand in Hand mit einer Entladung der kolloidalen Teile eine grosse Rolle spielen, besonders bei Ver-mischung von Salz- und Süsswasser.

Beide Erklärungen stellten sich aber als ungenügend heraus. Denn der Zeitraum, in dem der Schlick sich setzen konnte, war für die aus-gedehnten Flächen, auf denen die Ablagerung stattfindet, zu kurz und eine Vermengung mit schwebende Teile führendem Süsswasser konnte dort ebenfalls keine Rolle spielen.

Aus den Arbeiten von RICHTER (1918—1926) und SCHWARZ (1933) hat sich denn auch ergeben, dass die Schlickbildung zum grössten Teil erst zustande kommt durch die Wirksamkeit von Organismen-assoziationen. Besonders sind dabei Organismen von Wichtigkeit, die zwecks Ernährung und Atmung das Wasser filtrieren (Partikelfresser). Zu gleicher Zeit mit den Mikroorganismen, von denen sie sich ernähren, fangen sie eine Menge schwebender Teilchen ein, die zum grössten Teil den Darmkanal ebenfalls passieren und gleichzeitig mit den Exkrementen als ovale Körper oder Schüppchen ausgestossen werden. Diese Kotballen zeigen starken Zusammenhalt; sie können daher durch Strömungen viele Kilometer weit verfrachtet werden und kom-men doch verhältnismässig leicht zur Ablagerung. In den *Mytilus*-Beständen bleiben grosse Mengen dieser Kotballen hängen; dadurch entstehen auf dem Watt allmählich grosse, organogene Schlamm-haufen. *Mytilus edulis* L. kann sich aber wieder an die Oberfläche drängen und dadurch werden diese Muschelhaufen immer höher. Das verkürzt die Überschwemmungszeit je länger je mehr und so wird schliesslich die Grenze erreicht, an der die Lebensbedingungen für *Mytilus edulis* zu ungünstig werden. Die Kolonien wachsen denn auch vor allem in seitlicher Richtung, vorzugsweise in der Richtung des Stromes, der die Nahrung bringt; die Tiere an der vom Strome abge-wandten Seite kümmern und sterben schliesslich ab. Eine ähnliche Rolle spielen auch die anderen Lamellibranchiaten im Watt (*Ostrea*, *Scrobicularia*, *Macoma* und *Cardium*; von der letztgenannten Art fin-det man bis zu 2000 Exemplare pro qm). In diesen Fällen werden die

Kotballen aber vom Wasser weiter transportiert und bleiben nicht an Ort und Stelle liegen. *Mya* presst mit Hilfe des Siphons ihre Fäkalien gegen die Wände des Ganges, durch den das Tier mit der Aussenwelt in Verbindung steht.

Haben diese Lamellibranchiaten also eine weitgehende Bedeutung dadurch, dass sie die schwebenden Teile auffangen und in ablagerungsfähige Form bringen, so sind Organismen, die Diatomeen-Gesellschaften, Algen- und *Zostera*-Felder abweiden oder Detritus fressen, ebenfalls sehr wichtig. Auch hierbei werden kleinere Teilchen zu grösseren verkittet, wenn es sich auch in diesem Falle nicht um die allerfeinsten handelt, die sonst nicht zur Ruhe kommen könnten und beim geringsten Strudel oder Wellenschlag wieder schweben. Zu diesen Organismen gehören u.a. *Littorina*, *Lepidochiton*, *Corophium* und *Arenicola*; *Hydrobia* ernährt sich vorwiegend durch das Abweiden von Diatomeen-Gesellschaften.

Schliesslich möchte ich noch auf die grosse Bedeutung hinweisen, die die Biocoenose der Seegrasfelder für die Schlickbildung haben kann.

Nach den Angaben von VAN GOOR (1919, 1921), der diese Lebensgemeinschaft untersucht hat, beträgt die jährliche Produktion an Pflanzensubstanz zwischen T e r s c h e l l i n g und D e n H e l d e r über 30 000 000 kg. Das bedeutet einen ungeheuren Zugang an Detritus. In diesen Seegrasfeldern lebt denn auch eine reiche Tierwelt, die direkt oder indirekt auf die Produktion von *Zostera*-Substanz angewiesen ist. Wir können diese Seegrasfelder also als wichtige Zentren im Prozess der Schlickbildung und Ablagerung ansehen.

Fassen wir die Resultate zusammen, so wird der Körper des Wattes, soweit es die feineren Teilchen angeht, aus folgenden Bestandteilen aufgebaut:

1. Partikel, die durch Flüsse oder Seeströmungen aus dem Binnenlande oder von anderen Küsten hertransportiert werden;
2. Abbauprodukte der eigenen, sich senkenden Küste;
3. organische Reste mariner Herkunft (z.B. Infusorienschalen);
4. organische Abfallprodukte der höheren und niederen Pflanzengesellschaften aus dem Gebiete selbst; diese sind in erheblichem Masse beteiligt.

Die Ablagerungen kommen also im Besonderen zustande unter Mithilfe von Organismengesellschaften, die mit ihrer Nahrung schwebende Partikel auffangen und als leicht ablagerungsfähige „Presstrübe" abgeben. Durch die sich fortwährend wiederholenden Gezeiten und die örtlich regelmässig bleibenden Strömungsverhältnisse findet in der Küstenzone ein fortwährendes Sortieren des Materials statt, dessen Resultat in grossen Zügen konstant bleibt. So kommt die Verteilung in Hochland und Sietland zustande. Die Strömungsgeschwindigkeit an Ort und Stelle hängt aber von vielen wechselnden Umständen ab und dadurch tritt in Einzelfällen Schichtung auf. Die Wattlandschaft ist also zu einem wesentlichen Teil organischen Ursprungs (siehe auch KOLUMBE 1933).

Die Ablagerung kann in normalen Fällen nicht über Fluthöhe stattfinden. Nun ist die Fluthöhe durchaus kein konstantes Mass. Durch zahllose Faktoren kann das Eindringen der Flut während kürzerer oder längerer Zeit stellenweise verhindert werden. Das kann z.B. geschehen durch das Entstehen eines Sandrückens, durch die Verschiebung eines Priels oder durch das Entstehen eines Stau- oder Strandwalles. In ausgedehnten Gebieten können auch klimatologische Faktoren auf die Fluthöhe Einfluss ausüben (z.B. langandauernde Ostwinde). Dadurch kann ein Gebiet, das bis vor kurzer Zeit von der normalen Flut überschwemmt wurde, auf unbestimmte Zeit über Fluthöhe liegen. Geschieht das im Anschluss an das Festland, so beobachten wir häufig folgenden Vorgang: in einigem Abstand von der Küste entsteht ein Stauwall, der den entsprechenden Streifen allmählich dem Einfluss des Meeres entzieht. Zwischen der alten Küstenlinie und dem Stauwall, der letzten Endes durch Stürme bis auf 1,50 m über normaler Fluthöhe aufgeworfen werden kann, entsteht dann ein Gebiet, das des hohen Strandwalles wegen eine schlechte Wasserabfuhr besitzt. Dadurch wird die Moorbildung gefördert.

Moorbildung ist also an der Wattenküste eine Erscheinung, die durch rein lokale Faktoren zustande kommen kann, ohne dass wir eine Hebung des Bodens annehmen müssen. Daher ist es auch möglich, dass wir bei manchen Bohrungen in den Sedimenten des altholozänen Wattes 5—6 Torflinsen übereinander anschneiden.

Hat die Moorbildung erst einmal begonnen, so haben auch Sturmfluten nicht unter allen Umständen eine katastrophale Wirkung, da durch Aufstauen des aus dem Binnenland kommenden Süsswassers das Seewasser ferngehalten wird.

§ 4. Die Torfreste auf den Friesischen Watten.

Stellenweise können also, besonders am Innenrande der Watten, Torflinsen in jeder Höhe der Schichtenfolge vorkommen. Ausserdem hat aber anscheinend eine Periode bestanden, in der weite Gebiete des Watts dem Einfluss der See entzogen waren. Infolgedessen entstanden auf dem Watt Marschen und schilfiges Gelände, die den Ausgangspunkt einer mächtigen Moorentwicklung bilden konnten.

Diese Moore oder ihre Reste finden wir bei Bohrungen überall, sowohl in Flandern und Zeeland, wo sie wegen des Rückganges der Küste teilweise ausserhalb der heutigen Küstenlinie liegen, als in Holland, auf den West- und Ostfriesischen Watten und im Gebiete der Halligen. In Flandern und Zeeland, stellenweise auch im Gebiet des Rheindeltas liegen sie wieder unter marinen oder fluviatilen Tonen. Ebenso verschwanden sie in der Zuidersee und im gesamten Gebiet der Watten und Marschen, wo sie von der jungen Marsch bedeckt werden. Doch treten ihre Reste dort noch stellenweise zutage.

Im Herzen von Holland hat sich diese Bildung jedoch bis in rezente Zeit fortgesetzt. Dies Moor ist zwar hier heute in grossen Gebieten abgegraben und durch die infolgedessen entstandenen „Veenplassen" weggeschlagen worden, oder die oberste Schicht ist urbar gemacht; unter natürlichen Umständen könnte aber das Moor hier noch heute leben. Obendrein hat sich in weniger stark beeinflussten Gebieten die ursprüngliche Pflanzendecke manchmal in geringerem Masse neu gebildet.

Diese ausgedehnte Bildungen haben nur in Holland ein vollständiges Profil hinterlassen; auf Grund der Geschichte der Nordseeküste ist es sehr wahrscheinlich, dass an anderen Orten die Entwicklung niemals in so vollständigem Masse durchlaufen wurde. Daher war es von grösstem Interesse, dass POLAK (1929) und VERMEER-LOUMAN (1934) Bohrproben aus diesem Gebiet ausführlich untersuchten, vor allem auch weil bis vor kurzer Zeit ein vollkommen falsches Bild bestand über das Entstehen dieser Ablagerungen.

Aus diesen Arbeiten hat sich ergeben, dass das von POLAK untersuchte Moor als Brackwassermoor auf brackigen Watten entstanden ist. Den Hauptbestandteil bildet *Phragmites*. Doch kommen auch Reste vor, die wahrscheinlich von *Scirpus maritimus* herrühren; Foraminiferen und *Diatomeae centricae* weisen auf den Einfluss des

Meeres hin. Wir bekommen den Eindruck, dass dieses Schilfmoor im Ton gewurzelt hat; es ist fast überall gefunden worden, wo Ton die Basis der Torfbildung darstellt. An Stellen dagegen, wo der Torf auf Sand liegt (H a k k e l a a r s b r u g), hat sich auf diesem unmittelbar eine oligotrophe Vegetation angesiedelt.

Der Übergang von *Phragmitetum* zum mesotrophen Pflanzenwuchs findet allmählich statt; es erscheinen *Carices* und *Filices* (auffallend viel *Athyrium Filix femina*) und Bryophyten (*Polytrichetum*: R i e- k e r p o l d e r).

Auch das *Alneto-Betuletum* findet sich wohl überall. Die Torfwälle im O s d o r p e r B o v e n p o l d e r und das Torfprofil bei I l p e n- d a m und B r o e k i n W a t e r l a n d zeigen vielfach ein deutli- ches, etwa 40 cm breites Band von Resten von *Salix* sp. sowie Baum- ästen, unter denen die rostroten Erlenstümpfe auffallen.

SCHEYGROND (1933) teilt mit, dass in den B r o e k v e l d e n, dem Gebiet der G o u d a'er Arbeitsbeschaffung, zahlreiche Stämme bis zu 17 m Länge ausgegraben wurden. Ausserdem fanden sich Nüsse von *Corylus*, eine *Polyporus*-Art (?) und Reste von *Cervus elaphus* L. Andere Forscher erwähnen Kiefern und Eichen. Anscheinend ist also stellenweise echter Wald aufgetreten (Weitere Angaben bei VERMEER- LOUMAN 1934).

Im R i e k e r p o l d e r wird diese mesotrophe Schicht begrenzt von einem scharf abgesetzten *Sphagnetum*, das aus den Arten *Sphag- num recurvum, S. acutifolium* und *S. subsecundum* besteht.

Man sollte erwarten, schreibt POLAK weiterhin, dass dieser Pflan- zenwuchs als Einteilung des oligotrophen Zustandes bei weiterhin ungestörter Sukzession von empfindlicheren Sphagnaceen ersetzt wür- de. Das geschieht jedoch augenscheinlich nicht. Der Charakter der Vegetation wird zwar ausgesprochen oligotroph, es tritt aber mehr eine ,,xerophile'' Pflanzendecke auf; ihre Reste finden wir in der Form von stark zersetztem *Sphagnum* mit viel *Ericaceae* und *Eriophorum*.

Dies *Callunetum-Eriophoretum* hat sich, wie aus den Bohrproben von POLAK hervorgeht, lange entwickeln können. Im Allgemeinen liegt unmittelbar darauf die Kulturschicht, die eine Dicke von 85 cm errei- chen kann. Im R i e k e r p o l d e r befindet sich darüber jedoch ein zweites *Sphagnetum*, das aus *Sphagnum imbricatum* besteht. Diese Art bildet in zahlreichen Hochmooren den jüngeren Moostorf (W e e r-d i n g e , P a p e n b u r g) und kommt auch auf T o l e n im Torfschlamm vor (VAN BAREN-WEBER 1924). Eigenartigerweise sind von diesem Torfmoos keine rezenten niederländischen Fundorte bekannt.

Es ist interessant, die Reste, die bisher im Wattengebiet gefunden wurden, mit den Angaben aus dem Zentrum von H o l l a n d zu vergleichen.

Der Torf am Strand von P e t t e n (VAN BAREN 1924) erwies sich als sehr stark zusammengepresstes Stück. Darin fanden sich Reste von *Filices, Carices*, Gramineen und *Sphagnum*; ausserdem Pollen von *Nymphaea, Fagus, Quercus, Pinus, Betula, Corylus*, Gramineen und Ericaceen, sowie Sporangien von ,,Sumpffarnen''.

Der Torf, der bei K ij k d u i n ebenfalls auf dem Strande gesammelt wurde, bestand aus Blöcken, die einen halben Meter dick waren und 10 m Oberfläche hatten. Hierin fand WEBER Früchte und Samen von *Heleocharis palustris, Scirpus Tabernaemontani, Batrachium, Ranunculus Flammula, R. sceleratus, Menyanthes trifoliata*, beblätterte Stengel von *Hypnum vernicosum*, Sporen von *Uromyces* und spärlich Pollen von Gramineen, *Pinus, Fagus, Betula, Quercus* und *Salix*.

Der Torf von N i e u w e d i e p zeigte in 7,50 m unter der Erdoberfläche: Gramineen, *Carices* und *Filices*, sowie *Diatomeae pennatae*; in 4,4 m Tiefe: Gramineen, *Filices, Pinus, Tilia, Calluna, Sphagnum* und *Diatomeae pennatae*; in 2,8 m Tiefe: *Calluna, Eriophorum* und *Sphagnum*.

Der Torf aus dem W i e r i n g e r m e e r (BRAAT 1932) besteht augenscheinlich aus einem im Seeton wurzelnden *Phragmitetum*, dessen jüngere Schichten abgehoben worden sind. Eine nähere Untersuchung dieses Torfs wäre sehr sicher der Mühe wert. Näher bei W i e r i n g e n findet sich interglazialer Torf in geringer Tiefe (LOUMAN 1934).

Wichtiger ist ein Moor auf den Watten bei G r i e n d nördlich der F r i e s i s c h e n K ü s t e. Nach WEBER handelt es sich um Schilftorf, in dem je ccm 3000 Pollenkörner gefunden werden. Die Zusammensetzung in Promillen beträgt: *Betula:* 364, *Pinus:* 113, *Quercus:* 250, *Alnus:* 91, *Salix:* 68, *Fraxinus:* 23, *Corylus:* 91. Ausserdem finden sich Pollenkörner von *Typha*, Gramineen, Sporen und Sporangien von *Polystichum Thelypteris* und Ustilagineen (*U. Luzulae*,

U. echinata und *Tilletia* sp.), sowie schliesslich *Sphagnum* (VAN BAREN 1924, 1927).

In diesem Zusammenhang müssen auch die Stämme von *Quercus* und *Betula* erwähnt werden, die man mit ihren Wurzeln im Boden an den Küsten von T e x e l und V l i e l a n d gefunden hat (CROMMELIN bei STARING 1860).

Sehr interessant sind weiterhin Moore, die VAN BAREN und STEENHUIS an der Südseite von A m e l a n d fanden. Da, wo bei H o l l u m Deich und Dünen aneinandergrenzen, findet VAN BAREN im Torf Pollen von *Alnus, Pinus, Betula, Quercus* und *Salix*, sowie Holz von *Juniperus*; ausserdem ein *Sphagnetum*, das aus *Sphagnum cuspidatum* besteht und schliesslich Reste von *Eriophorum* und Pollen von Ericaceen. Dieser Torf wird von einer 10 m hohen Düne bedeckt. Das fossile Moor liegt also unter einem deutlich verschobenen Dünengebiet.

Auf den Watten selbst südlich von A m e l a n d liegt ein ertrunkenes Moor, das H e i d e f e l d. Eine anscheinend tiefer genommene Probe besteht aus Torfmudde mit Rhizomen von *Typha*, Resten von *Betula* und *Salix*, Pollen von *Picea* (häufig), *Quercus, Betula, Corylus* und *Fagus* (?), sowie Sporen von *Filices* und *Sphagnum* (selten). In einer zweiten Probe fand WEBER pro ccm 26 000 Pollenkörner von *Pinus*, weiterhin Pollen von *Betula* (selten), *Tilia, Quercus* und *Picea* und schliesslich viel Sporen von *Sphagnum* und *Filices*.

Zahlreich sind auch die Torfreste unter dem jungen Seeton aus dem Norden von F r i e s l a n d. VAN BAREN beschreibt ein Profil aus L e e u w a r d e n, woraus sich ergibt, dass dort ein *Phragmitetum* über eine Phase mit *Carices* überging in ein *Alneto-Betuletum*, auf dem sich schliesslich *Sphagnum cuspidatum* ansiedelte. Schon STARING spricht von Torfschichten bei D o k k u m (in der Nähe von J a n u m), wo sich in erheblicher Ausdehnung einige Ellen unter der Oberfläche schwere Stümpfe von *Pinus, Quercus* und *Betula* finden.

BEIJERINCK (1929, 1930, 1931) hat seine Untersuchungen nach den Pflanzenresten in den Wurten leider nicht auf die Schichten unter der Sohle der Wurten ausgedehnt. Aber er findet, dass in den untersten Schichten der Wurten *Alnus, Betula, Quercus, Pinus, Corylus, Fraxinus* und *Salix* oft vorkommen. Daneben findet sich mehrfach *Sphagnum* und *Vaccinium Oxycoccus* mit *Calluna*. Unter der Basis der Wurten von L i c h t a a r d, R e i t s u m und B o r n-

w e r d liegt Hochmoor. Auch unter den Wurten „B e r g Z i o n''
und R i n s u m a g e e s t bei D o k k u m und unter den Wurten
in der Provinz G r o n i n g e n liegt Torf, zuweilen deutlich Hoch-
moortorf.

Im M e e r l a n d, einem früheren, heute trocken gelegten See
nördlich von W i n s c h o t e n findet man nach STARING (1856) eine
Menge begrabener Baumstämme. Diese Reste eines Waldes hängen
anscheinend zusammen mit der grossen Menge von Baumstämmen
und Stümpfen, die sich unter Ländereien westlich von B e e r t a in
sehr erheblicher Zahl befinden und hier anscheinend im Untergrunde
eines früheren Hochmoores gewurzelt haben. Am Wege von W i n-
s c h o t e n nach B e e r t a, dicht bei O o s t e r e i n d e sah man
noch im Jahre 1854 vielfach Kiefernstämmchen in der Torfmudde
stehen, deren Wurzeln sich im darunter liegenden Sandboden befanden
und die von einer Schicht von D o l l a r d-Ton bedeckt waren. Nähere
Angaben hierüber findet man bei MASCHHAUPT (1923).

Für die anschliessenden Gebiete in D e u t s c h l a n d muss ich
mich auf die Besprechung einiger sehr wichtiger Profile beschränken,
um zu beweisen, dass dort auf derselben Höhe, unter gleichen Umständen Torfbildung stattgefunden hat. Im übrigen sei auf die nicht
immer leicht zugängliche Literatur verwiesen (ARENDS 1833, STARING
1856, FISCHER-BENZON 1891, OHLING 1890, WILDFANG 1911, SCHÜTTE
1927, 1931, PETERS-SCHÜTTE 1929, SCHARF 1929, BEIJERINCK
1931, OVERBECK und SCHMITZ 1931, SCHUBERT 1932 und andere).

Eine sehr wichtige Beobachtung gelang LEEGE (1930) im Februar
1923. Damals war infolge langanhaltender Stürme aus süd-östlicher
Richtung der Ebbestand so niedrig, dass westlich von M e m m e r t
ein breiter Wattenstreifen trocken lag; man konnte sich also einige
Kilometer ins Watt wagen. Dort ragten aus der Torfmudde und den
Tonschichten überall niedrige, wenig mehr als beinstarke, im Torf
wurzelnde Baumstämme auf. Es handelte sich vor allem um Stämme
von *Alnus*, *Pinus* und *Betula*. Die weisse Birkenrinde war von der
lebender Bäume nicht zu unterscheiden. Im Zusammenhang mit der
ausserordentlich weit seewärts befindlichen Lage dieses subfossilen
Waldes und Moores ist diese Entdeckung von sehr grossem Interesse.

Zahlreiche Angaben über Torfreste in O s t-F r i e s l a n d finden
wir bei WILDFANG. Zwischen D o l l a r d und L e y bildet 1,70 m
dicker Waldtorf die Basis des Holozän. Darüber folgt, wenig-

stens in der Randzone eine 4 m dicke marine Ablagerung (Alt-holozän), die ihrerseits wieder nach oben zu begrenzt wird von Schilf-torf, dessen obere Schichten jedoch auch Reste von ,,höheren, land-wüchsigen Pflanzen'' enthalten. Dieser Torf liegt im Randgebiet wieder unter jungem Seeton; weiter landeinwärts hat sich dagegen die Torf-bildung vom alten Waldtorf bis in unsere Zeit fortgesetzt (SCHARF 1929).

Die meisten Angaben stammen jedoch aus O l d e n b u r g, be-sonders aus dem Gebiet um die J a d e. In der W e s e r-Ebene nehmen Hochmoore auf Marschunterlage, entstanden auf einer Schilf-sohle, weite Strecken ein.

An der Südseite des J a d e b u s e n s (K l e i n h ö r n e) grenzt das Hochmoor unmittelbar an das Meer. Bei Flut hebt sich die *Sphag-num*-Decke mit dem Wasser, sodass bis vor einiger Zeit ein auf dem Hochmoor erbautes Haus bei Sturmfluten erheblich höher lag als sonst. Die Bewohner konnten dann über den Deich hinwegsehen, was zu anderen Zeiten unmöglich war.

Im Meere werden jedoch grosse Torfschollen abgeschält, sodass nur der schwere Waldtorf übrig bleibt. Das *Sphagnetum* wird von der See feingerieben, während der Waldtorf als Torfmudde von Wattenton und -sand bedeckt wird (RICHTER 1926). Derartige Profile sind weiter im Norden, z.B. unter dem O b e r r a h n s c h e n F e l d schon entstanden. Hier findet man in der Tat unter der jungen Marsch Reste des Bruchwaldes, der seinerseits wieder auf einem *Phragmitetum* auf Wattenboden gebildet wurde. Das Fehlen des vollständigen Hoch-moorprofiles will also keineswegs besagen, dass es an dieser Stelle niemals zu Hochmoorbildung kam. Zahllose derartige Angaben fin-den wir noch bei SCHÜTTE und SCHARF.

Ich möchte hier besonders hinweisen auf die Profile von W e s e r-m ü n d e-B r e m e r h a v e n bei SCHARF (1929) und auf ein voll-ständiges Profil aus dem Gebiet der E l b e m ü n d u n g (POLAK S. 177). Beide bestehen aus einem Hochmoor auf einer Schilfsohle, die wieder im Ton wurzelt. Neue, vollständigere Angaben desselben Inhaltes veröffentlichten OVERBECK, SCHMITZ und SCHUBERT.

Schliesslich finden wir im gesamten Halliggebiet Torfmuddeschich-ten mit Resten von Hochmoorbildung unter jungem Seeton (N o r d-s t r a n d, K l e i n m o o r, L a n g e n e s s, N o r d s t r a n d i s c h-m o o r, H u s u m usw., vergl. PETERS-SCHÜTTE 1929).

Diese Moore liegen teilweise direkt auf diluvialen Sanden (F ö h r) zum grössten Teil jedoch „auf dem oberen Abschluss der Wattenschichten aus der Littorina-Zeit." Auch hier bildet der Schilftorf wieder die Basis.

§ 5. D a s E n t s t e h e n d e r I n s e l T e r s c h e l l i n g.

Gegen das Ende des Altholozän, das sich in unserem Gebiet als Transgression manifestierte, muss, um die neutrale Formulierung von STEENHUIS anzuwenden, ein allgemeines Zurückweichen des Meeres nach Westen und Norden stattgefunden haben.

Man fügt meistens hinzu, dass sich erst dann eine Dünenküste bildete, hinter der ein Haff entstand, das allmählich verlandete. Es ist für die Biogeographie sehr wichtig, auf diese Vorgänge kurz einzugehen. Dabei kommt zur Sprache, wie alt die Dünengegend und damit die Pflanzendecke ist; ausserdem, ob ein unmittelbarer Zusammenhang der Dünenkette mit älteren Gebieten durch die hinter den Dünen gebildeten Marsch- und Moorlandschaften bestanden hat. Diese Faktoren bilden unsere Grundlage für Betrachtungen über das Spektrum der Biocoenosen auf der Inselkette und die Herkunft ihrer Elemente.

Welche Ursachen veranlassten dieses Zurückweichen des Meeres?

Verschiedene Forscher nehmen eine vorübergehende Hebung des Bodens an. Diese hatte zur Folge, dass junge, marine Ablagerungen über dem Meeresspiegel erschienen (Hebung + Anschwemmung > Zerstörung; BRAUN 1911). Auf diesem Standpunkt stehen SCHÜTTE, WILDFANG, WEBER, VAN BAREN, LORIÉ, JESWIET und RUTGERS.

Man kann aber auch die Meinung vertreten, dass die Bodensenkung weiter gegangen ist oder höchstens eine Periode des Stillstandes eintrat. In diesem Falle müsste man also annehmen, dass die Ablagerung eine Zeit lang grösser gewesen ist, als Zerstörung und Senkung (Anschwemmung — Zerstörung > Senkung; BRAUN 1911). Diese Möglichkeit betonen DUBOIS, STEENHUIS, TESCH und SCHARF.

Damit stimmt die Auffassung überein, dass das Entstehen der alten Dünenlandschaft in H o l l a n d mit der Bildung des K a n a l s zusammenhängt. Schon oben wurde darauf hingewiesen, wie durch den Massentransport von Sand in Sandbänken an der Küste entlang plötzlich innerhalb kurzer Zeit eine plätzliche Verbreiterung der

Küste auftreten kann. Dadurch wird der Strand und somit die Deflationsbasis plötzlich erheblich grösser.

Die Dünenbildung findet in derartigen Fällen vorwiegend unmittelbar am Meere statt; da die am weitesten seewärts gelegenen Pflanzengesellschaften den verwehten Sand fangen, wird ein Teil des Strandes abgeriegelt, und so entsteht eine sogenannte primäre Dünenebene, in der der Einfluss des Meeres durch den Stau des Süsswassers, das aus dem Dünengebiet abfliesst, oder an Ort und Stelle fällt, bald ausgeschlossen wird. Dadurch bildet sich ein sumpfiges Gebiet mit stellenweise ziemlich tiefen Teichen, in denen die Möglichkeit zu lokalen Moorbildungen ganz bestimmt besteht. Ich brauche hier nur auf die Dünenebenen des N o o r d v a a r d e r oder von W e s t - V l i e - l a n d hinzuweisen, die in dieser Arbeit noch zur Sprache kommen werden, auf die sukzedanen Küstenverbreiterungen im Süden von T e x e l (VERSLUYS 1917), auf die B i n n e n - und B u i t e n m u y auf T e x e l, auf das Z w a n e w a t e r bei C a l l a n t s o o g, um reichliche Beweise dafür zu haben, dass Moorbildung in Dünentälern von örtlichen Umständen abhängt und keineswegs mit allgemeinen oder lokalen Bodenbewegungen in Verbindung zu stehen braucht.

Es ist nicht undenkbar, dass ein im Prinzip hiermit identischer Vorgang nach dem Durchbruch und der Erweiterung der M e e r e n g e v o n C a l a i s an der niederländischen Küste im Grossen stattgefunden hat.

Wie oben besprochen wurde, finden sich im Bau der Dünenlandschaft von H o l l a n d Hinweise dafür, dass kurz nach der Überflutung der M e e r e n g e v o n C a l a i s längere Zeit die Zufuhr von Erosionsprodukten tatsächlich erheblich zugenommen hat. Die Torfschichten keilen stellenweise gegen den Dünenfuss aus und sind also jünger. So besteht die Möglichkeit, dass ohne Unterbrechung der Senkung, u.a. unter Einfluss der Veränderung der Gezeiten (JESSEN), als Folge dieses Ereignisses ein Strandwall aufgeworfen wurde — teilweise im Anschluss an bereits bestehende Düneninseln und Sandbänke —, der das altholozäne Watt dem Einfluss des Meeres mehr und mehr entzog (Anschwemmung — Zerstörung $>$ Senkung) Bei zunehmender Tiefe des K a n a l s nahm die Anfuhr von Erosionsprodukten schliesslich ab und die Bodensenkung wurde wieder von ausschlaggebender Bedeutung (Anschwemmung — Zerstörung $<$ Senkung). Dadurch ergaben sich Durchbrechungen des bogenförmigen

Strandwalles, vor allem im Norden und Süden; die Moorbildung wurde unterbrochen und das Watt neu gebildet.

In der D e u t s c h e n B u c h t finden wir jedoch erhebliche geologische Abweichungen (S y l t, H e l g o l a n d); es ist daher keineswegs nötig, die im übrigen sehr ähnlichen Profile in gleicher Weise zu erklären, wie in den N i e d e r l a n d e n. Es ist möglich, sowohl hinsichtlich der Ursache der Küstenmoorbildung, als auch der Zeitbestimmung keine direkte Übereinstimmung besteht.

Schütte (1927, 1929) setzt diese Torfablagerungen an für den Anfang des Subatlantikums. Nach seiner Auffassung hat damals eine Hebung des Meeresbodens um etwa 2 m stattgefunden und infolgedessen wurde in den grobsandigen Gebieten „am gehobenen Strande eine breite, hohe Dünennehrung'' aufgebaut, während „das grosse Schlickwatt der subborealen Zeit zu grüner Marsch, an tieferen Stellen zu Flachmoor (wird); ja auf diesem erwachsen sogar Wälder, die im früheren Meeresschlick wurzeln''. Die gesamte Moorbildung hätte zwischen 1000 und 500 v. Chr. stattgefunden. Dünenbildung und Moorbildung wären also in sehr kurzer Zeit gleichzeitig erst im Subatlantikum infolge von, und im Zusammenhang mit einer vorübergehenden Hebung der Küste entstanden.

Auch van Baren und Weber (1927) vermuten nach Anlass der Analyse eines Hochmoores auf schilfigem Untergrund auf T o l e n und für das Entstehen eines Moores in einer Dünenebene bei V o g e l- z a n g eine „ziemlich rasche und namhafte Hebung''. Sie glauben jedoch, dass diese gegen Ende des Boreals oder im Anfang des Atlantikums stattgefunden habe.

Dubois (1919) nimmt an, dass die Moorbildung mit dem Durchbruch der M e e r e n g e v o n C a l a i s zusammenhängt. Da er dies Ereignis in Verbindung brachte mit dem Einsetzen des subatlantischen Klimas, stimmte seine relative Datierung des Moores anfangs überein mit der von Schütte, wenn letzterer auch den absoluten Zeitpunkt erheblich später ansetzt.

Polak (1929) hat jedoch darauf hingewiesen, dass im Torf, z.B. im R i e k e r p o l d e r, eine dem Grenzhorizont im Sinne von Weber entsprechende Schicht auftritt, nämlich dort, wo das *Sphagnetum imbricati* lagert auf dem *Callunetum-Eriophoretum*. Diese Grenze stellt einen deutlichen Kontakt zwischen Subboreal und Subatlantikum dar.

Hiermit stimmt die Annahme von WEBER überein, dass wir den Anfang der Moorbildung im Subboreal, vielleicht sogar noch im späten Atlantikum suchen müssen; diese Auffassung steht mit den Profilen nicht in Widerspruch.

OVERBECK und SCHMITZ (1931) ziehen aus ihren Ergebnissen von Torfprofilen in N o r d w e s t - D e u t s c h l a n d den Schluss, dass Moorbildungen im zweiten Teil des Atlantikums allgemeiner auftreten.

Zur Feststellung dieses Zeitpunktes verfügen wir über noch zwei andere Tatsachen: 1. eine sehr geringe Zahl prähistorischer Funde und 2. die Datierung der Dünenküste von H o l l a n d an Hand geologischer Tatsachen.

An erster Stelle sei erwähnt der Kulturfund von H u s u m. In einer Tiefe von 5 bis 6 m fand man dort eine ausgesprochene Torfschicht mit dicken Eichenstämmen und Resten von *Betula*, *Alnus* und *Corylus*. Darunter lagen bearbeitete Hirschgeweihe und Beile aus Hirschgeweihen, die zur Kjökkenmöddinger-Kultur gehören. Nach BLYTT-SERNANDER gehört diese Kultur grösstenteils zur atlantischen Periode, teilweise auch noch ins Subboreal.

Für die Kulturgeschichte von N o r d - F r i e s l a n d ist von Bedeutung, dass dies Gebiet in der auf die Kjökkenmöddinger-Periode folgenden, älteren Bronzezeit „unverhältnismässig stark besiedelt gewesen ist" (PETERS 1929). Dies ergibt sich aus den zahllosen Funden auf S y l t, F ö h r und A m r u m, sowie in heute wieder überfluteten Gebieten. Diese Besiedelung bringt PETERS in Zusammenhang mit der Tatsache, dass gegen das Ende der Littorinazeit grosse Teile des Watts dem Einfluss der See entzogen wurden und verlandeten. Diese Gebiete boten anfangs so reiche Weide, dass grosse Teile mit der Hacke und später mit dem Hakenpflug bearbeitet werden konnten. Als des Meer dieses Gebiet später wieder überflutete, war darin nach der Ansicht von PETERS der Anlass zur grossen Völkerwanderung der C i m b e r n, T e u t o n e n und A m b r o n e n gegeben. SCHÜTTE (1929) sieht daher in den Berichten über die Cimbrische Flut ein Zeichen für die wieder beginnende Bodensenkung an der Küste von S c h l e s w i g - H o l s t e i n.

Aus diesen Angaben können wir also schliessen, dass die Torfbildung in N o r d - F r i e s l a n d, berechnet nach der absoluten Geochronologie von DE GEER (siehe SCHÜTTE 1927), zwischen dem Anfang des Atlantikum bis ins Subatlantikum stattfand, also von etwa 4000 v. Chr. bis etwa 500 v. Chr. Mit der Datierung der Torfprofile an Hand rein botanischer Tatsachen stimmt diese Zeitbestimmung sehr gut überein, wenn auch der marine Einfluss anscheinend eher aufgetreten ist als irgendwo anders. Wir dürfen aber nicht vergessen, dass es keineswegs feststeht, dass sich die Ereignisse in N o r d-F r i e s l a n d und in H o l l a n d zur selben Zeit in gleicher Weise abgespielt haben.

Da in H o l l a n d die Moorbildung in Zusammenhang gebracht wird mit dem Durchbruch des K a n a l s, ist es wichtig, dass auf dem alten Strandwall, der von S a n g a t t e nach C a l a i s verläuft und mit der Entstehungsgeschichte des K a n a l s eng zusammenhängt (TESCH 1923), bronzezeitliche Gegenstände gefunden sind (GOSSELET bei VAN BAREN 1924).

Hiermit stimmt der Fund eines typischen Glockenbechers bei V e e n e n d a a l in der alten Dünenlandschaft im Sinne von JESWIET und zwar auf einem der östlichst gelegenen Komplexe vollkommen überein (HOLWERDA 1925). HOLWERDA spricht auch von Depotfunden von Bronzegegenständen aus demselben Gebiet (V o o r h o u t, V e e n e n b u r g (Z.H.)). Becher mit Schnurkeramik (Touwbekers) wurden ausgegraben bei S p a n b r o e k und im W i e r i n g e r- m e e r (BRAAT 1932). Strandwall und Dünenlandschaft sind an dieser Stelle also älter als die Bronzezeit.

Reste von Haustieren (*Equus caballus orientalis, Sus palustris do- mesticus* und *Bos brachyceros*) wurden im Torf bei O v e r v e e n, (VAN BAREN) und V e e n e n b u r g bei L i s s e gefunden. Diese Haustierfauna kommt nach BERNSEN auch in den Pfahlbauten der Schweiz vor und gehört zum Neolithicum (SCHUILING 1934). BUTTER fand in der alten Dünenlandschaft bei Z a n d- w e r v e n (N o r d-H o l l a n d) Reste einer neolithischen Siedelung. (1700 v. Chr.).

In dem seit jener Zeit gebildeten Torf sind die archäologischen Funde spärlich. BLANCHART (bei MASSART 1907) findet in F l a n- d e r n auf überschwemmten Küstenmooren Münzen von CONSTAN- TINUS, gestorben 337 n. Chr.. RUTOT findet zwischen M i d d e l- k e r k e und O s t e n d e bei niedriger Ebbe eine ausgedehnte, vor- romanische Niederlassung, der eine römische Niederlassung folgte; letztere ist von jungen marinen Ablagerungen bedeckt. MASSART

(1907) folgert hieraus, dass das Meer im Anfang des 5. Jahrhunderts nach Chr. die Moorbildung unterbrochen hat. Zu dieser Vorstellung passen die Funde aus den Ton- und Torfschichten unter Dünensand aus Het Land van Diepenhorst auf Goeree, die WEEVERS (1923) mitteilt. Es handelt sich um batavisch-friesische und römische Keramik, die aus dem 2. Jahrhundert n. Chr. stammt. Ausserdem wurden in der Torfbank ausserhalb der heutigen Küstenlinie römische Münzen gefunden mit den Namen HADRIANUS und ANTONIUS, die also aus der gleichen Zeit stammen (100 bis 200 n. Chr).

VAN BAREN (1913) teilt mit, dass auf Voorne und Walcheren in einem ähnlichen Moor gallo-romanische Altertümer ausgegraben worden sind.

Aus den Untersuchungen von VAN GIFFEN hat sich ergeben, dass der Anfang der Besiedelung von Friesland etwa in das Jahr 300 v. Chr. fällt. Ursprünglich haben die Einwohner zu ebener Erde gewohnt, wenn sie auch sofort die hohen Stellen der Gegend besiedelt haben. Der marine Einfluss war jedoch bereits deutlich merkbar, wie sich aus einer botanischen Untersuchung der Abfallprodukte (BEIJERINCK 1929, 1931) deutlich herausgestellt hat. Dieser Einfluss wurde, wie aus dem organogenen Spektrum hervorgeht, im Laufe der folgenden Jahrhunderte bedeutend grösser. Die erste Erhöhung der Wurten fand jedoch erst etwa zwischen 500 und 600 n. Chr. statt. Eine zweite grössere Erhöhung erfolgte um das Jahr 900 n. Chr. in karolingischer Zeit.

Die Sohle der meisten, heute noch bestehenden Wurten ist deutlich vom Meere beeinflusst. Wir müssen jedoch damit rechnen, dass die ersten Niederlassungen in diesen Gebieten unter Umständen weiter seewärts auf Hochmoor gelegen haben und bei der Vernichtung dieses Moores mit verschwunden sind. Dieser Vorgang wurde z.B. für das Wieringermeer nachgewiesen. Auch Griend war früher eine Hallig mit drei Wurten.

Andererseits aber erhält man den Eindruck, dass die marinen Einflüsse zur Zeit der ersten Besiedelung bereits erheblich waren. Dies würde obendrein übereinstimmen mit den Berichten van PYTHEAS VON MASSILIA, der an unseren Küsten bereits im Jahre 325 v. Chr. ein „Aestuarium" antraf, das vom Meere abwechselnd überflutet und wieder freigegeben wurde (PETERS).

Bestimmt herrschte dieser Zustand zur Zeit des älteren PLINIUS

(50 n. Chr.). Er gibt in seinem bekannten Bericht über das Volk der
C h a u k e n eine fesselnde Beschreibung einer Wurtenlandschaft im
Bereich der täglichen Flut.

Im Zusammenhang mit den Angaben über die Höhenlage der
Wurten im Verhältnis zur mittleren Fluthöhe und der Tatsache, dass
die Bewohner der Wurten nicht vom Fischfang, sondern von der
Viehzucht lebten, hat man später Bedenken dagegen gehabt, um die
,,Tribunalia'' von PLINIUS mit den Kernen der heutigen Wurten zu
identifizieren. Sehr mit Recht vermutet man, dass es sich bei der Beschreibung von PLINIUS um eine Küstenbevölkerung handelt, die
weiter seewärts lebte, vielleicht auf der Höhe der heutigen Inselkette.
Bis vor kurzer Zeit war der Viehstand auf den Inseln im Vergleich
mit F r i e s l a n d noch äusserst gering. SCHÜTTE weist in diesem
Zusammenhang hin auf Wurtenreste mit Pflugspuren, die Pater
NICOLAI im Jahre 1789 westlich von B o r k u m gesehen hat. Dass
diese C h a u k e n mit brennbarer Erde heizen, kann darauf hinweisen, dass Torf in ihrer unmittelbaren Umgebung vorkam.

Betrachtet man diese archäologischen Tatsachen in allgemeinem
Zusammenhang, so fällt uns auf, dass die Funde aus dem Moore selbst
äusserst spärlich sind und in H o l l a n d vollkommen fehlen. Die
ältesten Kulturreste aus diesem Gebiet sind Kugelurnen etwa aus dem
Jahre 800 n. Chr. Friesisch-batavische Kulturreste findet man in
H o l l a n d entweder in den Binnendünen (W a a l s d o r p,
W a s s e n a a r, H a a r l e m, E g m o n d, H e i l o o, A l k m a a r,
S i n t P a n c r a s) oder längs der Flüsse (V a l k e n b u r g, W o e r-
d e n, B o d e g r a v e n usw.). Dies war zu erwarten, da die oligotrophen, unzugänglichen *Sphagneta* wenig Lebensmöglichkeiten boten.
Es ist daher kein Zufall, dass Kulturreste sich nur finden auf dem
Dünenrücken und in dem Gebiet, wo die südlichen Flussmündungen
grossen Einfluss hatten, z.B. an der Mündung des O u d e R ij n.
An diesen Stellen, wird, ebenso wie im Norden, der Einfluss des eutrophen Brackwassers die Hochmoorbildung in weiten Gebieten unterbrochen haben. Dadurch erhielten die Moore in diesen Gebieten mehr
den Charakter von permanenten Übergangsmooren; ausserdem wurden gleichzeitig fruchtbare Tonschichten abgelagert.

Es scheint mir daher nicht richtig, die Moorbildungen von C a l a i s
bis J ü t l a n d als eine Einheit anzusehen. Man kann höchstens
sagen, dass im Anfang des Jungholozän an zahlreichen Stellen hinter

der Dünenküste auf den altholozänen Watten grosse Strecken die Möglichkeit von Moorbildungen boten.

Vergleicht man nun die übrigens noch ziemlich spärlichen geologischen, archäologischen und botanischen Tatsachen, die hier teilweise zusammengestellt sind, im Hinblick auf eine etwaige Zeitbestimmung, dann stimmen diese gut überein. Man kommt dann zu dem Schluss, dass die Dünenküste, die in Holland mit dem Entstehen der Meerenge von Calais in Zusammenhang gebracht wird, vor Ende des Neolithikum entstanden sein muss. Die Bildung der dahinter liegenden Moore beginnt in Schleswig-Holstein anscheinend nach der Kjökkenmöddinger-Kultur und der Höhepunkt ihrer Entwickelung fällt dort zusammen mit der jüngeren Bronzezeit.

In SCHLESWIG-HOLSTEIN wurde die Moorbildung anscheinend eher beendet als in den Niederlanden, und zwar in der Eisenzeit. In West-Friesland lassen sich dagegen im Anfang der Wurtenperiode marine Einflüsse feststellen. In Zeeland treten diese Erscheinungen vielleicht noch etwas später auf. In Holland setzt sich die Bildung fort bis etwa in die karolingische Zeit, stellenweise vielleicht sogar noch länger, und wird schliesslich durch Kultureinflüsse vollkommen unterdrückt. Im Norden der Niederlande werden ausgedehnte alte Moorgebiete noch im Anfang des Mittelalters vernichtet (RAMAER u.a.).

Bringt man diese Angaben unter in den Zeittabellen von BLYTT-SERNANDER und DE GEER, so können wir auf Grund der bisher bekannt gewordenen Tatsachen annehmen, dass die Moorbildung einsetzte gegen Ende des Atlantikums oder im Anfang des Subboreals (etwa 4000 v. Chr.). Die allmähliche Abnahme der Moore begann in Nord-Friesland im Anfang der subatlantischen Zeit (von 1000 v. Chr. an). In West-Friesland und Zeeland macht sich dagegen der marine Einfluss im Anfang der Wurtenzeit (300 v. Chr.) wieder geltend, und nahm besonders zu in der römischen Zeit (bis 400 n. Chr.). In diesen Gebieten lässt sich daher im Torf noch ein Kontakt zwischen Subboreal und Subatlantikum nachweisen. Die Hauptentwickelung des Moores erfolgte zwischen 2000 und 100 v. Chr. (Bronzezeit); in diesem Zusammenhang wäre also das Entstehen der Dünen infolge der Bildung der Meerenge von Calais zu einer früheren Zeit anzusetzen (2000 bis 3000 v. Chr.). In jüngerer Zeit erobert das Meer weite Strecken seines alten Gebietes zurück. Die Moorbildung wird katastrophal unterbrochen, die *Sphagneta* vom Waldtorf abgehoben und zerrieben, während die vom Salzwasser durchtränkten Torfreste von jüngeren, marinen Ablagerungen bedeckt und zusammengepresst werden.

Vollkommen andere Gesichtspunkte leiteten DUBOIS bei seiner Berechnung des Alters der Dünenbasis in H o l l a n d. Er wählte als Ausgangspunkt eine durchschnittliche Bodensenkung von 1 mm pro Jahr und berechnete auf Grund der Tiefenlage der Dünenbasis, dass die Dünenbildung vor etwa 3000 bis 4000 Jahren angefangen habe.

VAN DER SLEEN (1912) kommt auf dieselbe Weise zu 4000 bis 5000 Jahren; TESCH (1920) setzt diesen Zeitpunkt an zwischen 2000 und 3000 v. Chr.; VAN GIFFEN nimmt an, dass die Dünenbildung 2000 Jahre v. Chr. begonnen habe. Diese Zahlen stimmen mit den auf Grund archäologischer und botanischer Tatsachen errechneten gut überein.

In den vorhergehenden Paragraphen kam ich zum Schluss, dass bereits im späteren Teile des Altholozän etwa an der Stelle der heutigen Inselkette eine sandige Küste mit Dünenbildung bestanden hat. SCHÜTTE (1929b) hat in der Tat in einer Tiefe von 19 m unter der heutigen J a d e - B a n k von Dünengräsern durchwucherte Sandablagerungen nachgewiesen. Hinter dieser Dünenküste bildete sich infolge der Bodensenkung unter Mithilfe mariner Organismen das altholozäne Watt. Da SCHÜTTE schon im Altholozän eine Ortsteinschicht nachgewiesen hat, besteht die Möglichkeit, dass dies Watt bereits kurz nach seiner Bildung, z.B. durch eine Küstenhebung, dem Einfluss des Meeres vorübergehend entzogen wurde. Jedenfalls verliert das Meer vor etwa 4000—5000 Jahren jeden Einfluss auf das altholozäne Watt. Manche Forscher vermuten als Grund hiervon eine neue Bodenhebung, andere meinen, die Ursache der Abriegelung des Watts zu finden in einem schweren Strandwall, der aus den Erosionsprodukten der etwa um diese Zeit entstandenen M e e r e n g e v o n C a l a i s sich bildete. Die Folge dieser Abriegelung war, dass das Watt überwuchert wird von ausgedehnten Schilffeldern, die stellenweise in weite Moore übergehen. An anderen Stellen, vor allem ganz im Norden und im Süden, bleiben diese Moore unter Einfluss des eutrophen Fluss- und Seewassers permanente Übergangsmoore. In weiten Gebieten entsteht jedoch auch echtes Hochmoor. In diesem lässt sich ein Kontakt zwischen Subboreal und Subatlantikum nachweisen. In F r i e s l a n d erobert die See vom Anfang der Wurtenzeit (300 v. Chr.) an ihr altes Gebiet zurück. Noch bis weit ins Mittelalter hinein bröckelt hier das jungholozäne Moor ab, wobei wiederum ein Watt entsteht. Die Ursache dieses Wiedereindringens des Meeres suchen verschiedene Forscher in einer erneuten Bodensenkung, andere in der Tatsache, dass die Abnahme der Gesamtmenge angeführter Erosionsprodukte bei zunehmender Weite des K a n a l s die stets andauernde Bodensenkung nicht mehr ausgleichen konnte.

Auf Grund dieser allgemeinen Übersicht können wir für T e r s c h e l l i n g folgende Entwicklungsgeschichte annehmen:

Im Norden wird man eine Dünenlandschaft finden, die mit unserer altholozänen Dünenlandschaft nicht identisch ist, aber Landschaftskontinuität aufweist. Da diese Dünenlandschaft noch immer im Entstehen begriffen ist und ihre Dünen fortwährend entstehen und wieder vergehen, ist eine Zeitbestimmung für die Dünenindividuen nicht möglich. Es ist jedoch falsch, dies Gebiet ohne weiteres mit der jüngeren Dünenlandschaft in H o l l a n d zu identifizieren (VAN BAREN 1913).

Während des jüngeren Altholozän lag hinter dieser „Urdünenlandschaft" das altholozäne Watt. An der Wattenseite der Insel bestanden vermutlich, ebenso wie heute, eine Anzahl von Marschen mit Pflanzenwuchs, die von den Dünen hier und da überweht wurden. Im Anfang des Jungholozän hat der Umfang des Dünengebietes wahrscheinlich zugenommen, während die dahinter liegende Landschaft, dem Einfluss der täglichen Flut entzogen, eine Pflanzendecke erhielt. Torfproben aus den Watten mit Resten von *Betula*, *Pinus*, *Quercus*, *Alnus*, *Salix*, *Fraxinus*, *Corylus*, *Typha*, Gramineen, *Filices*, *Sphagnum* und vielleicht auch *Fagus* und *Ericaceae* weisen darauf hin. Diese Landschaft hat wahrscheinlich eine Brücke gebildet zwischen den diluvialen Gebieten im Norden von F r i e s l a n d und G a a s t e r l a n d einerseits und dem diluvialen Kern von T e x e l und W i e r i n g e n und den sich daran anschliessenden, primär kalkarmen Dünen andererseits. So haben bestimmte Arten aus der Biocoenose der atlantischen Heide die Inseln erreichen können, auch wenn die Brücke nicht vollkommen geschlossen gewesen sein sollte. Dieser Kontakt der Landschaften wird besonders bedeutungsvoll gewesen sein im Subboreal, als auf den Küstenmooren ein ausgedehntes *Callunetum—Eriophoretum* wuchs.

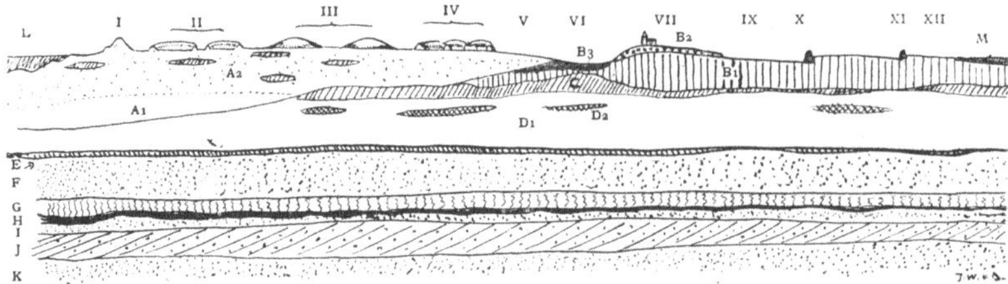

Abb. 1. K: Diluvium. J: Präglaziale, marine Transgression (44m). H.I: Grundmoräne (40—33 m). G: Eemschichten (33—28 m). F: Sanddiluvium (33—20 m). E: Torf (20—18 m). D: Altholozän (18—6 m). C. Torf, Jungholozän (6 m). B_1: Ton u. Wattsand (Junge Marsch) B_2: Künstlich erhöhter Strandwall. B_3: Moor. A_1 Dünenbasis (Altholozän). A_2: Dünenbasis (Jungholozän). L. Nordsee. M. Wattensee. I. Vordüne. II. Parabeldünen. III. Wanderdünen. IV. Binnendünen (Parabeldünen) V. ,,Heideland''. VI. ,,Miede''. VII. Wohnrücken (Äcker). IX. ,,Fen''. X. Deiche (vor dem 16. Jahrh.). XI. Deiche (1853). XII. Marsch.

Etwa im Jahre 300 v. Chr. ist in F r i e s l a n d wieder ein Einfluss des Meeres zu bemerken. Ungefähr in dieser Zeit müssen an der Mündung des V l i e und bei B o r n e und M i d d e l z e e bereits erhebliche Moorgebiete überschwemmt und weggeschlagen worden sein. An ihre Stelle tritt ein neuer Wattenkörper. Bereits bald darauf ist T e r s c h e l l i n g wieder zur Insel geworden. Berichte darüber, dass der Zusammenhang mit F r i e s l a n d erst im 13. Jahrhundert unterbrochen worden sei (siehe WUMKES 1900), sind ohne Zweifel apokryph.

An der Innenseite der Dünen wird das Moor grösstenteils weggeschlagen; seine Reste finden wir in etwa 4 bis 6 m Tiefe unter der Erdoberfläche. An seiner Stelle entsteht ein junger Wattenkörper. Dabei baut die jungholozäne Wattensee vom Westpunkt von T e r s c h e l l i n g an auf der Südseite der Insel nach Osten hin in einigem Abstand von den Dünen einen Strandwall auf, der im Westen stark sandig ist, aber nach Osten zu aus immer feinerem Materiale besteht. Auf diesem hohen Wall siedelt sich später der Mensch an und gründet eine Reihe von Dörfern und Gehöften, die infolgedessen alle in einem bestimmten Abstand von den Dünen liegen und sowohl zu den Dünen als zum Watt parallel verlaufen (W o l m e r u m, S t a t t u m, H e e, H o r p, H o o g e l a n d, G a l g e d u u n, M i d s l a n d, L a n d r u m, F o r m e r u m, L i e s, K l e i n L i e s, H o o r n). Südlich von M i d s l a n d wird ausserdem noch ein zweiter Strandwall aufgeworfen. Auf ihm finden wir die Gehöfte S t o r t u m, K a a r t, K i n n u m und S u r y p. Auf diesem Strandwall wird im Mittel-

alter der O u d e S c h e l l i n g e r D ij k angelegt, der dies jungholozäne Schorrengebiet dem Einfluss des Meeres entzieht und den
T e r s c h e l l i n g e r P o l d e r begrenzt. Ausserdem bleiben anfangs noch erhebliche Gebiete ausserhalb des Deiches liegen. Diese
jungholozänen Strandwälle hat man bisher immer für zutage treten-
des Diluvium gehalten.

Für die Gliederung der Landschaft haben sie eine sehr grosse Bedeutung, denn sie verhindern das Abfliessen des aus der Dünenbasis
sickernden Wassers nach dem Wattenmeer. Dadurch entsteht im
„Sietland" zwischen Strandwall und Dünen eine Aufstauung des
Wassers, die Moorbildung fördert. Stellenweise wird der Strandwall
jedoch durchbrochen und dort fliesst das Wasser aus dem Moorgebiet
durch eine Reihe von „Sielen" ab in Priele, die sich vom Watt aus
zwischen den Schorren verzweigen und die nach dem Einpoldern die
Abzugsgräben darstellen werden. Ihre natürlichen Windungen werden
noch nach Jahrhunderten ihre Entstehungsgeschichte verraten; bei
Deichbrüchen erhalten sie ihre alte Funktion wieder.

So entsteht eine regelmässig gebaute Insel.

Im Norden liegt ein Gürtel aus grobem, im Allgemeinen primär
kalkarmen Sande, den die Nordsee aufgeworfen hat und aus dem der
Wind in Wechselwirkung mit Beständen stark sozialer Pflanzen die
Dünen aufbaute.

In diesem Gebiet hat sich der Mensch nicht angesiedelt, aber er
benutzte es im Laufe der Jahrhunderte als Jagdgebiet, wilde Weide
und zum Sammeln von Heizmaterial und Streu.

Im Süden finden wir dagegen eine Zone, die vom Wattenmeer aus
feinerem Material aufgebaut worden ist. Hier siedelte sich der Mensch
auf den höchsten Punkten, d.h. den Strandwällen an; hier legte er
ausserhalb der Reichweite der Fluten Gärten, Äcker und Häuser an.

Die Moorgebiete die zwischen diesen Strandwällen und den Dünen
entstanden, lieferten ihm Heu (miede); die Schorren an der Seite
des Watts dienten als allgemeine Weide (fen).

Diese Landschaftsgliederung änderte sich zwar im Laufe der Jahre
örtlich durch Sandverwehung und Bedeichung, Drainierung und
Verkabelung, blieb aber in den Hauptzügen bis heute bestehen und
bestimmte in Wechselwirkung mit dem menschlichen Einfluss die
biogeographischen Gebiete, die wir in dieser Landschaft floristisch,
soziologisch und genetisch erkennen können. In diesem Buche wird
nur das Dünengebiet näher analysiert.

DRITTES KAPITEL

Einleitung zur biologischen Untersuchung der Dünen

§ 1. Einleitendes über die organogene Dünenbildung.

Bis um die Mitte des vorigen Jahrhunderts befanden sich grosse Dünengebiete, sowohl im Ausland als auch an unsern Küsten, in einem jämmerlichen Zustande.

Unter Einfluss eines ebenso eingreifenden wie kurzsichtigen Bodenbetriebs — ich will hier nur das Züchten und Ausgraben von Kaninchen, eine allgemeine Beweidung und das Reisigsammeln der Küstenbevölkerung nennen — waren schon im späteren Mittelalter vollständig kahl gewordene Dünenkomplexe in grossen Massen in Bewegung geraten. Jeder neue, spontane Pflanzenwuchs auf diesen Dünen wurde nicht nur jedesmal wieder durch Beweidung und Abnagung im Keim zerstört, sondern auf dem blinkenden Flugsand war auch ein völlig anderes Mikroklima entstanden, das sich durch enorme Temperaturschwankungen innerhalb von vierundzwanzig Stunden kennzeichnete. Auf diese Weise wurden an die Keimpflanzen hinsichtlich der Resistenz gegen hohe Temperaturen und der Wasserversorgung schon die höchsten Anforderungen gestellt, bevor sich noch die Keimwurzel durch die sich immerfort verschiebenden, vollständig ausgelaugten und ausgedörrten Sande bis zu den tieferen, feuchten Schichten hätte hindurcharbeiten können.

Versuchte man zunächst noch durch Gesetze und Verordnungen die Ausnutzung in Schranken zu halten, im 17. Jahrhundert kam man zur Einsicht, dass nur eine durchgreifende, umfangreiche Stabilisierung die Wanderdünen auf ihrem Wege ostwärts nach den Dörfern und Ländereien würde aufhalten können und ziemlich allgemein begann man schon damals die Dünen zu bepflanzen und Zäune zu errichten, doch beschränkte man sich dabei der hohen Unkosten wegen auf die inneren Dünenreihen.

Diese Schwierigkeiten veranlassten im 18. Jahrhundert die Dünenforschung, welche anfangs durch Preisausschreiben gelehrter Gesellschaften angeregt wurde. Da man im unbewachsenen Dünengebiet, auf das sich die ganze Aufmerksamkeit konzentrierte, grosse, nackte, weisse Dünen ohne die Mitwirkung lebendiger Pflanzen nur durch Anhäufung von Sandmassen wachsen sah, schien es, als ob die Dünenbildung bloss das Produkt der Wechselwirkung zwischen Wind und Sand sei, und nur nebenbei lebende und leblose Hindernisse die Sandablagerung stellenweise förderten und lokalisierten.

So fasste allmählich die Meinung festen Fuss, dass Dünen primär äolische Ablagerungen seien, die sekundär besiedelt wurden oder mit Gewächsen bepflanzt werden mussten, die den extremen, physiologischen Anforderungen dieser eigentümlichen Umwelt entsprachen.

Diese Auffassung wurde in hohem Masse von den Erfahrungen der Entdeckungsreisenden im 19. Jahrhundert bestätigt, die ausführliche Berichte über ausgedehnte Dünengebiete in den Wüsten Afrikas und Asiens mitbrachten, wo Pflanzenmassen im Dünenbildungsprozess tatsächlich keine bedeutende Rolle spielen.

Allmählich kristallisierte hieraus die feste Vorstellung, die man bis jetzt in allen geologischen Werken, auch in den niederländischen, antrifft, dass Barkhane die Dünen „par excellence" seien. Daneben kämen noch Hindernisdünen vor, und unter diesem Begriff fasste man alle Sandablagerungen zusammen, die sich vor oder hinter Muscheln, Steinen, Buschzäunen, Helmgras oder Mauern bilden.

Gerade diese Zusammenfassung lebender und lebloser Hindernisse zu einer Kategorie ist charakteristisch; sie wurde der theoretische Ausgangspunkt der Dünenbauverwaltung, auch in unserm Lande. Namentlich seit dem Erscheinen des Handbuchs von GERHARDT-JENTSCH (im Jahre 1900) verwendet die Dünenbauverwaltung bei den Bemühungen, neue Dünenreihen zu bilden, ausschliesslich trockene Reiser, Strohwische und tote Kiefernstämme. So bilden sich prismatische Sandhaufen, die man dann sekundär in irgendeiner Weise festzulegen versucht [1]).

---

1) Es hat keinen Zweck, dies an der Hand eines weitläufigen Literaturstudium noch einmal zu beweisen. Es genügt, einige der neuesten Veröffentlichungen hier zu zitieren:

FABER (Geologie van Nederland 1926) gibt eine Abbildung eines kleinen Sandhaufen, als „Barkhan". Diese Düne hat sich durch *Stauung* vor

Ich möchte dagegen darauf hinweisen, dass die Dünenbildung in den Niederlanden in Wirklichkeit das Monopol homogener Pflanzenmassen ist; d.h. das Mass der Dünenbildung, berechnet je m² und je Jahr, steht unter Berücksichtigung von Zeit, Ort und Umständen, etwa in direktem Verhältnis zur Jahresproduktion von Sprossen gewisser sozialer Gewächse. Dabei entsteht zugleich etwas grundsätzlich Anderes als bei der Verwendung lebloser Hindernisse.

Dass die Arten: *Triticum junceum, Elymus arenarius* und *Ammophila arenaria*, Sand fangen und festhalten können, ist eine so deutliche und allgemeine Erscheinung, dass diese Tatsache als solche schon im 17. und 18. Jahrhundert allgemein bekannt war.

Erst WARMING (1907—1909) und REINKE (1903, 1909) gingen bei ihren Dünenstudien, von Pflanzengesellschaften aus, wenn auch bei ihnen, wie bei MASSART, die Morphologie und die Ökologie des Individuum und nicht die Morphologie und das Verhalten der Gesamtheit im Mittelpunkt der Untersuchung stand.

Erst die Entwicklung der Pflanzensoziologie ermöglichte es, um von der Art auf die Masse über zu gehen und die hiermit verbundenen Probleme in Angriff zu nehmen.

Bei der Dünenbildung handelt es sich also vor allem um drei Gruppen von Faktoren: Sand, Wind und Sprossproduktion gewisser, stark sozialer Arten.

---

einem alten Korb gebildet, ist also überhaupt kein *Dunus falcatus litoralis* sondern ein *Dunus verticosus*. Er teilt mit, dass unsere Dünen durch Summieren dieser „Barkhane" entstehen, die dann in nassen Sommern eine Pflanzendecke erhalten. VAN BAREN (De bodem van Nederland 1924) hält nur Barkhane für wissenschaftlich wichtig. Grosse Dünen wären nicht unter Mitwirkung von Pflanzen entstanden. Niedrigere Dünen hätten sich hinter Muscheln, Halmen usw. gebildet. HINRICHS (Nordsee. Deiche, Küstenschutz und Landgewinnung, 1931) sagt in seinem neuen Handbuch für Wasserbaubeamte: „Sobald nun die vorwärtsbewegenden Körnchen auf den Boden überragende Gegenstände stossen, wie Steine, Holz, ja auch Halme, lagern sie sich ab". Diese Ablagerungen wachsen dann zu Dünen aus. „Auf diesen stellen sich dann bald, jedoch meistens nur in Horsten Sandgräser und Sandweiden ein. Ihre Blössen müssen durch Anpflanzungen beseitigt werden. Ist der Gegenstand, hinter dem anfänglich die Sandablagerung stattfand in irgend einer Weise beseitigt und schafft man nicht Ersatz, so wird der Sand wieder beweglich". Als Material für Dünenbildung wird „der Buschzaun" empfohlen.

Doch ist die Benennung ,,Sand'' für das Material, woraus die primäre Düne aufgebaut ist, in soweit irreführend, als sie die Aufmerksamkeit von den für die Vegetation so wichtigen Salzen ablenkt. Diese Salze, die bloss in verhältnismässig geringen Mengen zur Verfügung stehen, verschwinden jedoch infolge des geringen Absorptionsvermögens des Sandes in sehr kurzer Zeit wieder. Sie sind daher als im Laufe der Zeit verschwindende Minimumfaktoren von ausschlaggebender Bedeutung für den Verlauf der Gesellschaftsfolge.

Die Flutwelle setzt den Sand auf dem Strande ab, jedoch mit einer nach Zeit, Ort und Umständen wechselnden Menge organischen Materials. Hiervon nenne ich bloss: Tangreste, Diatomeen, sterbende Blattknäuel von *Zostera*, Schalen von Foraminiferen, von Mollusken, von Krustazeen, Skelette und ganze Leichen von Echinodermen, Reste von *Pectinaria*, *Sabellaria* und *Serpulidae*, von Fischen, Seevögeln, Säugetieren, von Millionen Insekten, die aufs Meer hinausgetrieben wurden und später in breiten Säumen angeschwemmt werden; kurzum die gröberen organischen Abfälle der Küstenfauna und -flora werden zu einem erheblichen Teil auf dem Strandwall in sogenannten Flutmarken abgelagert.

Die Verwesungsprozesse in diesen Flutmarken vollziehen sich anscheinend erstaunlich schnell. Dies hängt wahrscheinlich mit der Tatsache zusammen, dass sich hier eine förderliche Feuchtigkeit mit günstiger Luftzirkulation mit einer infolge des grossen Wärmeumsatzes an der Oberfläche des Sandes relativ hohen Temperatur zusammentreffen. Intensive, bakterielle Umsetzungen sind in diesem aeroben, heterotrophen und basischen Milieu zu erwarten.

Genaue Untersuchungen über dies für das Pflanzenleben so wichtige Geschehen wurden bis jetzt noch nicht angestellt [1]), aber es ist wohl sicher, dass das Resultat ein Mineralisieren der organischen Reste sein wird, wobei u.a. NO_3^-, NO_2^- und NH_4^+ freikommen. Ich weise in diesem Zusammenhang darauf hin, dass die Küstenbevölkerung diese Ablagerungen zur Kalkstickstoffdüngung verwendet.

1) FEEKES und HARMSEN haben inzwischen auf dem ,,Natuur- en Geneeskundig Congres'' Verschiedenes mitgeteilt über junge Bodenarten im Wieringermeer, auf denen sich eine verwandte Pflanzendecke entwickelt hat. Hier wurden die zeitweiligen Nitratanhäufungen quantitativ beobachtet. Was in dieser Arbeit aus Beobachtungen im Freien gefolgert wurde, ist dort inzwischen bewiesen worden. Ich verweise auf diese wichtigen Mitteilungen. Siehe weiter bei HECHT (1933).

Eine bemerkenswerte Erscheinung ist es nun, dass eine grosse Menge Samen von meistenteils einjährigen Pflanzen während der hohen Herbststürme seewärts geführt wird, um sodann mit dem absterbenden und toten organischen Material wieder in hohen Spring- und Winterflutmarken abgelagert zu werden.

Eine Anzahl dieser Pflanzen ist u.a. schon von WARMING und namentlich von LUNDEGARDH als „Pflanzen modernder Tangbeete" oder „Teekpflanzen" beschrieben worden. Ich werde sie hier als Pflanzen der Flutmarken bezeichnen.

Auffallend ist dabei die Zahl ausgeprägter Nitrophiler, welche auch im Innern des Landes vorkommen, dort aber strikt an Äcker und Düngerhaufen gebunden sind. Genauere Daten hierüber findet man u.a. bei BRAUN-BLANQUET (1928) und LUNDEGARDH (1925).

Von diesen erwähne ich *Atriplex patulum, Atriplex hastatum, Chenopodium rubrum, Chenopodium album, Polygonum Persicaria, Senecio vulgaris, Rumex crispus, Salsola Kali* und *Potentilla anserina*.

Daneben finden sich typische Halophile: *Cakile maritima, Suaeda maritima, Matricaria maritima* und *Atriplex littorale*. Die beiden letzteren gelangen jedoch wieder zu ihrer optimalen Entwicklung auf dem Guano der Strandvogelkolonien und auf den dicken Tangablagerungen (G r i e n d).

All diesen einjährigen Pflanzen stehen bloss *Honckenya peploides* und *Triticum junceum* als Mehrjährige gegenüber. Auch sie werden in den Flutmarken angeschwemmt und keimen dort.

M. E. ist die Bemerkung berechtigt, dass sich diese Zone der Flutmarken als eutrophes Gebiet unterscheidet von den oligotrophen, humösen, sauren Dünengebieten, die den Kern der W e s t f r i e s i s c h e n I n s e l n bilden. In diesem eutrophen Gebiet wird sich anfangs ein Übermass von $CaCO_3$, NaCl, von NO_3^-, NO_2^- und NH_4^+ $H_2PO_4^-$, u. s. w. feststellen lassen (HECHT 1933).

Da jedoch das Dünengebiet auf irgend eine Weise aus der Strandzone entstanden ist, vollzieht sich während der Dünenbildung eine Entwicklung, die sich kennzeichnet durch Auswaschung und Bindung der erwähnten Ionen, eine Zunahme von Humus und damit von organisch gebundenem Stickstoff, verbunden mit einer Zunahme der Wasserstoffionenkonzentration.

Bei Anwendung der Definition von GLINKA und GOLA, die die Bodentypen nach dem löslichen Kristalloidengehalt des Bodens einteilen, können wir die Bildung des sekundären Standortes, den wir Dünen nennen, bezeichnen als eine „ektodynamorphe" Bodenentwicklung, bei der perhalikole und halikole Bodenarten in gelikole und pergelikole übergehen.

Mit dieser Entwicklung des Standortes geht eine Verschiebung der floristischen Zusammensetzung und der Massenverhältnisse der Vegetation Hand in Hand, wobei die Gesellschaftsfolge mit basi-, halo- und nitrophilen Arten anfängt. Sie hört jedoch auf mit Gesellschaften, die aus Pflanzen aufgebaut sind, die, mittels spezieller Einrichtungen, Symbiose oder Mykorrhiza ihr Stickstoffbedürfnis befriedigen können, indem sie N direkt oder indirekt organischen Verbindungen oder der Luft entziehen[1]. Die Sukzession offenbart sich zuerst in einer Veränderung der Massenverhältnisse, sodann im Schwund oder der Installation bestimmter Arten. Floristische Bestandaufnahme allein genügt nicht für dynamische Untersuchung.

Die Geschwindigkeit, mit der sich dieser Prozess vollzieht, ist abhängig von der zur Verfügung stehenden Menge $CaCO_3$.

Für das hier besprochene Gebiet, die Kette der Westfriesischen

---

[1] An erster Stelle müssen hier die Saprophyten genannt werden, die den vorhandenen Humus aufschliessen. Ich weise hier bloss hin auf die unzähligen *Fungi*, von welchen eine Anzahl ausschliesslich im Dünengebiet vorkommen und von denen *Phallus impudicus*, besonders *Phallus imperialis* bezw. *P. iosmus* eng an das *Ammophiletum* gebunden ist.

Weiter weise ich auf *Monotropa*, eine regelmässige Erscheinung im *Hippophaëtum*, sowie die verwandten *Pyrola rotundifolia* und *P. minor*, die eine Mykorrhiza haben (HENDERSON).

Ferner die Insektivoren (*Drosera* spec.), die tierisch gebundenes N aufnehmen. *Myrica*, *Hippophaë* und *Alnus* haben Wurzelknollen mit freien Stickstoff assimilierenden Organismen (WARMING, BOTTOMLEY, SHIBATA, PEKLO usw.).

Festuca rubra hat eine Mykorrhiza (TOMUSCHAT—ZIEGENSPECK).

Die *Ericaceae*, einschliesslich, *Oxycoccus macrocarpus*, besitzen eine zyklische Mykorrhiza, die freien Stickstoff assimiliert (RAYNER).

Schliesslich haben die Leguminosen (*Anthyllus Vulneraria*, *Lotus* spec.) Knollen mit stickstoffbindenden Bakterien (HELLRIEGEL, WILFARTH usw.).

Die Zahl der Pflanzen, die eine Mykorrhiza zeigen, ist viel grösser. Es genügt jedoch, die Dominanten zu nennen, die gruppenweise auf das *Ammophiletum* folgen. Die Nitrifikation ist in saueren Bodenarten geringfügig. Kürzlich wies mich BAAS BECKING wieder darauf hin, dass man auch den Nitratgehalt des Regenwassers in Erwägung ziehen sollte.

I n s e l n ist diese Menge von Anfang an gering. Dies hängt zusammen mit der geringen Menge der auf dem Strand abgelagerten Muschelfragmente. Man kann daher an progressiven Küstenteilen die Dauer der Sukzession auf 30—40 Jahre veranschlagen.

Zwischen dem oligotrophen, pergeloiden, ausgewaschenen und ausgelaugten Dünengebiet und der haloiden Strandzone muss sich also ein Übergangsgebiet befinden, in dem sich nicht nur der Prozess der Dünenbildung vollzieht, sondern sich auch die Struktur des Bodens an sich verändert.

Als Hauptmoment in den verwickelten Prozessen, die sich hier abspielen, können wir die Humusbildung auffassen, ein Prozess, bei dem die Ionen zuerst von den Pflanzenmassen dem Boden entzogen, dann die Elemente organisch in der Pflanze gebunden und schliesslich dem Boden in der Gestalt von Humus zurückgegeben werden.

Wir sind hier zum Kern unseres Problems gelangt.

Für die Gesellschaften, die nach den dünenbildenden Gesellschaften kommen, ist dieser Prozess von ausschlaggebender Bedeutung. Wir haben also schon gesehen, dass *Triticum junceum* ebenfalls in den Flutmarken abgelagert wird, in welchen schnelles Mineralisieren der organischen Verbindungen mit einem geringen Absorptionsvermögen des Bodens verbunden ist; infolgedessen ist der haloide Boden in hohem Masse vergänglich.

Für die einjährigen, schnellwüchsigen Pflanzen, die hier gesellschaftsbildend auftreten, macht dies weiter nichts aus, weil sie mittels ihrer Samen am Ende des Jahres wieder nach neuen Flutmarken wandern. Für eine ausdauernde Pflanze wie *Triticum junceum* ist die schnelle Erschöpfung des Bodens an Ort und Stelle jedoch verhängnissvoll.

Hier möchte ich auf die offensichtliche Bedeutung der dritten Faktorengruppe, des Windes hinweisen, dieser führt den von der Sonne getrockneten Sand vom Strandwall landeinwärts, wo er vom *Triticetum* aufgefangen wird. Der Strandwall ist jedoch aus den Flutmarken der täglichen Fluten aufgebaut und ist also ein typischer, wenn auch kahler Teil des eutrophen, haloiden Gebietes.

Bis jetzt sah man im Sandtransport bloss einen Faktor, der bei der Konkurrenz der Arten untereinander eine Rolle spielt. Man hielt daher *Triticum*, *Elymus* und *Ammophila* bloss für Arten, die gegen Flugsand widerstandsfähig sind und wegen Mangel an Konkurrenz, wie anderswo im eigentlichen Dünengebiet, in der Flugsandzone ihre optimale Entwicklung erreichen konnten.

Durch zahlreiche Beobachtungen, die hier nicht alle erwähnt werden können, bin ich zur Überzeugung gelangt, dass diese Arten nicht trotz, sondern dank des Sandtransportes wachsen.

TOMUSCHAT—ZIEGENSPECK haben schon gezeigt, dass diese Arten wahrscheinlich autotroph sind. Wenden wir diese Feststellung auf die Tatsachen an, die wir im Freien beobachtet haben, so kommen wir zu dem Schluss, dass der schnell abnehmende Vorrat an Ionen, die durch Auswaschung und organische Bindung verschwinden, Nahrungsmangel an der betreffenden Stelle verursacht. Dieser Vorrat wird nun von der haloiden Zone her ergänzt, wobei der Sand das Transportmittel ist. Das Wasser zwischen den Körnern verdunstet auf dem Strandwall infolge des grossen Wärmeumsatzes an der Sandoberfläche und infolge des Windes; so werden die in diesem Wasser gelösten Salze um die Sandkörner niedergeschlagen. Dann nimmt der Wind sie auf und setzt sie wieder in den Büscheln von *Ammophila, Triticum* und *Elymus* ab, zusammen mit Muschelbruchstücken, kleinen Schalen von Foraminiferen, Stacheln von Echinodermen usw., deren Anwesenheit ebenfalls den Kalkgehalt beeinflusst.

Ich gelange hier also zur Schlussfolgerung, dass der Sandtransport und die Dünenbildung für diese auf rasch verarmenden Bodenarten wachsenden, schnellwüchsigen, autotrophen Pflanzen eine Lebensbedingung sind. Dies wird im Grossen von der Natur oder dem Menschen illustriert, wenn durch plötzliche Küstenverbreiterung Bildung ein neuer Dünenwall gebildet wird und dadurch katastrophale Unterbrechung des Sandtransportes vor der alten Vordüne stattfindet. Viele km längs der Küste sieht man dann, wie sowohl das mehr seewärts gelegene *Triticetum* als auch das *Ammophiletum* und das *Elymetum* spontan absterben. Auch anderwärts lässt sich dies beobachten, wo die staatliche Wasserbauverwaltung seewärts von den natürlichen Gesellschaften Flechtwerk zum Stauen des Sandes anbrachte.

Wir kommen nun zu dem letzten Punkt, den wir an dieser Stelle noch flüchtig erwähnen wollen.

Der Sandtransport ist natürlich nicht regelmässig. Er nimmt vielerlei Gestalt an. Ich erwähne hier bloss die Windrippeln, die Sandschlangen, die ,,Kleintromben'', die Schilddünen und die Barkhane. Letztere sind das typische Beispiel eines massenhaften Transportes.

Umfang und Bedeutung dieses Transportes für den Pflanzenwuchs sind von der Geschwindigkeit, der Stärke, der Richtung und der Regelmässigkeit des Windes abhängig.

Im grossen und ganzen liegt das Optimum des Sandtransportes im Sommer, wo die durchschnittliche Insolation am stärksten ist, und im Herbst, wo namentlich die Stürme in kurzer Zeit gewaltige Sandmassen mitführen. Die alljährliche Generation von Sprossen entwickelt sich dagegen im Frühling.

Das Wachstum einer Düne ist also nicht regelmässig, sondern rhytmisch.

Im Frühling treiben die im Sand des vorigen Jahres begrabenen Pflanzen eine Menge Sprosse, die ungefähr 1—1,50 m hoch werden.

Die Zahl der Sprosse je qm ist für jede Art bezeichnend.

Diese ganze Generation wird im Dezember darauf völlig vom zugeführten Sand verschüttet, sodass häufig nur die Ähren aus dem Sande herausragen.

Jedes Jahr wird also eine neue Schicht hinzugefügt.

Esistjedoch von grösster Wichtigkeit, dass die ganze organische Produktion nicht durch Abfall und Transport des Laubes dem Standort verloren geht, sondern als Ganzes begraben wird. Deshalb sieht man, dass die humifizierten Reste im Dünenprofil schichtweise übereinander liegen und durch die alljährlich zugeführten Sandmassen getrennt werden.

Die Ionen verschwinden also durch Bindung und Auswaschung. Da sogar in diesen primär kalkarmen Bodenarten anfänglich eine verhältnissmässig noch ziemlich grosse Menge $CaCO_3$ vorkommt, scheint sich der Nitrat- und vielleicht Phosphatmangel eher geltend zu machen, während das vorhandene $CaCO_3$ vorläufig noch die fortschreitende Versauerung hemmt. Wenn nun der Sandtransport aufhört und das *Ammophiletum* abstirbt, finden sich demzufolge nicht sofort das auf saurem Boden wachsende *Callunetum, Ericetum, Oxycoccetum macrocarpi, Myricetum, Empetretum* und *Corynephoretum canescentis* × *Lichenetum* ein. Diese besetzen, jedes für sich, im älteren Dünengebiet einen vom Wassergehalt des Bodens in Wechselwirkung mit Exposition und Mikroklima genau bestimmten Raum. Der Übergang wird jedoch vom *Festucetum rubrae* gebildet, worin u. a. *Anthyllus Vulneraria* und *Hippophaë Rhamnoides* derart vorherrschen können, dass komplexe Bestände entstehen. Diese sind also auf neutrale bis schwachsaure, mehr oder weniger in Ruhezustand befindliche Bodenarten beschränkt, während sich die Dominanten durch den Besitz einer Mykorrhiza (*Festuca rubra*), oder durch den Besitz von Wurzelknollen mit freien Stickstoff bindenden Organismen (*Hippophaë*: Actinomyceten; *Anthyllus*: *Bacterium*) kennzeichnen.

Namentlich unter dem *Hippophaëtum* findet intensive Humusanhäufung statt, worauf dann schliesslich *Monotropa Hypopitys*, *Pyrola rotundifolia* und *P. minor* erscheinen (Mykorrhiza).

Schliesslich stirbt dieser ganze Assoziationskomplex auf den Nordseeinseln nach 7—20 Jahren spontan ab, wonach auf den westlichen und südlichen Hängen das *Corynephoretum*, auf nordöstlichen Hängen das *Empetretum*, das in ein *Callunetum* übergehen kann, erscheinen.

Wenn das Dünengebiet nicht intensiv anthropogen beeinflusst würde, dann bildete jedoch Wald den Klimax (Birken, Pappeln, Eichen). Bis vor kurzem wurde dies durch Beweidung und Brennholzlesen verhindert.

Die waldfreie Küstenzone ist überhaupt ein Wahn.

Im kalkreichen Dünengebiet wird jedoch dem Versauern des Bodens fortwährend Einhalt getan, wodurch das *Hippophaëtum* hier stabilisiert wird und es stellenweise unmittelbar in Wald übergeht. Erst langwieriges Auslaugen zusammen mit umfangreicher Entwaldung konnte in der sogenannten anfänglich kalkreichen Dünenlandschaft von JESWIET die Bedingungen für das *Callunetum* schaffen.

Fassen wir nun die Funktion der dünenbildenden Bestände für das Dünengebiet in Worte. Es stellt sich heraus, dass das Dünenbildungsgebiet die Übergangszone ist zwischen den mehr oder weniger alkalischen, Ca-haltigen, nitratreichen, haloiden Bodenarten des Strandes und dem oligotrophen, nitratarmen, gelikolen bis pergelikolen Dünengebiet, dessen Pflanzendecke grösstenteils anfänglich auf den inzwischen gebildeten Humus angewiesen zu sein scheint. In dieser Zone wachsen stark soziale, dominante Pflanzen (*Triticum*, *Elymus*, *Ammophila*), die bei zahlreichen Unterschieden darin übereinstimmen, dass sie wahrscheinlich autotroph sind. Da nun ihr primärer Standort infolge des geringen Adsorptionsvermögens des Sandes und der organischen Bindung durch die Pflanzen schnell verarmt, sind sie auf den vom Wind aus der haloiden Zone zugeführten Sand angewiesen. Dieser Sand ist der Träger der bei der Verdunstung, vor dem Transport auf den Sandkörner abgesetzten Salze. Für das Dünengebiet als Ganzes und für die in der Sukzession aufeinanderfolgenden Gesellschaften im Besonderen ist die Funktion der dünenbildenden Gesellschaften also nicht nur die Dünenbildung an sich. Mehr noch ist ihre Funktion, dass sie die Elemente, besonders das N aus den zugeführten Salzen und den aufgenommenen Ionen organisch binden und im Boden, der durch das Begraben der totalen jährlichen Sprossproduktion entstanden ist, ablagern. Dadurch steigen die Wasserkapazität und das Adsorptionsvermögen des Bodens erheblich. Das Mikroklima wird beträchtlich günstiger. Der defensive Wert der Düne steigt. Schliesslich ist es wahrscheinlich, dass die Humusschichten bei der Formveränderung der Dünen eine Rolle spielen.

Einer jeden technischen Arbeit muss eine Musterung des Materials vorangehen. Wenn es sich herausstellt, dass das Dünengebiet auf unserer Breite das natürliche Produkt von Gesellschaften lebendiger Organismen ist, dann bedeutet dies, dass eine hinter leblosen Hindernissen gebildete Sandanhäufung grundsätzlich etwas Anderes ist, weil das für die natürlich bewachsene Düne notwendigste Element, die Humuszonen fehlen.

Die um die Sandkörner zugeführten Ionen müssen dem Dünengebiet als Ganzes durch Auswaschung im Grundwasser verloren gehen.

Dünenbildung mittels Reisigschirmen, die man noch an allen Küsten Europas ausführt, ist das Errichten steriler Sandhaufen, auf welchen die Bildung einer geschlossenen, normalen Pflanzendecke auf die grössten Schwierigkeiten stösst. Dies habe ich in den untersuchten Gebieten öfters feststellen können. Auf diesen sekundär bepflanzten Sandprismen findet keine normale Sukzession statt. Die Arbeitsmethoden der Dünenbauverwaltung sind folgerichtig auf den Dünenbildungstheorien des vorigen Jahrhunderts aufgebaut.

Wenn diese Theorien sich als unrichtig herausstellen, dann müssen auch für die Dünenbauverwaltung andere Richtlinien aufgestellt werden.

Dünenbildung ist nicht bloss eine Frage von Wind, Sand und Reibung, sondern ein biologischer Vorgang; Dünenbauverwaltung wird sich folglich zu angewandter Biologie entwickeln müssen.

Die Arbeitsmethoden müssen also ausgebaut werden auf Grund der Erkenntnis, dass man sich darauf beschränken muss, die lebendige Natur in erwünschte Wege zu leiten.

Es muss seine Möglichkeit geben, die Natur umsonst das vollbringen zu lassen, was jetzt mit grossen Summen nicht erreicht werden kann. Unsere ganze natürliche Seewehr ist nicht dank des Menschen, sondern trotz des Menschen von Pflanzen aufgebaut worden. Neue Richtlinien wird man aber erst nach genauer, naturwissenschaftlicher Untersuchung aufstellen können.

§'2. Die Methodik der pflanzensoziologischen Untersuchung.

Bei der Untersuchung einer Heidelandschaft, der Dünen oder einer Wiese sieht man, dass die Pflanzendecke der Masse nach in kleine, einfache Gesellschaften zerfällt, die einen homogenen Eindruck machen, da Individuen oder Sprosse etwa des gleichen Raumcharakters an bestimmten Stellen gemeinsam vorkommen. Ein Pflanzendecke ist denn auch augenscheinlich aus einer wechselnden Zahl dieser Bestände aufgebaut, die gruppenweise den gleichen Typus zeigen. Diese Identität im Aussehen kommt dadurch zustande, dass bestimmte Arten der Menge nach eine bestimmte Rangordnung (DE VRIES 1932, 1933) zeigen.

Die organogene Dünenbildung ist die Funktion derartiger homogener Pflanzenmassen. Sie sind daher bei der Untersuchung der Dünen als Ausgangspunkt gewählt.

„Bestandestypus" besagt also in dieser Veröffentlichung: die kleinste statistische Einheit, die sich aus einer vergleichenden Untersuchung dieser Bestände ergibt. Der Bestandestyp heisst nach der dominanten Art oder den Arten, die gemeinsam den Hauptbestandteil (also mindestens 50%) der Pflanzen darstellen. Diese kleinsten Einheiten kann man meiner Meinung nach erst dann zu grösseren Komplexen zusammenziehen, wenn die einfachen Gesellschaften genauer untersucht und ihre Beziehungen sowohl zueinander als zur Umgebung von den verschiedensten Gesichtspunkten aus aufgeklärt sind.

Bestimmt man die Häufigkeit, mit der diese einfachen Bestände miteinander gekoppelt sind, so ist die Möglichkeit gegeben, auf quantitativem Wege zu natürlichen höheren Einheiten zu gelangen (SCHEYGROND 1931).

Soweit auf den folgenden Seiten derartige Komplexe aufgestellt wurden, sind diese daher als provisorisch anzusehen. *Es ist nicht das Ziel dieser Untersuchung, eine Soziofloristik oder soziografische Statistik der in den Dünen vorkommenden Pflanzengesellschaften zu geben.* Für die Dünenbildung unwichtige Bestände wurden nur genannt um die Richtlinien zu finden, nach denen die Bestandesfolge verläuft, und gleichzeitig um eine Soziographie der äusserst komplizierten, und infolge der wiederholten äolischen Umsetzung scheinbar so unübersichtlichen Dünenlandschaft zu ermöglichen.

Dass diese Komplexe trotzdem aufgestellt wurden, erklärt sich aus Folgendem: Bei einer Untersuchung der Dünen zeigt sich sehr bald, dass örtlich infolge bestimmter Veränderungen der äusseren Umstände ein scharf umgrenzter Komplex von Bestandestypen ziemlich plötzlich verschwindet und ein vollkommen anderer Komplex an seine Stelle tritt. Ausserdem finden wir zu wiederholten Malen beinahe identische Komplexe auf augenscheinlich verwandten Standorten. Durch langdauernde Beobachtungen auf einem bestimmten Standort einerseits, und durch Vergleich der Zustände an verschiedenen Standorten, deren Alter bekannt ist, andererseits, ergibt sich dann, dass die identischen Komplexe die gleiche Herkunft, und die gleiche Entwicklungsrichtung gemeinsam haben. Verschiedene Komplexe unterscheiden sich also in erster Linie durch ihr Entstehen, und in grossen Zügen auch durch ihre Umwelt (ökologische Faktoren). Bei einer feineren Untersuchung (z. B. mit Methoden der Mikrometereologie) zeigt es sich aber, dass die verschiedenen Standorte innerhalb eines Komplexes feststehende Unterschiede aufweisen. Ein Vergleich der floristischen Zusammensetzung der Bestandestypen weist ausserdem auf eine gewisse floristische Verwandtschaft. Schliesslich zeigt sich, dass innerhalb eines Komplexes eine oder einige wenige Bestandestypen überwiegen. Sie können daher den Komplex rein äusserlich charakterisieren. *Mengenmässig* unterschiedene Komplexe lassen sich oft nachträglich auch *floristisch* bestimmen.

DE VRIES, PEETERS und SCHEYGROND (1926) unterschieden im K r i m p e n e r W a a r d der Menge nach auf nährstoffarmen Wiesen drei Typen: das *Molinietum coeruleae* † *Hypnetum cupressiformis,* das *Agrostidetum caninae* † *Holcetum lanati* und *Phragmitetum communis* † *Sphagnetum.* In ihnen kommen im ganzen 196 verschiedene Arten vor. Davon sind bezw. 9, 21 und 40 ausschliesslich auf den jeweiligen Komplex beschränkt (exklusive Arten). Jeder dieser Komplexe besteht also aus einer Zahl floristisch mehr oder weniger verwandter Bestandestypen. Auch in den Dünen lassen sich die Komplexe augenscheinlich sowohl mengenmässig, als nach ihrer spezifischen Zusammensetzung unterscheiden.

Die Komplexe werden also häufig mit den Assoziationen übereinstimmen, die sich nach der systematisch-diagnostischen Methode von BRAUN-BLANQUET umgrenzen lassen.

Der Bestandestypus wird nach der dominanten Art benannt. In dieser Arbeit wird daher mit *Triticetum juncei* oder *Ammophiletum arenariae* der Typus eines einfachen Bestandes, in dem bezw. Strandweizen oder Helm vorherrschen, angedeutet. Mit dem Namen „Hauptkomplex von *Ammophila arenaria*" bezeichne ich den Typus einer Gruppe von Bestandestypen, die floristisch, physiognomisch, genetisch und in grossen Zügen auch ökologisch verwandt sind.

Die Komplexe können einfach geschichtet sein (z. B. *Hippophaëtum Rhamnoidis † Festucetum rubrae*), mosaikartig oder abwechselnd gegliedert (z. B. *Ammophiletum arenariae † Elymetum arenarii*) und geschichtet und abwechselnd gegliedert (z.B. das *Phragmitetum communis † Sphagnetum* des G o u d e r a k s c h e n P o l d e r b u s e n s, das in der Arbeit von SCHEYGROND (1931) beschrieben wird). Sind die Bestände zonenartig angeordnet, so kann man von einem Serienkomplex sprechen (DE VRIES 1925, 1929, 1931). Eine soziofloristische Untersuchung einer zu einem derartigen Komplex gehörigen Pflanzendecke und ein Vergleich der Komplexe untereinander wird einen Ausgangspunkt ergeben für eine Untersuchung mit der systematisch-diagnostischen Méthode von BRAUN-BLANQUET (1928).

Eine Soziographie, die die Struktur von Pflanzendecken beschreiben will und dazu je nach der erwünschten Genauigkeit Schätzungen auf einer sehr kleinen Oberfläche ausführt oder misst, wiegt und zählt, muss aber unbedingt den einfachen Bestand zum Ausgangspunkt nehmen (Nordische Methode). Von hier aus gelangt man zum Bestandestypus, dann zu einem geschichteten Komplex und schliesslich zum Hauptkomplex. Für beide Richtungen kann die folgende Betrachtung als Ausgangspunkt dienen:

Eine Einteilung der Pflanzendecke in homogene Bestandteile ist nach unten unbegrenzt. Daher wird jeder Forscher dazu neigen, je nach seinem Objekt und seiner Fragestellung die Grösse des kleinsten

Bestandes anders zu wählen. Die vorliegende Untersuchung wurde durchgeführt auf Grund einer Standardparzelle von einem Quadratmeter. Hierzu diente ein Rahmen dieser Grösse, worin wieder Untereinteilungen angebracht waren. So war es möglich, den Deckungsgrad je qm für jede der Arten eines bestimmten Bestandes ziemlich genau abzuschätzen. Um anzugeben, dass innerhalb dieses Quadrates eine bestimmte Art etwa $^1/_{10}$—$^1/_4$, $^1/_4$—½, ½—$^3/_4$ oder den ganzen Quadratmeter einnimmt, sehr zahlreich ist mit sehr geringem Deckungsgrad oder nur in einem Exemplar mit sehr geringen Deckungsgrad vorkommt, wurden die Zahlen 2, 3, 4, 5, 1 und ½ gewählt. Man bedenke daher, dass diese Zahlen immer nur die Gesamtschätzung je qm angeben.

Verschiedene Forscher fordern, falls in den floristisch definierten Assoziationen von BRAUN-BLANQUET (möglicherweise also die hier aufgestellten Komplexe) kleinere Einheiten unterschieden werden sollen, eine erneute floristische Analyse. Sie halten es für prinzipiell falsch, grössere, floristisch definierte Einheiten mengenmässig unterzuteilen. Die Richtigkeit dieser Unterscheidung kann aber wohl kaum in Zweifel gezogen werden, denn die Bestände finden sich ja in der Natur als gegebene Tatsachen.

Nach dem in dieser Arbeit eingenommenen Standpunkte muss man bei der soziologischen Untersuchung in bestimmten, durch die Art der Fragestellung gegebenen Fällen, in denen mehr verlangt wird als das Aufstellen systematisch-diagnostischer Einheiten zur Katalogisierung der „Pflanzengesellschaften der Erde", von der kleinsten statistischen Einheit ausgehen.

Da die Dünenbildung, wie das Entstehen von Torf und Humus, eine Funktion der Bestände ist, lag es auf der Hand, bei dieser Untersuchung von ihnen auszugehen.

Das gleiche gilt für die praktische Lösung der Frage nach dem Ertrage von Wald und Rentabilität von Wiesen. Eine Untersuchung mit Hilfe kleiner Quadrate, die von Beständen ausgeht, ist ausserdem die einzig mögliche Methode, um eine quantitative Erfassung der ausgedehnten und komplizierten Pflanzendecke zu ermöglichen.

VIERTES KAPITEL

DER STRAND

§ 1. **E i n l e i t u n g.**

Die Dünen entstehen auf dem Strande. Bei der Untersuchung der Dünenbildung kam ich immer mehr zu dem Schluss, dass die Analyse des Strandes mit mikrobiologischen, mikrometereologischen und mikrogeomorphologischen Methoden dereinst den Schlüssel geben wird zum Verständnis der Faktoren, die für die Dünenbildung von Bedeutung sind. Schon TUTEIN NOLTHENIUS verlangte regelmässige kartographische Aufnahmen der Küste bis mindestens 20 km ausserhalb der B r e e v e e r t i e n. Der Rijkswaterstaat hat jetzt mit einer derartigen Arbeit begonnen (VAN DE BURGT 1933).

Solange man aber Bildung und Umbildung der Dünen nicht in diese Untersuchung einbezieht und die biologischen Arbeitsmethoden obendrein vernachlässigt, bleibt die Verteidigung der Küste gegen das Meer ein Glücksspiel und wird keine angewandte Wissenschaft.

Da jede Untersuchung mit den oben erwähnten Methoden fehlt, sah ich mich gezwungen, in den folgenden Seiten einige bei der botanischen Dünenuntersuchung nebenbei gesammelte Tatsachen als Ausgangspunkt zu benutzen. Ich hoffe dabei, dass ein Mikrobiologe in diesen Tatsachen Veranlassung findet, die hier nur festgestellten Erscheinungen einer näheren Analyse zu unterziehen.

§ 2. **D i e Z u s a m m e n s e t z u n g d e s S t r a n d w a l l e s.**

Unter Einfluss von Seegang und Strömung wird loses Material verschoben. Der Sand wandert als geschlossene Einheit in Sandbänken, die mehr oder weniger parallel zur Küste gestreckte Wälle darstellen, welche nach der See zu im allgemeinen allmählich abfallen, nach dem Ufer jedoch steil sind. Gewöhnlich findet man mindestens drei dieser Sandriffe, die sich auf die Küste zubewegen (BRAUN 1911, SOLGER 1910, HARTNACK 1926). Es hat sich aus noch nicht beendeten Messungen auf T e x e l, V l i e l a n d und T e r s c h e l l i n g ergeben, dass die Periode zwischen diesen aus der See kommenden Sandrücken hier ungefähr einen Monat beträgt (VAN DE BURGT 1933). Infolge des Windes tritt im Seewasser Dünung auf. An der Vorderseite jeder Welle wird ein Wassermolekül gehoben, im Wellenkamm seitlich verschoben und im Wellental wieder nach unten gedrückt, um je nach der Höhe der Welle mit mehr oder weniger Kraft wieder in See mitgerissen zu werden. Theoretisch ist also die Bahn, die jedes Teilchen beschreibt, ein Kreis. Beim Anlaufen gegen die Küste kommt die Welle aber in untiefes Wasser, besonders über den Sandriffen. In dem Augenblick wird der Kreislauf gestört; es entsteht ein Defizit. Infolgedessen kann sich die Welle nicht mehr richtig fortpflanzen. Sie fällt daher nach dem Lande zu um. Hierdurch entsteht die Brandung (BEHRMANN 1919). Das von der Welle mitgeführte Wasser stürzt mit Kraft in das davor liegende Wellental und drückt das dort vorhandene Wasser nach unten; dadurch wird der Sand aufgewühlt. An der Landseite der Brandung wird das Sandriff also durch Wellen gestört; es entsteht eine Zone von Kolken, die Brandungsrinne. Ein Teil des aufgewühlten Sandes wird nach See zu mitgerissen und kommt in tieferem Wasser zur Ruhe (Brandungswall). Ein anderer Teil wird durch die auflaufende Welle mitgeführt. Dieser Teil kann auf dem Strande nur abgesetzt werden, wenn die Geschwindigkeit des anlaufenden Stromes grösser ist als die des zurücklaufenden. Es ist also erwünscht, dass der Winkel, in dem der Strand aus dem Wasser ansteigt, klein bleibt.

Bei steigendem Wasser läuft die vorderste Welle jeweils auf ein während des Niederwassers ausgetrocknetes Stück Strand. Daraus ergibt sich die wichtige Erscheinung, dass der vorderste Wellensaum vom Sande aufgesogen wird, der rücklaufende Strom beginnt daher erheblich tiefer. Die Breite des Saumes wechselt natürlich stark, kann aber mehr als 2 m betragen (SOKOLOW 1894). Alle Gegenstände, die sich im Wellenkamm befinden, bleiben also auf dem Strande liegen. Ebenso strandet das mitgeführte feinere Material und der Abfall der Küstenflora und -fauna. Bei steigendem Wasser wird dieses Material von der nächsten Welle wieder aufgenommen und weiter auf den Strand geschoben. Neu kommt dazu das Material, das die Welle selbst mitbrachte. Während der Flut häuft sich also ein grosser Teil des transportierten Materials in der obersten Zone an und bildet dort die Flutmarke. Während der Ebbe ist die Menge des angespülten Materials geringer, es wird auch nicht aufgehäuft, sodass von der Ebbe zurückgelassene Spülsäume als ein Netz sehr feiner Bogenlinien erscheinen, bei denen die untersten die oberen überschneiden (GUTSCHOW 1930, Foto 18).

Die Fluthöhe und damit die Lage der Flutmarken wechselt stark; letztere liegen daher nicht nur über-, sondern auch nebeneinander. Dadurch entsteht eine Anhäufungszone: der Strandwall.

Da sich vor allem Geologen und Ingenieure mit diesen Erscheinungen beschäftigen, hat man bisher nur den Sand, aus dem sich dieser Wall aufbaut, beachtet. BRAUN (1911) hat den Strandwall denn auch folgendermassen definiert: Der Strandwall ist ein Damm, der aus „Küstenschutt" besteht und sich zwischen Land und Wasser schiebt. BEHRMANN glaubt, dass die Vegetation fehlt, u. a. weil sich der Wall ausschliesslich aus unfruchtbarem Quarzsand zusammensetzt. Andere Forscher übersehen ebenfalls die grosse Menge organischen Materials, die sich im Strandwall findet.

Betrachtet man dann die Dünen als ein Produkt von Sand, Wind und Reibung, so neigt man leicht dazu, seine Aufmerksamkeit hauptsächlich dem quantitativ so auffallenden Quarzsande zuzuwenden. In der Einleitung sind wir aber zu dem Schluss gekommen, dass an der N i e d e r l ä n d i s c h e n Küste die Dünenbildung eine Funktion homogener Pflanzenmassen ist, die, wenn sie unter den Sand geraten, in humifiziertem Zustand ausserdem einen charakteristischen Bestandteil der natürlichen Düne bilden. Von diesem Standpunkte aus verliert SiO_2 an Bedeutung, da es in unendlichen Übermass vorhanden ist.

Für die Entwicklung der Pflanze als Organismus sind jedoch mehrere Elemente nötig, die in Gestalt bestimmter Ionen von ihr zusammen mit dem Wasser aus dem Boden aufgenommen werden.

Beschränken wir uns auf den rein chemischen Nährwert der Salze, so stellen, ausser SiO_2, noch eine ganze Anzahl anderer Verbindungen Faktoren dar, deren relative Bedeutung umso grösser ist, in je geringerem Masse sie im Verhältnis zu den anderen Faktoren vorhanden sind. Nach MITSCHERLICH (1920) nimmt die relative Wirksamkeit eines Faktors mit steigender Intensität ab; vom geo-botanischen Standpunkt verdienen daher Ionen und Verbindungen, die anfangs vorhanden sind, dann aber durch die Bildung chemischer Verbindungen, Auswaschung und Auslaugung schnell verschwinden, in erster Linie die Aufmerksamkeit. Eine quantitative Untersuchung des Bo-

dens, die mit dieser Betrachtungsweise rechnet, fehlt für die Dünen
vollkommen. Wohl hat VAN DER SLEEN (1912) die chemische Zusammensetzung des Dünenwassers untersucht, die Herkunft der verschiedenen Stoffe, die er darin fand, suchte er grösstenteils in den Mineralen, die den Dünensand zusammensetzen und weiter in den Schalen-
resten, in Humus, Holz, Torf, See- und Regenwasser.

Sandproben vom Strande wurden jedoch bisher nur auf FeO, CaO
und MgO untersucht. Doch ist der Zustand auf dem Strande vollkommen anders als in den Dünen. Die Angaben von VAN DER SLEEN sind
daher leider als Ausgangspunkt für eine Untersuchung der Dünenbildung nicht brauchbar.

Ein grosser Teil der Strandpflanzen keimt im Gebiet der Winterflutmarken oder wächst in jeweils vom Strandwall hergewehtem
frischem Sande. Die chemische Zusammensetzung dieses Bodens muss
von der des Wassers aus der Dünenbasis besonders abweichen. Abgesehen davon, dass der Einfluss der Bestandteile des Seewassers im
Strandwall grösser ist und dass die Spaltungsprodukte der Mineralien
dort noch nicht in grösseren Mengen haben entstehen können, spielen
auch die Oxydationsprodukte von Torf, Holz und Humus keine ins
Gewicht fallende Rolle.

Die physikalischen und biochemischen Prozesse, die sich auf dem
Strandwall und in den Flutmarken abspielen, verdienen hier unsere
volle Aufmerksamkeit.

Sobald das Wasser fällt, wird der Strandwall einer intensiven Austrocknung unterworfen. Da der Wind über der See und dem Strande
wenig Widerstand findet, ist er häufig verhältnismässig kräftig, andererseits kann durch mikrometereologische Wärmestauung (GEIGER
1927) die Oberfläche des Sandes schon bald erheblich wärmer sein, als
die Luft einige Meter über dem Strande. Das hat ein schnelles Austrocknen der obersten Sandschicht zur Folge. Die im Seewasser gelösten Bestandteile (u. a. $Na > Mg > Ca > K$ und $Cl > SO_4 CO_3$, auch
B, J und PO_4) werden sich dann um die Sandkörner herum
absetzen. Dieser Niederschlag ist oft makroskopisch zu sehen,
wenn eine grössere Menge von Seewasser an den betreffenden
Stelle verdunstet ist. Oftmals kann man ihn auch daran erkennen,
dass die Sandkörner leicht miteinander verkittet sind. Die Erscheinung des „singenden Sandes", wobei ein hoher Ton erklingt, wenn
man einen Gegenstand mit grösserer Geschwindigkeit über den Sand

schleift, erklären verschiedene Forscher durch die Hypothese, dies Geräusch werde dadurch hervorgerufen, dass die kleinen Salzkristalle zwischen den Körnern zerbrechen (VAN BAREN 1924).

Der organische Gehalt der Flutmarken wechselt sehr stark; er ist von Ort, Zeit und Umständen abhängig. Bekannt ist, dass absterbende Sprossstücke von *Zostera marina* vor allem im Winter in breiten Schichten abgelagert und unter dem angespülten und verwehten Sande begraben werden. Lebende und tote Mollusken können oft in grossen Mengen, durch Strom und Wellenschlag nach Grösse und Art grob sortiert, anspülen und ebenso (besonders bei seewärts wehendem Winde) Seesterne, Seeigel, Quallen, Röhrenwürmer, Tang und Mikroorganismen. Bekannt sind auch die Flutmarken aus angespülten Landinsekten, die in See abgetrieben sind. Genaue Untersuchungen über die Zusammensetzung dieser Spülsäume verdanken wir RICHTER und seinen Schülern im Laboratorium S e n c k e n b e r g a m M e e r.

§ 3. D e r K a l k i m D ü n e n s a n d e.

Vor allem, wenn grosse Mengen junger, sterbender Exemplare von Mollusken, Seesternen und Röhrenwürmern anspülen, werden diese von der Küstenbevölkerung gesammelt und als Kalk- und Stickstoffdüngung auf sandigen Böden benutzt. Angaben über den Wert dieser Düngung veröffentlichten DE RUYTER DE WILDT (1928) [ENGEL (1932)].

Die gleiche Bedeutung hat dies Material auch für den Pflanzenwuchs der Vordüne. Ca wird vor allem in Gestalt von $CaCO_3$ als Schalen usw. deponiert. Nach VAN DER SLEEN enthalten frische Schalen nur wenig $MgCO_3$, doch tritt Dolomitbildung bald auf. Dadurch wird die Schale spröde und zerbröckelt unter Einfluss des Mikroklima und der Korrosion verhältnismässig schnell, wenn sie nur an der Oberfläche liegen bleibt. Ausserdem schützen diese Schalen den darunter liegenden Sand vor Verwehung und verzögern die Verdunstung. Das dazwischen liegende feinere Material wird dagegen wohl in der Windrichtung verschoben (,,triage''); dadurch ruhen Schalen und Schalenbruchstücke zuletzt auf einem Sockel aus von ihnen vor Verwehung geschütztem Sande (Tischbildung). Dabei kommt an der Leeseite verwehter Sand zur Ruhe und dort bildet sich ein Sandschwanz (GUTSCHOW 1930, Foto 37 und 38). Der Zerfall der Schalen ist für die Dünenbildung deswegen von soviel Bedeutung, weil die für Pflanzenwuchs und Bodenentwicklung so wichtigen Ca-Verbindungen transportfähig und dann vom Winde in den Bereich der erst in einigem Abstand vom Ufer wachsenden Pflanzengesellschaften gebracht werden. An manchen Stellen der Küste (H o l l a n d) ist die Anzahl der Schalenfragmente, die auf diese Weise transportiert werden, so gross dass sie quantitativ für den Aufbau der Dünen wichtig sind; bis zu 70% der Masse können sie liefern (LORIÉ, VAN DER SLEEN).

Schon früh hat man in den N i e d e r l a n d e n die mehr oder weniger kalkreichen von den kalkarmen Dünen unterschieden. Wir haben gesehen, dass letztere zerfallen in primär und sekundär kalkarme Gebiete, je nachdem ob die Kalkarmut entstanden ist durch die Schalenarmut des Strandes (S c h o o r l, W e s t f r i e s i s c h e I n s e l n) oder durch Auslaugung der Oberschicht (Alte Dünen südlich von B e r g e n).

Auf T e r s c h e l l i n g müssen wir also in erster Linie damit rechnen, dass $CaCO_3$ in Gestalt von Schalenschutt, Echinodermenresten, Foraminiferen usw. von Anfang an in geringen bis äusserst geringen Mengen vorhanden ist. Junge Dünengebiete zeigen daher anfangs eine schwach alkalische bis neutrale Bodenreaktion, das Versauern des Bodens wird aber nur verhältnismässig kurze Zeit mit Erfolg verhindert (SALISBURY 1922). Diese Erscheinung beeinflusst das ganze Aussehen des Dünengebietes, besonders in folgender Hinsicht: die Entwicklung der Pflanzendecke in Richtung auf Bestandestypen saurer, oligotropher und humöser Standorte vollzieht sich schnell. Die Bestandestypen alkalischer bis schwachsaurer Böden, die sich im kalkreichen Dünengebiet jahrhundertelang halten können, wenn auch in statistisch abweichender Zusammensetzung, stellen hier höchstens kurz während Durchgangsstadien dar.

An dieser Stelle sei noch der Einfluss von Vögeln, besonders der *Laridae,* auf den Transport gröberer, kalkhaltiger Organismenreste bis weit ins Dünengebiet hinein, besprochen. Auf den Nordseeinseln ist es vor allem *Larus argentatus* PONT., die unverdauliche Teile vor allem von *Mytilus edulis* L., *Hydrobia ulvae* PENNANT und *Carcinus moenas* L. als Gewölle in den Brutkolonien und auf den Ruheplätzen wieder erbricht. Da zahllose Generationen seit unabsehbaren Zeiten dafür anscheinend immer wieder dieselben Plätze wählen, können hierdurch Pflanzengeographie und Landschaftsbild beeinflusst werden. Im sonst ausgesprochen kalkarmen Dünengebiet von T e r s c h e l l i n g entstanden dadurch mehr oder weniger kalkreiche Stellen, an denen das Sauerwerden des Bodens verhindert wird. Auf diese Art hält sich stellenweise das *Hippophaëtum* mitten im *Corynephoretum canescentis* und im *Calluna vulgaris* — *Empetrum nigrum*-Komplex, in denen es sonst untergegangen wäre.

§ 4. D i e B e d e u t u n g d e s K o c h s a l z e s.

Beeinflusst der Mangel an $CaCO_3$ also in hohem Masse die Entwicklung des Bodens und des Pflanzenwuchses im Dünengebiet, so ist doch auch die bald sinkende Konzentration von NaC1 für den Anfangsbewuchs und die Sukzession von Bedeutung.

Nur wenige Landpflanzen können eine kurze Überflutung mit Seewasser ohne schädliche Folgen ertragen. Daher kommt für ein Auftreten in dem Streifen, der etwaigen Überflutungen ausgesetzt ist, nur eine beschränkte Zahl von Pflanzen in Frage. Aber auch ihre Empfindlichkeit für Salzwasser ist verschieden und daraus ergibt sich die Möglichkeit von Zonenbildung und Sukzession.

BENECKE und ARNOLD (1931) untersuchten vor kurzer Zeit die Konzentration des Kochsalzes im Wasser der Rhizosphaere der wichtigsten Dünenbildner: *Triticum junceum*, *Elymus arenarius* und *Ammophila arenaria*.

Triticum junceum ist auf T e r s c h e l l i n g — übrigens auch anderswo — streng beschränkt auf den äussersten Gürtel, der wenigstens im Winter einige Male überflutet wird. Es kann den Klimax darstellen in Dünengebieten und auf Strandwällen, die einer Überflutung regelmässig unterworfen sind (G r i e n d). An den verschiedensten Standorten auf dem flachen Sandstrande von N o r d e r n e y übersteigt die Konzentration des Bodenwassers, in dem die Pflanze wurzelt normalerweise nicht 2% Kochsalz (BENECKE und ARNOLD).

Elymus arenarius setzt sich erst an den höchsten Stellen des Walles fest, den *Triticum junceum* aus dem angespülten Material aufgebaut hat. Es überlebt seltene Überflutung gut, kommt aber im eigentlichen Dünengebiet nicht vor. Dagegen finden wir es als Ruderalpflanze an offenen Stellen um die Seedörfer (W e s t - T e r s c h e l l i n g).

Ammophila arenaria kann sich nur ausserhalb der Zone der Winterfluten halten; sie fehlt denn auch im Gegensatz zu den beiden vorigen Arten auf dem manchmal vollkommen überfluteten G r i e n d und auf weiten Strecken im niedrigen Dünengebiet der B o s c h p l a a t (T e r s c h e l l i n g). Der Helm siedelt sich an solchen Stellen, welche durchschnittlich mehr als 1% Salz im Grundwasser führen, niemals an (Benecke und Arnold).

Mit diesen Beobachtungen stimmen die experimentellen Ergebnisse von Benecke (1930) nicht ganz überein. Es ist ihm bis jetzt gelungen *Elymus arenarius* noch in einer Lösung von 10—12 % Seesalz, *Triticum junceum* noch in einer solchen von 6 bis 7 % Seesalz zu züchten, während *Ammophila arenaria* eine 2 %-ige Lösung nicht mehr zu ertragen vermag.

Es ist nun unbegreiflich, warum die Sukzession nicht mit *Elymus arenarius* anfängt, *Triticetum* und *Elymetum* beide überhaupt nicht näher an das Meer heranrücken, und einen breiten Streifen des Strandes unbesiedelt lassen.

Die Empfindlichkeit gegen Kochsalz ist lange nicht bei allen psammophilen Halophyten so gut untersucht. Viele Forscher haben sich mit den Pflanzen von Böden pelischer Herkunft beschäftigt, doch wachsen nur vereinzelte Arten sowohl im eigentlichen Dünengebiet als auch auf den obengenannten Böden. Eine davon ist *Honckenya peploides*, die sowohl an der Wattenseite als auf dem Nordseestrand vorkommt. Im letzteren Falle ist sie aber streng gebunden an Sandverwehungen oder an das Vorhandensein verwesender Tanglager. Dies ist eine wichtige Erscheinung. Es zeigt sich jeweils wieder, dass eine ganze Menge von Pflanzen, die nicht in den eigentlichen Dünen vorkommen, auf dem Strand auf die Winterflutmarken beschränkt sind und an anderen Orten stets auf Ruderalstellen wachsen. Es scheint mir daher nicht richtig, bei der Beurteilung der Ursachen, die zum Auftreten oder Fehlen bestimmter Pflanzen in dem vom Seewasser zeitweilig beeinflussten Gürtel führen, allzu ausschliesslich auf den Einfluss des Kochsalzes zu achten. Stehen einige dieser Pflanzen nicht auf verwesenden organischen Ablagerungen (Flutmarken), so ergibt sich die Tatsache, dass sie an einen mehr oder weniger intensiven Sandtransport vom Strandwall her gebunden sind. Wie ich schon in der Einleitung sagte, stellt dieser Sandtransport gleichzeitig einen Transport von Nahrung dar; es ist daher u. U. der Schluss berechtigt, dass diese Strandpflanzen nicht ausschliesslich obligate Halophyten sind, sondern Pflanzen, die *ganz allgemein* höhere Salzkonzentrationen und also einen grösseren Nahrungsreichtum nötig haben und vertragen können.

Schon Lundegardh (1925) bemerkte, dass die Einteilung in Kali-, Nitrat- und Kochsalzpflanzen unklar ist und dass auch der Wassergehalt des Bodens bei Zonenbildung eine Rolle spielen kann.

In jedem Falle ist es von grundlegender Bedeutung, zu beachten, dass die Auffassung: „der Strand ist ein unfruchtbares Gebiet, aufgebaut aus fast reinem Quarzsand" (Behrmann und viele andere) aufgegeben werden muss. Der Strand ist dagegen aufzufassen als eine im allgemeinen halikole bis perhalikole Zone des im übrigen hier gelikolen bis pergelikolen Dünengebietes. In dieser Zone stehen stellenweise eher zu viel als zu wenig Nährsalze zur Verfügung.

Folgende Pflanzen des Sandstrandes können anscheinend in mehr oder weniger ausgedehnten Masse Überflutungen vertragen:

> *Triticum junceum, Tr. litorale, Tr. maritimum, Elymus arenarius, Agrostis stolonifera, Festuca rubra, Puccinellia distans, P. maritima, Salsola Kali, Atriplex hastatum, A. littorale, Cakile maritima, Honckenya peploides, Oenothera ammophila, Sonchus arvensis, Matricaria maritima, Euphorbia Paralias, Eryngium maritimum,* sowie auch *Rumex crispus,* vielleicht auch einige Formen von *Taraxacum officinale* und *Sedum acre.*

Einjährige Keimpflanzen von *Triticum* sp., *Salsola Kali, Atriplex hastatum* und *A. littorale, Cakile maritima, Honckenya peploides, Matricaria maritima* und *Rumex crispus* sind dabei häufig auf die Winterflutmarken beschränkt, obwohl *Triticum, Cakile* und *Honckenya* obendrein auch erhebliche Mengen Sand auffangen können.

Wir kommen also zu dem Schluss, dass in der Strandzone NaCl nur e i n e r der vielen Faktoren ist, der die Vegetation beeinflusst. Die Annahme, dass das Milieu ausschliesslich bestimmt, wird durch Sand, Kochsalz und Wellenschlag, ist falsch.

Es ist vielleicht gut, schon an dieser Stelle hinzuweisen auf den Transport von Meeressalzen durch die Luft, der regelmässig durch vom Meere kommende Luftströmungen besorgt wird. Er kann besonders zur Zeit bestimmter salziger „Zeedampen" so intensiv sein, dass auch in grösserem Abstand von der Küste Gegenstände mit einer Salzschicht bedeckt werden. Die Erscheinung ist wohlbekannt. So traten nach einem Sturm im November 1928 in der Umgebung von H a a r l e m bei der Strassenbahn dadurch Störungen auf, dass die Isolatoren von einer Salzschicht bedeckt wurden und so Lichtbogen

und Funken übersprangen (D e T e l e g r a a f 22 Nov. 1928, Mor-
genblatt).

Die Erscheinung ist weiterhin bekannt aus der Literatur über die
Wassergewinnung in den Dünen (VAN DER SLEEN, DUBOIS).

Besondere Bedeutung erhielt diese Tatsache durch die Veröffentlichung von BAAS BECKING (1933) über das Entstehen hoher Säure-
grade in Hochmooren. Er konnte in dieser Arbeit wahrscheinlich
machen, dass diese Ansäuerung dem Auftreten von HCl als Folge
von Umsetzungen, besonders Adsorptionserscheinungen, wobei das
Metallion von der Luft (Regenwasser) entstammenden Chloriden aus-
getauscht wird gegen ein Wasserstoffion, zuzuschreiben ist. Im Zusammenhang mit dem intensiven Lufttransport von NaCl ins Dünengebiet kann diese Erscheinung von grosser Wichtigkeit sein bei der
schnellen, sehr starken Ansäuerung des Bodens in den von Anfang
an kalkarmen Gebieten von S c h o o r l und den W e s t f r i e s i -
s c h e n I n s e l n. BIJHOUWER (1926) glaubte obendrein, dass auf
diese Weise angeführte, sehr geringe Salzmengen bestimmte Pflanzen
stimulieren können; so liesse sich u. U. das Auftreten bestimmter
Pflanzen im Seestreifen („achtervlaksplanten") erklären.

Kochsalz verdient wegen seines osmotischen und kolloidchemischen
Einflusses, seiner schnell wechselnden Konzentration und wegen der
Möglichkeit, dass aus der Luft stammendes NaCl von Bedeutung ist
beim Entstehen einer hohen Wasserstoffionenkonzentration ganz ge-
wiss unsere Aufmerksamkeit Doch darf man deswegen andere Verbindungen und Ionen keinesfalls übersehen.

§ 5. W a r u m f e h l t d e r P f l a n z e n w u c h s a u f d e r
    S t r a n d f l ä c h e?

Die Pionierpflanzen sind durch einen mehr oder weniger breiten
Strand von der Grenze des Wassers getrennt. SOLGER (1910) führt
diese Erscheinung zurück auf den Einfluss von Salz und Wellenschlag.

Befriedigend ist diese Erklärung nicht. Man braucht nur zu den-
ken an grosse, unbewachsene Sandflächen, wie B o s c h p l a a t,
N o o r d v a a r d e r und V l i e h o r s, wo diese Faktoren auf erheblichen Strecken keine wesentliche Rolle spielen können.

Damit soll nicht gesagt sein, dass in einigen Teilen dieser Gebiete
der Wellenschlag ohne Einfluss wäre. Bei Strandpfahl 9, wo sich die
Vegetation sehr schnell in Richtung des Meeres verschiebt, kann man

jedes Jahr beobachten, dass im Frühjahr Keimpflanzen bis dicht bei den höchsten Marken der Sommerflut aufgehen. Vor diesen Flutmarken wird der Boden jedesmal vom Meere umgewühlt. Auch die ersten Herbststürme greifen aber einen grossen Teil des bereits spärlich bewachsenen Strandes an, spülen die jungen Pflanzen weg und machen die Dünen, die sich bereits gebildet haben, dem Boden gleich. Dadurch wird je nach der Kraft und der Höhe des Flutwassers der Pflanzenwuchs zurückgedrängt bis auf einen mehr oder weniger geraden Streifen, der zu der alten Küste parallel läuft. In diesem Fall wird also ein Teil des Strandes tatsächlich durch Wellenschlag und Hochwasser vom Pflanzenwuchs freigehalten. Das verhindert aber nicht, dass innerhalb dieser Linie ausgedehnte Strecken auch heute noch ohne Pflanzenwuchs bleiben.

Es ist sicher falsch, diese Erscheinung einer zu hohen Kochsalzkonzentration zuzuschreiben. Denn diese Teile stehen, jedenfalls soweit es die Rhizosphaere angeht, unter Einfluss des Regenwassers und des an der Oberfläche abfliessenden Grundwassers. An manchen Stellen fliesst dies Süsswasser frei über dem Salzwasser ab. An der Südküste von T e r s c h e l l i n g, wo im Anfang des 18. Jahrhunderts die D e l l e w a l s l i n k das davor liegende Polderland weggespült und einen Teil der Dünen angeschnitten hat, ist schon bald nach der Flut der vom Meere soeben freigegebene Teil des Strandes mit abfliessendem Wasser bedeckt, das ganz offensichtlich süss ist. Ist bei heftigem Frost der Strandwall bis in grössere Tiefe gefroren, und strömt dagegen das Wasser aus dem Dünenkörper wegen seiner verhältnismässig hohen Temperatur weiter, so entsteht vor dem Strandwall eine Stauung, die sich darin äussern kann, dass dort eine Reihe von Springbrunnen von etwa 1 m Höhe auftreten (JONGENS 1909).

Auch durch das Entstehen eines neuen Dünenzuges, der einen Teil des Strandes abriegelt, wird der Abfluss des Grundwassers nach See gestört. Dadurch tritt im jungen, primären Dünental das Grundwasser bald als Drängwasser zu Tage und bildet einen Dünensee, dessen Grösse je nach dem Verhältnis zwischen Niederschlag und Verdunstung stark schwankt (T e r s c h e l l i n g, V l i e l a n d, T e x e l, K r o o n p o l d e r s, M u y e n usw.).

Das Vorhandensein abfliessenden Süsswassers zeigt sich schliesslich auch noch im Auftreten von Treibsand. T e r s c h e l l i n g ist dafür berüchtigt geworden. Auf dieser Insel trat die Erscheinung auf, sowohl am Fusse völlig unbewachsener Dünen im eigentlichen Dünengebiet (dort ist es heute infolge der Bepflanzung an der Oberfläche fast vollkommen verschwunden), als auch auf den Strandebenen von B o s c h p l a a t und N o o r d v a a r d e r , wo es auch heute noch in nicht ungefährlichem Masse vorkommt.

Treibsand ist Sand, der durch einen aufwärts gerichteten Wasserstrom in der Schwebe gehalten wird.

VAN DER KLOES (1933) teilt mit, dass er auf B o s c h p l a a t und N o o r d v a a r d e r häufig bis zu 400 m, ja 2000 m vom Dünenfuss entfernt auftritt. Ich kann diese Beobachtung bestätigen.

„In den Dünen findet ein fortwährender Niederschlag von Wasser statt: an der Landseite bilden sich daraus Bäche, an der Seeseite dagegen ein andauernder Grundwasserstrom. *Gräbt man am Strande ein Loch, so findet man darin Süsswasser.*

Die Nordsee hat auf der Höhe der W e s t f r i e s i s c h e n I n s e l n einen täglichen Gezeitenunterschied von 1,64 m, doch kann dieser Unterschied bei niedriger Ebbe nach einer Springflut steigen bis zu 3,28 m. Dann besteht Veranlassung zum Auftreten von Treibsand. T e r s c h e l l i n g ist von altersher dafür bekannt.''

Es fragt sich aber, warum dann ausgerechnet Treibsand entsteht, und das Wasser nicht höher frei abfliesst, wie an der Landseite der Dünen. VAN DER KLOES hat auch darauf eine Antwort gefunden:

„Es ist für mich lange Zeit ein Rätsel gewesen, wie der Grundwasserstrom aus der Düne auf so weitem Abstand von deren Fuss den Sand zu Treibsand werden lassen kann. Die Lösung dieser Frage ist jedoch sehr einfach: Infolge der starken Verdunstung kann das unter Druck stehende Dünenwasser die Oberfläche des Strandes nicht erreichen. Auf der Grenze zwischen trockenem und nassem Sande, dort wo der Sand wassergesättigt ist, hört die Verdunstung auf, dort entsteht dann auch Treibsand''.

Es ist notwendig, diese Punkte hier zu erörtern, da die Dünen aus dem Strande entstehen. Der Kern der T e r s c h e l l i n g e r Dünen bildete sich auf dem westlichen Strande in einem Gebiet, das ausserhalb des Wellenschlages und des direkten Einflusses von Seewasser liegt, das aber, wie wir oben gesehen haben, auf grosse Strecken vom süssen Grundwasserstrom beeinflusst wurde. Die Bildung des Dünengebietes steht und fällt mit dem Vorhandensein eines vegetationslosen Sandreservoirs, das in Richtung des vorherrschenden Windes liegt.

Je grösser die Anfuhr an der Seeseite, desto intensiver ist die Dünenbildung.

Die Tatsache, dass die Strandflächen zum grössten Teil unbewachsen bleiben, ist also nicht nur aus ihrer Unfruchtbarkeit, dem zu hohen osmotischen Werte der Bodenfeuchtigkeit und der marinen Erosion zu erklären. Während meiner Untersuchung zeigte es sich nun, dass stellenweise plötzlich dichte Reihen von Keimpflanzen, grösstenteils von *Triticum junceum*, aber auch von *Cakile maritima*, *Honckenya peploides* und *Salsola Kali* auf der übrigens kahlen Fläche erschienen. In einem Falle handelte es sich deutlich um eine alte Wagenspur. Einige 10 m weit liessen sich zwei parallel verlaufende, grüne Streifen verfolgen, auch die Hufeindrücke des Pferdes traten durch ihren Bewuchs zwischen den beiden grünen Streifen hervor. Ein anderes Mal waren es einige Fusstapfen, die auf diese Weise abgezeichnet wurden. Weitaus in den meisten Fällen aber handelte es sich um Winterflutmarken.

Hieraus ergab sich, dass See und Wind bei der Verbreitung der Samen der obengenannten Pflanzen von Bedeutung sind. Dass die Wagenspur — sie lag viele hundert Meter vom nächsten *Triticetum* entfernt — Bewuchs zeigte, weist in erster Linie darauf hin, dass der Wind die Samen über die ganze Strandfläche verbreitet. Bei dieser Gelegenheit waren sie in die Wagen- und Pferdespur gefallen und ruhig liegen geblieben. Sie waren aber ausserdem im Gegensatz zur eigentlichen Strandfläche an dieser Stelle gekeimt. Meines Erachtens findet sich die Ursache dafür im Mikroklima im Zusammenhang mit der Erosion.

Wegen des geringen Wärmekoeffizienten des Sandes steigt, wie sich aus meinen mikrometereologischen Forschungen ergeben hat (vergl. Kap. V, § 2), die Temperatur der untersten Luftschichten sehr schnell. Ich führte in den Dünen selbst 9 Monate lang Temperaturmessungen aus von 1,50 m über bis 0,20 m unter dem Boden. Zwischen + 3 cm und — 5 cm wurden Messungen nicht ausgeführt, sodass noch höhere Temperaturen unmittelbar über und auf der Oberfläche nicht erfasst wurden. Die Resultate ergaben, dass die Temperatur im Mikroklima sehr schnell wechselt; bei kräftigem Sonnenschein liegt sie in 3 cm Höhe bald zwischen 30 und 45° C. Bei stillem Wetter in klaren Nächten nach trockenen Tagen treten vor allem in den ersten Stunden nach Sonnenuntergang bis in den

Juli hinein Nachtfröste auf, sodass die tägliche Schwankung der Temperatur auf 3 cm Höhe oft bis zu 50° C betragen kann. Der Sand ist infolge der Erwärmung bis in einige Tiefe äusserst trocken. Diese trockene Zone wird auch bei Regenböen nicht nass, da nur die oberste Schicht Feuchtigkeit annimmt, verklebt und dann zusammen mit dem lufthaltigen Sande darunter das Eindringen von Wasser verhindert. Bei heftigen Regenböen sieht man denn auch überall, sogar auf trockenen Dünengipfeln, Pfützen erscheinen, unter denen der Sand von 2,5 cm bis etwa 8 cm Tiefe noch immer pulvertrocken bleibt. Erst nach einiger Zeit entsteht an einer einzigen Stelle Kontakt mit den feuchteren Schichten in grösserer Tiefe, dann läuft die Pfütze auf diesem Wege in wenigen Sekunden ab und trocknet aus. Diese Abfuhrröhren aus nassem Sande lassen sich hinterher ausgraben und durch die trockene Schicht verfolgen. Diese Schicht muss die Wurzel des Keimlings durchdringen; der Keimling ist aber bereits vorher infolge der hohen Temperaturen einer starken Wasserabgabe ausgesetzt. Ausserdem hält der Wind den Sand ständig in Bewegung und legt die Keimwurzeln jedesmal wieder bloss. Die Wurzeln sind dadurch einem heftigen Klimawechsel ausgesetzt.

Nach dieser Auseinandersetzung wird deutlich sein, warum es der Keimpflanze nur in den seltensten Fällen gelingt, an solchen Stellen Wurzel zu schlagen. Anders ist die Sachlage, wenn der Samen in eine Wagenspur gerät. Darin herrschen hinsichtlich des Mikroklima schon wesentlich günstigere Zustände (Feuchtigkeit); ausserdem wird der Same dort vom Sande, der gleichfalls in die Spur geweht wird, bedeckt. Er liegt dadurch näher bei der feuchten Schicht und wird ausserdem vom Sande gegen Verdunstung geschützt. *Auch in der Anhäufungszone (Zone der Dünenbildung) wird der Samen bald vom Sande bedeckt und dadurch geschützt.* Den grössten Teil der auf dem Strande verstreuten Samen aber spülen die Winterfluten zusammen. Es ist wahrscheinlich, dass die See wirkt wie ein grosser Fangapparat für Samen, welche durch Luftstrom oder Flüsse in See getrieben werden oder von Wasservögeln mitgebracht worden sind. Das gleiche stellte FEEKES (1933) im W i e r i n g e r m e e r fest.

Jedenfalls findet man in den Winterflutmarken riesige Mengen von Samen. Nach ROSTRUP (1902) und PREUSS (1911) steigt der Prozentsatz gekeimter Samen von *Puccinellia maritima, Triticum junceum, Atriplex littorale, Salicornia herbacea, Suaeda maritima, Cakile mari-*

tima und *Statice Armeria* während eines 36 Tage langen Aufenthaltes in Salzwasser bedeutend (bei *Cakile maritima* steigt er von 57 auf 100%). Die Resistenz vieler Samen gegen Seewasser ist also bestimmt erheblich grösser, als man bisher annahm (FEEKES erhielt Samen von *Senecio vulgaris* monatelang in starken Salzlösungen keimfähig), doch tritt nach ZIJLSTRA, der diese Erscheinung ausführlich untersuchte, vielfach eine Verzögerung der Keimung auf.

Die Winterflutmarken liegen grösstenteils am Fusse der Anhäufungszone und werden bald vom Flugsand zugedeckt. Dadurch geraten die Samen in eine gegen Verdunstung geschützte Umgebung inmitten eines Überflusses von organischem Material. Letzteres verwest anscheinend äusserst schnell und vollständig, denn nach einem Jahr ist von diesen erheblichen Mengen organischer Substanz nichts mehr zu finden als etwas Holz und einige schwere Schalen. Angesichts der Feuchtigkeit, der Temperatur und der günstigen Luftzirkulation ist eine schnelle und vollständige Umsetzung in einfachste anorganische Bausteine auch zu erwarten. Im Frühjahr und im Sommer müssen sich also an derartigen Stellen K^+, Ca^{++}, NO_3 , NH_4 , Eiweiss-NH_3, $H_2PO_4^-$ und SO_4^{--} reichlich nachweisen lassen, um nur einige der Verbindungen zu nennen, die für das Pflanzenleben in erster Linie wichtig sind, im übrigen Dünengebiet aber in freier Form spärlich werden. Übrigens ist es deutlich, dass alle, für das Wachstum von Pflanzen notwendigen und förderlichen Ionen hier wieder der Pflanze zur Verfügung gestellt werden. Jod ist z. B. häufig deutlich zu riechen und wird anderswo tatsächlich aus angespülten Tang (*Kelp* und *Varec*) gewonnen. Bei Verwesung dieser marinen Organismen kommt eine Menge Wasser frei. Auch durch Regenwasser, Grundwasser und Meerwasser werden die Verbindungen gelöst. Ein erheblicher Teil dieser Stoffe wird aber beim periodischen Austrocknen des Sandes als Salze um die Sandkörner abgesetzt. Dies ist umso wahrscheinlicher, da durch die Erosion immer tiefere Schichten für die Austrocknung in Frage kommen. Dadurch sinkt das Niveau des Strandes immer weiter, und der nass gehaltene Strandwall, der in den Sommermonaten weiter nach der See zu gebildet wird, unterscheidet sich deutlich als hoher Wall vom übrigen Strande [1]).

1) Nach Abschluss dieses Manuskriptes las ich eine kürzlich erschienene Veröffentlichung von HECHT (1933) über den „Verbleib der organischen Substanz der Tiere bei meerischer Einbettung". HECHT unter-

Die Pflanzen der Flutmarken beuten aber den Boden an Ort und Stelle aus. *Honckenya peploides, Cakile maritima, Atriplex littorale, A. hastatum, Matricaria maritima* wurden von WARMING, 1906, HOLMGREN 1921, LUNDEGARDH 1925, VALLIN 1925 und LEMBERG 1933 aus stillen Buchten felsiger Küsten beschrieben als „Pflanzen modernder Tangbeete" (tangävja), die besonders Nitrate „speichern", wie sich aus der Untersuchung des Pressaftes deutlich ergibt. LEEGE nennt sie „T e e k p f l a n z e n" nach einem ostfriesischen Namen für die Winterflutmarken. Das Auftreten schwimmender Samen in der Driftzone des I n d i s c h e n Strandes ist mit dem

sucht diesen Prozess im Watt an Hand von eigens dazu angestellten Feldversuchen, kombiniert mit chemischen Analysen. Die Resultate können zu einem erheblichen Teil auf den Strandwall übertragen werden, da HECHT nachgewiesen hat, dass Verwesung in Sand, sandigem Ton und Ton zum gleichen Endresultat führt. Dies wird ausserdem in Sand meistens schneller erreicht.

Ob Verwesung oder Fäulnis eintritt, hängt vom Sauerstoffgehalt der Umgebung ab. Ist die Durchlüftung ungenügend, so entsteht u. U. eine Anhäufung von H_2S. Dadurch wird das O_2 „restlos" unter Bildung von S gebunden. Dieser Vorgang kann die Verwesung zeitweilig hemmen. Das ist augenscheinlich in umfangreichen, nassen Tanglagern und bei Kadavern der Fall. Eine starke Erhöhung der Kochsalzkonzentration durch Eindampfen des Seewassers hat dagegen auf den Verwesungsprozess keinen hemmenden Einfluss.

Im Dünensand sind wegen des grossen Porenvolumens und der äolischen Umsetzung die Umstände für eine intensive Verwesung besonders günstig, sodass sogar erhebliche Mengen tierischen Eiweisses „rasch und eingehend" bis auf die einfachsten anorganischen Bestandteile abgebrochen werden. Unter natürlichen Bedingungen ist diese Verwesung bereits beendet, noch bevor die organische Substanz vcm Substrat genügend bedeckt ist. Infolgedessen sind die Dünen durch „Fossilarmut oder gar Fossillosigkeit" gekennzeichnet.

Diese Resultate bestätigen die in dieser Arbeit entwickelte Ansicht, dass der Boden der Strandzone im Verhältnis zum übrigen Dünengebiet ein Maximum löslicher Kristalloide enthält. Da der Wind fortwährend Bodenbestandteile landeinwärts transportiert, wird dieses Maximum in die Dünenbildungszone verschoben, wo die Pflanzen die Bestandteile auffangen und festlegen. Durch den Sandtransport werden die Nährsalze in den Bereich der Pflanzendecke gebracht, die selber an einen schnell verarmenden Standort gebunden ist. Eine homologe Nährstoffversorgung finden wir bei manchen, in oligotrophen Bergbächen wachsenden Pflanzen, die dort ausschliesslich wachsen können, weil grosse Wassermassen schnell vorbeifliessen.

Zusammenschwemmen von Samen in den Winterflutmarken prinzipiell volkommen zu vergleichen.

Cakile, Atriplex, Salsola und *Matricaria* zeigen in der Flutmarke ein üppiges, sehr schnelles Wachstum. Ist am Ende des Jahres der Nährstoffgehalt der Flutmarke erschöpft, so ist ihre Entwicklung ebenfalls abgeschlossen; die Samen werden vom Winde in See getrieben und durch die Winterfluten mit frischem Material in einer neuen Anspülungszone abgelagert.

Mehrjährige Pflanzen, wie *Honckenya peploides* und *Triticum junceum* wachsen auf dem erschöpften Boden weiter. *Bleibt aber neue Sandzufuhr aus, so sehen wir, dass sie tatsächlich absterben* (Strandpfahl 6—8 auf T e r s c h e l l i n g!). Vom Augenblick der Erschöpfung ihres Standortes an sind sie also auf den Sandtransport angewiesen. Darum können sie sich nur dort weiter entwickeln, wo eine breite Deflationsfläche diesen Sandtransport dauernd nährt. Auch dies ist eine Ursache, warum halophile und nicht halophile Dünenbildner den Strand nicht überall bis an der Hochwasserlinie besiedeln.

§ 6. D a s   E i s e n   i m   D ü n e n s a n d e.

Oben habe ich wahrscheinlich gemacht, dass der Sand, aus dem eine Düne aufgebaut wird, oft schon eine lange Geschichte hinter sich haben muss. Es handelt sich grösstenteils um wiederholt umgesetztes Sanddiluvium.

LE FRANCQ VAN BERKHEY (1771) wusste bereits, dass der Sand aus der Umgebung von S c h o o r l blendend weiss ist im Gegensatz zu dem gelblichen Sande aus dem Mittelpunkt der H o l l ä n d i s c h e n D ü n e n. Auch der Sand auf den W e s t f r i e s i s c h e n I n s e l n ist im Allgemeinen verhältnismässig fein und weiss. Schon durch das seltene Vorkommen von Schalenbruchstücken unterscheidet er sich sehr vom Sande z. B. aus der Umgebung von Z a n d v o o r t. Du-BOIS (1916) schlägt denn auch vor, die Dünen im Norden von H o l-l a n d „weisse Dünen" zu nennen.

VAN DER SLEEN hat nachgewiesen, dass sich im gelblichen Sand um die meisten Körner eine gelbbraune Schicht aus hydratiertem Eisenoxyd befindet, dies im Gegensatz zum weissen Sande. Das hat zur Folge, dass der erstere klebriger ist, die Körner sind ausserdem schwerer und werden schneller miteinander verkittet. Das ist für die Umsetzung durch den Wind wichtig, da der weisse Sand anscheinend eher verweht. Dies äussert sich deutlich in der Geomorphologie der Landschaft.

Van der Sleen hat ausserdem darauf hingewiesen, dass in den gelblichen Dünen die Pflanzendecke dichter ist, doch darf man hierbei nicht vergessen, dass sie auch kalkhaltiger sind. Wie der Unterschied entstanden ist, lässt sich nur schwer mit Sicherheit sagen.

Fe findet sich im Sande als Magnetit (Fe_3O_4) und Illmenit (Fe Ti O_3). Eisenhaltige Körner sind schwerer. Sie lassen sich daher im Sande leicht nachweisen, denn Strom und Wind sortieren die Körner immer wieder nach ihrem Gewicht. Van der Sleen bringt eine gute Fotografie von der allgemeinen Erscheinung, dass während der Bildung der Wellenfurchen (ripplemarks) die schweren Minerale, wie Eisenerze, Granate, Amphibole und Pyroxene, von den leichteren, wie Quarz und Feldspat, getrennt werden. Die erstgenannten bleiben dann in den Tälern liegen und betonen die Erscheinung. Diese Bänder von vorwiegend gelben, roten, grünen und schwarzen Körnern treten auf T e r s c h e l l i n g sowohl auf dem Strande als auch auf vom Winde ausgewehten Tälern allgemein auf. Auch das Wasser ordnet die Körner und van der Sleen beschreibt denn auch einen Küstenwall bei C a m p, der ausschliesslich aus Granat aufgebaut ist.

Sowohl die marinen als die äolischen Ablagerungsformen des Sandes sind also durch den Unterschied in Farbe, Gewicht, Art und Grösse der Körner deutlich geschichtet. Der Widerstand der verschiedenen Schichten gegen Ausblasung und Korrosion unterscheidet sich denn auch sehr deutlich; so erklären sich zahlreiche kleine geomorphologische Eigentümlichkeiten wie z. B. Sandpyramiden, kleine Tafelberge, Kammbildungen, Höhlenbildungen, Profile und Kannelierungen.

Vereinzelte Sandproben von T e r s c h e l l i n g sind petrologisch untersucht worden (Edelman 1933). Die Zusammensetzung der Grösse nach muss aber auf der ganzen Insel sehr verschieden sein. Tromp (1932) hat nachgewiesen, dass die Korngrösse an verschiedenen Stellen in den Dünen sehr stark abweichen kann und dass sich Regelmässigkeiten in der Verbreitung nachweisen lassen.

Je nach der Lage und dem Alter wird die Zusammensetzung des Sandes infolge der Sortierung und Verwitterung sich sehr stark unterscheiden. Erst eine umfangreiche Untersuchung, die sich gründet auf die Kenntnis der Geomorphologie und der historischen Geographie der Dünen, kann einigen Anspruch auf Bedeutung machen. Die zweifelsohne teilweise sehr alten Sande der M i d s l a n d e r H e i d e und der Binnendünen von O o s t e r e n d werden einen vollkommen anderen Aspekt liefern als die jungen Sande, die eben erst angespült wurden. Bekannt ist, dass das Grundwasser in den östlichen Dünen höher steigt.

Eisenhaltige Körner fehlen im Dünensande also nicht. Ockergelbe, humushaltige Sandschichten von reichlich einem Meter Dicke, die an der Unterseite übergehen in blaugefärbten Sand, an der Oberseite dagegen häufig begrenzt sind von einer dunkleren Ortsteinbank, über der Bleichsand liegt, kommen ziemlich allgemein vor unter der H e i d e von M i d s l a n d, den Heidegebieten nördlich von F o r m e - r u m und bei G a l g e d u u n und H o o g e l a n d westlich von M i d s l a n d. Diese Ablagerungen sind augenscheinlich unter Einfluss der Vegetation zustandegekommen. In gerade erst angespülten Sanden fehlen Limonitmembranen oft.

DUBOIS nimmt darum an, dass es sich um Bleichsand handelt, der unter dem Torf-in-grösserer-Tiefe aus dem Nordseeboden herausgewaschen ist, besonders in der Nähe der D o g g e r b a n k. Die Geschichte des Nordseebodens lässt es in der Tat wahrscheinlich erscheinen, dass dort ursprünglich ausgedehnte Bleichsandschichten gelegen haben. Hieraus würde sich ergeben, dass von der See umgesetzte, ausgelaugte Sande fluviatiler Herkunft (Niederterrasse) einen erheblichen Teil der Dünenlandschaft aufgebaut hätten, insbesondere in der Umgebung von Urstromtälern (V l i e m o n d). Daraus könnte sich erklären, dass nach der Meinung von VAN BAREN (1925) der Sand aus der Gegend um S c h o o r l einige Übereinstimmung zeigt mit Sanden, die er in der Niederterrasse gefunden hat. BIJHOUWER (1926) nahm daher an, dass die Niederterrasse dort ununterbrochen bis in rezente Zeit aufgebaut worden sei durch einen mächtigen Mündungstrichter und also in situ vorhanden wäre. Hiermit stimmt jedoch das geologische Profil nicht überein. Die Dünenbasis liegt auf marinen Ablagerungen und wird durch diese von der Niederterrasse getrennt. Der Sand ist also von der See umgesetzt worden. Der Sand von S c h o o r l, der mit dem von T e r s c h e l l i n g soviel Übereinkunft zeigt, ist, ebenso wie der Letztgenannte, bestimmt nicht homogener Herkunft; das haben wir oben gesehen. Es muss aber als wahrscheinlich gelten, dass in beiden Fällen von der See transportierte

Sande fluviatiler und glazialer Herkunft, die aus westlicher und nord-
westlicher Richtung stammen, die Hauptmasse darstellen.

Dass der Sand zum grössten Teil aus praeborealen Bleichsanden
besteht, ist unwahrscheinlich. Seit der Zeit wäre genügend Gelegenheit gewesen, um diese Limonitmembranen wieder zu bilden.

Da EDELMAN inzwischen nachgewiesen hat, dass der Sand sich petrologisch nicht von dem gelblichen Sande von Z a n d v o o r t unterscheidet, wird es wahrscheinlich, dass das Entstehen dieser Schicht
auf anderen Faktoren beruht. Die weiss-sandigen Dünen beginnen
bei B e r g e n, wo der Muschelgehalt erheblich abnimmt. Auch auf
S c h o u w e n finden wir helleren Dünensand. Nun steht fest, dass
diese Eisenhydroxydschichten oft auf dem Strande selbst gebildet
werden. Diese Erscheinung habe ich auf T e r s c h e l l i n g zwischen
Strandpfahl 5 und 8 noch vor kurzem persönlich beobachtet. Hier
entstand infolge einer Küstenverbreiterung unmittelbar am Meer eine
neue Dünenkette, die einen Teil des Strandes als primäre Dünenebene
abschloss. Letztere steht mit dem übrigen Strande nur noch stellenweise in Verbindung. Der Sand ist hier überall infolge des aufgestauten
Grundwassers sehr nass, und zeigt von ungefähr 5 bis 20 cm Tiefe
infolge der Bildung von kolloidalem Schlamm eine pechschwarze
Färbung. Unmittelbar darüber unterscheiden wir eine sehr deutliche
grüne und darüber wieder eine hellere Schicht. An der Oberfläche
finden wir schliesslich rostbraune Stellen, wo der Sand zu einer stein-
harten Masse verkittet ist.

Nach BAAS BECKING (1934) müssen wir dieses Profil folgendermassen deuten: Sulfate werden durch heterotrophe Bakterien — also
bei Vorhandensein organischer Substanz — unter Ausschluss von
Sauerstoff zu Sulfiden reduziert; diese bilden mit Eisensalzen das hy-
dratierte Ferrosulfid (Hydrotroilith). Dieser Stoff vermischt mit
Sand, kommt dort vor, wo viel organischer Stoff, (z.B. Seegras) fault.
Er hat die merkwürdige Eigenschaft, dass er nicht nur Sauerstoff sehr
stark absorbiert, sondern auch Schwefelwasserstoff abgibt. Bei der
Oxydation des Schlammes geht das Ferro-ion in das Ferri-ion über.
Dies ist eine Reaktion, deren Energie augenscheinlich von einer
Gruppe autotropher Bakterien ausgenutzt wird. An der Grenze zwischen unoxydiertem und schwarzem Gebiet finden wir die farblosen,
aeroben Schwefelbakterien, die mit dem Sauerstoff der Luft Schwefelwasserstoff oxydieren. Ein Teil des H_2S wird dabei in oder ausser-

halb der Zelle zu SO_2 oxydiert. Da über dem schwarzen Schlamm zwar noch kein Sauerstoff, wohl aber viel Licht vorhanden ist, entwickeln sich purpurne und grüne Schwefelbakterien. Der früher rein weisse Sand verwandelt sich also hier in schwarzen Schlamm; dabei schlägt an der Oberfläche Ferrihydroxyd um die Sandkörner nieder. Diese Erscheinung ist im Wattenton allgemein und kommt auf den Strandebenen auch anderweitig vor.

Einerseits wurde also nachgewiesen, dass infolge der Wirkung heterotropher Bakterien auf der Strandebene grosse Sulfatmengen freikommen. Dies ist ein neuer Hinweis dafür, dass der Strand eine haloide Zone des im übrigen geloiden Dünengebietes ist.

Zweitens wird ein deutlicher Zusammenhang festgestellt zwischen der Bildung der Eisenhydroxydschichten und den organogenen Prozessen im Strandwall. Wir können also mit gutem Grunde die Erklärung für die weisse Färbung des Strandes nördlich von B e r g e n und auf den W e s t f r i e s i s c h e n I n s e l n in der Abnahme der Menge angespülter Organismen suchen.

Drittens sehen wir hier, dass die abgeriegelte Strandebene hochgradig H_2S-reich und O_2-arm sein kann. Hierauf beruht vielleicht, dass derartige Flächen lange unbewachsen bleiben. Auch besteht die Möglichkeit, dass der Boden infolge der bakteriellen Umsetzungen zeitweilig an manchen Stellen ein niedrigeres pH aufweist. Dass auf dem Strande Bakterienassoziationen eine Umsetzung organischer Substanz in Minerale verursachen können, wurde hier zum Überfluss abermals nachgewiesen.

§ 7. D e r S a n d t r a n s p o r t.

Kleintromben und Barkhane

Der Sand wird auf den Strandwällen abgelagert, untermischt mit einer schwankenden, meist aber beträchtlichen Menge organischen Materials, das sehr bald vollständig zugeweht wird. Unter Einfluss der marinen Transgression einerseits und der Grundwasserstauung andererseits, ist der Sand des Strandes schon in geringer Tiefe nass. Auch die Oberschicht ist nicht immer trocken. Während eines Regenfalles verhindert der Strandwall häufig den Abfluss; dann entstehen ausgedehnte Pfützen. In der Zwischenzeit ist aber die oberste Schicht infolge der Wirkung des Windes und der bei Sonnenbestrahlung schnell steigenden, hohen Temperatur im Mikroklima einer starken Austrocknung ausgesetzt. Infolge der Verdunstung setzen sich in See- und Grundwasser gelöste Stoffe, welche, wie wir oben gesehen haben, zu einem erheblichen Teile der Verwesung des organischen Materials in den Flutmarken entstammen, um die Sandkörner ab. Diese Stoffe werden so mit dem Sande in Richtung des Windes transportiert. Die Schnellheit, womit, und die Höhe, in der dieses geschieht, hängt von zahllosen Faktoren ab. Die verschiedenen Sandschichten bieten einen sehr verschiedenen Wiederstand. Die Windstärke wechselt sehr stark in Grösse, Beständigkeit und Richtung; sie nimmt gegen den Boden hin sehr schnell ab. Eine besondere Untersuchung im Mikroklima, die ausser der Grösse auch die Art der transportierten Sandkörner, sowie die Form der Verschiebung untersucht, ist dringend erforderlich. Zur Zeit verfügen wir hinsichtlich des Zusammenhanges zwischen Windgeschwindigkeit und Transport nur über wenige Angaben (SOKOLOW 1894, GERHARDT 1900, BASCHIN 1903). Die Formen des Sandtransportes sind besser bekannt.

Erhebt sich der Wind, dann beginnen freie Körner über den Sand zu springen. Wo sie in grösseren Mengen hinter einer Schale oder einem Spross zeitweilig zur Ruhe kommen, unterscheiden sie sich oft als helles Dreieck von dem sonst dunklen (feuchten) Sande. Die Körner, die zuerst ins Wandern kommen, sind dann auch die kleinsten, ganz weissen, reinen Quarzkörnchen. Bald sieht man jedoch, wie sich der fortbewegte Sand einstellt in mehr oder weniger parallel in gleichem Abstand voneinander liegende, lotrecht zur Windrichtung verlaufende Linien [Kräuselungsmarken (GÜNTHER), Wellenfurchen (GEIKIE—SCHMITT)], die sich in der Windrichtung verschieben. Diese wellenförmige Anordnung von Sand (SIAU 1841), Schnee (EGERTON bei CORNISH 1899), Seeschaum (CORNISH 1899), Schlamm (TRUSHEIM) oder Wolken (sogenannte „Cirro-Cumulus") unter Einfluss der Strömung findet seine Erklärung in einer Berechnung von HELMHOLTZ, aus der sich ergibt, dass bei gegenseitiger Strömung zweier Medien durch die Faltung der Trennungsfläche die gegenseitige Reibung am kleinsten ist.

Die Wellenlänge hängt u. a. vom spezifischen Gewicht der beiden Medien und ihrer gegenseitigen Geschwindigkeit ab. Die zur Verfügung stehende Menge Sand, die Regelmässigkeit des Windes, sowie die Zeit sind ebenfalls von Bedeutung.

Da der Sand an unseren Küsten keine gleichmässige Zusammensetzung zeigt, ergibt sich, dass die Rippen selber aus dem leichteren Quarzsand gebildet werden, dass dagegen dunkler gefärbte, schwere Minerale [Eisenerze, Amphibole, Pyroxene und Granate (VAN DER SLEEN 1912)] die Furchen ausfüllen.

Bei stärkerem Winde zeigen sich „Sandmäander", die in geringer Höhe parallel über den Strand sich hinziehen und erst aufgefangen werden, wo ein grösserer Widerstand in Gestalt eines Sandhaufens oder eines höheren Hindernisses liegt.

Es können auch höhere Wirbel auftreten. Bei einem Sturm wird der Sand auf der gesamten Oberfläche bis in grössere Höhe getrieben; bei stärkerer Sonnenbestrahlung, gepaart mit Windstille oder mässigem Winde, treten dagegen „Kleintromben" auf. Es ist auf den grossen Strandflächen und im Dünengebiet keine seltene Erscheinung, dass man diese Wirbel, die höchstens 10 m hoch werden, mit grosser Geschwindigkeit als weisse Säulen wandern sieht. Vor allem auf geschützten Süd- oder Westhängen, sowie in den Windlöchern kommen bei starker Sonnenbestrahlung, vor allem zwischen 12 und 3 Uhr nachmittags, ausserordentlich hohe Temperaturen vor.

Bewegt sich trockene Luft adiabatisch in der Atmosphäre auf und nieder (GEIGER 1927), dann ändert sich ihre Temperatur. Denn bei Aufwärtsbewegung nimmt der Luftdruck ab, die Luft nimmt einen grösseren Raum ein und kühlt daher ab. Diese Abkühlung beträgt bei vertikaler Bewegung gerade $1°$ je 100 m.

Ist die Temperaturverteilung in der Atmosphäre nun gerade so, dass die Temperaturerniedrigung in vertikaler Richtung dem adiabatischen Gradienten gleicht, dann wird eine aufsteigende Luftmasse überall die ihr in dem betreffenden Moment eigene Temperatur antreffen; daher bleibt die Spannung gleich, es herrscht ein indifferentes Gleichgewicht.

Ist der Temperaturunterschied je 100 m jedoch grösser als $1°$, dann wird eine aufsteigende Luftmasse in eine stets kältere Umgebung geraten und dadurch wird ihre Steigung noch beschleunigt. Im Mikroklima der genannten Abhänge ist der Gradient schon bald nach Sonnenaufgang erheblich. Diese Luftschichten befinden sich also hinsichtlich der höher gelegenen in einem äusserst labilen Gleichgewicht. Der adiabatische Gradient wird jeweils mehrere 100 Mal übertroffen. Die Temperatur schwankt zwar durch kleine Luftströmungen fortwährend um viele Grade, aber als Ganzes genommen, bleibt der Zustand vorläufig noch konstant. Ohne Impuls von aussen her kann die warme Luft anscheinend nicht nach oben durchbrechen. Dadurch entsteht im Mikroklima eine Wärmestauung, die ein riesiges Reservoir potentieller Energie darstellt. Kommt diese Energie frei, so verursacht sie die Kleintrombe.

GEIGER teilt mit, dass der benötigte Impuls und damit die Kleintrombe ziemlich selten ist.

In den Dünen sind jedoch die Voraussetzungen für das Entstehen und Beobachten dieser Tromben äusserst günstig. GEIGER nimmt an, dass der Impuls meistens durch plötzliches Mitreissen einer heissen Luftschicht nach oben gegeben wird. Kleintromben entstehen daher z. B. im J u r a, an den Steilkanten stark erwärmter, tafelförmiger Hochflächen.

In Übereinstimmung damit beobachtete ich sehr oft Kleintromben auf einem weissen, mit Muschelschalen bestreuten Wege, der in Nordsüdrichtung verläuft und gegen Westwinde durch eine Erlenhecke geschützt ist. An windigen Tagen mit kräftigem Sonnenschein wurde die Luft über dem Pfade also stark erwärmt. Ein kräftiger Windstoss aus Westen liess dann aber hinter der Hecke einen nach oben gerichteten Wirbel entstehen und plötzlich sprangen dann weisse Windhosen auf, die nach einer Wendung in westlicher Richtung an der heftigen Bewegung der benachbarten Roggenhalme in östlicher Richtung zu verfolgen waren. Es kamen auch Tage vor, wo fortwährend derartige grössere oder kleinere Windhosen vorbeizogen mit einem deutlich sausenden Geräusch, von dem auch GEIGER spricht. Vor allem in der Heuzeit sind derartige Erscheinungen im Polder nicht selten, wahrscheinlich weil das ausgebreitete, trockene Heu das Entstehen einer besonders warmen Schicht begünstigt. Plötzlich erhoben sich dann grosse Fetzen Heu in die Luft bis über das hohe Dach einer Scheune.

Es liegt am Bau der Dünen, dass derartige Impulse sehr allgemein sind. Sowohl die gebotene Möglichkeit für das Entstehen grosser Temperaturunterschiede als die Tatsache, dass der mit hochgerissene Sand den Windwirbel sichtbar macht, helfen beim Beobachten der Erscheinung.

Wir müssen uns also vorstellen, dass durch einen mehr oder weniger nach oben gerichteten Luftstoss ein Zipfel der sehr warmen Luftschicht mitgerissen wird. Dadurch entsteht mit grosser Geschwindigkeit ein Durchbruch nach oben, der erst aufhört, wenn die Energie erschöpft ist. Da die Windhose wandert, erreicht sie jedoch neue Abhänge und neue Windkuhlen. Dabei wird ihr neue Energie zugeführt; sie verjüngt sich sozusagen. Auf den Flächen der B o s c h p l a a t konnte ich derartige Tromben mehrfach mit grosser Geschwindigkeit als weisse Säulen gegen den blauen Sommerhimmel vorbeiwandern sehen; mit dem Fernrohr liessen sie sich dann verfolgen. Über nassem Sande oder dicht bewachsenen Dünen verschwanden sie anscheinend, um plötzlich in der Verlängerung ihrer bisherigen Bahn über einer Sandkuhle als weisse Rauchwolke wieder zu erscheinen. Im Gegensatz zur Beobachtung von GEIGER, dass die von ihm beobachteten Kleintromben bald nach ihrem Entstehen unregelmässig umhersprangen und dann verschwanden, liessen sich die Windwirbel auf T e r s c h e l l i n g über weite Strecken mehr oder weniger gradlinig in der Windrichtung verfolgen, weil ihnen einerseits neue Dünenabhänge neue Energiemengen zuführten, andererseits der Sand sie sichtbar macht.

Da ich erst relativ spät den Wert dieser Windhosen für die Geomorphologie des Dünengebietes erkannt habe, liegt leider exaktes Beobachtungsmaterial nur spärlich vor.

Sonst wäre es mir vielleicht möglich gewesen, durch ausführlichere Beobachtungen an Tagen mit vielen Windhosen, die Wetterverhältnisse und die Schwankungen im Mikroklima infolge dieser massalen Luftverschiebungen besser zu untersuchen. Wohl gelang es mir, ein ausführliches Tatsachenmaterial zu sammeln über die allgemeine Temperaturverteilung, die in einer besonderen Abhandlung zur Sprache kommen wird.

Wenn auch an manchen Tagen durch die zahlreichen Windhosen auf den Strandflächen ziemlich erhebliche Mengen Sand stellenweise transportiert werden, so liegt doch darin nicht ihre Hauptbedeutung.

Die wichtigste Rolle spielen sie wohl dadurch, dass grosse Fetzen der dem Boden lose aufliegenden *Licheneta* auf den westlichen Hängen mitgerissen werden. Dadurch wird der darunterliegende Sand entblösst und kommt für Sandtransport in Frage. Die Windhose kann also das Entstehen von Windkuhlen veranlassen, die ihrerseits wieder das Entstehen von Windhosen befördern und sich während des Vorbeiziehens von Windhosen vergrössern. Es ist ein interessanter Anblick, wenn in dem an Windkuhlen auf den Westhängen so reichem

Gebiet zwischen M i d s l a n d und F o r m e r u m die Windhosen
nach Osten wandern und sich schon von weitem über jeder der grossen
Windkuhlen als eine weisse Säule zu erkennen geben.

Die Windhose im Sommer hat also aus zwei Gründen Bedeutung:
1. stellt sie eine Form des Sandtransportes dar; vor allem aber kann
sie 2. Veranlassung geben zum Entstehen von Windkuhlen und dadurch zur Verjüngung der Düne, woraus sich ein Wiederholen der
Sukzession ergibt.

Im Gegensatz zur Windhose im Sommer ist der Barkhan besser bekannt. Lange Zeit kannte man von dieser Bildung nur die kleinen,
vergänglichen Formen, die sich auf dem Strande unter bestimmten
Umständen bilden, und ausserdem die sehr grossen, konstanten Formen, die auf der K u r i s c h e n N e h r u n g und in den L a n d e s
vorkommen. Erst in späteren Jahren wurden kleinere, konstante Formen von etwa 20 m Höhe beschrieben durch BASCHIN (1903) von
S y l t, durch HARTNACK (1925) aus H i n t e r p o m m e r n und
durch VAN DIEREN (1932) von T e r s c h e l l i n g und V l i e l a n d.
Es wird sich sehr wahrscheinlich herausstellen, dass wir es mit einer
allgemeinen Erscheinung zu tun haben.

Der Barkhan ist aufgebaut aus reinem Sande ohne Zutun von
Pflanzen, ausschliesslich durch die gegenseitige Reibung der Sand-
körner. Er entsteht quer zur Richtung eines intensiven und konstan-
ten Sandtransportes aus einer bestimmten Richtung. Die kleinen
Barkhane entstehen daher nur bei konstanter Windrichtung auf brei-
ten Strandflächen. Sie sind gewöhnliche Erscheinungen auf dem
V l i e h o r s (V l i e l a n d), sowie auf N o o r d v a a r d e r und
B o s c h p l a a t (T e r s c h e l l i n g).

Der Nordseestrand von T e r s c h e l l i n g liegt im Hinblick auf
die vorherrschende Windrichtung zum grössten Teil vollkommen anders als der Strand in H o l l a n d. Während im letzteren Falle die
herrschenden Westwinde mehr oder weniger senkrecht auf den Strand
treffen, verlaufen sie auf T e r s c h e l l i n g mehr oder weniger
parallel zur Küste. Die Winde aus westlicher Richtung beherrschen
aber, wie wir beweisen werden, den Sandtransport fast ausschliesslich.
Winde aus anderen Himmelsrichtungen können nur unter sehr besonderen topographischen Verhältnissen irgend einen dauernden Einfluss geltend machen. Der Sandtransport am Nordseestrand von

T e r s c h e l l i n g findet also sehr oft mehr oder weniger parallel zur Küste statt; die Strandebene wird also in ihrer Längsrichtung passiert. Dabei können sich grosse Sandmengen anhäufen. Nach kräftigen, konstanten Winden aus östlichen oder westlichen Richtungen sind denn auch Barkhane hier regelmässige Erscheinungen, doch ist es klar, dass ihr Sand parallel zur Küste wandert.

Es ist eine noch sehr allgemein verbreitete Auffassung, dass gerade diese kleinen Barkhane die ideale Dünenform seien und dass sie durch Summierung tatsächlich das Dünengebiet bilden, das dann sekundär eine Pflanzendecke erhalte. Da dann auch die Pflanzen als Hindernis Sand fangen, sollen aber die klaren Formen schliesslich verloren gehen und das Dünengebiet würde schliesslich eine ,,unentwirrbare'' Ansammlung von willkürlichen Formen. Es ist die Aufgabe dieser Arbeit, diese Auffassung, die einen falschen und schädlichen Ausgangspunkt, u. a. für eine praktische Dünenverwaltung, bildet, zu widerlegen.

Der kleine Barkhan ist eine ziemlich seltene, gesetzmässige Form, in der der Sandtransport auf einer freien Sandfläche unter sehr spezialen Umständen stattfindet. Leute, die im Ausdruck so wenig wählerisch sind, dass sie, ohne weitere Unterscheidung, jeder Anhäufung von Sandkörnern den Namen Düne geben, vernebeln hier jeden Begriff und jeden Begriffswert. Beim Entstehen des niederländischen Dünengebietes war der Barkhan fast ohne jeden Belang. Für unsere Küste ist er sicher nicht die ,,ideale'' Dünenform, denn eine Düne entsteht auf unserem Breitengrad nur unter Beihilfe von homogenen Pflanzenmassen, die selbst in humifiziertem Zustande einen Bestandteil der natürlichen Düne bilden. Das Dünengebiet, an dessen Aufbau Pflanzen beteiligt sind, ist kein unentwirrbarer Komplex von willkürlichen Formen, sondern ein Mosaik von einigen wenigen, unter Einfluss bestimmter Pflanzengesellschaften gesetzmässig zustande gekommenen, und so verständlichen Formen.

Die Barkhane, die wir in den Dünengebieten selber finden, sind in ganz E u r o p a durch eine künstliche, vielleicht auch stellenweise natürliche Vernichtung der Pflanzendecke entstanden: die entblössten Sandmassen nahmen dann unter Einfluss des herrschenden Windes Sichelform an. Auch hier handelt es sich um Formen von Sandtransport, deren Höhe nicht nur abhängt von der ursprünglichen Grösse des entmantelten Dünenindividuum, sondern auch davon, inwieweit dahinter liegende Dünen, die sie auf ihrem Wege treffen oder einholen, sich an der Bildung beteiligen.

Der Barkhan auf dem Strande ist eine vergängliche Form des Sandtransportes, der nur in Sonderfällen den Sand nach dem organischen Dünenbildungsgebiete transportiert. Im Dünengebiet selbst dagegen ist er die Form, worin die Sandmassen entmantelter Dünenindividuen das organogene Dünengebiet verlassen.

Auch die Barkhane in Wüstengebieten sind Formen des Sandtransportes. Es ist aber falsch, sie mit den primären oder sekundären Barkhanen an unserer Küste zu vergleichen. Von den erstgenannten unterscheiden sie sich durch die Entstehungsgeschichte; sie werden nicht gebildet auf nassen Strandflächen, die entstanden durch das Auftauchen von Sandbänken über dem Meeresspiegel und noch immer bei hohen Fluten überschwemmt werden. Von den sekundären Barkhanen weichen sie dadurch ab, dass sie ihr Entstehen nicht der Entmantelung organogener Dünenkomplexe verdanken. Schliesslich setzt das Meer am Nordseestrande ein ziemlich grobes Material ab. Im Gegensatz zu den Wüstenbarkhanen, die auch feinere Bodenbestandteile enthalten, werden die Küstendünen also aus ausgewaschenem Sande aufgebaut.

Für die Dünenbildung an unserer Küste ist also die ausführliche Literatur über Wüstenbildung nur von nebensächlichem Interesse. Unsere Barkhane müssen untersucht werden im Zusammenhang mit dem Milieu, aus dem sie entstehen, und nicht an Hand von Reisegeschichten aus Wüstengebieten.

Die Sprossproduktion der dünenbildenden Pflanzen ist also unmittelbar vom Sandtransport abhängig. Da sie in dem von ihnen festgehaltenen Sande Wurzel schlagen, liegt die Vermutung vor der Hand, dass die darin enthaltenen Ionen die Grundbedingung für eine normale Entwickelung der Pflanzen darstellen. Sinkt der Anteil einer bestimmten Verbindung unter ein gewisses Minimum, so wird das auf die Vegetation einen erheblichen Einfluss ausüben.

Die Menge der benötigten Ionen je Gewichtseinheit Sand ist auf dem Strande am grössten. Die Zone der maximalen Sprossproduktion deckt sich denn auch vollkommen mit dem Gebiet, worin der vom Strande kommende Sand abgelagert wird.' Zahl und Gewicht der

Sprosse je Oberflächeneinheit nehmen stark ab, wenn der Sandtransport an der betreffenden Stelle aufhört.

Dies liegt nicht am Ausfallen irgend eines, vom abgelagerten Sande ausgeübten, mechanischen Reizes, sondern zweifelsohne am Aufhören der Ionenzufuhr. Als Beweis dafür sei angeführt, dass sich dünenbildende Pflanzen in einem Gefäss mit Gartenerde (also ohne Sandtransport) jahrelang optimal entwickeln (BENECKE 1930). Auch in der Natur kann eine Gesellschaft dünenbildender Pflanzen ohne Sandtransport normal wachsen, wenn auf irgend eine andere Weise genügend Ionen zur Verfügung stehen. Ich erinnere nur an das konstante Auftreten von *Elymus arenarius* am Rande nicht stiebender Schuttabladeplätze in der Nähe der Seedörfer und auf Tanglagern (G r i e n d). Ähnliches lässt uns das Wiederauftreten des optimalen *Ammophiletum* aus latenten Sprossen auf Brandstellen im *Corynephoretum* vermuten; auch hier kann von einer erneuten Sandzufuhr keine Rede sein. Es kommen jedoch Aschensubstanzen, u. a. Nitrate zur freien Verfügung der Pflanzen. Schliesslich sei an dieser Stelle nochmals auf die Entwickelung von *Triticum junceum* und *Honckenya peploides* auf Flutmarken und Strandwällen ausserhalb der Zone des Sandtransportes hingewiesen (Strandwall auf G r i e n d). Erst wenn hier Ionenmangel eintritt, wird Zufuhr von Sand aus dem haloiden Gebiet zur Lebensnotwendigkeit und bei Stoken dieses „Nährstoffstromes" beobachten wir ein plötzliches Absterben dieser Arten.

Die massenhafte und intensive Produktion von Pflanzensubstanz an der Seeseite des *Dunetum anticum* im Frühling ist die unmittelbare Folge des winterlichen Transportes von nährstoffreichem Sande. Bei dieser auffallenden, rhytmischen Bildung lebendiger Substanz, die auf einen schmalen Streifen an der Aussenseite der eigentlichen Dünen begrenzt ist, handelt es sich um „une explosion de la vie" im Sinne von VERNADZKY. Derartige Explosionen des Lebens beruhen häufig darauf, dass ein Minimumfaktor stellenweise zeitweilig im Überfluss vorhanden ist (BAAS BECKING 1934).

Hört die Sandzufuhr auf, so geht der Hauptkomplex von *Ammophila arenaria* über in Gesellschaften, in denen Pflanzen die den Stickstoff nicht als Nitrat-Ion aufnehmen, überwiegen. So binden *Anthyllus Vulneraria, Hippophaë Rhamnoides, Myrica Gale* und die *Alnus*-Arten den freien Stickstoff der Luft unter Mithilfe von Bakterien oder Aktinomyceten in ihren Wurzelknöllchen; *Festuca rubra*

(Mykorrhiza?), *Monotropa Hypopitys, Pyrola minor* und *P. rotundi-folia* erschliessen mit ihrer Mykorrhiza den organisch gebundenen Stickstoff im Humus; *Drosera rotundifolia* ist insektivor; *Calluna vulgaris, Oxycoccus macrocarpus* und *Empetrum nigrum* besitzen eine Stickstoff assimilierende Mykorrhiza. Die Vermutung liegt daher nahe, dass das Nitrat-Ion den obengenannten Minimumfaktor dar-stellt, doch darf man nicht übersehen, dass hierfür auch noch andere Ionen ($H_2PO_4^-$) in Frage kommen. Meines Erachtens ist aber die Stick-stoffrage für die Gesellschaftsfolge von nicht geringerer Bedeutung als das Kochsalz- oder das Kalkproblem.

FÜNFTES KAPITEL

DIE ENTWICKLUNG DES DÜNENINDIVIDUUM

§ 1. Der sekundäre Standort.

Das Adsorptionsvermögen des Sandes ist so schwach, dass die Salze, die um die Sandkörner niedergeschlagen sind, in unserem feuchten Klima bald vollkommen ausgewaschen werden. Eine Ausnahme hiervon macht $CaCO_3$, das in grösseren Stücken vorhanden ist und erst nach längerer Zeit verschwindet. Dazu kommt, dass in der Akkumulationszone üppige Pflanzengesellschaften wachsen, die jährlich eine erhebliche Menge Pflanzensubstanz liefern. Letztere assimiliert einen grossen Teil der zugeführten Salze nach ihrer Lösung.

Der Reichtum eines bestimmten Sandvolumens an Nährstoffen wird also in der Akkumulationszone als Folge von Auswaschung und Bindung schnell abnehmen. Ersatz muss von anderer Stelle kommen. Daraus ergibt sich, dass der Nährstoffreichtum des Standortes dem Sandtransport ungefähr proportional ist. Wird dieser unterbrochen, dann wird ein Mangel an bestimmten Verbindungen eintreten, und zwar zunächst an denen, die bald ausgewaschen oder energisch gebunden werden. So ist es z. B. wahrscheinlich, dass u. a. der verhältnismässige Überfluss an freien, anorganischen Stickstoffverbindungen aufhört. Mit dem Stillstand des Sandtransportes wird der Boden sich in gelicoler Richtung entwickeln; er wird aber je nach der Grösse des Kalkreservoirs noch immer schwach basisch bis neutral reagieren.

Die Flutmarke, in der sich die Keimpflanzen von *Triticum junceum* entwickelt haben, ist also verhältnismässig schnell erschöpft. Mehrjährige Pflanzen, wie *Triticum junceum* und *Honckenya peploides* sind von diesem Augenblick an auf eine Nahrungsanfuhr angewiesen. Auf dem Strande bedeutet das Anfuhr durch Sandtransport aus der vom Meere aufgebauten halikolen bis perhalikolen Zone: dem Strandwall.

Das eigentliche Dünengebiet werden wir kennen lernen als einen sauren, nährstoffarmen Boden, in dem die grosse Mehrzahl der Pflanzen den notwendigen Stickstoff erhält durch indirekte Bindung des freien Stickstoffs aus der Luft oder durch Aufschliessen des organisch gebundenen Stickstoffs, der in dem inzwischen gebildeten Humus vorkommt. Der Strand war dagegen ein basischer bis neutraler, stellenweise nährstoffreicher Boden, der aber humusfrei war.

Das Dünengebiet entsteht auf dem Strande. Im Gebiet der Dünenbildung findet also unter Einfluss des Klima und des Pflanzenwuchses eine Strukturveränderung des Bodens statt, die erheblich weiter geht, als ein blosses Anhäufen von Quarzkörnern zu sogenannten Dünen. Andererseits können wir das Gebiet der Dünenbildung betrachten als eine äolische, halikole Transgression von der Strandzone zum gelikolen bis pergelikolen Dünengelände.

Daraus ergibt sich, dass im Gebiet der Dünenbildung, u. a. unter Einfluss der besonderen Anforderungen, welche die Anhäufung und Korrosion von Sand an die Pflanzen stellen, Pflanzenarten vorkommen, die sich im eigentlichen Dünengebiet nicht in dem Masse oder überhaupt nicht halten können. Von diesen besonderen Anforderungen soll in den folgenden Zeilen noch kurz die Rede sein.

Für die Pflanzen des äussersten Gürtels der Dünenbildung gehört hierzu in allererster Linie die Möglichkeit, sich an den stark schwankenden osmotischen Wert des Bodenwassers anzupassen. Letzteres kann bei hohen Fluten aus reinem Seewasser bestehen. Intensive Verdunstung kann die Konzentration noch erheblich ansteigen lassen. Aber kurze Zeit danach wird der Grundwasserstau aus dem Dünengebiet den Boden wieder vollkommen aussüssen. Ich wies bereits hin auf die täglich zu beobachtende Erscheinung, dass auf D e l l e w a l und G r o e n e   S t r a n d kurz nach der Flut das Süsswasser wieder über den Strand abfliesst. Da an diesen Stellen Sandtransport fehlt, erobert hier *Puccinellia maritima* den an kolloidalen Bestandteilen ziemlich reichen Sand des Strandes.

Dünen bilden sich folgendermassen: Die dünenbildende Pflanze entsendet einen dichten Busch mehr oder weniger parallel nach oben gerichteter Triebe; diese vermindern durch Wirbelbildung die Kraft des Windes und fangen dadurch verwehte Sandkörner auf. Ein Teil dieses Sandes stösst gegen die Triebe und fällt zwischen sie, ein anderer kommt im Windschutz zur Ruhe. Ist der Busch sehr dicht, so entsteht an der Vorderseite ebenfalls ein Windwirbel, der dort eine kleine, sichelförmige Staudüne (*Dunus verticosus*) entstehen lässt. Triebe mit Sandaufhäufungen bilden einen sogenannten „Dünenembryo", der auch wohl „Zungenhügel" oder „primäre Düne" genannt wird (*Dunus embryonalis*).

Nur der Kern dieser Bildung ist weiterhin vor Abwehung geschützt, sowohl durch die Triebe selber, als durch die Wurzeln, die den neuen Sand schnell durchziehen. Dagegen wechseln der Sandschwanz und die Staudünen mit der Windrichtung. Die Form des spitzen Sandschwanzes ergibt sich übrigens nicht nur aus der Anhäufung, sondern auch aus dem Abwehen des Sandes, letzteres infolge des Einflusses von, den Büschel seitlich umkreisendem Wind. Bei einer Änderung der Windrichtung entsteht also an einer anderen Stelle ein neuer Sandschwanz; der erste wird allmählich weggeweht. Ändert sich die Windrichtung allmählich, so entstehen dadurch fächerförmige Figuren, besonders, wenn Regen die Widerstandsfähigkeit des ersten Sandschwanzes anfänglich erhöht hat.

Auf harte Gegenstände wirken die stiebenden Sandkörner ätzend ein. Angespülte Flaschen werden schon bald matt, aus Holzstücken werden die weicheren Teile weggefressen usw. usw. Über die Folgen von Windschliff besonders auf Gestein, besteht ein ausgedehntes Schrifttum, worauf an dieser Stelle verwiesen werden muss (WALTHER 1891, 1900, BRUNHES 1903, FRECH 1909, KREBS 1914, PASSARGE 1924 und viele andere).

Weniger bekannt ist, dass nach Stürmen, bei denen Sandtransport aus den Windkuhlen im eigentlichen Dünengebiet bis weit ins Heideland stattfindet, infolge dieses Sandtransportes charakteristische Beschädigungen der Blätter auftreten können. So sah ich z. B. Kohlblätter, die vom Sande durchlöchert waren.

Pflanzen, die in der Transportzone wachsen, müssen also hiergegen resistent sein. Der sklerenchymatische Bau dieser Dünenbildner, der von WARMING (1907, 1909) und MASSART (1907) untersucht wurde, sowie die Struktur der Blätter im allgemeinen und der Epidermis, die häufig Si in grossen Mengen enthält, werden vor allem im Hinblick darauf grosse Bedeutung besitzen.

Ausserdem begräbt die Anhäufung des Sandes die gesamte Sprossproduktion eines Jahres. Die Dünenbildner müssen also Etagen bilden können. Als weitere Schwierigkeit beobachten wir, dass die Assimilationsorgane oft schon während der Vegetationsperiode ausser Betrieb gesetzt werden.

Im Gebiet der stärksten Dünenbildung erheben sich im Winter oft nur die Ähren der Gräser über den Sand. Im folgenden Jahre findet man sie bei der Bestandaufnahme gerade über dem Boden, obwohl ihre Stengel ott noch an der Pflanze sitzen. Die Aussendünen zeigen daher im Winter eine viel weissere Färbung als im Frühling, Sommer und Herbst.

In diesem Gebiet wird also die gesamte jährliche Sprossproduktion erneuert. Mit anderen Worten: der ganze vorige Jahrgang der Blätter wird ausser Dienst gestellt; nur wird die alte Produktion nicht vom Winde weggeweht, sondern bleibt an Ort und Stelle bewahrt und verschwindet dort im Sande. Untersucht man, was nun im Boden geschieht, so stellt sich heraus, dass die Humifizierung schnell vor sich geht und schon im nächsten Jahr findet sich von der vorigen Generation nichts mehr als ein grauer bis schwarzer Streifen Humus. Dadurch entstehen auf die Dauer schichtenweise grauwolkige Profile, die für organogene Dünen charakteristisch sind [1]).

Derartige Humuszonen aus den Dünen sind schon lange bekannt. Bereits SOKOLOW beschreibt unzählige Fälle; in der Tat findet man diese Profile jederzeit und überall. Man hat sie aber bisher nicht in Verbindung gebracht mit der Dünenbildung und dem Verschütten der dünenbildenden Pflanzentriebe, sondern stets für eine frühere Erdoberfläche gehalten. Auch die Tatsache, dass Pflanzen, wie *Triticum*, *Elymus* und *Ammophila* jeweils wieder über den Sand hinauswachsen, ist schon lange bekannt. Wie das geschieht, beschreibt WARMING (1907, 1909) ausführlich.

Der Zusammenhang zwischen den Humuszonen und dem Verschütten der jährlichen Sprossproduktion wurde jedoch niemals festgestellt. Trotzdem ist das für die Dünenbildung ein äusserst wichtiger Punkt, denn darum wird schliesslich in unseren Breiten der Dünendistrikt nicht gebildet als komplexe Sandanhäufung, die durch Reibung, sei es der Sandkörner untereinander, sei es an einem Hindernis, entsteht (*physikalische Dünenbildung*); sondern er ist das Ergebnis des Lebensvorganges spezifischer Pflanzenmassen mit einer gesetzmässigen Struktur. Unsere Dünen sind das Ergebnis einer Wechselwirkung zwischen Sandtransport und diesen lebendigen Pflanzengesellschaften,

---

1) Vergl. die Arbeit von JESWIET und VENEMA (**1933**), die ein derartiges Profil beschreiben aus Kontinentaldünen bei L e u s d e n und W o u d e n b e r g.

welche begraben und humifiziert einen unentbehrlichen, charakteristischen Bestandteil der Düne bilden (*organogene Dünenbildung*). Unsere Dünen kann man mit ebenso viel Recht zum organischen, als zum äolischen Holozän rechnen. Daraus ergibt sich, dass den Dünen, deren Entstehen auf Grund der physikalischen Dünenbildungstheorie von GERHARDT—JENTSCH (1900) an unseren Küsten künstlich gefördert wird durch das Aussetzen *toten* Materials (Strohwische, Buschzäune und Faschinen), die für den Pflanzenwuchs wesentlichen Bestandteile fehlen. Organogene Dünenbildung ist etwas anderes als das Bilden steriler Sandberge und kann nicht nachgeahmt werden.

TOMUSCHAT und ZIEGENSPECK (1929) haben bei ihrer Untersuchung über die Mykorrhiza von Dünenpflanzen festgestellt, dass die Mykorrhiza fehlt bei *Cakile maritima, Ammophila arenaria, Elymus arenarius, Honckenya peploides* und *Eryngium maritimum*. Wir können also vermutlich annehmen, dass es sich hier um autotrophe Pflanzen handelt. Jedenfalls ist es nicht wahrscheinlich, dass sie eine Mykorrhiza besitzen, welche freien Stickstoff bindet oder organisch gebundenen Stickstoff den Humusschichten zu entziehen weiss. Sie können nämlich ihre optimale Entwicklung nur erreichen in der Zone des Nährstoffreichtums (Flutmarken) und des Nährstofftransportes (Verwehungszone). *Elymus* und *Sonchus arvensis* kommen ausserdem vor an Ruderalstellen in der Nähe der Seedörfer. *Honckenya* ist als Nitratpflanze bekannt (HESSELMANN 1917). Das Wurzelsystem von *Cakile maritima* gehört zu den „Extensivtypen''.

Hinsichtlich des Dünengebietes als Ganzes erhalten die dünenbildenden Pflanzengesellschaften eine eigentümliche Bedeutung. Sie assimilieren nämlich die anorganischen Verbindungen, die sonst ausgewaschen werden, geben aber diese Elemente in organisch gebundener Form dem Boden wieder zurück. Die grosse Bedeutung der Humuszonen äussert sich bereits im *Ammophiletum*, worin ausserordentlich viele Fungi auftreten. Gerade diese Erscheinung hat mich auf die grosse Bedeutung der begrabenen und humifizierten Vegetation während der Dünenbildung aufmerksam gemacht. Bevor wir nun die Struktur und die Nachfolge der verschiedenen Gesellschaften untersuchen, ist es wichtig, die Wasserversorgung der Dünenpflanzen zu betrachten.

§ 2. Das Wasser in den Dünen.

Bei der Dünenbildung erhöht sich der Boden allmählich. Dadurch steigt die Oberfläche erheblich über die ursprüngliche, phreatische Oberfläche. Die Höhe der Dünen schwankt stark. Die Vordünenkette ist im allgemeinen nicht höher als etwa 15 m. Die höchsten Spitzen auf Terschelling liegen bei West-Terschelling (30,6 m; 31,6 m), hinter dem „Land" bei Wolmerum (30,4 m) und im Oostelijk Middenduin (Koegelwiek: 21,8 m).

Es ist bekannt, dass der Süsswasserkörper, der sich unter unseren Dünen befindet (DUBOIS 1931), in einem Querschnitt senkrecht auf die Küstenlinie die Form einer bikonvexen Linse besitzt. Seine Dicke ist ungefähr in der Mitte des Dünengebietes am grössten und nimmt sowohl seewärts als auch landeinwärts allmählich ab. Auf den Inseln und auf dem Festlande wird dies Schema auf der Landseite nicht so genau stimmen, aber Bohrungen bei Kinnum zeigten bereits in einigen Metern Tiefe Seewasser, sodass das Beispiel doch einigermassen in Ordnung ist. Die Untersuchungen von HERZBERG (1901) wiesen derartiges auch für Borkum nach.

Die Höhe des vertikalen Durchschnittes des Süsswassersackes, der sozusagen auf dem umliegenden Seewasser schwimmt, schwankt je nach den Umständen. Im Dünengebiet von Holland übersteigt sie 100 m. Die Tiefe des Süsswasserkörpers auf den Inseln ist unbekannt. Er wird aber wahrscheinlich unter dem Dünengebiet nicht sehr vom obengenannten Betrage abweichen. Bei Lies wird Trinkwasser ungefähr 60 m unter der Erdoberfläche gewonnen.

Es ist klar, dass dies Wasserreservoir nur durch Niederschläge wieder aufgefüllt wird.

Wie wir oben gesehen haben, ruht die Dünenbasis vermutlich auf einem Paket feinsandiger Schichten, zwischen denen sich Linsen mehr oder weniger sandhaltigen Tones, die zur Trinkwassergewinnung weniger geeignet sind, befinden. Letztere ruhen selber wieder auf fluviatilen Sanden und Ablagerungen der Eemsee, die etwas gröber sind. Die Grenze ist häufig angedeutet durch Holz- und Torfstücke oder durch Torfgrus. Die feinsandigen Schichten, die wir zum Altholozän zählen, sind an der Oberseite oft abgeschlossen durch Torfschichten oder blauen Ton. Auch in der Dünenbasis selbst finden sich Torflinsen, die wahrscheinlich in sumpfigen Dünentälern entstanden sind.

Der Boden ist also keineswegs homogen. Abgesehen von den örtlich vorhandenen, wenig durchlässigen Linsen, liegt unter der Dünenbasis vermutlich zu einem nicht geringen Teile eine Schicht, welche der Wasserbewegung im Boden einen erhöhten Widerstand bietet. Aber auch in den Sanden, oberhalb der weniger durchlässigen Schichten, fliesst das Wasser doch noch mit so geringer Geschwindigkeit ab, dass es sich im Dünengebiet anhäuft. Die phreatische Oberfläche zeigt daher nach Dubois (1909) die Form einer nach niederen Stellen sich neigenden Scheibe, die bei einer Breite von einigen Kilometern nur eine Dicke von einigen Metern zeigt, da das Wasser infolge der grossen Stromweite doch auch durch die weniger durchlässigen Schichten sinkt. Es fliesst also sowohl in horizontaler, als auch in vertikaler Richtung ab. Nach einem heftigen Regenfall wird das Wasser also plötzlich erheblich steigen können. In Trockenzeiten wird es dagegen infolge der Verdunstung und des Abflusses allmählich sinken. Die Höhe des Grundwassers hängt also unter anderem vom Vorhandensein von mehr oder weniger durchlässigen Schichten ab; sie wird daher im Dünengebiet örtlich verschieden sein.

Für Terschelling wurde bewiesen (van Dieren 1932), dass der grösste Teil der Dünentäler sekundär durch äolische Verschiebung der Dünen entstanden ist. Hierbei wurde der Sand bis zur phreatischen Oberfläche weggeblasen. Stellenweise ist der Boden deswegen fast horizontal. Da die Höhe der phreatischen Oberfläche je nach Zeit, Ort .und Umständen starke Unterschiede zeigt, wird auch die Tiefe, bis auf welche der Sand in den verschiedenen Dünenebenen weggeblasen wurde, sehr verschieden sein. In der Tat schwanken sie zwischen 2,1 und 5,8 m [1]) + N.A.P.

Wir können uns vorstellen, dass, noch abgesehen von lokalen Unterschieden, vor allem in Perioden grosser Trockenheit, besonders tiefe Täler entstehen. In einer darauf folgenden nassen Zeit wird dann dort die phreatische Oberfläche zutage treten und es werden sich Dünenseen bilden. Bis vor kurzer Zeit lagen gegen den inneren Dünenrand, von der Polderlandschaft nur durch eine einfache Reihe von Parabeldünen getrennt, einige sehr tiefe, eigenartige Teiche: O u d e K o o i und L i e s i n g e r p l a k : der eine wurde zur Arbeitsbeschaffung mit Sand zugeschüttet, der andere trocken gelegt und urbar gemacht.

------

1) 3,5; 3,8; 2,8; 3,1; 3,8; 4,2; 4,0; 4,7; 4,8; 5,8; 3,7; 4,1; 3,9; 2,7; 3,0; 2,3; 2,5; 2,9; 2,6; 2,7; 3,7 usw. (vergl. Dubois 1909).

Nach Osten wurden sie von Parabeldünen begrenzt; sie sind also mit ziemlicher Sicherheit vom Winde gebildet worden. Das muss dann aber zu einer Zeit geschehen sein, wo die phreatische Oberfläche bedeutend tiefer lag. Die Steigung kann verursacht sein durch das Zusammentreffen verschiedener Faktoren: Steigerung des Niederschlages, Herabsetzung der Verdunstung durch Entblössung der Dünen, Bodensenkung, Vergrösserung des Süsswasserreservoirs im Laufe der Zeit, Entstehen einer weniger durchlässigen Torfbank und Erschwerung des Abflusses durch Verschiebung von Dünenindividuen. Da der mittlere Teil zweifelsohne sehr alt sein muss, können all diese Faktoren ihren Einfluss geltend gemacht haben.

Die Umstände und die Lage weitaus der meisten Dünenflächen von T e r s c h e l l i n g war bis vor kurzer Zeit derart, dass das ganze Gebiet im Winter unter Wasser stand, sodass man auf Schlittschuhen von W e s t - T e r s c h e l l i n g nach M i d s l a n d und von L a n d e r u m nach O o s t e r e n d laufen konnte. Aber auch im Sommer blieb fast immer genügend Süsswasser über, um weite Flächen fast vollkommen unter Wasser zu halten. Selbst im trockenen Jahr 1911 war in den Dünen noch überall Süsswasser zu finden.

Das hat sich seit 1909 geändert. Das S t a a t s b o s c h b e h e e r (Reichsforstverwaltung) hatte ursprünglich den Plan, das ganze Dünengebiet mit *Pinus austriaca* zu bepflanzen. Es wurde daher durch ein System sehr tiefer Abzugsgräben drainiert und dadurch kann fast überall das Gebiet bis mindestens 30 cm unter der Oberfläche entwässert werden. Die Lage der Dünentäler und die Länge der Entwässerungsgräben machen es jedoch erforderlich, die Gräben gegen ihre Mündung hin noch erheblich tiefer zu legen. So ist dort, wo das frühere „R i v i e r t j e" infolge des Durchbruches einer alten Vordüne eine natürliche Entwässerung in Form eines geschlängelten Baches zwischen „G r i l t j e p l a k" und „N o o r d v a a r d e r" darstellte, die phreatische Oberfläche in der Nähe des Abzugsgrabens bis auf 2 m gesunken; dasselbe gilt auch für den Entwässerungskanal auf D e G r i e. Dieses System von Entwässerungsgräben ergiesst sich durch drei Mündungen in den T e r s c h e l l i n g e r P o l d e r, durch zwei andere direkt ins Meer. Die eine liegt ganz im Westen auf dem G r o e n e S t r a n d, die andere mündet über die T a k k e k o o i und D e G r i e auf die W a a r d g r o n d e n. Die Folge dieser rigorosen Entwässerung äussert sich darin, dass ein

Regenfall heute den Grundwasservorrat nicht mehr für längere Zeit nachfüllt. Von den trockenen Dünenhängen strömt das Wasser in die Ebenen, wird da in Rinnen und Gräben aufgefangen und strömt direkt in den Polder oder ins Meer. Man könnte beinah von einer Mure sprechen, die sich zeitweilig in den Polder ergiesst.

Die phreatische Oberfläche hat sich also im allgemeinen erheblich gesenkt und wird, soweit das möglich ist, im Interesse der Waldanpflanzungen unter einem bestimmten Maximum gehalten. Dabei darf man nicht vergessen, dass in den älteren Waldparzellen sich der Zustand wieder ändert. Hier beeinflussen die Humusanhäufung, sowie die Abnahme der Sonneneinstrahlung die Struktur des Bodens. Ausserdem ist die verdunstende Oberfläche des Pflanzenwuchses, verglichen mit dem ursprünglichen Dünengebiet, erheblich gestiegen. So ist die Wassermenge, die ein Mischwald dem Boden entzieht, viel grösser; obendrein bleibt ein erheblicher Teil der Niederschläge in den Baumkronen hängen und verdunstet dort.

NEY gibt an, dass Tannen 33,5%, Kiefern 20%, Buchen 15% und Eichen 12% der jährlichen Niederschlagsmenge auf diese Weise abfangen (VERSLUYS 1916). Bei einem Niederschlag von höchstens 5 mm erreicht im Tannenwald nur 66% den Erdboden; bei schwerem Regenfall steigt dieser Prozentsatz bald erheblich (GEIGER 1927). Dem steht gegenüber, dass der Wald den horizontalen Niederschlag fördert.

Wo sich der künstliche Wasserentzug nicht geltend macht, bestehen je nach dem Verhältnis zwischen Niederschlag, Verdunstung, Bodenstruktur und -relief starke Schwankungen der phreatischen Oberfläche. In den Dünentälern besteht daher eine mehr oder weniger breite Zone, die abwechselnd unter Wasser steht und wieder trocken gelegt wird. An den tiefsten Stellen bleibt das Wasser auch während der meisten Sommer sichtbar. Die einander folgenden, nach Mengen und Arten zu unterscheidenden Pflanzengesellschaften stehen in ihrer Verbreitung in engem Zusammenhang mit dem Grundwasser. Es lässt sich daher im Dünengebiet eine hydrarche und xerarche Sukzessionsreihe im Sinne von CLEMENTS deutlich unterscheiden. Die Bildung der Dünenindividuen ist jedoch eine Funktion homogener Pflanzengesellschaften der xerarchen Reihe.

DIJT und seine Mitarbeiter (1924) haben für eine Anzahl von Dünenpflanzen den Standort über der phreatischen Oberfläche bestimmt. Sie unterscheiden daher zwei Pflanzenkategorien, die eine ist unbedingt gebunden an kapillares Wasser, die zweite kann in grösserer Höhe unabhängig vom kapillären Wasser wachsen. Von dieser zweiten Kategorie gehören zu den von mir unterschiedenen Gesellschaftskomplexen:

zum *Ammophila arenaria*-Haupt-Komplex: *Ammophila arenaria, Elymus arenarius* und *Sonchus arvensis.*

zum *Festuca rubra*-H. K.: *Anthyllus Vulneraria, Cerastium semidecandrum, Festuca rubra, Galium verum, Hippophaë Rhamnoides* und *Leontodon nudicaulis.*

zum *Corynephorus canescens*-H. K.: *Carex arenaria, Corynephorus canescens, Hieracium Pilosella, H. umbellatum, Hypochoeris radicata, Jasione montana, Lotus corniculatus, Rosa spinosissima, Teesdalia nudicaulis, Leontodon nudicaulis, Viola canina* und *V. tricolor* ssp. *maritima.*

Diese drei Hauptkomplexe bilden die Achse der xerarchen Reihe. Nach DIJT c.s. hat Verlagerung der phreatischen Oberfläche auf diese Pflanzen, die alle mindestens 70 cm darüber vorkommen, keinerlei Einfluss. Die Entwässerung würde also die Vegetation der eigentlichen Dünen nicht beeinflussen, die der Dünentäler dagegen vollkommen vernichten.

Abgesehen davon, dass es noch zweifelhaft ist, ob sich der eigentliche Pflanzenwuchs der Dünen auf diese Arten beschränkt, scheinen mir auch die heute verfügbaren Tatsachen keineswegs ausreichend, um diesen weitgehenden Schluss zu rechtfertigen. Gerade auf Grund derartiger Angaben hält man sich für berechtigt zu einschneidenden Massnahmen, die sich hinterher als nicht im Allgemeininteresse herausstellen, da der angerichtete Schaden grösser ist als die erhofften Vorteile.

Die uns vorliegenden Tatsachen über die Ausdehnung des Wurzelsystems bei Dünenpflanzen sind noch äusserst mangelhaft. Sehr zerstreut in der Literatur findet man einige Angaben über Länge und Art der Wurzeln von Dünenpflanzen (JESWIET 1913, TOMUSCHAT—ZIEGENSPECK); dagegen ist unbekannt, wie die Wurzeln in einer Einzeldüne verteilt sind. Das Wurzelsystem vieler Arten kann eine viel grössere Ausdehnung erreichen, als allgemein angenommen wird.

Die Dünenarbeiter sind allgemein der Ansicht, dass Wasserentzug Einfluss hat auf die Vegetation der Dünen. Die Erfahrungen dieser Praktiker schiebt man im Allgemeinen achtlos zur Seite, da ihre E rk l ä r u n g e n fast immer falsch sind. Das hindert jedoch nicht, dass ihre B e o b a c h t u n g e n meist von scharfem Wahrnehmungsvermögen zeugen.

Wir wissen also weder von der Wasserverteilung in der eigentlichen Düne, noch von der Lage der Wurzeln genügend. Nur eine morphologische und gewichtsanalytische Untersuchung, Hand in Hand mit einer statistischen Untersuchung der Bestände vor, während und nach Wasserentzug, sowohl über die Sprossproduktion, als die Rhizosphaere, kann eine richtige Antwort geben auf die Frage, ob Wasserentzug auch der Vegetation der Einzeldüne schadet oder nicht. Die Tatsache, dass ein bestimmtes, floristisches Spektrum anscheinend erhalten bleibt, kann nicht genügen.

Man darf nicht vergessen, dass alle Dünen im Laufe der Zeit verschoben werden. Dadurch gelangen sie auf den Humus und die Torfbildungen der dahinter liegenden Dünentäler. Jede Düne ruht also praktisch auf einer weniger durchlässigen Schicht. Auch dadurch liegt in der Einzeldüne der Grundwasserspiegel etwas höher. Rechnet man weiterhin damit, dass der Boden darüber noch etwa 30 cm vollkommen wassergesättigt ist (kapillares Wasser) und dass sich darüber nach VERSLUYS (1916) noch wenigstens bis 330 cm zwischen den Körnern aufgesogenes Wasser befindet, das zwar die Zwischenräume zwischen den Körnern nur teilweise ausfüllt, aber doch den Kapillargesetzen noch unterworfen ist, dann ist es unwahrscheinlich, dass die Flora, die sich etwa von 70 cm über dem Grundwasserspiegel an niederlässt, vollkommen unabhängig davon wäre. Ausserdem lässt gerade die etagenweise Massenzunahme der Dünen vermuten, dass das Wurzelsystem ihrer Pflanzen auch mit den zuerst gebildeten tieferen Schichten in Verbindung bleibt. Die meisten Dünen sind höchstens 10 m hoch, meist jedoch niedriger. Nur hier und da liegen höhere Komplexe.

Es kann daher nicht als vollkommen ausgeschlossen gelten, dass die Erniedrigung des Grundwasserspiegels die statistische Zusammensetzung und die Lebensfähigkeit von Gesellschaften der xerarchen Reihe beeinflusst. Dann wären diese Pflanzengesellschaften ausschliesslich angewiesen auf penduläres Wasser, das den Gesetzen der Kapillarität nicht unterworfen ist, sondern resultiert aus einem Prozentsatz des örtlichen Niederschlages, des horizontalen Niederschlages und dem Kondensationswasser im Boden.

Für die Wasserleitungsfragen genügt es, den totalen Niederschlag innerhalb der prise d'eau zu kennen und vor allem, was davon als nützlicher Regenfall überbleibt und dem Boden entzogen werden kann, ohne in absehbarer Zeit das Entnahmegebiet, soweit es die Wassergewinnung angeht, ernstlich zu schädigen.

Für die Fragen, die das Dünengebiet selber angehen, ist dies jedoch nicht der wichtige Punkt. Uns interessiert die Wassermenge, die je nach Zeit, Ort und Umständen dem Pflanzenwuchs zur Verfügung steht. Je nach Höhe des Grundwassers, dem Relief und der Ausdehnung der Rhizosphaere schwankt diese Menge für den Organismus.

Die Pflanzen müssen zu ihren Lebensprozessen zu einem gewissen Grade wassergesättigt sein. Diese Wassersättigung hängt ebenso wie der Quellungszustand des Protoplasma weder ausschliesslich von der Wasseraufnahme, noch von der Wasserleitung und -abgabe ab, sondern wird von beiden, d. h. von der sogenannten Wasserbilanz beeinflusst.

Die Dünen hat man noch bis vor kurzer Zeit als ausgesprochen trockene Umwelt aufgefasst. Man ging aus von der xeromorphe Struktur der echten Dünenpflanzen, und der pulvertrockenen Schicht, die besonders West- und Südhänge der Dünen bedeckt, und hielt dann die Dünenpflanzen für Xerophyten. Danach handelte es sich um Pflanzen, die durch Einschränkung der Transpiration und oft auch durch ,,Speicherung von Wasser für die Zeit der Wassernot'' an einen trockenen Standort angepasst sind. Nach verschiedenen Untersuchungen, u. a. von MAXIMOV (1925, 1928) und WALTER (1925, 1926, 1927) muss diese Auffassung wahrscheinlich geändert werden. Ein grosser Teil der Dünenpflanzen kann seinen Wasserbedarf direkt aus dem Grundwasser und dem kapillären Wasser decken. Auf dem höheren Teile der eigentlichen Düneninvididuen bildet funikuläres und penduläres Wasser das Reservoir. Infolge der nichthomogenen Struktur des Düneninividuum wird die totale Wassermenge je Volumeneinheit des Bodens, nach dem Ort und den Umständen erheblich schwanken. Ausser dem Unterschied in Korngrösse der verschiedenen Schichten werden die Humuslinsen hierauf einen grossen Einfluss besitzen. *Auf Grund der oben mitgeteilten Beobachtungen über das Wegsickern des Regenwassers, wird es wahrscheinlich, dass im Düneninividuum feuchtere mit trocken bleibenden Schichten abwechseln. Die Niederschläge werden von den Erstgenannten aufgenommen und durch sie in die Tiefe abgeleitet.*

Dann lässt sich bei einer Untersuchung der Wurzeln von Dünenpflanzen erwarten, dass infolgedessen die Verzweigung stellenweise dichter sein wird; dies haben WEAVER und CLEMENTS bei Steppenpflanzen nachgewiesen. Vorläufig sind jedoch die Wurzeln der Dünenpflanzen ungenügend bekannt. Eine einfache Untersuchung aber zeigt bereits, dass bei verschiedenen Pflanzen die Ausdehnung unter der Erde die Produktion oberirdischer Sprosse mengenmässig um ein Vielfaches übertrifft. Infolgedessen kommt oft eine offene Pflanzendecke zustande, während die Wurzelsysteme der Individuen einander in Wirklichkeit durchdringen.

Cakile maritima, Triticum iunceum, Ammophila arenaria, Elymus arenarius, Sonchus arvensis, Festuca rubra, Eryngium maritimum, Salix repens, Corynephorus canescens, Carex arenaria und *Viola tricolor* haben, trotz ihres sehr verschiedenen Typus, sehr kräftig entwickelte Wurzelsysteme.

Dabei ist der Wassergehalt des Sandes gross. Wenn der jeweilige Wassergehalt auch sehr verschieden ist, so bleibt der Sand doch auf Nord- und Osthängen auch an der Oberfläche dauernd feucht. Auf Süd- und Westhängen enthält der Sand in 15 cm Tiefe bereits 6—11% Wasser (JESWIET 1913). Nach VERSLUYS (1916) kann die festgehaltene Wassermenge noch erheblich grösser sein.

Ich möchte an dieser Stelle bereits einige Ergebnisse der mikrometereologischen Untersuchung, die ich in den Jahren 1932 und 1933 auf einer Versuchsdüne bei F o r m e r u m durchgeführt habe, vorwegnehmen. Das vollständige Versuchsmaterial erscheint in einer späteren Arbeit über die Dünen. In Abb. 2 sind die Resultate einer Anzahl von Beobachtungen im Mikroklima auf dem Nord- und Südhang der Versuchsdüne am 1. 8. 1931 zwischen 8 und 24 Uhr graphisch dargestellt (siehe S. 125).

Daraus ergibt sich, dass infolge der Lage unter Einfluss der Sonnenstrahlung die Bodentemperatur in 5 cm Tiefe sehr schnell steigt, um, wenn Bewölkung eintritt und die Einstrahlung verhindert wird, auch wieder schnell abzusinken. Die Temperatur des nordöstlichen Hanges steigt ebenfalls, jedoch hier nur von 10,7° um 9 Uhr auf höchstens 13,5° zwischen 12 und 14 Uhr. Während die Bodentemperatur des Südhanges zwischen 15 und 24 Uhr um 10,9° sinkt, verringert sich die Temperatur auf dem Nordhang in der gleichen Zeit nur um 1,3°. Infolgedessen wird der Boden des Südhanges in 15 cm Tiefe in der

Nacht sogar kälter als am Nordhang. Die Bodentemperatur in 20 cm Tiefe steigt dagegen am Nordhang verhältnismässig stärker als am Südhang; die Wärmeleitung des Nordhanges ist also grösser.

Dieses Geschehen erklärt sich aus der Wechselwirkung zwischen der Struktur des Bodens und der Lage. Auf dem Südhang findet intensive Einstrahlung und infolgedessen intensive Wärmeumsetzung statt. Die Temperatur des Bodens und der untersten Luftschichten steigt morgens sprungartig. Die obersten Bodenschichten trocknen dadurch aus. Sie enthalten viel Luft und sind infolgedessen schlecht wärmeleitend. Diese staubtrockene Schichten wirken sowohl auf die Temperatur als auf die Verdunstung in den tieferen Schichten isolierend. Dies findet seinen Ausdruck in verhältnismässig stark verzögerten und schwachen Temperaturschwankungen in 20 cm Tiefe.

Die nächtlichen Minima in der Luft in 3 cm Höhe liegen ebenfalls niedrig. Die Wärmekapazität des Bodens ist gering und der Boden gibt auch nachts keine Feuchtigkeit ab, was sonst die Temperatur günstig beeinflussen würde. Infolgedessen werden Süd- und Westhänge mikrometereologisch durch grosse Temperaturschwankungen gekennzeichnet. Diese treten sowohl in geringer Tiefe im Boden als in den untersten Luftschichten auf. Tagsüber zeigen beide eine vorübergehende, örtliche Wärmestauung, nachts sinkt die Temperatur beider erheblich, da Wärmespeicherung nicht stattgefunden hat. Die intensive Erwärmung und Durchlüftung, die als Folge davon auftritt, fördern anscheinend eine Verwitterung des Humus. Der Sand wird zuletzt hellgrau bis lichtgrau, zeigt aber im übrigen keinerlei Humusbestandteile.

Die Verdunstung auf Nord- und Osthängen ist dagegen gering. Hier entsteht keine staubtrockene Schicht; die Oberfläche des Erdbodens bleibt feucht. Dies hat einerseits zur Folge, dass sich hier Humus anhäuft. Der Sand wird dunkelgrau bis schwarz. Andererseits wird keine isolierende, lufthaltige Schicht gebildet. Dies äussert sich in den *verhältnismässig* stärkeren Temperaturschwankungen des Erdbodens in 20 cm Tiefe, sowie in den höheren nächtlichen Minima. Die Wärmekapazität des Bodens ist grösser und die Nachttemperatur wird durch die grössere Feuchtigkeit günstig beeinflusst. Die Entwickelung des Bodens am Nord- und Südhang bewegt sich also in verschiedenen Richtungen. Ausserdem unterscheidet sich das jeweilige Mikroklima infolge der Lage erheblich. Die Dampfspannung der Luft ist zwischen

3 und 20 cm Höhe am Südhang tagsüber erheblich geringer. An die Pflanzendecke am Südhang werden also tagsüber ganz andere Anforderungen gestellt als an die Vegetation am Nordhang. Für Pflanzen, die nicht oder nur oberflächlich wurzeln, und deren Sprosse im Mikroklima liegen, sind West- und Südhänge eine Mikrowüste. Bei Pflanzen, deren Wurzeln tiefer gehen, deren Blätter sich aber im Mikroklima entfalten, wird die Transpiration am Tage sehr schnell steigen. Dabei besteht die Möglichkeit, dass die Wasserabgabe die Wasseraufnahme übersteigt. Infolgedessen kommt es zu einem Wasserdefizit in der Pflanze wenn der Transpirationsschutz der Pflanze nicht rechtzeitig einsetzt. Zur ersten Kategorie gehören die Flechten, zur zweiten Kategorie die meisten anderen Dünenpflanzen im engeren Sinne.

Der Nordhang ist also mikrometereologisch erheblich kühler und feuchter; die Wasserkapazität des Bodens ist an der Oberfläche erheblich grösser. Infolge dieser mikrometereologischen Differentiation finden wir auf den West- und Südhängen den Hauptkomplex von *Corynephorus canescens* mit stellenweise dominierenden *Licheneta* als Klimax. Nord- und Nordosthänge tragen dagegen ein *Polypodietum vulgaris* † *Empetretum nigri* (hier kann *Calluna vulgaris* dominieren) mit *Musceta* als Unterwuchs. Die mosaikartige Ausbildung der Pflanzendecke in älteren Dünen ist also vom Mikroklima bedingt.

Früher glaubte man, dass die Dünenpflanzen je Einheit der transpirierenden Oberfläche wenig verdunsten und infolgedessen zeitweiliger, örtlicher Trockenheit widerstehen können. Seit den Untersuchungen von MAXIMOV und WALTER ist es dagegen nicht unwahrscheinlich, dass sie je Oberflächeneinheit stark verdunsten. Unter Mittag könnte also infolge der erheblichen Temperatursteigerung im Mikroklima ein Wasserdefizit in der Pflanze entstehen. Dies Defizit sollen diese Pflanzen im Gegensatz zu den Hygrophyten ausgezeichnet vertragen; sie sind „dürreresistent". WALTER weist darauf hin, dass viele Xerophyten über ein ausgedehntes Wurzelsystem verfügen. Dazu zeigen sie holzige Struktur, ein dichtes Nervennetz in den Blättern, zahlreiche Stomata je Oberflächeneinheit und im Allgemeinen kleinere Zellen. Ausserdem haben die meisten keine irgendwie bedeutenden Wasserreserven. Zu den Xerophyten im ursprünglichen Sinne von SCHIMPER gehören also nur noch die Sukkulenten.

TABELLE 1. Mikroklima der Dünenhänge. Versuchsdüne.

2. August 1932	8 h			14 h			21 h		
Solarimeter KIPP	44			54			0		
Bewölkung	Cu + Acu 5			Cu + Acu 5			Cu + Acu 1-2		
Windrichtung u.-stärke	WNW 4 m			NW 6 m			Windstille		
Lufttemp. 1,50 m	16,2			16,6			14,2		
Max. ind. 1,50 m	16,3			17,3			16,2		
Min. ind. 1,50 m	14,8			16,2			14,2		
Dampfdr. id.	12,5			12,9			9,7		
Feuchtigk. id.	89			88			80		
Lage	W	NO	SO	W	NO	SO	W	NO	SO
Bodentemp. 5 cm	17,9	15,3	22,1	25,1	15,6	30,7	23,5	13,8	21,9
Bodentemp. 20 cm	17,9	15,5	17,2	19,3	15,5	19,3	20,7	15,8	20,7
Lufttemp. 5 cm	20	18,2	30	28	17,9	24,6	14,2	12,8	11,3
Dampfdr. id.	13	14,5	12,5	12	11,6	10,7	9,4	9,2	8,8
Feuchtigk. id.	74	93	39	42	78	46	78	83	87
Lufttemp. 30 cm	17,3	17,4	22,8	19,2	18,7	21,4	13,6	12	12
Dampfdr. id.	12,2	12,4	14,1	11,2	11,7	11,5	9,5	9,3	8,7
Feuchtigk. id.	82	83	76	68	73	60	81	89	82
Max. ind. 5 cm	20	17,5	31,7	23,7	19,2	34,3	24	19	28,8
Mind. ind. 5 cm	13,1	13	12	18,3	16,8	25,8	14,2	13,2	11,5

TABELLE 2. Nächtliche Minima der Lufttemperatur der Dünenhänge.
Versuchsdüne Formerum 1932. NW-Winde.

	L	W	SO	NO	T	Windrichtung
Juni 8.	7,3	6	4	4	–0,5	—
— 13.	18,5	17,8	17,5	17,5	—	—
Juli 7.	15,2	14	12,8	14	9,8	NW
— 9.	14,2	11	8,7	9	3,1	NW
— 10.	15,5	14,1	12	13	8,8	NNW
— 12.	19	18,4	17,3	17,6	16,8	N
— 17.	14,3	13,6	12	12,2	11,7	NW
— 18.	13,2	12,3	11,1	12	9,3	—
— 19.	13,2	12,8	12	12,8	10	NNW
— 20.	15	14,6	14	14,1	13,8	W
— 21.	15,2	14,2	14,3	15,2	13,2	NW
— 26.	17,1	16	15,5	15,5	—	—
— 30.	15,9	15,3	14,5	14,5	13	—
Aug. 2.	14,8	13,1	12	13	9,8	WNW
— 3.	11,4	8	2,8	5	1,2	Windstille
— 6.	13	10,8	8,6	8,6	5,3	—

(L = Lufttemp. 1,50 m; W, NO und SO = Dünenhänge 3 cm;
T = Dünental 3 cm).

TABELLE 3. Nächtliche Minima der Lufttemperatur der Dünenhänge.
Versuchsdüne Formerum 1932. SO-Winde.

		L	W	SO	NO	T	Windrichtung
Mai	30.	11,8	8,8	8,9	6	4	S
Juni	1.	17,9	18	16,5	16	15,4	SSO
—	2.	14	13,3	12,8	12,7	10,4	SW
—	3.	12,4	11,8	10,8	10	5,8	SSW
—	4.	14,2	12,8	10,3	8	6,8	S
—	5.	16,8	16,2	15	—	12,5	SSO
—	8.	12,9	10,2	8	7,6	3,1	SW
—	11.	16,3	14,4	14	13	—	SO
—	13.	18,5	17,8	17,5	17,5	—	SW
—	14.	16,3	14,9	13,7	13,2	—	—
—	15.	14,5	12,7	10,2	9	5,7	SSW
—	22.	11,7	9,4	7,3	6,2	4,1	SSW
—	23.	12,1	9	9,2	7,2	—	S
—	24.	11	9	7,8	7,5	4,9	SW
—	25.	16	16	14,6	14	13	SSW
—	26.	17,1	16	15,5	15,5	—	SW

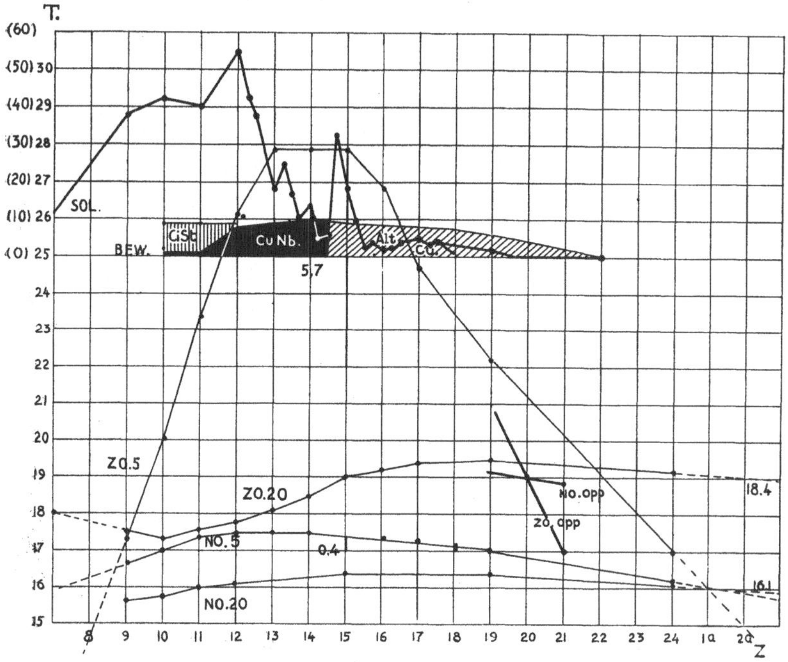

Abb. 2. Erklärung im Text (S. 121).

Eine Einschränkung der Transpiration äussert sich im Stocken der Wasserleitung und der Kohlensäureassimilation. Infolgedessen ist das Wachstum gering und die Temperatur der Pflanze steigt. Sukkulenten wachsen langsam, sie sind an einen beschränkten Gaswechsel dadurch angepasst, dass die CO_2, die nachts durch die Atmung verloren gehen würde, als Oxal- oder Apfelsäure im Zellsaft gelöst bleibt, tagsüber wird unter Einfluss der Sonnenstrahlen die daraus entstehende CO_2 wiede rassimiliert.

Die Blätter von *Triticum junceum, Ammophila arenaria, A. baltica, Elymus arenarius, Festuca rubra, F. ovina, Koeleria cristata* und *Corynephorus canescens* zeigen einen eigentümlichen Bau. Die Oberseite trägt meistens Längsfalten. An ihren Seiten liegt das Pallisadenparenchym und die Stomata; sie werden durch grosse, dünnwandige Zellen (,,cellules bulliformes'' DUVAL-JOUVE) voneinander getrennt. Die Unterseite des Blattes ist durch eine dicke Kutikula und breite, sklerenchymatische Leisten ausgezeichnet. Morgens sind die Blätter im *Ammophiletum* und *Elymetum* flach ausgebreitet. BENECKE (1930) beobachtete bei seinen Versuchspflanzen sogar Guttation. Im Laufe des Vormittags steigt die Lufttemperatur auf den Dünenhängen, infolge der mikroklimatischen Wärmestauung schnell. Nach einigen Stunden können wir beobachten, dass sich die Blätter einrollen. Augenscheinlich entstand infolge der intensiven, schnell steigenden Transpiration in der Pflanze ein Wasserdefizit, wodurch der Turgor der ,,cellules bulliformes'' sinkt. Daher wirken diese Zellreihen als Scharniere; das Blatt faltet sich oder wird aufgerollt. So werden sowohl diese Zellen als auch die Stomata in einen Hohlraum verlagert, der von der Aussenluft umso besser abgeschlossen ist, je mehr Haare am Blattrande oder auf dem Kamm der Falten auf der Blattoberseite stehen. Die Verdunstung und der Gasaustausch werden hierdurch ganz augenscheinlich behindert. Merkwürdigerweise beginnt dieser Mechanismus erst zu arbeiten, wenn in der Pflanze ein gewisses Wasserdefizit aufgetreten ist. Die Pflanzen werden erst zu ,,Xerophyten'' wenn ihre Hydratur ein bestimmtes Minimum erreicht hat. Sie sind also nur innerhalb bestimmter Grenzen ,,dürreresistent''. Es wäre interessant, den Verlauf der Temperatur innerhalb des Blattes zu verfolgen im Zusammenhang mit Turgeszenz und Mikroklima. Das Einschalten der xeromorphen Merkmale in den physiologischen Prozess muss eine Erhöhung der Temperatur zur Folge haben.

Es ist meines Erachtens also nicht richtig, die Dünen ohne weiteres als trockenen Standort zu bezeichnen. Wir müssen hier je nach den Schichten, in denen die Pflanzen wachsen und wurzeln, deutliche Unterschiede machen. Bei tiefwurzelnden Pflanzen, deren Blätter sich im Mikroklima entfalten, kann infolge der erheblichen, täglichen Temperatursteigerung auf West- und Südwesthängen ein vorübergehendes Wasserdefizit in den Blättern auftreten, auch wenn ihre Wurzeln sich in verhältnismässig feuchten Schichten befinden. Dies Wasserdefizit gleichen sie dadurch aus, dass ihre xeromorphe Struktur wirksam wird. So wird verhindert, dass das Defizit eine bestimmte schädliche Grenze überschreitet.

Für Pflanzen der unteren Feldschicht, die nicht oder nur in sehr oberflächlichen Schichten wurzeln, sind West- und Südhänge zweifelsohne extrem trockene Standorte. Aber die starke, schnelle Abkühlung nach Sonnenuntergang, im besonderen der Pflanzen selber, macht, Hand in Hand mit dem hohen Feuchtigkeitsgehalt der Luft Nebel- und Taubildung zu allgemeinen Erscheinungen im Mikroklima. So tragen z.B. die grossen Haare an der Unterseite von *Peltigera canina* nach Sonnenuntergang stets grosse Wassertropfen.

Ich möchte noch auf zwei Erscheinungen hinweisen, bei denen sich eine nähe Untersuchung sicher lohnen würde.

Corynephorus canescens verfügt über ein stark entwickeltes Wurzelsystem, dessen Gewicht das der Sprosse um ein Vielfaches übertrifft. Dies befindet sich jedoch ausschliesslich in der staubtrockenen Schicht, die wir auf Westhängen fanden. Diese Schicht erhält im Sommer im Allgemeinen keine nennenswerte Wasserzufuhr, da Niederschläge örtlich abfliessen.

Auf Grund, übrigens sehr roher Versuche mit Lysimetern lehnte man bisher die Auffassung, in derartigen trockenen Böden bilde sich abends Kondensationswasser, ab. Die Meinung, dies Kondensationswasser liefere den grössten Teil des Grundwassers, erscheint auch mir unrichtig.

Doch halte ich es angesichts der erheblichen Abkühlung, die ich bei meiner mikrometereologischen Untersuchung gerade in diesen porösen Schichten feststellen konnte, nicht für unmöglich, dass das Kondensationswasser wirklich entsteht, und für den Teil der Dünenpflanzen von Bedeutung ist, die ausschliesslich in diesen Schichten wurzeln. Dann wäre das *Corynephoretum* × *Lichenetum* besonders auf sogenannte ,,horizontale Niederschläge'' angewiesen.

Zweitens möchte ich auf die Tatsache hinweisen, dass zahlreiche Dünenpflanzen langstielige Blüten haben. Auf diese Weise bestehen zwischen der Temperatur der Luft um die Blüte und bei den Rosetten erhebliche Unterschiede. Das kann für die Pflanze sehr bedeutungsvoll sein, da so die dünnwandigen Blütenteile, die gegen übermässige Wasserabgabe nicht geschützt sind, ausserhalb der ungünstigsten Gebiete des Mikroklima liegen.

TABELLE 4a. Lufttemperatur der Dünenhänge. 13. Mai 1932: 14 U. (Luftt. Gipfel : 1,50 m = 14,2° C.)

Lage.	W	NO	SO	T
1,50 m	15,4	16,3	18,9	17
60 cm	16	17	18,9	17,2
30 cm	17,2	17	19,4	20
15 cm	17,8	19,9	20	21
5 cm	18,4	21,3	23,2	22,7
3 cm	21	17,3	25,2	26,4

TABELLE 4b. Lufttemperatur der Dünenhänge. 19. April 1932 : 21 U. (Lufttemp. Gipfel: 1,50 m = 4,9)

Lage.	W	NO	SO
1,50 m	4,9	4,9	4,8
30 cm	4,2	3,2	2,8
3 cm	4,2	-1,9	-0,2

TABELLE 5. Phaenologische Beobachtungen. Versuchsdüne, Formerum, 1932.

	SO-Hang	NO-Hang	Differenz
Vicia hirsuta. Bl.	18. April	2. Mai	14 Tage
Salix repens. Bl.	18. April	25. April	7 ,,
Salix repens. Fr.	23. Mai	29. Mai	6 ,,
Lotus corniculatus. Bl. . . .	22. Mai	18. Juni	26 ,,
Rosa spinossissima. Bl. . .	6. Juni	28. Juni	22 ,,
Corynephorus can. Bl. . . .	28. Juni	5. Juli	7 ,,
Jasione montana. Bl.	28. Juni	8. Juli	10 ,,

§ 3. Die Wechselwirkung zwischen den Pflanzengesellschaften und dem Sandtransport.

Die Pioniergesellschaften bestehen also in erster Linie aus einem schmalen, zur Küstenlinie vorwiegend parallel verlaufenden Streifen von Pflanzen, die häufig in den höchsten Flutmarken des Winters wurzeln. Auf diese Weise entsteht zunächst noch kein Bestand. Die Sprosse stehen hier und da zerstreut und sind voneinander unabhängig; die Pflanzendecke zeigt noch keine bestimmte Struktur.

Wählt man als Ausgangspunkt Artenkombinationen, so bestehen keinerlei Bedenken dagegen, diese Ansammlungen von Pflanzen schon als Assoziationsindividuen anzusehen. Es scheint mir jedoch richtiger, auf Grund des von mir in dieser Arbeit eingenommenen Standpunktes erst von Beständen zu sprechen, wenn als Folge der gegenseitigen Konkurrenz der Sprosse eine Rangordnung entstanden ist, die sich an anderer Stelle jeweils mehr oder weniger wiederholt.

Oft ist die Anzahl der Keimpflanzen an manchen Stellen so gross, dass es nur einem kleinen Prozentsatz gelingt, festen Fuss zu fassen. So entwickeln sich Bestände von *Cakile maritima, Honckenya peploides, Triticum junceum, Salsola Kali* und an Stellen, wo der Boden feinere Bestandteile enthält (Südostküste bei Strandpfahl 22), von *Suaeda maritima* mit *Salicornia herbacea*. Da die Driftzone meistens im Verwehungsgebiet liegt, geben die Pflanzenindividuen und -bestände Anlass zur Dünenbildung. Ihre Grösse ist verschieden je nach dem Masse des Sandtransportes, dem morphologischen Bau der Pflanzen und ihrem Vermögen, jeweils über den festgehaltenen Sand hinauszuwachsen. Bei *Salsola, Suaeda* und *Salicornia* entsteht lediglich ein sehr schnell vergängliches Sandhügelchen; bei *Agrostis stolonifera* und *Puccinellia maritima*, die sich ebenfalls hierher verirren, bilden sich kuppelförmige Hügel von höchstens 10 cm Höhe. All diese Pflanzen wachsen mit Ausnahme von *Salsola Kali* vorwiegend auf mehr pelischen Böden, die nur in geringem Masse verwehen oder nur in besonderen Fällen in einem Verwehungsgebiet liegen. Die Arten sind daher als Pioniere im Dünengebiet von geringer Bedeutung. CHRISTIANSEN (1927) teilt jedoch mit, dass die Dünenbildung auf F ö h r mit *Puccinellia maritima* anfängt.

Man kann sagen, dass die oben genannten Pflanzen keine ,,prinzipiellen Dünenbildner'' sind. Sie sind auf Böden angewiesen, die entweder durch Verwesung organischer Bestandteile oder aber ausserdem durch einen hohen Tongehalt längere oder kürzere Zeit fruchtbar bleiben. Der Sandtransport ist für sie keine Lebensnotwendigkeit, sondern vor allem eine Schwierigkeit, die überwunden werden muss. Man kann diese Dünenbildung ,,passiv'' nennen.

Diese Sachlage ist bei *Cakile maritima* bereits wesentlich anders. Diese Art tritt hauptsächlich in überwiegend sandigen Gebieten auf. Keimt die Pflanze in einer Flutmarke, so kommt sie anscheinend auch ohne Sandtransport aus. In der Akkumulationszone des Sandes entwickelt sie sich jedoch auch ohne Anwesenheit einer Flutmarke maximal; es entstehen dann 75 cm hohe Pflanzen mit einem Umfang von reichlich 2 m, die einen kuppelförmigen Sandhaufen festhalten und mit Hilfe eines ausgedehnten Wurzelsystems ausnutzen. Je nach der Windrichtung schliesst sich hieran ein Sandhügel an. Da *Cakile* einjährig ist, bleiben auch diese Dünen nicht lange bestehen. Sie verschwinden entweder durch die Flut oder den Wind oder werden ins *Triticetum* aufgenommen (*Dunus embryonalis fugax.*).

Auch *Honckenya peploides* bildet kuppelförmige Sandrücken. Die Pflanze ist an der Wattenküste auf faulenden Seegrasschichten eine charakteristische Erscheinung (vergleiche auch LUNDEGARDH 1925). Auf dem Nordseestrande keimt die Art ziemlich regelmässig in den Flutmarken, ist aber im übrigen streng an den Sandtransport gebunden. Anscheinend kann sie nur in geringer Höhe über dem Grundwasser wachsen. Ihr Verbreitungsgebiet ist denn auch beschränkt auf die Vorderseite des *Triticetum juncei* und auf die Basis des steilen Abfalls an der Leeseite der vordersten Dünenkette. Im höher gelegenen *Triticetum* und im *Ammophiletum* auf der vordersten Dünenreihe selber kommt ganz vereinzelt noch ein steriler Spross vor.

Die Dünen, die *Honckenya peploides* bildet, sind höchstens schildförmige Hügelchen von 25—35 cm Höhe, die aber einen Umfang von mehreren Metern annehmen können und dann als Bestand aufzufassen sind. Diese Bestände bilden mit den *Triticum*-Beständen einen mosaikförmigen Komplex; auch sie werden schliesslich ins *Triticetum* aufgenommen. *Honckenya* kommt an der Nordostküste von T e r s c h e l l i n g regelmässig, aber nicht allgemein vor.

SCHIPPER (1927) beschrieb einen Fall von „semimariner" Dünenbildung durch *Obione portulacoides*. Die Pflanzen wuchsen in einem überschwemmten Polder auf N o o r d - B e v e l a n d. Während der Flut wurde feiner Sand transportiert, der hinter den, dann im Wasser stehenden Pflanzen zur Ruhe kam. Hier bildete sich also unter Einfluss des vorbeifliessenden Wassers ein Rücken von Wattensand. Diese Sandrücken wurden dann von *Obione* durchzogen. Infolgedessen entstanden in der Richtung dieses marinen Sandtransportes langgezogene Hügel, die völlig mit *Obione* bewachsen waren. Wenn sie höher wurden, erhielt auch der Sandtransport durch den Wind während der Ebbe mehr Bedeutung. Dadurch wurden Dünen über die Höhe der höchsten Fluten aufgebaut und dann siedelten sich *Triticum junceum* und

Elymus arenarius an. Hierdurch entstanden auf einem sehr tonigen Strande Dünen von 4,80 m + N.A.P. Der Anlass zu dieser Dünenbildung war also *Obione portulacoides*, deren Wurzelsystem sich tatsächlich fast vollkommen auf den herantransportierten Wattensand beschränkte. Es liegt hier somit ein ausgesprochener Fall von aktiver Dünenbildung vor.

Die Dünenbildung wird aber in erster Linie nicht durch die oben genannten Arten, sondern durch *Triticum junceum, Elymus arenarius, Ammophila arenaria* und *A. baltica* verursacht. Diese Arten siedeln sich bekanntlich auf einem breiten Strande nacheinander an; auf einem schmalen Strande beginnt die Sukzession dagegen sofort mit *Ammophila* (vergl. KÜHNHOLZ-LORDAT 1923). Die Zonenbildung beruht denn auch nicht nur auf ihrer verschiedenen Empfindlichkeit gegenüber dem Salzwasser, sondern wird auch auf Faktoren zurückzuführen sein, die mit dem Sandtransport zusammenhängen.

In der Tat ist auch der Prozentsatz einer bestimmten Menge verwehten Sandes, den eine bestimmte Zahl von Sprossen jeder dieser drei Arten festhalten, sehr verschieden. Diese Menge ist abhängig von Art und Form des Wuchses, hauptsächlich also von der Sprosszahl je Oberflächeneinheit, sowie dem Sprossvolumen.

Unter Einfluss von *Triticum junceum* entstehen die Zungenhügel, die wir bereits oben kennen lernten und die aus einem kuppelförmigen Sandhaufen bestehen, der von den Wurzeln und Sprossen festgehalten wird (*Dunus embryonalis fundatus*). In der Windrichtung schliesst sich hier ein Sandschwanz (*Dunus lingulatus*) an; an der Luvseite wird manchmal eine kleine, sichelförmige Staudüne gebildet (*Dunus verticosus*).

Da *Triticum junceum* oft in grossen Massen in den Flutmarken keimt, entsteht eine Reihe dieser Dünenembryonen nebeneinander, die seitlich aneinander anschliessen. Sollten ausserhalb dieser Reihe seewärts Dünen entstehen, so werden sie durch hohe Fluten weggeschlagen. *Triticum*-Ansiedlungen hinter diesem Wall bleiben dagegen ohne Sandtransport und können sich nicht weiter entwickeln. So kommt es, dass an breiten Stellen des Strandes auch ohne Zutun des Menschen, der an ihm erwünschten Stellen die Dünenbildung durch den Aufbau von Hindernissen zu fördern trachtet, ein sehr regelmässiger, parallel zur Strandlinie verlaufender Dünenwall (*Dunus anticus*) entsteht der häufig einen schmalen Streifen des Strandes dem

Einfluss der See entzieht und so die Bildung eines primären Dünentales veranlasst.

Das weitere Schicksal dieses Dünenwalles hängt ab vom Masse des Sandtransportes und dem Grade, in dem das Seewasser weiterhin seinen Einfluss geltend machen kann. Sind an der betreffenden Stelle die Strömungsverhältnisse günstig für ein Entstehen hoher Fluten, so entwickelt sich die Gesellschaft nicht weiter als zum *Triticetum juncei*; das *Ammophiletum* bleibt dann aus. So ist z.B. der sichelförmige Strandwall der Insel G r i e n d, die im Jahre mehrmals überflutet wird, dauernd mit einem *Triticetum* bewachsen. Es geht nur auf einigen höheren Punkten in ein *Elymetum* über. Auch auf der B o s c h- p l a a t gibt es einige Stellen, wo infolge der Winterfluten das *Tritice- tum* sogar auf reichlich 5 m hohen Dünen hochgradig konstant ist.

Diese *Triticetum*-Dünenwälle sind artenarm. Nach der Menge können wir eine kleine Anzahl von Bestandestypen unterscheiden, die mosaikartig miteinander abwechseln und floristisch miteinander ver- wandt sind. Die Mehrzahl dieser Bestände wird gebildet durch Ha- paxanthen; sie gehören zur Kategorie der Pflanzen, die wir als Bewoh- ner der Flutmarken kennen gelernt haben. Es sind denn auch die Winterfluten, die diese Samen im Hauptkomplex von *Triticum jun- ceum* zusammenspülen, zugleich mit einigen Halophytensamen, die hier eigentlich nur zufällig vorkommen und ihre normale Entwicklung. auf den Schorren durchlaufen. Den mosaikartigen Aufbau des Haupt- komplexes von *Triticum junceum* können wir folgendermassen darstel- len (H.K. = Hauptkomplex; Fr. B.T. = Frequenz des Bestandes- typus).

TABELLE 6.

```
                                                   Fr. B. T.: seltener
                          Fr. B. T.: häufig      ⎛ Cakiletum  ×  Salsoletum
                                                 ⎜ Matricarietum  maritimae
                       ⎛ Cakiletum  maritimae  + ⎨ Salsoletum  Kali
   H. K. von           ⎜          │               ⎜ Atriplicetum  littoralis
 Triticum jun-      =  ⎨          ↓               ⎝ Honckenyetum  peploidis
     ceum              ⎜                         ⎛ Triticetum  litoralis
                       ⎝ Triticetum  juncei    + ⎨ (Ammophiletum  arenariae
                                                 ⎝              initiale)
```

Das *Cakiletum* liegt stets seewärts vom *Triticetum* und bildet den Anfang der Gesellschaftsfolge. Die an zweiter Stelle genannten Bestandestypen sind viel weniger häufig und nur örtlich von grösserer Bedeutung. Um einen Einblick zu erhalten in die jährliche Sprossproduktion, wurden drei Bestände von *Triticum junceum* näher untersucht, wobei die Sprosse von 80 Quadratmetern gezählt wurden. Hier sind, der Übersicht wegen, nur zusammenfassende Resultate gegeben.

Bei intensivem Sandtransport erhöht der Hauptkomplex von *Triitcum junceum* innerhalb von 2—3 Jahren den sekundären Standort, der durch das Festhalten des Sandes entstand, über den Bereich der höchsten Fluten. Dann hat sich wahrscheinlich schon eine Süsswasserreserve gebildet, die sich unter der Düne seitlich und nach unten aus-

TABELLE 7. Hauptkomplex von *Triticum junceum* :
Triticum junceum-Bestand bei Strandpfahl 8 : 25 qm; 20.8.1932.

	Fr. %	G.S./qm	S./qm [2]
Triticum junceum	100	3	1-4
Senecio vulgaris (Keimpflanzen)	25	$\frac{1}{2}$	1
Cakile maritima	10	2	1

TABELLE 8a. Hauptkomplex von *Triticum junceum* :
Triticum junceum-Bestand bei Strandpfahl 22 : 20 qm; 30.9.1932.

	Fr. %	G.S./qm	S./qm
Triticum junceum	100	3	4
Senecio vulgaris	5	$\frac{1}{2}$	1
Suaeda maritima	5	$\frac{1}{2}$	1

TABELLE 8b. *Triticum junceum*-Sprosse je $^1/_4$ qm
17 qm senkrecht Hochwasserlinie

11	30	35	40	26	27	32	15	28	38	21	21	77	35	73	18	—	4
28	28	38	17	26	15	12	15	22	29	19	19	60	31	41	10	—	6
16	29	10	37	27	31	31	26	10	6	17	30	55	73	58	2	—	3
23	35	15	42	32	20	16	34	19	2	35	20	40[1]）	64[1]）	72[1]）	2	—	15

[1] Anhäufungszone des *Dunus anticus*.
[2] Fr. % = Frequenzprozent.
   G.S. = Gesamtschätzung.
   S = Soziabilität.

TABELLE 8c. *Triticetum juncei* auf *Dunus anticus*. Strandpfahl 8 u. Strandpfahl 22 Terschelling. $107 \times {}^1/_4$ qm.

0	10	20	30	40	50	60	70	80	90	100	110
	11	21	31								
	11	22	31								
	11	22	31								
	12	22	31								
	13	23	32	41							
	13	23	32	41							
	14	26	34	42							
	15	26	34	42							
0	15	26	34	42							
2	15	26	35	43							
2	16	27	35	43							
4	16	28	35	44	53						
5	17	28	35	45	54		72				
6	18	28	37	46	54		72				
6	19	29	37	48	55		73				
7	19	29	38	48	56		73				
9	19	29	38	50	56		73				
10	20	29	39	50	58		75				
10	20	30	40	50	58		77				
10	20	30	40	50	60	64	80	—	—	108[1])	113[1])

Sprosse je ${}^1/_4$ qm.

breitet und sich mit dem dort abfliessenden Süsswasser aus dem alten Dünenfuss verbindet.

Hier und da treten dann in *Triticetum juncei* einige Pflanzen von *Ammophila arenaria* und *A. baltica* auf, die sich in den nun folgenden Jahren sehr schnell vermehren und den Hauptkomplex von *Triticum junceum* verdrängen. Bei der Bestandaufnahme des *Ammophiletum* findet man dann noch einige kümmernde Reste von *Triticum junceum*.

Auf einem schmalen Strande (Strandpfahl 12—13) dagegen liegt vor dem *Ammophiletum* kein *Triticetum*, sondern die Gesellschaftsfolge beginnt direkt mit dem *Ammophiletum*. Es siedelt sich dann durch Ausläufer auf dem Sandfuss an, der durch Stauung an der Seeseite der alten Dünenbasis gebildet wird. Auch dies *Ammophiletum* ist in seinem Anfangsstadium artenarm. In seiner Entwicklung lassen sich einige Phasen unterscheiden, die wir mit *Ammophiletum arenariae juvenile, A. a. adultum* und *A. a. senile* bezeichnen. Das *A. a. adultum* ist hierbei

---

[1]) Anhäufungszone.

gekennzeichnet durch eine maximale Sprossproduktion je qm und maximale Blütenbildung (Vergl. Tabelle 12a u. Tabelle 14a). Dies Stadium wird meistens erst erreicht, wenn der Sandtransport gerade anfängt aufzuhören. Im Jugendstadium entspricht der Sprossproduktion keine erhebliche Blütenbildung. Im Altersstadium des *Ammophiletum* findet man dagegen bereits eine erhebliche Verschiebung in der Rangordnung. Mit anderen Worten: die Zahl der neuen Arten nimmt bereits erheblich zu, während die Sprossproduktion schnell sinkt. Dies Stadium tritt ein, wenn die Sandanfuhr aufhört und stellt schon ein Übergangsstadium zum *Festuca rubra*-H.K. dar. Überwiegt die letztgenannte Art, so ist nach dem in dieser Arbeit eingenommenen Standpunkt das Stadium des *Ammophiletum* durchlaufen. Der Hauptkomplex von *Ammophila arenaria* setzt sich also folgendermassen zusammen:

TABELLE 9

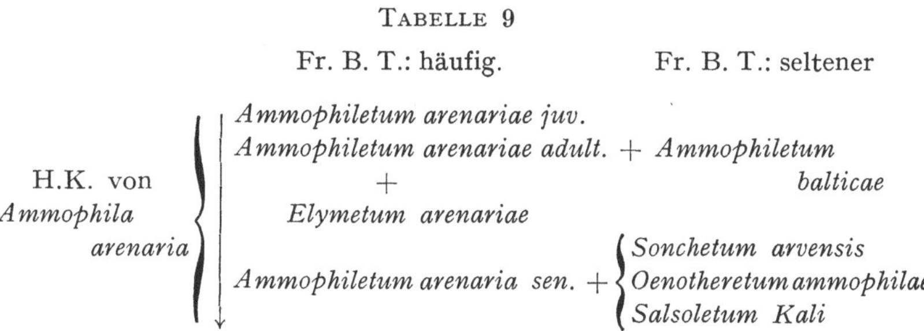

Wir werden sehen, dass *Sonchus arvensis*, *Oenothera ammophila* und *Salsola Kali* selten einen wirklichen Bestand bilden.

Ich habe einige Bestände des *Ammophiletum* auf ihre Zusammensetzung und Sprossproduktion untersucht.

TABELLE 10a. *Ammophila arenaria*-H.K.: junger Bestand von *Ammophila arenaria* bei Strandpfahl 19: 20 qm; 18.9.1932. 84 Rispen je 25 qm.

	Fr. %	G.S./qm	S./qm
Ammophila arenaria . .	100	1–2	2 (unterdispers)
Triticum junceum . . .	20	$\frac{1}{2}$	1
Elymus arenarius . . .	5	$\frac{1}{2}$	1

TABELLE 11. *Ammophila arenaria*-H.K.: junger Bestand von *Ammophila arenaria* bei Strandpfahl 9: 20 qm; 18.7.1932.

	Fr. %	G.S./qm	S./qm
Ammophila arenaria	100	2–4	1–4
Elymus arenarius	15	1–2	1–2
Triticum junceum	10	$\frac{1}{2}$–1	1–2

TABELLE 12a. *Ammophila arenaria*-H.K. erwachsener Bestand von *Ammophila arenaria* bei Strandpfahl 9: 20 qm; 7.1932. 2184 Rispen je 25 qm.

	Fr. %	G.S./qm	S./qm
Ammophila arenaria	100	3–5	2–4
Triticum junceum	30	$\frac{1}{2}$–1	1–2
Elymus arenarius	20	1	1–2
Sonchus arvensis	20	$\frac{1}{2}$	1
Senecio vulgaris (Keimpflanzen)	10	1	1

TABELLE 13a. *Ammophila arenaria*-H.K.: Bestand von *Elymus arenarius* bei Strandpfahl 10: 20 qm; 23.8.1932.

	Fr. %	G.S./qm	S./qm
Elymus arenarius	100	3	4
Ammophila arenaria	35	$\frac{1}{2}$	1–2
Triticum junceum	35	$\frac{1}{2}$	1–2
Hippophaë Rhamnoides (Keim-pflanzen)	10	$\frac{1}{2}$	1
Senecio vulgaris	5	$\frac{1}{2}$	

TABELLE 13b. *Elymetum arenarii* auf *Dunus anticus.* (Strandpfahl 10, Terschelling) 75. $^1/_4$ qm.

	11			
6	11			
6	11			
7	11			
7	11			
7	11			
7	12			
8	12	16		
8	12	16		
8	12	17		
8	12	17		
9	12	17		
9	13	17		
9	13	17		
9	13	17		
9	13	17		
3	10	14	17	
3	10	14	17	
4	10	14	18	
4	10	14	18	
4	10	14	18	
4	10	14	18	
5	10	14	19	21
5	10	14	19	21
5	10	15	19	23

0   5   10   15   20   26
Sprosse je $^1/_4$ qm.

TABELLE 10b. *Ammophiletum arenariae initiale.* (Strandpfahl 10, Tersch.) 80 $^1/_4$ qm. (Keine Rispen).

	11				
	11				
7	11				
7	11				
7	11				
7	11				
7	11				
7					
7	12				
1	8	13			
1	8	13	16		
3	9	13	16		
3	9	13	17		
3	9	14	17		
3	9	14	19		
4	9	14	19		
4	10	15	19	21	
5	10	15	20	21	
5	10	15	20	22	26
5	10	15	20	24	26—39

0   5   10   15   20   25 30 35 40

Sprosse je $^1/_4$ qm.

TABELLE 14b. *Ammophiletum arenariae senile* auf *Dunus anticus.* (Strandpfahl 10, Tersch.) 32 $^1/_4$ qm.

0					
0					
0		22	31		
0		23	33		
0	11	25	33		
3	12	26	34		
3	14	29	34		
7	14	30	35	44	53
7	18	30	40	47	57

0   10   20   30   40   50   60
Sprosse je $^1/_4$ qm.

TABELLE 14a. *Ammophila arenaria*-H.K.: alter Bestand von *Ammophila arenaria* bei Strandpfahl 10: 20 qm; 23.8.1932. 102 Rispen pro 25 qm.

	Fr. %	G.S./qm	S./qm
Ammophila arenaria	100	2–3	1–2
Sonchus arvensis	100	2–3	1–2
Triticum junceum	90	1–2	1–2
Thrincia hirta	35	–	–
Festuca rubra	25	–	–
Hieracium umbellatum	15	$\frac{1}{2}$	$\frac{1}{2}$
Atriplex spec.	1	$\frac{1}{2}$	$\frac{1}{2}$
Cerastium semidecandrum . . .	1	$\frac{1}{2}$	$\frac{1}{2}$
Elymus arenarius	1	$\frac{1}{2}$	$\frac{1}{2}$
Honckenya peploides	1	–	–
Corynephorus canescens (Keim-pflanzen)	1	$\frac{1}{2}$	$\frac{1}{2}$
Hippophaë Rhamnoides (Keim-pflanzen)	1	$\frac{1}{2}$	$\frac{1}{2}$

TABELLE 12b. *Ammophiletum arenariae adultum* auf *Dunus anticus*. (Strandpfahl 10, Terschelling). 100 $^1/_4$ qm.

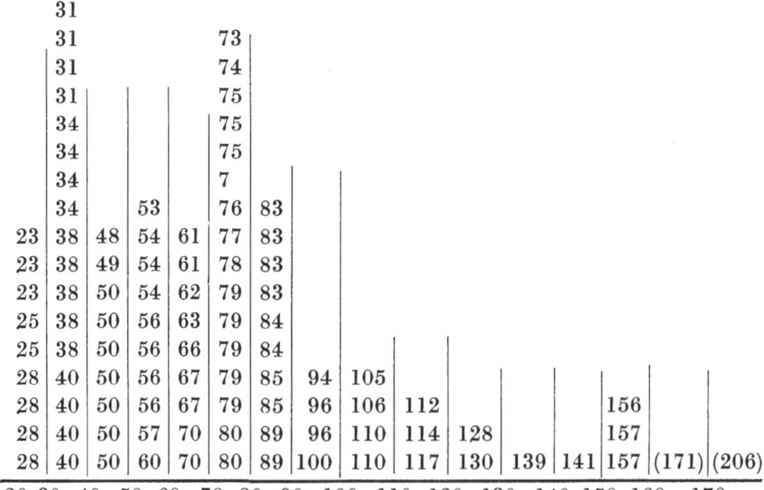

	31														
	31				73										
	31				74										
	31				75										
	34				75										
	34				75										
	34				7										
	34		53		76	83									
23	38	48	54	61	77	83									
23	38	49	54	61	78	83									
23	38	50	54	62	79	83									
25	38	50	56	63	79	84									
25	38	50	56	66	79	84									
28	40	50	56	67	79	85	94	105							
28	40	50	56	67	79	85	96	106	112				156		
28	40	50	57	70	80	89	96	110	114	128			157		
28	40	50	60	70	80	89	100	110	117	130	139	141	157	(171)	(206)

20 30 40 50 60 70 80 90 100 110 120 130 140 150 160 170

Sprosse je $^1/_4$ qm.

TABELLE 12c. *Ammophiletum arenariae adultum* Strandpfahl 10.

25 ¹/₄ qm.

0	5	10	15	20	25	30	35	40	45	50	55
			12	16							
			13	16	21						
			14	19	21	27	31				
		10	15	19	23	30	34				
—	6	10	15	20	23	30	34	38	—		49

Rispen je ¹/₄ qm.

Bei einem Vergleich der Tabellen 12 und 13 einerseits mit Tabelle 14 andererseits fällt sofort auf, dass Deckungsgrad und Soziabilität der bestandbildenden Typen bereits erheblich gesunken sind. Dies wird sich noch deutlicher aus den Zählungen selber ergeben. Gleichzeitig hat die Zahl der Arten beträchtlich zugenommen; es treten eine Anzahl von Pflanzen auf, die wir als charakteristisch für das *Festucetum rubrae* kennen lernen werden, wenn auch im Anfang noch grösstenteils als Keimpflanzen, hier und da zerstreut und mit sehr geringem Deckungsgrad. Der äussere Charakter der Vegetation hat sich vor allem verändert durch den kränklichen Habitus von *Ammophila arenaria*, deren Exemplare nunmehr viel dünner und gelber geworden sind. Wir sehen ausserdem unzählige tote Sprosse aus dem vorigen Jahr, die nicht mehr im Sande verschwinden, da der Sandtransport beinahe aufgehört hat. Der Pflanzenwuchs trägt so einen grauen Ton. Die Sprosszahl des *Ammophiletum* und des *Elymetum* sind in den oben stehenden Tabelle 12 und 13 zusammengestellt.

Wir sehen aus den Tabellen deutlich, dass die Sprossproduktion des erwachsenen *Ammophiletum* die des erwachsenen *Triticetum* an Zahl erheblich übertrifft. Beide überragen jedoch vielmals die Zahl der *Elymus*-Sprosse. Doch ist das sandbindende Vermögen von *Elymus* am grössten, da die breiten, steifen Blätter anscheinend für den Wind ein grösseres Hindernis darstellen, als die Blätter von *Triticum* und *Ammophila*. So ergibt sich die eigenartige Erscheinung; dass die verhältnismässig wenig zahlreichen, runden oder in der herrschenden Windrichtung sich ausdehnenden *Elymus*-Bestände, die mit den erwachsenen *Ammophila*-Beständen auf der vordersten Dünenreihe einen mosaikartigen Komplex bilden, sich als hohe steile Hügel über ihre Umgebung erheben. Durch eine Volumenbestimmung an Sprossen und gleichaltrigen *Duni embryonales* hoffe ich, diese interessante Erscheinung später genauer erfassen zu können.

Das *Elymetum* unterscheidet sich vom *Ammophiletum* also nicht nur im Hinblick auf seine Salzempfindlichkeit, die Bodenstruktur und die quantitative Zusammensetzung der Sprossproduktion, sondern auch hinsichtlich des Sandtransportes und dadurch der Geomorphologie des sekundären Standortes. Auch ihre geographische Verbreitung ist verschieden. Es ist daher notwendig, bei der Untersuchung von Dünen und Dünenbildung die beiden Bestandestypen zu unterscheiden. Die gleiche Artenkonstellation beider Bestandestypen, die für eine Verwandschaft spricht, findet ihren Ausdruck darin, dass beide zu einem mosaikartigen Hauptkomplex zusammengefasst werden.

Bei einem Vergleich zwischen den untersuchten Bestände von *Triticum* und *Ammophila* stellt sich heraus, dass der *Triticum*-Bestand viel dünner ist. Ausserdem besteht ein erheblicher Unterschied in der Substanz. Die Sprosse einer erwachsenen Pflanze von *Ammophila* sind höher, wenn der Unterschied auch gering ist. Auch hier könnte eine Volumenbestimmung das skizzierte Bild schärfer umreissen.

Die Struktur der Bestände ist nun die Ursache, dass vom gleichen Volumen verwehten Sandes das *Triticetum* nur einen kleinen Teil festhält, während das *Ammophiletum* fast keinen Sand durchlässt. Mit anderen Worten: *Erst hinter dem T r i t i c e t u m liegt das Gebiet stärkster Dünenbildung; hinter dem A m m o p h i l e t u m ist keine Dünenbildung mehr möglich. Das T r i t i c e t u m ist durchlässig, das erwachsene A m m o p h i l e t u m praktisch nicht mehr.*

Die Theorie der organogenen Dünenbildung kann also im Gegensatz zu der bisher angenommenen physikalischen Hindernistheorie erklären, warum *Triticum junceum* sich vor dem *Ammophiletum* halten und nur auf einem breiten Strande auftreten kann.

Im Juli 1932 fiel mir auf, dass von Strandpfahl 6 bis 8 ein erwachsenes, etwa 20 m breites *Triticetum*, das gerade im Begriff war, in das *Ammophiletum arenariae initiale* überzugehen, vollkommen abgestorben war. Als ein gerader, etwa 4 ha grosser, schwarzgrauer Streifen verlief es längs der Küste. Es wurde an der Landseite scharf begrenzt von einem gelbgrünen *Ammophiletum*, das in ein *Festucetum rubrae* überging; an der Seeseite verlief ein schmaler graugrüner Streifen von *Triticum junceum*, das sich hier längs des Strandes anscheinend noch halten konnte. Der Strand ist an der betreffenden Stelle sehr breit. Diese Verbreiterung ist erst in den letzten Jahren zustande gekommen. Die Folge davon war, dass auf der Strandebene selbst etwa 75 m

ausserhalb der äussersten Dünenreihe eine neue Reihe von Dünenembryonen entstand, die sich im Juli 1932 zu einer Reihe ineinander
übergehender, schildförmiger Dünen im Stadium des *Triticetum* aneinander geschlossen hatten. Diese junge vorderste Dünenreihe, die
zwischen Strandpfahl 8 und 9 in die ursprünglich vorderste Dünenreihe übergeht, hat also einen schmalen Streifen des Strandes abgeschnitten, worin vereinzelt noch hohe Fluten von Westen und zwischen
den Dünen hindurch eindringen, worin jetzt aber das Grundwasser
aufgestaut wird. Infolgedessen strömt eine 10 cm tiefe Grube schon
voll Süsswasser.

Die neue Dünenreihe verhinderte also den Sandtransport vom
Strandwall zur ursprünglichen, vordersten Dünenkette. Ausserdem
wurde die Ausblasung des abgetrennten primären Dünentales infolge
des Grundwasserstaus und der Installation von Gesellschaften niederer
Pflanzen fast vollkommen verhindert. Man kann annehmen, dass nur
bei heftigen West- bis Nordwestwinden hier Sand vom westlich sich
anschliessenden N o o r d v a a r d e r eingeweht wird. Am äussersten Rande der ursprünglichen vordersten Dünenreihe lag denn auch
eine Schicht frischen Sandes, worin der noch überlebende Rest von
Triticum junceum wurzelte.

Infolge der Unterdrückung des Sandtransportes geht also an dieser
Stelle das *Triticetum* zugrunde, bevor der normale Übergang zum
Ammophiletum stattgefunden hat. Nun siedelte sich eine Flora an, in
der *Sonchus arvensis* überwiegt; dazu kommen einerseits andere Arten
aus dem *Ammophiletum*, andererseits aber auch Arten offener Stellen
wie *Matricaria maritima*. Tabelle 15 zeigt uns die Zusammensetzung
eines derartigen Bestandes.

TABELLE 15a. *Ammophila arenaria*-H.K.: Bestand von *Sonchus arvensis* bei Strandpfahl 8: 20 qm; 20.8.1932.

	Fr. °/$_\circ$	G.S./qm	S./qm
Sonchus arvensis	100	3	1 2
Triticum junceum (tot)	100	3	1–4
Ammophila arenaria	55	$\frac{1}{2}$	1
Hieracium umbellatum	30	$\frac{1}{2}$	1
Leontodon nudicaulis	15	$\frac{1}{2}$	1
Matricaria maritima	5	2	1–2
Jasione montana	5	$\frac{1}{2}$	1
Corynephorus canescens (Keimpflanzen)	$\frac{1}{2}$	$\frac{1}{2}$	1
Atriplex spec. (Keimpflanzen) .	$\frac{1}{2}$	1	1
Senecio spec. (Keimpflanzen) .	$\frac{1}{2}$	$\frac{1}{2}$	1
Taraxacum officinale (Rosetten)	$\frac{1}{2}$	$\frac{1}{2}$	1

TABELLE 15b. *Sonchus arvensis* im *Triticetum juncei* (tot) × *Sonchetum arvense*. Strandpfahl 10. 20 qm: 289 Pfl. (überdispers).

```
              6
              8
              8
              8    16
         4    9   11   17
         5    9   11   17
         5   10   13   18   22   30   38
Sprosse ─────────────────────────────────
         5    9   14      Sonchus arvensis
         5    8           im Ammophiletum
         5    8           arenariae senile.
         5    7           Strandpfahl 10.
         3    7           20 qm: 117 Pfl.
         3    7
         2    7
         2    6
         2    6
              6
```

Später fand ich auf der B o s c h p l a a t ebenfalls derartige, plötzlich von der Sandzufuhr abgeschnittene Bestände von *Triticum junceum*, in denen *Triticum* beinah abgestorben war, und *Oenothera ammophila* FOCKE und *Salsola Kali* dominant geworden waren. Auch hier wiesen alle Zeichen darauf hin, dass die Bestände übergingen in das *Festucetum rubrae*. Viele Individuen können sich hier nur deswegen entwickeln, weil ein normales Glied in der Gesellschaftsfolge, das *Ammophiletum arenariae*, ausgefallen ist. Hier bei Strandpfahl 8 ging also der Hauptkomplex von *Triticum junceum* über ein *Sonchetum arvensis*, das immerhin noch zum Hauptkomplex von *Ammophila arenaria* gehört, in den Hauptkomplex von *Festuca rubra* über. Die Stadien des *Ammophiletum* und das *Elymetum* werden dabei übersprungen.

Triticum junceum und *Elymus arenarius* sterben also im Dünengebiet beim Aufhören des Sandtransportes ab. *Ammophila arenaria* lebt dagegen weiter, aber ihre Sprossproduktion je qm nimmt sehr stark ab! Anstelle der dichten, hohen, dunkelgrünen Büsche im *Ammophiletum arenariae adultum* finden wir nun eine geringe Zahl gelblich grüner Sprossen und anstelle der dicken, gedrungenen, reich verzweigten Wurzelstöcke werden langgereckte Wurzelstöcke mit spärlichen Sprossanlagen gebildet. Die Art wird „latent" und bleibt in diesem Zustand in allen weiteren Komplexen in den Dünen bestehen. Es wird sich zeigen, dass dies bei der Verjüngung der Düne seine besondere Bedeutung hat.

Es ist eine allgemein verbreitete Auffassung, dass *Triticum* und *Elymus* im Gebiete des Sandtransportes so üppig wachsen, weil sie gegen Überwehung resistent sind. Sie brauchen daher hier nicht mit anderen Pflanzen zu konkurrieren, die sich durch den darüber liegenden Sand nicht wieder an die Oberfläche drängen können, und daher auf die Dünen ausserhalb des Gebietes des Sandtransportes beschränkt sind. In der Natur kann man aber allgemein beobachten, dass diese Arten schon zugrunde gehen, bevor sich andere Arten eingefunden haben, sobald weiterer Sandtransport ausbleibt. Der Sandtransport ist für sie ein lebensnotwendiges Bedürfnis. Die Wurzeln der Pflanzen durchziehen den neu angewehten Sand und sind daher angewiesen auf die Nährsalze, die gleichzeitig mit dem Sande ankommen. Ist der Sandtransport unterbunden, so sehen wir, dass der an Ort und Stelle lagernde Sand nach einiger Zeit nicht mehr genügt um den Pflanzenwuchs in seinem ursprünglichen Umfang zu unterhalten. Sprossproduktion und Sprossvolumen nehmen ab. Das einzige, was sich in der Zwischenzeit geändert haben kann, ist der Gehalt an der Pflanze zugänglichen Ionen.

Die geringen Mengen, die die Niederschläge mit sich bringen, genügen anscheinend nicht, um die in der Tat üppige Vegetation, die obendrein jedes Jahr erneuert wird, in Stand zu halten.

Um eine bestimmte Menge Trockensubstanz von *Triticum, Elymus* und *Ammophila* wachsen zu lassen, wird also je nach dem Nährwert eine bestimmte Menge gebundenen Sandes notwendig sein.

Nehmen wir nun an, dass zur Bildung von einem Gramm Trockensubstanz jeder der drei Arten eine gleiche Menge festgehaltenen Sandes derselben quantitativen Zusammensetzung nötig ist, so muss infolge der viel grösseren Durchlässigkeit des *Triticetum juncei* der Sandtransport intensiver sein, um eine gleiche Sprossproduktion zu ermöglichen.

Der geringe Prozentsatz des transportierten Sandes, den *Triticum junceum* infolge seiner Wuchsform festhalten kann, ist möglicherweise die Ursache, dass das notwendige Minimum je Zeiteinheit auf den meisten schmalen Teilen des Strandes nicht erreicht wird. Wir können also die Entwicklung des *Triticetum juncei* als Mass für die Intensität des Sandtransportes betrachten; seine Verbreitung an der niederländischen Küste ist denn auch beschränkt auf breite, oft in Richtung des herrschenden Windes liegende Teile des Strandes und fällt also zusammen mit den Teilen der Küste, die wir als geeignetste Gebiete für Dünenbildung kennen lernen werden.

Das Auftreten von *Triticum junceum* an der Seeseite des *Ammophiletum* wird also, ausser seiner Resistenz gegen Seewasser und der Verbreitung seiner Samen durch das Meer, durch die Art seines Wuchses bestimmt.

Die Tiefe dieser auf Sandtransport angewiesenen Pflanzengesellschaften in Richtung des Sandtransportes ist also direkt abhängig davon, in welchem Masse Sand verweht wird. Das beeinflusst die Sprossproduktion, und je dichter die Sprossproduktion ist, desto schmaler wird der betreffende Pflanzenverband sein. Das *Ammophiletum arenariae adultum* und das *Elymetum arenariae*, die bereits in den ersten Metern allen Sand auffangen werden also verhältnismässig am schmalsten sein. Da sich die Bestände gegen die Richtung des Sandtransportes ausdehnen, geraten die älteren Teile der Verbände jeweils ausserhalb der Verwehungszone. Dann ändert sich die qualitative und quantitative Zusammensetzung des *Ammophiletum*; es wird zum *Ammophiletum arenariae senile*, das schliesslich übergeht in den Hauptkomplex von *Festuca rubra*.

Dieser Hauptkomplex installiert sich also, sobald der Boden an freien anorganischen Verbindungen verarmt, wenn auch $CaCO_3$, wie an den vorhandenen Schalentrümmern zu sehen ist, noch in grösseren Mengen vorhanden ist. Dagegen hat durch das Begraben und die Humifizierung der jährlichen Sprossproduktion in der Verwehungszone der Gehalt des Bodens an organischen Substanzen erheblich zugenommen. Dies zeigt sich im Dünenprofil durch das Auftreten schwarzer bis grauwolkiger Schichten.

Der normale Zustand ist also, dass sich zwischen den Hauptkomplex von *Triticum junceum* und den Hauptkomplex von *Festuca rubra* ein Stadium schiebt, in dem *Ammophila arenaria* dominiert und in dem die maximale Dünenbildung stattfindet.

Auf stark progressiven Küsten dürfen wir also niemals sehr hohe primäre Dünen erwarten, da sich die Pflanzendecke stets weiter in Richtung der See verschieben wird und die Sandzufuhr nach den jungen Dünen bald aufhört.

Retrogressive Küsten haben dagegen einen schmalen Strand. Dabei wird der Dünenfuss bei hohen Fluten weggeschlagen und es entsteht ein Kliff. Weht der herrschende Wind von der Landseite, so verschwinden die Dünen allmählich ins Meer (Ost-Nordost-Küste von T e x e l). Kann der herrschende Wind dagegen den aufgerissenen Dünenfuss angreifen, so beobachten wir stellenweise ein „Parabolisieren" der Küste, die Dünenkette zieht sich zurück und dabei tritt sekundäre Dünenbildung (Dünenverlagerung) auf.

Wir können also die höchsten primären Dünen erwarten auf stillstehenden Teilen der Küste im Westen oder Nordwesten. Sie bleiben fortwährend in der Verwehungszone und tragen dauernd ein *Ammophiletum*. Eine Verschiebung in Richtung der See und dadurch die Möglichkeit einer Unterbrechung des Sandtransportes durch neu entstehende Dünenbildung darf dann natürlich nicht gegeben sein.

Östliche Winde sind an der niederländischen Küste zu selten und durchschnittlich zu schwach, um intensive Dünenbildung veranlassen zu können. An dieser Stelle sei der äusserste Ostrand der Insel T e r - s c h e l l i n g in den Rahmen dieser Untersuchung einbezogen. Hier biegt der Fuss der Dünen nach Südosten um und es beginnen die ausgedehnten Strandebenen der B o s c h p l a a t.

Die B o s c h p l a a t wurde ursprünglich von der Insel T e r - s c h e l l i n g getrennt durch das C o g g e d i e p. Letzteres ist jedoch im Laufe der letzten zwei Jahrhunderte vollkommen versandet und so entstand eine Verbindung zwischen T e r s c h e l l i n g und der B o s c h p l a a t. Diese Verbindung wird nur noch bei sehr hohen Fluten unterbrochen, obwohl man schon seit einigen Jahren versucht, durch Hindernisse die Dünenbildung zu fördern, um die Dünenlandschaft von T e r s c h e l l i n g definitiv mit den Düneninselchen der B o s c h p l a a t zu verbinden.

Diese über dem Meeresspiegel liegenden C o g g e s a n d e n oder K o l a r e n stellen also ein ausgedehntes, in Richtung der östlichen Winde liegendes Sandreservoir dar. Hier hat sich nun eine Reihe hintereinander liegender, gebogener Dünenwälle gebildet, die im Nordwesten konvergieren und sich der alten Küste anschliessen, die jedoch im Süd-Südosten einzeln in den niederen Strandwall übergehen, den die Wattensee gebildet hat. Die primären Dünenebenen, die durch diese niedrigen Dünenwälle getrennt werden, stehen jedoch durch „S l u f t e r s" (Slenken, Priele) mit der Wattensee in Verbindung. Diese durchbrechen den Strandwall im Süden; während der Flut dringt hierdurch das Seewasser aus der Wattensee in die Dünentäler ein und verbreitet sich durch kleine Priele. Hier haben wir also in Wirklichkeit primäre Strandebenen, die im Anfang noch mit der See in Verbindung bleiben. Infolgedessen verläuft die Sukzession in den Dünentälern zunächst ganz anders als an anderen Stellen im Dünengebiet, denn die Priele lagern Ton und Wattensand ab, und die Pflanzengesellschaften stehen anfangs unter marinem Einfluss. Daher treffen wir hier die Pflanzengesellschaften sandiger Schorren an. LORIÉ nimmt an, dass die grossen Dünenebenen in H o l l a n d ebenfalls so entstanden seien. VAN BAREN hat sich dieser Ansicht angeschlossen; er ist überzeugt, dass Dünentäler, die in anderer Weise entstanden sind, in dieser Gegend beinah nicht vorkommen. Dies stimmt mit der Wirklichkeit nicht überein. Fast alle Dünentäler von T e r s c h e l l i n g und den anderen W e s t f r i e s i s c h e n I ns e l n sind in Wirklichkeit sekundär durch äolische Erosion entstanden. Soweit sie primär sind, sind sie nur in Ausnahmefällen durch „Slufterbildung" marin beeinflusst; dies äussert sich dann in der Zusammensetzung des Bodens und der Pflanzendecke. Bohrungen und Untersuchung fossiler Pflanzenreste können also entscheiden, ob die Dünentäler in H o l l a n d aus „Sluftern" entstanden sind oder nicht. Aus den Torfuntersuchungen von VAN BAREN-WEBER hat sich aber schon jetzt ergeben, dass in der Dünenebene von H i l l e g o m die Pflanzendecke jedenfalls nicht mit halophilen Gesellschaften eingesetzt hat.

Die primären Dünentäler auf der B o s c h p l a a t werden also von Dünenwällen getrennt, die von östlichen Winden aufgebaut wurden. Sie sind so niedrig, dass hohe Fluten das ganze Gebiet mit Ausnahme einiger Spitzen überschwemmen, sodass wir die Winterflutmarken als Kreise um diese höchsten Spitzen finden.

Wir sehen hier also den eigentümlichen Fall eines Dünengebietes, das im Winter einige Male überschwemmt wird. Da festgestellt wurde, dass *Ammophila arenaria* gegen Salzwasser empfindlich ist, ergibt sich, dass diese Art hier auf die höchsten Spitzen beschränkt sein muss. Eine Untersuchung der Gesellschaftsfolge zeigt tatsächlich, dass *Ammophila*-Bestände fast ausschliesslich auf die höchsten Spitzen beschränkt sind. Der Hauptkomplex von *Triticum junceum* geht einerseits direkt über ins *Festucetum rubrae*, anderseits schiebt sich zwischen *Triticetum* und *Festucetum* das *Elymetum*, das wir als Bestandestypus des Hauptkomplexes von *Ammophila arenaria* kennen lernten. *Elymus* ist gegen Überschwemmungen widerstandsfähiger als *Ammophila*.

Da die Wattensee zur Flutzeit von Süden her eindringt, enthält der Sand der Strandebene vor allem im südlicheren Teile eine erhebliche Menge kolloidaler Bestandteile.

Auch das Wattenmeer lagert in seinen Flutmarken Samen ab, wir sehen daher an der Südostküste von T e r s c h e l l i n g Bestände von *Salicornia herbacea* und *Suaeda maritima*, die oft wieder mit der Zone der Flutmarken zusammenfallen.

Salicornia herbacea ist für die Dünenbildung bedeutungslos. *Suaeda maritima* beschränkt sich auf die Basis des äussersten Dünenwalles, der aus das ganze Jahr hindurch hier aufgehäuftem Sande aufgebaut ist. Der Strand ist zwar tonhaltig und dadurch wird die äolische Erosion erheblich gehemmt, doch ist die Gesamtmenge des verwehten Sandes noch erheblich, da die Strandfläche in östlicher und nordöstlicher Richtung sehr breit ist. Im *Suaedetum* beginnt infolge der Erhöhung bereits die Bildung des sekundären Standortes. Die Zusammensetzung eines Bestandes wurde dadurch ermittelt, dass auf 20 Quadratmetern lotrecht zur Küstenlinie der Bestand aufgenommen wurde.

TABELLE 16. *Salicornia herbacea*-H.K.: Bestand von *Suaeda maritima* auf dem Strandwall bei Strandpfahl 22, 20 qm senkrecht zur Küstenlinie; 30.9.1932.

	Fr. %	G.S./qm	S./qm
Suaeda maritima	85	3–4	2
Salicornia herbacea	40	$\frac{1}{2}$	1
Triticum junceum	25	$\frac{1}{2}$–2	1–2
Puccinellia maritima	10	$\frac{1}{2}$–2	1–2

Gehen wir weiter nach Norden, so wird der Einfluss der Wattenküste immer geringer und der Einfluss der Nordsee immer stärker. Letztere baut einen Strandwall aus reinem Sande mit Schalentrümmern auf. Hier wird auch der Sandtransport und damit die Höhe der Dünenwälle immer grösser.

An der Seeseite geht das obengenannte *Suaedetum* über in eine Fläche mit vereinzelten Exemplaren von *Salicornia herbacea*, an der Dünenseite geht es über in das *Triticetum*, das die 20 m breite, sich allmählich senkenden Luvseite bedeckt. Die Zusammensetzung dieses *Triticetum*, das sich an das *Suaedetum* anschliesst, finden wir in Tabelle 8a.

Auffallend ist, dass diese *Triticum*-Bestände hier einen mosaikartigen Komplex bilden mit Verbänden von *Triticum litorale*, die auf G r i e n d, also ebenfalls in einem Hauptkomplex von *Triticum junceum*, der auf einem mehr pelischen Strande gebildet wurde, auf der ganzen Fläche dominant wird.

Auf den höchsten Punkten des Dünenkammes wachsen ein *Elymetum* und ein *Sonchetum*, die hier also den Hauptkomplex von *Ammophila arenaria* vertreten. *Ammophila arenaria* selber fehlt bis auf einige Keimpflanzen.

Das *Triticetum* dringt also jedes Jahr weiter in das *Suaedetum* vor. Der ausgewehte Sand kommt aber im *Triticetum* nur etwa 20 m weit. Verschiebt sich also der jüngste Teil dieses Bestandes seewärts, so wird ein älterer Teil vom Sandtransport abgeschnitten. Zu diesem Zeitpunkt hat das *Triticetum* die Dünenkette noch so wenig erhöht, dass hohe Fluten sie fast vollständig überschwemmen. Die Dünenküste verschiebt sich hier also so schnell, dass die älteren Teile bereits wieder ausserhalb der notwendigen Sandanfuhr liegen, bevor sich der Dünenkamm von marinem Einfluss freigemacht hat. Daher geht das eben erst entwickelte *Triticetum* schon bald über in das gegen marinen Einfluss resistente *Festucetum rubrae*; das *Ammophiletum*, und damit das Stadium maximaler Dünenbildung, wird übersprungen. Das Ergebnis ist ein breiter, durch allmähliche Vorwärtsverschiebung gebildeter niedriger Sandrücken, der an der Seeseite *Triticum junceum* und im übrigen *Festuca rubra* trägt.

Im Anschluss an die beiden vorigen Bestandzählungen, die in einem Gebiet erfolgten, das senkrecht zur Küstenlinie liegt, wurden 20 qm dieses vom Sandtransport abgeschnittenen *Triticetum juncei*, das gerade in ein *Festucetum rubrae* übergeht, untersucht.

TABELLE 17. *Triticum junceum*-H.K.: *Triticetum juncei senile*; Strandpfahl 22, 20 qm senkrecht zum Strandwall; 30.9.1932.

	Fr. %	G.S./qm	S./qm
Triticum junceum	100	4	4
Sonchus arvensis	55	$\frac{1}{2}$–2	1–2
Festuca rubra	55	$\frac{1}{2}$–3	1–2 (3)
Eryngium maritimum (Keimpflanzen)	50	$\frac{1}{2}$	1
Agrostis stolonifera	35	$\frac{1}{2}$	1
Cakile maritima	1	2	1
Elymus arenarius	1	$\frac{1}{2}$	1
Ammophila arenaria	1	2	2
Sedum acre	1	2	1
Leontodon nudicaulis	1	2	1
Galium verum	1	$\frac{1}{2}$	1
Aster Tripolium	1	2	1
Artemisia maritima	1	2	1(–2)
Statice Armeria	1	$\frac{1}{2}$	1

Floristisch finden wir hier Elemente sowohl aus dem Hauptkomplex von *Triticum junceum* (*Triticum junceum, Cakile maritima*) als auch aus dem Hauptkomplex von *Festuca rubra* (*Festuca rubra, Eryngium maritimum, Sedum acre, Leontodon nudicaulis, Galium verum*). Schliesslich sind ausserdem noch einige Arten der dahinter liegenden, marin beeinflussten Dünentäler und Schorren vertreten (*Suaeda maritima, Agrostis stolonifera, Aster Tripolium, Artemisia maritima, Statice Armeria*). Diese Gesellschaft muss im Augenblick der Bestandaufnahme der dominanten Art wegen gerade noch zum *Triticetum* gerechnet werden.

sie gehört noch nicht zum *Festucetum rubrae*, das sich daran land-einwärts anschliesst. Anschliessend an diese Bestandaufnahme des *Triticetum juncei* folgt in Tabelle 18 in der gleichen Richtung die Bestandaufnahme der nächsten 20 qm.

TABELLE 18a. *Festuca rubra*-H.K.: *Festuca rubra*-Bestand; Strandwall bei Strandpfahl 22;10 qm senkrecht zum Strandwall; 30.9.1932 G.S./qm.

Festuca rubra	5	5	5	5	5	5	5	5	5	5
Sonchus arvensis	2	2	2	2	$\frac{1}{2}$	$\frac{1}{2}$	–	2	$\frac{1}{2}$	$\frac{1}{2}$
Sedum acre	–	–	–	–	1	2	1	2	1	–
Eryngium maritimum .	–	–	–	$\frac{1}{2}$	1	1	–	$\frac{1}{2}$	–	–
Ammophila arenaria . .	–	–	$\frac{1}{2}$	1	1	1	–	–	–	–
Triticum junceum . . .	$\frac{1}{2}$	–	–	–	–	–	–	–	–	–
Leontodon nudicaule . .	–	–	–	–	–	–	–	–	$\frac{1}{2}$	–
Taraxacum officinale . .	–	–	–	–	–	–	–	2	–	–
Rumex Acetosella . . .	–	–	–	–	–	–	–	1	–	–
Spergularia media . . .	–	–	–	–	–	–	–	–	–	$\frac{1}{2}$
Agrostis stolonifera . . .	2	–	–	–	–	–	–	–	–	–

TABELLE 18b. Idem: 10 qm.

Festuca rubra	5	5	5	5	5	5	5	5	5	5
Sonchus arvensis	$\frac{1}{2}$	$\frac{1}{2}$	–	–	2	$\frac{1}{2}$	$\frac{1}{2}$	$\frac{1}{2}$	$\frac{1}{2}$	–
Sedum acre	1	–	–	1	2	3	1	1	2	1
Triticum junceum (tot) .	–	–	$\frac{1}{2}$	$\frac{1}{2}$	–	–	–	–	–	–
Leontodon nudicaulis . .	$\frac{1}{2}$	–	–	–	–	2	–	–	–	–
Elymus arenarius . . .	$\frac{1}{2}$	1	–	–	–	–	–	–	–	–

In Dünengebieten, die dem unmittelbaren Einfluss des Meeres ent-zogen sind, geht der Hauptkomplex von *Festuca rubra* häufig über in das Stadium des *Hippophaëtum † Festucetum*, um schliesslich zu enden im Hauptkomplex von *Corynephorus canescens*. Diese Entwicklung unterbleibt hier merkwürdigerweise; solange die Winterfluten die Pflanzendecke erreichen können, bleibt das *Festucetum* und damit seine charakteristischen Komponenten, wie *Sedum acre, Eryngium maritimum* usw. erhalten. Im Dünengebiet verschwinden diese Arten wieder, da sie einem Durchgangsstadium angehören, das auf T e r-s c h e l l i n g sehr schnell durchlaufen wird. Auf der B o s c h-p l a a t dagegen bildet das *Festucetum rubrae* den „Sub-Klimax".

Eryngium maritimum ist daher im eigentlichen Dünengebiet von T e r s c h e l l i n g selten, wir finden es nur in den Aussendünen, die gerade ausserhalb der Verwehungszone liegen und ein *Festucetum rubrae* tragen. Die Art ist dagegen auf der B o s c h p l a a t seit Menschengedenken überall eine konstante Erscheinung. Will man für sie ein Naturschutzgebiet einrichten, so muss man zu diesem Zwecke derartige Gebiete mit einem *Festuca rubra-*,,Klimax'' aufsuchen und unter Schutz stellen.

Durch plötzliche Küstenverbreiterung im Süden und Osten von T e r s c h e l l i n g ist also eine Reihe bogenförmiger Dünenwälle entstanden, die nach Nordwesten zu konvergieren und nach Süden zu immer niedriger werden, da hier eine Beimischung vom Wattenmeer herstammender, kolloidaler Bestandteile im Sande die äolische Erosion erschwert.

Die von diesen Dünenwällen eingeschlossenen, primären Strandflächen stehen mit dem Wattenmeer im Süden durch Priele in Verbindung.

An diesen Prielen entlang dringt das *Puccinellietum maritimae* landeinwärts vor und bildet in dem anscheinend regelmässig überschwemmten Teil der Täler den Klimax. In den Ausläufern der Priele tritt *Suaeda maritima* stellenweise häufiger in der Grasnarbe auf.

Das *Asteretum Tripolii* † *Limonietum vulgaris*, das auf G r i e n d am Rand der Priele wächst, tritt hier nicht auf, ebenso wenig der Komplex *Artemisietum maritimae* † *Festucetum rubrae* der ,,Kwelders'', sowie das floristisch damit verwandte *Obionetum portulacoidis*, die die Schorren auf G r i e n d vorwiegend bedecken.

Auf der B o s c h p l a a t wird das auf G r i e n d seltene *Plantaginetum maritimae* × *Staticetum Armeriae* an derartigen Stellen allgemein, an höheren Stellen geht es über in das *Juncetum Gerardi*. Die höheren Teile und der Dünenfuss tragen schliesslich ein *Agrostidetum stoloniferae*, worin auf der B o s c h p l a a t *Centaurium vulgare* eine typische Komponente bildet. Über verschiedene *Junceta* und *Cariceta (Caricetum extensae!)* gehen die älteren Teile dieser Gesellschaften in ein *Hippophaëtum* und schliesslich in Heide oder Wald über.

Die niedrigen Dünenketten werden von der Flut erodiert. Stellenweise wird der Dünenwall durchbrochen, stellenweise an der Innenseite unterwühlt (Kliffbildung) und stellenweise abgerundet.

In den Tümpeln, welche in dem Gebiet verbreitet liegen, wachsen ein *Scirpetum maritimi* und der lose Bestand von *Phragmites communis*, der für brackige Gewässer charakteristisch ist. Die Gesellschaftsfolge verläuft also unter normalen Umständen an der West- und Nordwestküste von T e r s c h e l l i n g augenscheinlich folgendermassen:

TABELLE 19.

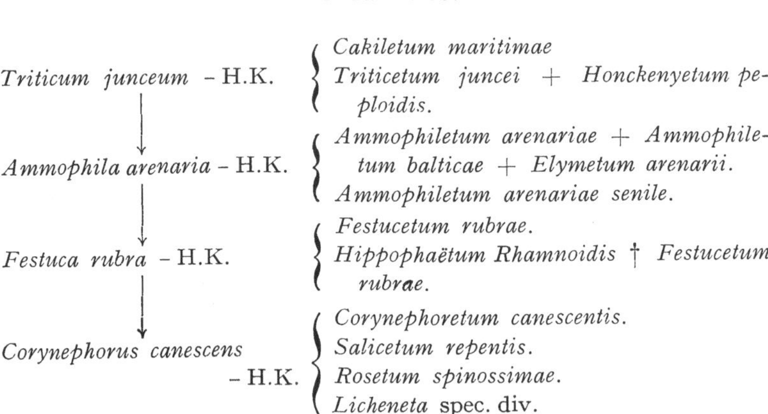

Am Südostende von T e r s c h e l l i n g verläuft dieser Entwicklungsgang qualitativ ungefähr ebenso, quantitativ und dadurch im Habitus aber vollkommen anders:

TABELLE 20.

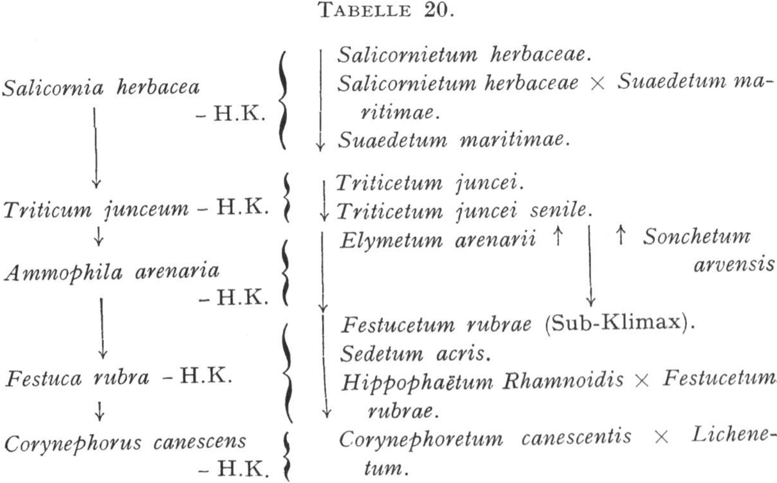

Durchkreuzt man von der Niederwasserlinie an die Küstenlandschaft, so findet man diese Bestandestypen nacheinander in derselben Reihenfolge, in der sie in den Tabellen stehen, je nachdem ob man sich an der West- und Nordküste der Insel befindet oder an ihrem Südostende.

§ 4. Die Pflanzendecke ausserhalb des Gebietes der Sandzufuhr.

Während sich aus den Sprosszahlen von *Triticum* und *Elymus* in den ihnen folgenden Bestandestypen ergibt, dass beide bei Aufhören des Sandtransportes zugrunde gehen, nimmt bei *Ammophila* nur die Zahl der Sprosse und Ähren je Oberflächeneinheit sehr stark ab. Doch bleibt die Art, wenn auch fast latent und sehr ärmlich im *Festucetum rubrae* und im *Corynephoretum canescentis* vertreten. Dies ist, wie wir sehen werden, bei der Verjüngung der Dünen von grosser Bedeutung. Diese Einbusse an Lebenskraft ist also auch hier an das Aufhören der Sandzufuhr gebunden. Gleichzeitig mit diesem Altern treten, wie sich aus der Inventarisierung einer Anzahl derartiger Bestände ergibt, verschiedene neue Arten auf. Für die Anfuhr dieser Samen sorgt grösstenteils der Wind, das *Ammophiletum* selber fördert die Ablagerung derartiger schwebender und verwehter Samen dadurch, dass es die Kraft des Windes bricht. Nur an einigen Stellen im *Ammophiletum* herrscht vollkommene Ruhe und dort sammeln sich schliesslich die Samen mit Spreu und anderen kleinen Pflanzenresten. So findet man im Windschutz des *Ammophiletum* mehr oder weniger umfangreiche, zusammengewehte Ablagerungen von Samen, die vom Steilhang auf die Dauer begraben werden und so eine Bereicherung des floristischen Spektrum veranlassen können.

Auch Vögel spielen beim Transport von Samen in die Küstenzone eine Rolle. Es ist eine bekannte Tatsache, dass Vögel auf dem Zuge bestimmte Landschaftsgliederungen bevorzugen und ihnen ziemlich genau folgen; sowohl an der Vordüne als an dem Innenrande der Binnendünen ziehen besonders dichte Vogelschwärme. Es ist daher wahrscheinlich, dass zahlreiche Samen auf diese Weise verbreitet werden können.

Ganz bestimmt gilt das für die Samen von *Hippophaë. Corvus cornix*, die von Anfang Oktober bis Anfang April in zahlreichen Exemplaren T e r s c h e l l i n g besucht, bleibt während der steigenden Flut in den Dünen, wo sie Beeren des Sanddorns frisst. Während der Vorebbe fliegt sie dagegen zum Strande und sucht dort organischen Abfall in den Flutmarken. In den Vordünen und auf den Schorren findet man danach auf ihren Ruheplätzen Gewöllballen, in denen ausser Schalentrümmern zahlreiche Samen von *Hippophaë* vorkommen. Das Auftreten der Keimpflanzen von *Hippophaë* im *Ammophiletum* und dem darauf folgenden *Festucetum* sind grösstenteils auf dies Verhalten von *Corvus cornix* zurückzuführen. Werden solche Gewölle einmal eingehender als bisher botanisch untersucht, so könnte sich daraus für die zahlreichen Hypothesen über eine Verbreitung durch Vögel, die das Erscheinen mancher Arten an neuen Fundorten erklären sollen, eine festere Grundlage ergeben.

Doch muss man bei der Samenverbreitung auch mit dem Einfluss von Seeströmungen im Zusammenhang mit Sandtransport rechnen.

Im Jahre 1928 fand ich nach Angaben von van Huenen auf der B o s c h p l a a t an der Westseite der dritten und vierten Dünenkette unzählige Exemplare von *Euphorbia Paralias*, die dort zumindesten schon einige Jahre lang gestanden hatten. Der bisher am weitesten nach Norden gelegene Fundort dieser Art in Europa war N i e u-w e d i e p, wo sie 1836 von Hoffman festgestellt wurde. (Prodromus florae batavae 1904). Doch verschwand sie hier wieder, ebenso wie von den anderen Fundorten an der Küste von H o l l a n d (B l o e-m e n d a a l, Z a n d v o o r t, N o o r d w i j k, K a t w i j k, D e n H a a g, S c h e v e n i n g e n, T e r h e i d e), die in der Mitte des 19. Jahrhunderts entdeckt wurden. In späteren Jahren wurde das Auftreten der Art nur gemeldet auf den südholländischen Inseln (V o o r-n e, R o c k a n j e, B r i e l l e, O u d d o r p) und bei H o e k v a n H o l l a n d (D e B e e r), wo sie auch heute noch regelmässig vorkommt. Zwischen diesen rezenten Fundorten und dem äussersten Osten von T e r s c h e l l i n g liegt ein sehr grosser Abstand; weiter östlich fehlt die Art ebenfalls. Da die neuen Fundorte in einem marin beeinflussten *Festucetum rubrae* liegen, in dem zahlreiche Winterflutmarken als Abfallzonen sichtbar waren, scheint es mir am wahrscheinlichsten, dass das Auftreten der Art auf Samen oder Früchte, die von der See aus südwestlicher Richtung angeschwemmt wurden, zurückzuführen ist.

Das gleiche gilt für Exemplare von *Matricaria maritima*, die ich in einigen alternden *Ammophila*-Beständen fand. Die Art gehört zu den Pflanzen der Flutmarken und kann von da aus durch den Wind ins ältere *Ammophiletum* gelangt sein.

Schon oben wurde mitgeteilt, dass sich *Oenothera ammophila* FOCKE ansiedelt, wenn die eigentliche Dünenbildung beendet ist, und zwar am liebsten in der Lücke, die in der Gesellschaftsfolge entsteht, wenn der Sandtransport während der Entwicklung des *Triticetum* aufhört und *Ammophila* infolgedessen nicht auftritt. Später erscheint dann der Hauptkomplex von *Festuca rubra*, besonders das *Anthylletum*, in dem *Oenothera ammophila* ebenfalls noch häufig vorkommt. JONGENS und ich fanden *Oenothera ammophila* im August 1927 in einem *Festucetum rubrae* auf der Vordüne in O o s t e r e n d, zusammen mit *Calystegia Soldanella*, die dort bereits 1923 (briefliche Mitteilung von ADEMA) festgestellt wurde. Kurz darauf konnte ich *Oenothera ammophila* in der dritten Dünenreihe auf der B o s c h p l a a t nachweisen. Im Jahre 1932 fand ich sie dort als dominante Art in einem absterbenden *Triticetum*, dessen Sandzufuhr unterbunden war. BOEDIJN, STOMPS und HUGO DE VRIES (briefliche Mitteilung 1932) bestätigten die Bestimmung der Art. Im Gegensatz zu *Euphorbia Paralias* stammt diese Pflanze aus dem Osten. Angaben über ihre heutige Verbreitung finden sich in zahllosen kleinen floristischen Veröffentlichungen, die oft nur schwer zugänglich sind. Wahrscheinlich ist denn auch die folgende Aufzählung unvollständig.

Oenothera ammophila wurde anfangs als *Oe.biennis* oder *Oe. muricata* bestimmt. Später hat sich jedoch herausgestellt, dass sich ein Teil dieser Angaben auf *Oe. ammophila* bezog.

Erst FOCKE unterschied die Art. Als Fundorte wurden nacheinander angegeben: B a l t r u m (1884), L a n g e o o g (1894) und W a n g e r o o g (1901). Zu dieser Liste fügte LEEGE hinzu: J u i s t (1900), M e m m e r t (1908) und S p i e k e r o o g (1913); SCHARPHUUS fand die Art 1933 auf B o r k u m.

SURINGAR (1863) beschreibt eine *Oenothera* in den Dünentälern von S c h i e r m o n n i k o o g als *Oe. biennis*, noch 1926 wird die Art für diese Insel angegeben. Anscheinend hat auch KROS (1856) die Art auf A m e l a n d gefunden, ebenso VUYCK (1898).

KOOPMANS-FORSTMANN (1925) bestimmen eine *Oenothera* aus den O e r d e r Dünen als *Oe. muricata*, das Gleiche tat DE BOER (1933). Beachten wir die grosse Ähnlichkeit beider Arten, *den völlig identischen Standort* und die Tatsache, dass *Oe. ammophila* in holländische Bestimmungsbücher noch nicht aufgenommen ist, so wird sehr wahrscheinlich, dass es sich auch hier um Exemplare von *Oe. ammophila* gehandelt hat.

Anscheinend stammt diese neue Art also aus dem Osten. Alle Forscher beschreiben als Fundort die Innenseite der äusseren Dünen, also das charakteristische Gebiet, in dem das *Festucetum rubrae* einsetzt. Zu diesem Bestande gehört sie auch auf T e r s c h e l l i n g.

Als Fundorte von *Calystegia Soldanella* in den N i e d e r l a n d e n sind heute T e x e l, V l i e l a n d, T e r s c h e l l i n g, A m e l a n d und S c h i e r m o n n i k o o g (MOERMAN 1924) bekannt.

Auf den drei erstgenannten Inseln konnte ich die Art persönlich feststellen. Auf T e x e l wurde sie bereits von KOPS (1798), auf A m e l a n d (1897) u.a. von GEERTS (1899) angegeben.

Nach JUNGE tritt sie auf den deutschen Inseln B o r k u m, J u i s t, N o r d e r n e y, B a l t r u m, L a n g e o o g, W a n g e r o o g (1736) und A m r u m, sowie bei C u x h a v e n auf. A m r u m ist ihr nordöstlichster Fundort. Obwohl die Art in diesen Gegenden diffus verbreitet ist, sind ihre Fundorte doch zahlreicher, als man ursprünglich annahm.

Auf T e r s c h e l l i n g wurde die Art zuerst von STERRINGA (1898) in einem Dünental auf dem G r o e n e S t r a n d und in späteren Jahren von JONGENS zwischen Strandpfahl 5 und 7 gefunden. 1923 entdeckten unabhängig von einander ADEMA, VAN DIEREN und JONGENS den sehr ausgedehnten Standort zwischen Strandpfahl 15 und 17 bei O o s t e r e n d, von dem sie aber in dem strengen Winter 1928/29 fast vollkommen verschwand. Im Jahre 1928 erschien die Art in der ersten Dünenkette auf der B o s c h p l a a t, in den folgenden Jahren bis 1933 an verschiedenen anderen Stellen im gleichen Gebiete (vor allem auf der dritten Dünenkette).

Alle Fundorte lagen und liegen im *Festucetum rubrae*, dies ergibt sich auch aus der Beschreibung anderer Fundorte. So sagt KOPS, dass die Art in einer Dünenebene unter Sanddorn wuchs, HOLKEMA bezweifelt diese Angabe. Ich fand jedoch sowohl auf T e x e l als auf T e r s c h e l l i n g die Art in sandigen Dünenebenen unter *Hippophaë* in dem darunter wachsenden *Festucetum*, das mit *Hippophaë* einen geschichteten Komplex bildet.

Wie die grossen Samen von *Calystegia Soldanella* verbreitet werden, ist unbekannt. Die Verbreitung durch grasendes Vieh in den Dünen (WEEVERS 1920 auf G o e r e e) kann nur örtliche Bedeutung haben. Für das Auftreten in einem marin beeinflussten *Festucetum rubrae* kommt Transport durch die See in erster Linie in Frage, doch kann dies mit Rücksicht auf die anderen Fundorte nicht die einzige Verbreitungsmöglichkeit sein.

Schliesslich mögen hier noch einige Bemerkungen über *Eryngium maritimum* folgen. Diese Art gehört ebenfalls ganz ausgesprochen zum *Festucetum rubrae*. Dies ergibt sich aus den Fundorten auf allen W e s t - f r i e s i s c h e n   I n s e l n, sowie an der D e u t s c h e n (CHRISTIANSEN, PREUSS, REINKE und TOMUSCHAT) und D ä n i s c h e n Küste (WARMING). Ausser diesen von soziologisch geschulten Forschern genauer beschriebenen Fundorten zeigen das auch die zahlreichen Fotografien dieser Art, die aus ganz anderen Gründen veröffentlicht wurden. Angaben in der mehr floristisch-pflanzengeographisch getönten Literatur, die Fundorte dieser Art zusammen mit *Calystegia Soldanella*, *Euphorbia Paralias* und *Oenothera ammophila* ins *Ammophiletum arenariae* verlegen, sind bestimmt unrichtig. Die Art tritt erst auf, wenn *Ammophila arenaria* latent wird und *Elymus arenarius* verschwindet; sie gehört zur folgenden Phase der geobotanischen Entwickelung des Düneninimividuum. Diese unterscheidet sich nicht nur quantitativ, sondern auch ganz ausgesprochen qualitativ vom *Ammophiletum*. Natürlich können infolge der Tatsache, dass die Art im auf das *Ammophiletum* folgenden Hauptkomplex wächst, einige Individuen bereits im älteren *Ammophiletum* erscheinen. Doch handelt es sich hier ebenso um Pioniere, wie bei den vereinzelten *Ammophila*-Pflanzen im *Triticetum*. Die Hauptmasse der Individuen von *Eryngium maritimum* erscheint und verschwindet mit dem *Festucetum*.

Mit diesem Verschwinden des *Festucetum* ist gleichzeitig auch die Frage gelöst, warum die Art stellenweise ,,ausstirbt''. Bisher nahm man dann an, sie sei durch den Menschen ausgerottet.

Ich untersuchte mehrere Bestände des Hauptkomplexes von *Festuca rubra*, wobei auf einigen Parzellen die Sprosszahlen festgestellt wurden. Diese betrugen in einem homogenen und ziemlich üppigen Bestande: 174, 126, 120 und 125 Sprosse je Viertelquadratmeter. Doch ist es empfehlenswert, bei einer etwaigen Soziographie von kleineren Parzellen auszugehen. Besonders auffallend ist, dass die jährliche Sprossproduktion je qm an Gewicht erheblich abnimmt. Als Stichprobe wurde bei Strandpfahl 11 die jährliche Sprossproduktion von je einem Quadratmeter eines optimal entwickelten *Triticetum juncei*, eines *Triticetum juncei senile*, eines *Ammophiletum arenariae adultum* und eines *Festucetum rubrae* miteinander verglichen. Ich fand die folgenden Werte:

TABELLE 21.

Bestand:	Zahl der Sprosse	Gesamtgewicht der Sprosse
Triticetum juncei	125	588 gr
Triticetum juncei senile	98	56 gr
Ammophiletum arenariae adultum .	320	1280 gr
Festucetum rubrae	455	45 gr

Auch aus dieser Tabelle ergibt sich, dass die optimale Produktion organischer Substanz im *Ammophiletum arenariae* stattfindet, d.h. sie ist gebunden an die grösste Anhäufung frischen Sandes und sinkt scharf, wenn die Pflanzendecke ausserhalb der Zone des Sandtransportes liegt. Im *Lichenetum* wird sie schliesslich minimal.

Oft sieht man, dass das *Festucetum rubrae* direkt in ein *Lichenetum* übergeht. Meist tritt jedoch erst eine Phase des *Hippophaëtum* auf, in der sich jedoch das *Festucetum rubrae* ziemlich regelmässig als Feldschicht hält und darin sogar einen höheren Deckungsgrad erreichen kann als im einfachen Komplex. Das *Hippophaëtum* der Dünenhänge ist also an eine andere Feldschicht gebunden als das der feuchten Dünentäler.

Das *Hippophaëtum* hält sich in den kalkreicheren Dünen von H o l- l a n d lange Zeit, die Individuen können sich infolgedessen zu wahren Bäumen auswachsen (vergl. auch den üppigen Wuchs von *Hippophaë Rhamnoides* auf kalkreichen Tonlinsen auf Å l a n d, PALMGREN 1912). Im Laufe der Zeit treten dort im Sanddornbestand zahlreiche andere Arten auf, besonders beerentragende Gewächse (Beerenwald der Dünen). Schliesslich geht das *Hippophaëtum* über in einen Dünenwald mit *Rhamnus cathartica, Viburnum Opulus, Rosa Eglanteria, Crataegus monogyna, Ligustrum vulgare, Berberis vulgaris, Populus* sp. und *Sambucus nigra*. Dagegen bleibt der Sanddorn in den Dünen von T e r s c h e l l i n g niedrig und geht nach 10—20 Jahren im *Corynephoretum* unter. Nur an den Vordünen hält sich hier und da ein vereinzelter Holunderstrauch, der sich während des *Hippophaëtum* dort ansiedelte. Nur wo *Larus argentatus* PONT. seine Ruhestellen hat und infolgedessen mit dem Gewöll fortwährend Reste von Mollusken und Krustazeen ausgeworfen werden, bleibt das *Hippophaëtum* längere Zeit bestehen. Dies alles weist darauf hin, dass der zunehmende Säuregrad des Bodens direkt oder indirekt das Aussterben von *Hippophaë* verursacht. Schliesslich bleiben nur noch die grauen Stämme übrig, die auf den Nordhängen von *Empetrum nigrum* bedeckt werden.

Der Boden des Standortes entwickelt sich unter Einfluss von Klima und Pflanzendecke also von eutrophen, basischen bis schwach sauren Böden zu oligotrophen, sauren bis stark sauren Böden.

Die Verarmung des Bodens äussert sich auch in der Abnahme der Sprossproduktion von *Ammophila*, dem Verschwinden von Arten, die für eutrophe Böden charakteristisch sind und dem Auftreten von Arten, die über eine Mykorrhiza verfügen, die Stickstoff assimiliert oder organisch gebundenen Stickstoff im Humus freimacht. Auf demselben Grunde beruht das Abnehmen und Verschwinden ,,kalkholder'' und das Auftreten ,,kalkscheuer'' Pflanzen; die letzten Jahre haben uns gezeigt, dass es sich bei den sogenannten ,,Kalkflüchtern'' um Pflanzen saurer Böden handelt. Vom *Hippophaëtum* an verläuft die Gesellschaftsfolge auf den W e s t f r i e s i s c h e n I n s e l n anders als in H o l l a n d. Stellt sich dort Wald ein, so tritt hier die Heide der Nordseeinseln auf.

Dies beruht nicht auf einer teilweisen oder vollkommenen Übereinstimmung dieser Böden mit diluvialen. Sowohl in H o l l a n d als auf T e x e l, V l i e l a n d, T e r s c h e l l i n g und A m e l a n d handelt es sich um marin umgesetzte, fluvioglaziale Sande, die nicht ohne weiteres mit dem Diluvium von D r e n t e übereinstimmen und ausserdem mit organischen Produkten der See sehr ausgiebig vermischt sind. Nur die Gesamtmenge der organischen Substanz bestimmt den Kalkgehalt und infolgedessen die zur Auslaugung der Rhizosphaere nötige Zeit.

Da diese Menge auf den W e s t f r i e s i s c h e n I n s e l n im Allgemeinen geringer ist, als in H o l l a n d südlich von B e r g e n, können wir die Veränderungen des Bodens und der Pflanzendecke auf den Inseln innerhalb eines Menschenalters verfolgen. In H o l l a n d dagegen versauert die oberste Schicht nur sehr langsam; erst nach Jahrtausenden entstanden in den Binnendünen stellenweise Ortsteinbänke und Heideflächen. Gerade die Tatsache, dass das *Hippophaëtum* der H o l l ä n d i s c h e n Dünen in Laubwald übergeht, verzögert diesen Prozess, denn mit dem Blattfall gelangen immer wieder geringe Kalkmengen in die obersten Schichten.

Es ist daher falsch, die Dünen der Nordseeinseln ohne weiteres mit diluvialen Schichten gleichzusetzen. Hier beginnt die Gesellschaftsfolge auf eutrophen Böden, ebenso wie in H o l l a n d. Nur vollzieht sich die Entwickelung des Bodens auf den Inseln bedeutend schneller und daraus ergibt sich das eigentümliche Aussehen der Landschaft, in der stellenweise „kalkholde" und „kalkscheue" Pflanzen durcheinander auftreten. Wer diese Dünenlandschaft seit längerer Zeit kennt, sieht ohne weiteres, dass die erstgenannten Arten im Verschwinden begriffen sind, während sich die anderen gerade angesiedelt haben. Im Laufe der Jahre habe ich derartige floristische Verschiebungen ohne weiteres verfolgen können (Kapitel VIII). Infolge dieser schnellen Entwickelung kann eine bestimmte Stufe der Gesellschaftsfolge bereits verschwinden, bevor sie zur richtigen Entfaltung kommt. Hierfür ist das *Hippophaëtum Rhamnoidis* ein treffendes Beispiel. Ein Sozioflorist wird darin auf T e r s c h e l l i n g nur selten alle charakteristischen Arten antreffen und infolgedessen von einem Fragment sprechen.

Es ist vielleicht gut darauf hinzuweisen, dass dies wissenschaftlich völlig bedeutungslos ist. Die Natur schafft kalkarme und kalkreiche Böden. Beide bieten zahlreiche Probleme und als konkrete Tatsache ist der eine Boden nicht merkwürdiger als der andere. Wir haben die Aufgabe, *beide* zu untersuchen. Verfügen Soziographie und Soziofloristik, die heute erst wenige Jahre alt sind, erst einmal über genügend Material, um eine Systematik der Pflanzengesellschaften zu entwerfen, dann muss man zweifelsohne mit dem mehr oder weniger vollständigen Artenspektrum des betreffenden Standortes rechnen und dies im System zum Ausdruck bringen. Sonst hat diese Tatsache keine weitere Bedeutung und ist sicher kein Grund, gewisse Böden von der Untersuchung auszuschliessen.

TABELLE 22. *Festuca rubra* – H.K.: Bestand von. *Festuca rubra* – Strandpfahl 11. 20 qm. 10 Sept. 1932.

G.S./qm. — S./ Fr. qm.

	G.S./qm.																				Fr.	qm.
Festuca rubra	3	3	3	3	3	3	3	3	3	3	3	3	3	3	3	3	3	3	3	3	20	4
Leontodon nudicaulis	1	½	½	½	1(K)	1(K)	1	1(K)	1	1	1	½	½	–	½	1	½	½	½	–	18	1
Ammophila arenaria	½	½	–	½	½	½	–	–	½	½	½	½	½	½	½	½	½	½	½	–	16	1
Hieracium umbellatum	–	½	½	½	½	½	½	–	–	–	–	½	½	½	½(K)	–	–	½	½	–	12	1
Hippophaë Rhamnoides	–	–	½	1(K)	–	½(K)	1	1(K)	½(K)	–	–	½	–	½	½(K)	–	–	½	½	–	11	1
Phleum arenarium	–	–	–	–	1	–	–	–	–	1	1	–	1	–	–	–	–	½	–	–	5	1
Corynephorus canescens	–	–	–	–	–	½	½(K)	–	–	–	2	1	–	–	–	½	–	–	–	–	5	1–2
Viola tricolor (ssp.)	–	–	–	–	–	–	–	–	½	–	½	–	–	–	½	½	–	–	–	–	4	1
Cerastium semidecandrum	–	–	–	–	–	–	–	–	–	–	–	1	½	–	–	–	–	½	–	–	3	3
Sonchus arvensis	–	–	–	–	–	–	–	–	–	–	½	–	½	–	–	–	–	–	–	–	2	1

TABELLE 23. Idem: Strandpfahl 12. 20 qm. 11 Sept. 1932.

G.S./qm. — S./ Fr. qm.

	G.S./qm.																				Fr.	qm.
Festuca rubra	5	5	5	5	5	5	5	5	4	4	4	4	5	4–5	4	4	4	4	4	5	20	4–5
Leontodon nudicaulis	½	1	1	½–1	1	½	½	2	2	1–2	2	2	2	1–2	1	1	2	1	2	2	20	1–2
Hieracium umbellatum	½	½	½	½	½	½	½	½	½	½	½	½	½	½	½	½	½	½	½	½	20	1
Ammophila arenaria	½	½	–	–	–	½	½	½	½	1	1	½	1	1	1	1	½	½	½	–	16	1–2
Cerastium semidecandrum	½	–	½	½	–	–	½	–	½	–	–	–	½–1	–	–	½	½	–	–	–	8	1
Lotus corniculatus	½	–	–	–	–	½	½	2	2	–	–	½	2	–	3	–	–	–	–	–	8	1–2
Corynephorus canescens	–	–	½(K)	½	1	–	½	–	–	–	½	1–2	–	–	–	½	–	–	–	–	7	1–2
Viola tricolor (ssp.)	–	–	–	–	–	–	–	–	–	–	1	½	–	–	–	–	½	½	½	–	5	1
Hippophaë Rhamnoides (K.)	–	–	–	–	–	–	–	–	–	–	1	½	–	–	–	–	–	–	–	–	2	1
Anthyllus Vulneraria	–	–	–	–	–	–	–	–	–	–	–	½	–	–	–	–	–	–	–	–	1	1
Jasione montana	–	–	–	–	–	–	–	–	–	–	–	–	–	–	–	–	½	–	–	–	1	1

TABELLE 24. *Festuca rubra* – H.K.: *Hippophaëtum Rhamnoidis* †
Festucetum arenariae. Strandpfahl 12. 20 qm.

	Fr. %	G.S./qm	S./qm
Hippophaë Rhamnoides	100	5	4
Festuca rubra	10	4–5	5
Carex arenaria	95	$\frac{1}{2}$	1
Hieracium umbellatum	85	$\frac{1}{2}$	1–2
Ammophila arenaria	75	$\frac{1}{2}$	1–2
Leontodon nudicaulis	75	$\frac{1}{2}$	1
Corynephorus canescens	25	$\frac{1}{2}$	1–2
Viola tricolor (ssp.)	25	$\frac{1}{2}$	1
Taraxacum vulgare	10	$\frac{1}{2}$	1
Cerastium semidecandum . . .	5	$\frac{1}{2}$	1–2
Phleum arenarium	5	$\frac{1}{2}$	1–2
Jasione montana	5	$\frac{1}{2}$	1
Circium lanceolatum (K.) . . .	5	$\frac{1}{2}$	1
Lotus corniculatus	(1)	$\frac{1}{2}$	1
Sambucus nigra	(1)	$\frac{1}{2}$	1
Solanum Dulcamara	(1)	$\frac{1}{2}$	1
Sonchus arvensis	(1)	$\frac{1}{2}$	1

TABELLE 27. *Ammophila arenaria* im *Festucetum rubrae* (Terschelling). 64. $^1/_4$ × qm.

	1					
	1					
	1					
	1					
	1					
	2					
	2					
	2					
0	2					
0	2	6				
0	2	6				
0	2	7				
0	2	7				
0	3	7				
0	3	7				
0	3	7				
0	3	7	11			
0	3	9	11			
0	4	9	12			
0	4	9	13	16		
0	4	9	13	17		
0	5	9	14	18		
0	5	10	14	19	—	27

0   5   10   15   20   25   30

Sprosse je $^1/_4$ qm.

TABELLE 28. *Ammophila arenaria* im *Corynophoretum canescentis*. (Strandpfahl 10. Terschelling) 40 qm. (*nicht*: $^1/_4$ qm).

0			
0			
1			
1			
1			
1			
1			
1			
1			
1			
1			
2			
2		11	
	6	11	
3	6	11	
4	7	12	
4	8	12	
4	8	12	
4	9	12	
4	10	12	17
4	10	12	17

0   5   10   15   20

Sprosse je qm (*nicht*: $^1/_4$ qm).

TABELLE 25. *Corynephorus canescens.* – H.K.: Bestand von *Corynephorum.* Strandpfahl 10.20 qm. Aug. 1932.

	G.S./qm.																				Fr.	S./qm.
Corynephorus canescens . .	33	3	3	3	3	2	3	2	2	2	2	2	3	3	2	3	3	3	3	2	20	3
Carex arenaria.	½	1	1	½	½	1	1	½	½	½	1	1	2	½	1	½	1	2	2	2	20	1
Ammophila arenaria . . .	½	½	½	½	½	½	½	½	½	1	½	½	–	½	½	½	½	½	½	½	19	1–2
Festuca rubra	½	½	1	1	1	½	½	1	1	1	½	½	½	1	1	½	½	½	–	–	18	1
Leontodon nudicaulis . . .	–	–	½	½	½	–	½	½	½	1	–	½	–	–	–	½	½	½	½	–	13	1
Hieracium umbellatum . .	½	–	½	½	–	–	–	½	–	–	–	–	1	–	–	½	½	½	½	–	9	1
Hypochoeris radicata . . .	½	½	1	–	–	–	–	–	–	½	–	½	½	–	–	–	–	–	½	–	7	1
Viola tricolor (ssp.) . . .	–	–	–	–	–	–	–	–	½	–	–	–	–	–	½	–	½	–	–	½	4	1

TABELLE 26. Idem. 20 qm. Aug. 1932.

	G.S./qm.																				Fr.	S./qm.
Corynephorus canescens . .	3	3	3	3	2	3	2	2	3	3	2	2	2	2	2	2	3	3	2	2	20	3
Festuca rubra	1	½	1	1	1	½	1	1	1	1	½	½	½	½	½	½	1	1	½	½	20	1
Ammophila arenaria . . .	½	½	½	½	½	½	½	½	–	½	½	½	½	½	½	1	1	½	–	½	18	1–2
Jasione montana	–	½	½	½	2	2	–	2	1	1	1	½	½	½	½	1	1	½	–	½	17	1
Hieracium umbellatum . .	½	–	–	–	–	½	½	–	½	½	1	½	½	3	2	2	2	½	½	½	15	1
Carex arenaria.	1	½	½	½	–	–	½	½	–	–	½	½	½	–	½	–	–	–	–	–	10	1
Leontodon nudicaulis . . .	–	–	½	–	½	½	–	–	–	½	–	–	–	–	–	–	–	–	½	–	5	1
Hypochoeris radicata . . .	–	–	–	–	–	–	–	–	–	–	½	½	–	–	–	–	–	–	–	½	3	1
Viola canina	–	–	½	–	–	–	–	–	½	–	–	½	–	–	–	–	–	–	–	–	3	1
Lotus corniculatus	–	–	–	–	–	–	–	–	2	–	–	–	–	–	–	–	–	–	–	–	2	1

TABELLE 29. Schema der Gesellschaftsfolge auf den Dunen der Insel Terschelling. 400 qm.

	Triticum junceum – H.K.	Ammophila arenaria – H.K.	Festuca rubra – H.K.	Corynephorus canescens – H.K.
	Fr.% (G.S.)	Fr.% (G.S.)	Fr.% (G.S.)	Fr.% (G.S.)
I				
Salicornia herbacea (S × S) [1]	13 ($\frac{1}{2}$)	—	—	—
Puccinellia maritima (S × S)	3 ($\frac{1}{2}$)	—	—	—
Artemisia maritima	1 ($\frac{1}{2}$)	—	—	—
Aster Tripolium	1 (2)	—	—	—
Statice Armeria	1 ($\frac{1}{2}$)	—	—	—
Agrostis stolonifera (S × S)	12 ($\frac{1}{2}$)	—	—	—
Suaeda maritima	29 (3–4)	—	—	—
Cakile maritima	4 (2)	—	—	—
Senecio vulgaris	8 ($\frac{1}{2}$)	3 ($\frac{1}{2}$)	—	—
Atriplex spec.	—	1 ($\frac{1}{2}$)	—	—
Honckenya peploides	1 (2–3)	1 ($\frac{1}{2}$)	—	—
Triticum junceum	**75 (2-4)**	† 29 (1–2)	† 3 ($\frac{1}{2}$)	—
Triticum litorale	1 (3)	—	—	—
II				
Elymus arenarius	1 ($\frac{1}{2}$)	25 ($\frac{1}{2}$–4)	2 ($\frac{1}{2}$)	—
Ammophila arenaria	—	**(87+4-5)**	49 ($\frac{1}{2}$–1)	93 ($\frac{1}{2}$)
Ammophila baltica	—	3 (4)	—	—
Sonchus arvensis	18 ($\frac{1}{2}$–2)	40 (1–2)	22 ($\frac{1}{2}$–1)	—
III				
Leontodon nudicaulis	1 (2)	7 ($\frac{1}{2}$)	49 ($\frac{1}{2}$–1)	43 ($\frac{1}{2}$)
Festuca rubra	18 ($\frac{1}{2}$)	11 ($\frac{1}{2}$–1)	**100 (4-5)**	95 ($\frac{1}{2}$–1)
Hieracium umbellatum	—	4 ($\frac{1}{2}$)	43 ($\frac{1}{2}$)	50 ($\frac{1}{2}$)
Eryngium maritimum	17 ($\frac{1}{2}$)	—	7 (2)	—
Hippophaë Rhamnoides	—	10 ($\frac{1}{2}$) K	**34 ($\frac{1}{2}$-5)**	—
Anthyllus Vulneraria	—	—	3 (1–2)	—
Sedum acre	1 (2)	—	15 ($\frac{1}{2}$–2)	—
Cerastium semidecandrum	—	1 ($\frac{1}{2}$)	24 (1)	—
Galium verum	1 ($\frac{1}{2}$)	—	1 ($\frac{1}{2}$)	—
Phleum arenarium	—	—	6 ($\frac{1}{2}$)	—
Lotus corniculatus	—	—	8 ($\frac{1}{2}$–2)	5 ($\frac{1}{2}$–2)
Taraxacum officinale	—	—	1 ($\frac{1}{2}$)	—
IV				
Corynephorum canescens	—	1 ($\frac{1}{2}$)	27 ($\frac{1}{2}$)	**100 (2-3)**
Viola canina	—	—	6 ($\frac{1}{2}$)	5 ($\frac{1}{2}$)
Carex arenaria	—	—	1 ($\frac{1}{2}$)	68 ($\frac{1}{2}$–1)
Viola tricolor (maritima)	—	—	21 ($\frac{1}{2}$)	13 ($\frac{1}{2}$)
Jasione montana	—	—	6 ($\frac{1}{2}$)	45 (1)
(Holcus lanatus)	—	1 ($\frac{1}{2}$)	—	—
Teesdalia nudicaulis	—	1 ($\frac{1}{2}$)	—	a ($\frac{1}{2}$–1)
Hypochoeris radicata	—	—	—	43 (1)
Cornicularia aculeata	—	—	—	95 (2)
Cladonia spec. div.	—	—	—	66 (2)
Rhacomitrium canescens	—	—	—	24 (1)
Polytrichum piluliferum	—	—	—	17 ($\frac{1}{2}$)

[1] (S × S): gehören wahrscheinlich in den *Salicornia herbacea*-H.K.
† = hier tot. a = nur im Frühling vorhanden.

SECHSTES KAPITEL

§ 1. Der Einfluss der marinen Erosion auf das Dünengebiet.

Solange eine Düne eine geschlossene Pflanzendecke trägt, kann der Wind den Sand nicht erreichen. Der Sand befindet sich daher in Ruhe.

Die Pflanzendecke kann jedoch aus verschiedenen Ursachen stellenweise zerstört werden und dann ist auf einer mehr oder weniger grossen Oberfläche die Gelegenheit zur Verwehung gegeben.

Dies findet in weiten Gebieten statt, wenn der Strand infolge mariner Erosion schmaler und steiler wird. Bei hohen Fluten wird dann der Fuss der vordersten Düne weggeschlagen; es entsteht eine steile Kliffküste mit Brandungskehle, die den Abhang untergräbt. Dann rutschen grosse Schollen Sand mit Pflanzen ab und werden unten auf dem Strande zerrieben und weggeschlagen. An retrogressiven Küsten bildet sich hierdurch ein Kliff, das nach Stürmen beinah senkrecht ist, sich später jedoch durch Abrutschen des Sandes ausgleicht, bis mindestens der maximale Neigungswinkel des Sandes (etwa 30°) erreicht ist. Da während der Ebbe und im Sommer bei ruhiger See auch auf dem schmalen Strande noch Sandtransport stattfindet, entsteht zuweilen ein neuer Dünenfuss, der jedoch, da organische Bindung fehlt, sehr vergänglich ist.

An der Seeseite sehen wir infolgedessen einen steilen, vegetationslosen Abhang, der den Eindruck erweckt, als wäre die vorderste Dünenkette halbiert.

Der Küstenschutz strebt danach, diese Hänge wieder festzulegen. Er zählt es mit zu seinen wichtigsten Aufgaben, wieder einen neuen Dünenfuss mit bewachsenem Abhang zu erhalten. Deswegen werden allzu steile Abhänge nivelliert, das Kliff mit Stroh, Helm oder Reisig bepflanzt und eine Reihe von Strohwischen ausgesetzt, um die Bildung eines neuen Dünenfusses zu fördern. Es ist daher nicht so einfach zu erfahren, wie der natürliche Ablauf ohne Eingreifen des Menschen stattgefunden hätte.

Durch Untersuchen „fossiler" Kliffküsten, die infolge der Küstenverbreiterung heute im Dünengebiet liegen, und die entstanden sind in einer Zeit, wo von künstlicher Beeinflussung der vordersten Dünenreihe noch keine Rede sein konnte (vor 1846), habe ich diesen Ablauf jedoch rekonstruieren können. Die Entwicklung dieser Untersuchung werde ich in dem Kapitel über die Geomorphologie der Dünen mitteilen. Hier will ich nur die Resultate vorwegnehmen, die im Rahmen des vorliegenden Abschnittes wichtig sind.

Es hat sich ergeben, dass hauptsächlich westliche Winde die Verschiebung des Sandes besorgen. Nördliche, östliche und südliche Winde besitzen für die Geomorphologie der Landschaft eine so geringe, bleibende Bedeutung, dass wir sie vernachlässigen können.

Es wird daher einen grossen Unterschied ausmachen, ob die entstandene Kliffküste mehr oder weniger senkrecht, parallel oder leewärts der westlichen Winde liegt.

Im letztgenannten Falle ist die Ausblasung äusserst gering. Der Wind lässt den Sand ruhig liegen, er *bleibt* daher innerhalb des Bereiches des Meeres und wird bei andauerndem Zurückweichen der Strandlinie vom Wasser passiv weggeführt. *Die Dünenküste verschwindet allmählich. (Dunus abruptus evanescens)*

Derartige nach Osten liegende, rettungslos verlorene Kliffküsten sind selten. Am Ende des 17. und im Anfang des 18. Jahrhunderts bestand eine solche östlich von W e s t-T e r s c h e l l i n g.

Anfangs lief der Seedeich von T e r s c h e l l i n g von der Spitze des N i e u w e D ij k in der Richtung von W e s t-T e r s c h e l l i n g. Die P l a a t und der H a f e n bestanden damals noch nicht, die Schiffe lagen auf der Reede „H e t M a k l ij k O u t (E n d t)" im Westen der Insel. Das Dorf W e s t-T e r s c h e l l i n g lag zum grössten Teil dort, wo sich heute der Hafen befindet.

In der Mitte des 16. Jahrhunderts erschien jedoch im Süden ein Komplex von Sandbänken, die P l a a t und M i d d e l g r o n d e n, die sich in den folgenden Jahrzehnten langsam in Richtung der Insel verschoben. Zwischen diesen Sandbänken und der Insel entstand dadurch ein Priel: de D e l l e w a l s l e n k, der durch Ebbe und Flut tief ausgenagt wurde. Seine Mäander unterwühlten hier die Insel und waren die Ursache einer Reihe von Deichbrüchen. Der erste Deichbruch wird aus dem Jahre 1559 gemeldet. Der danach gelegte Binnendeich verschwindet 1640; der nächste, der nicht mehr in Richtung West-Terschelling verlief, sondern nach Grootduin (Hanskedune), im Jahre 1723 und nochmals 1736. Hierdurch geriet West-Terschelling ausserhalb des Bereiches der Deiche. Im Jahre 1723 verschwinden 150 Häuser in der Dellewalslenk. Bei Hee wird im Jahre 1737 ein Schutzdeich gebaut, um Oost-Terschelling gegen die fortwährend drohenden Deichbrüche zu schützen. Im Laufe dieser Jahre wurde an dieser Stelle das ganze Grünland an der Innenseite der Dünen weggeschlagen und das Dünengebiet wurde im Rücken angegriffen. So entstand ein schmaler Strand mit einer passiven Kliffküste, der Dellewal. Hierdurch bedrohte aber der Priel West-Terschelling mit dem Untergang; einer der Berichterstatter spricht sogar von einer Wiederholung des Unterganges von West-Vlieland. Auch die Polderdeiche im Osten blieben fortwährend in Gefahr. Deswegen wurde im Jahre 1753 ein grosser Wasserschutzbau beschlossen: die Abdämmung der Dellewalslenk. In den Jahren 1753 und 1754 baute man einen Deich und einen Streckdamm nach der Westspitze von Terschelling. Dadurch wurde der Priel im Osten abgeschlossen und es entstand eine Bucht. Ein bogenförmiger, tieferer Teil dieser Bucht — ein abgetrennter Teil des alten Priels — bildet nun einen Hafen und dient gleichzeitig als Reservoir für das Flutwasser. Ebbe- und Flutstrom nehmen ihren Weg durch den Hafen und halten ihn dadurch tief. Die Bucht von West-Terschelling ist also im 17. und im Anfang des 18. Jahrhunderts entstanden; die Dellewal ist eins der wenigen Beispiele einer ,,fossilen'' passiven Kliffküste.

Ein zweites Beispiel hierfür ist die Nordostküste von Texel am Eierlandsche Gat. Auch hier hat eine Verschiebung des Strandes in westlicher Richtung stattgefunden; dadurch werden die Dünen im Rücken angefressen; sie verschwinden ohne weiteres im Meer und werden weggespült.

Zum Glück für Holland liegen aber die meisten Kliffküsten nach Westen und Nordwesten. Hier liegt also der Sand zu erneutem Transport bereit. Er wird vom Winde erfasst, über den Dünenkamm landeinwärts geweht und an der Leeseite wieder abgelagert. *Hierdurch wird der Sand dem Bereich des Meeres entzogen; die senkrecht zur herrschen-*

den Windrichtung verlaufende Kliffküste weicht allmählich zurück.
Diese zurückweichenden Kliffküsten können wir im Gegensatz zu
denen, die ohne weiteres im Meer verschwinden, ,,aktive'' Kliffküsten
nennen. Bei ihnen sehen wir, dass die vorderste Dünenkette unter *natürlichen* Verhältnissen erhalten bleibt, da sie gleichfalls zurückweicht.
Eine Ausnahme bildet der Fall, dass die marine Erosion schneller
ist, als die Umsetzung durch den Wind.

Eine retrogressive Küste ist eine der Ursachen, dass sich Dünen landeinwärts verschieben und verjüngen. Bei einer folgenden Periode von
Küstenverbreiterung bildet sich seewärts eine neue vorderste Dünenreihe. Dadurch entsteht ein Dünengebiet, das aus der neuen
Vordüne, einem primären Dünental und der landeinwärts verschobenen, parabolisierten, alten Kliffküste besteht. Dies Zurückweichen
findet nicht in der ganzen Breite regelmässig statt, denn die vorderste Dünenreihe ist nicht überall gleichmässig hoch. Zu beiden
Seiten der höheren Spitzen entstehen Windwirbel. Hier ist die Ausblasung infolgedessen intensiver. An anderen Stellen kann die Pflanzendecke einen grösseren Widerstand bieten. Infolgedessen löst sich
die Kliffküste auf in eine Reihe resistenter ,,Kupsten'', die auf
T e r s c h e l l i n g ,,Pollen'' heissen. Ihre Seiten sind infolge der
Erosion durch Wasser und Wind steil. Zwischen ihnen weicht die
Küste zurück. Im Windschutz der Kupsten liegt der Sand jedoch
geschützter. Das Zurückweichen geht daher nicht überall gleichmässig schnell. Zwischen den Kupsten entstehen hufeisenförmige
Wälle, die sich fortwährend nach Osten verschieben. Infolgedessen
schliessen sich an jede Kupste zwei Wälle an, und zwar jeweils ein
Nord- und ein Südwall. Aus einer natürlichen, senkrecht zur vorherrschenden Windrichtung liegenden Kliffküste entsteht also
schliesslich eine Reihe von mehr oder weniger senkrecht zur Küste
liegenden Dünenwällen; diese sind im Osten durch bogenförmige
Wälle miteinander verbunden. Die Ebene, welche zwischen den Wällen entsteht, nennen wir ,,die Parabelbahn''. Sie geht in den Strand
über und bildet sozusagen eine Verbreiterung davon. In der ,,Kehle''
der Parabeldünen findet denn auch wieder Sandtransport statt. Es
siedeln sich neue Dünenbildner an, und schliesslich riegelt eine neue
Dünenkette die Parabelbahn vom Strande ab.

Marine Transgression kann also das Entstehen eines Kliffs veranlassen. Dadurch wird die primäre Dünenkette, die senkrecht zur

herrschenden Windrichtung lag, verwandelt in eine Reihe doppelter Dünenketten, die zur herrschenden Windrichtung parallel verlaufen und an der betreffenden Stelle neu entstanden sind. Auf diese Weise ergibt sich aus einer primären Dünenkette nicht nur ein ganzes Dünengebiet, sondern man kann mit Recht von einer vollkommenen Dünenverjüngung sprechen. Bestehen in der primären Dünenkette z.B. bereits Auslaugungsprofile, dann bleiben diese ausschliesslich in den Kupsten erhalten. Sind auch die Kupsten weggeschlagen, so ist jede Spur dieser Auslaugungsprofile verschwunden. Ihr Fehlen besagt also nichts über das *absolute* Alter eines Dünengebietes.

Die senkrecht zur herrschenden Windrichtung liegende Kliffküste ist aber nicht der einzige Anlass zur Dünenverjüngung. In diesem Falle verletzte das Meer die Pflanzendecke; sie kann jedoch auch durch Tiere, den Menschen oder den Wind zerstört werden.

§ 2. D e r E i n f l u s s d e s M e n s c h e n a u f d a s D ü n e n-
g e b i e t.

Über das absolute Alter der Besiedelung von T e r s c h e l l i n g wissen wir nichts. Der Spaten hat bisher geschwiegen und die ältesten Archivstücke gehen nur bis ins 13. Jahrhundert zurück. Wir finden aber eigentümliche Anklänge an G e r m a n i s c h e n Gemeinbesitz. Ausserdem zeigen die einzigartigen Volksfeste (opperid, borrebier usw.) noch deutlich eine G e r m a n i s c h e, religiöse Grundlage. Die Feier ist dabei an ganz bestimmte Örtlichkeiten auf der Insel (Bäume, Teiche, Wälder und Dünen) gebunden. Dies weist im Zusammenhang mit dem, was wir über die Besiedelung des Nordens der N i e d e r l a n d e wissen, darauf hin, dass die Besiedelung weit vor dem Anfang des 13. Jahrhunderts begonnen hat (PETERS 1929, S. 85). Über den genauen Zeitpunkt ist aber noch nichts Genaues bekannt.

Dagegen ergibt sich bei der Untersuchung der Geschichte des Bauernhauses und der Bodennutzung, dass die ökonomisch-geographischen Faktoren sich seit dem frühen Mittelalter bis in die Mitte des vorigen Jahrhunderts wenig geändert hatten. So ergibt sich aus den Archiven und aus der mündlichen Überlieferung, dass das Problem der *Heizung* für die Bevölkerung am schwersten zu lösen war. Brennstoffmangel zwang die Bewohner dazu, im Freien getrockneten

Mist (toa(r)t) [1] zu sammeln und damit zu heizen, und sogar flüssigen Stallmist (diet) [2] zu pressen, in Blöcke zu schneiden und zu verbrennen.

Die Bevölkerung musste daher auch die Pflanzendecke der Dünen ausnützen. Bevor Steinkohle eingeführt und *gekauft* werden konnte (Ende des 19. Jahrhunderts), lieferten *Ammophila*, *Carex arenaria* (,,hantrant''), *Hippophaë Rhamnoides* (,,hagedoris''), *Salix repens* (,,riesen'') *Myrica Gale* (,,hopriesen''), *Oxycoccus macrocarpus* (,,blaedjeheide'') und *Calluna vulgaris* (,,tueren'') einen erheblichen Bestandteil des benötigten Brennstoffes.

Infolgedessen verschwanden allmählich alle Bäume und Sträucher und ihre Regeneration wurde erschwert. In den ,,Ordonnantiën van den Lande van der Schellinck'' wurde die Ausnutzung des Dünengebietes denn auch schon geregelt. Wir sehen daraus, wie wichtig diese Angelegenheit bereits 1537 war. ,,Dat oick elck huysman mach halen jaers eens voer hem ontrent sinte Johannis Decollationis of Onthoefdinge acht dagen voer of na een voer heyden, dwelck men hier geyl heet, ende niet meer; ende wie daer ouer haelt, sal to elcke reyse verbueren ses gulden tot behoef des heeren''.

,,Sal oick elck huysman ontrent Pynsteren des Jaers eens veerthien dagen voir of na mogen halen in duynen twee voer tueren; ende ofter eenige arme luyden weren, diets meer behoefden, en salmen hem dat niet weygeren als hyt versueckt''.

Wir sehen also, dass schon damals der Herr der Insel einen Versuch macht, um das Holzlesen und Plaggenstechen einzuschränken und zu regeln. Doch wird dieser Versuch infolge der stets hohen

---

1) Dies Heizen mit Mist fand sich früher an der ganzen friesischen Küste, ist heute aber nur noch auf den Halligen und auf I s l a n d gebräuchlich. ,,Toort'' nennt man auf T e x e l den dazu verwendeten Schafsmist, auf T e r s c h e l l i n g und A m e l a n d getrockneten Kuhmist vom Lande. Auf W i e r i n g e n heisst dieser Schafsmist ,,tarlen'', Kuhmist dagegen ,,broete''. Auf S c h i e r m o n n i k o o g spricht man von ,,schienjild'', auf den Halligen von ,,schole ''oder ,,schollen'' (vergl. VAN BLOM 1924).

2) hfr. Deë, ffr. Disse, nd. Ditten. POSTMA (1929) beschreibt, das ,,diettrappen'' aus S ü d w e s t - F r i e s l a n d: De dong waerd dêrta oer it him útspraet, (ik tink ek) plattrape, den ôfstitsen en droege. Dy dong-turven hjitten ,,dompen'' (,,diten'')''. Vor Anlage der Deiche hatte das Düngen tatsächlich auch wenig Sinn. Überschwemmungen machten die Düngung überflüssig; ausserdem schwamm der Mist weg. Dies können wir auf den Marschen auch heute noch häufig beobachten.

Zahl bedürftiger Leute, der Eigengerechtigkeit der Inselbewohner, und der schlechten Polizeiaufsicht für die Pflanzendecke nur geringe Bedeutung gehabt haben.

Noch im Jahre 1858, als das Reich der Gemeinde T e r s c h e l l i n g das Recht auf die Dünen bestreitet, führt diese als Argument an, dass arme Leute das Recht haben, „tueren" (*Calluna*) und „rijsen" (*Salix* und *Myrica*) zu suchen, sodass auch darum die Dünen von der Gemeinde nicht entbehrt werden können.

Derartige Ordonnanzen passen vollkommen in den Rahmen ähnlicher Verordnungen und Erlasse, die auch für das Dünengebiet in H o l l a n d erlassen wurden und in denen das Suchen von „geil, dorens und ruigte" durch die Bewohner der Seedörfer, „*die keinen anderen Brennstoff besassen*" (BLINK 1929) geregelt, bezw. verboten wurde. Eine Sammlung derartiger für die Geschichte der Dünen äusserst wichtiger Stücke hat bereits MERULA (1605) herausgegeben. Das erste stammt schon aus dem Jahre 1477 von MARIA VON BURGUND; teilweise galten sie auch auf den Nordseeinseln.

Die ruhige Entwicklung der Vegetation wurde vielleicht noch ernster gestört durch die intensive Beweidung der Dünen in der Form des „overal" und durch das Aussetzen und Ausgraben von Kaninchen.

Dies „overal" oder „oeral" ist ein Überbleibsel des ursprünglichen, gemeinsamen Besitzes von Grund und Boden. Im Jahre 1398 wurde zwar dekretiert, dass Dünen und Wüstungen Teile des herrschaftlichen Besitzes seien, doch weisen verschiedene Punkte darauf hin, dass diese Gebiete vorher zu den Marken gehörten und „meanschaer" (allgemeine Weide) waren.

Im Jahre 1563 wurden die Inselbewohner gezwungen, das Weiderecht in den Binnendünen vom Herren zu pachten. Die Pacht musste in Form einer grossen Menge Fisch bezahlt werden, doch wurden auch G r i n d'scher Käse und Honig in Zahlung genommen (VAN REYNEGOM 1611).

Die Bevölkerung zahlte aber viele Jahre nicht und berief sich zur Verteidigung darauf, dass die Nutzung der innersten Dünenkette „von altersher" den Gehöften zugestanden habe, und dass „een iegelijck, die het belieft, syne beesten in de voors. graspleinen hat laten weiden" [1]) (VAN REYNEGOM 1611, BLASIUS 1617).

---

1) Jeder, dem es gefiel, seine Tiere auf diesen Grasplätzen hatte weiden lassen.

Als die Staaten von H o l l a n d im Jahre 1614 durch Kauf in die Rechte der Herrschaft von T e r s c h e l l i n g eintraten, forderten sie an Stelle dieser „vispachte" eine Zahlung von 18 Pfd. friesischen Geldes und später die Summe von 120 Carolus-gulden. Am 17. April 1734 übertrug jedoch die Domänenverwaltung die ewige Nutzniessung der Dünen den 24 „Raden en Regenten van T e r s c h e l l i n g" gegen eine Zahlung von 200 Gulden jährlich. Diese Übereinkunft wurde im Jahre 1858 gekündigt. Da die Gemeinde die betreffenden Stücke nicht mehr vorlegen konnte, wurde ihr dieses Recht am 15. Oktober 1907 gegen eine Vergütung von 56.200 Gulden aberkannt. Danach ging die Bewirtschaftung der Dünen an die Staatsforstverwaltung über.

Diese Dünenbeweidung hat bis heute stattgefunden [1]). Vor Anwendung des Stacheldrahtes liefen die Herden frei umher unter Aufsicht von „hoeders" (Hütern), die mit langen Peitschen verhinderten, dass das Vieh in Wiesen und Äcker zog oder bei hohen Fluten vom Drängwasser weggetrieben wurde (WINSEMIUS). Von „schutters" (Schützen) wurde es aus den Poldern vertrieben.

In diesen Pachtverträgen für die Dünen wurde jedoch ausschliesslich die Dünenweide im Frühjahr und Sommer geregelt.

Kaum waren nämlich die auf dem Wohnrücken und den Dünenäcker gebauten Feldfrüchte geerntet, so beschlossen Drossaard (Droste), Bürgermeister, Schöffen und die 24 Raden en Regenten von O s t- T e r s c h e l l i n g das „overal" und das Freilassen des Viehs. Dies Datum fiel zwischen den 6. und den 22. September (Resolutieboek 1784 im Polderarchiv von M i d s l a n d) [2]).

Es handelte sich um ein zeitweiliges Aufheben der privaten Bodennutzung. Die Zäune wurden weggenommen und jeder Hausvater liess sein Vieh frei. Bis St. Nikolaus (6. 12.) liefen nun die Kühe frei umher, bis 20. April schwärmten Herden von Pferden und Schafen über Land und Dünen. Infolgedessen wurden die Dünen das ganze Jahr lang beweidet. In Zeiten von Deichbrüchen (1559, 1640, 1704, 1737, 1822,

---

1) So betrug die Weidegebühr von 1897—1908 jährlich bezw.: 235,75 fl. 193,25 fl. 140,25 fl. 127,15 fl. 165,— fl. 161,25 fl. 150,25 fl. 142,25 fl. 136,50 fl. 176,75 fl. 150,75 fl. 199,— fl.

2) Zwischen 1786 und 1797 fing das „overal" des Viehes an am: 20. 9. 86, 22. 9. 87, 6. 9. 88, 19. 9. 89, 21. 9. 90, 17. 9. 91, 12. 9. 92, 21. 9. 93, 10. 9. 94, 19. 9. 95, 21. 9. 96, 16. 9. 97, jeweils abends um 5 Uhr.

1823, 1825) und langwierigen Überschwemmungen (u. a. 1704—1705, 1825—1828) war dies sogar die einzige Möglichkeit, das Vieh zu ernähren.

Ost-Terschelling war Bauerndorf, West-Terschelling Hafenort. Der Osten lebte also im Gegensatz zum Westen von der Bearbeitung des Bodens. In den Gehöften Kaart, Kinnum, Suryp, Midsland, Landrum, Formerum, Lies, Hoorn und Oosterend lagen zu Anfang des 17. Jahrhunderts ungefähr 264 Bauernhöfe (Reichsarchiv 's-Gravenhage). Dagegen zählten die auf dem westlichen Teile der Insel gelegenen Gehöfte Wolmerum (5), Stattum (7), Schuttrum (3), Hee (4) und Stortum (3), zusammen nur 22 Bauernhöfe und die Höfe in Wolmerum, Stattum, Schuttrum und Stortum wurden noch im folgenden Jahrhunderten abgerissen. Die Anzahl Bauernhöfe in West-Terschelling betrug höchstens 10. Die mittleren Dünen von West-Terschelling, deren Oberfläche grösser ist als die der Ostdünen, wurde also bedeutend weniger intensiv beweidet, wiewohl auch hier die Pflanzendecke durch Brennholzlesen und Kaninchenjagd fortwährend beschädigt wurde. Diese weniger intensive Ausnutzung der westlichen Dünen kommt bis zum heutigen Tage in Pflanzendecke und Bodenform deutlich zum Ausdruck.

Dazu kam noch das ,,Recht van Warande'', das den Einwohnern verbot, Kaninchen zu fangen und ihre Baue auszugraben (Ord. 1537; Oude rechten van Terschelling, TELTING 1903, Manuskript im Reichsarchiv 's Gravenhage; Wetten en keuren von Terschelling (1678 und 1788), Manuskript im Gemeindearchiv von Terschelling usw.). Dies Recht wurde an die 7 ,,Dünenmeyer'' verpachtet; jedem von ihnen wurde für die Dauer von 5 Jahren ein ,,perk'' zugewiesen. Sein Ertrag bildete ,,het principaelste incomen'' der Herrschaft. In den Jahren 1620 bis 1625 kamen nicht weniger als 900 Car.fl. ein [1]).

Die Dünen wurden denn auch gerühmt als ,,zeer schoon en bequam tot beplantinge van conijnen''. Ging der Wildstand durch Frost oder

---

1) Diese Kaninchenpachten brachten in den Jahren 1821—1880 jeweils für 5 Jahre, folgende Summen auf: 1579,00 fl. 1602,— fl. 1093,60 fl. 1290,50 fl. 1093,— fl. 720,— fl. 742,— fl. 674,— fl. 843,— fl. 891,— fl. 941,— fl. 1120,50 fl.

intensive Verfolgung zurück, so wurde er durch Aussetzen von Zuchttieren wieder angefüllt. Auch dieser Zustand war bis 1931 unverändert. Erst dann entschloss man sich, die Kaninchen auszurotten und 150 Wiesel und Hermeline in den Dünen auszusetzen. [1]).

Der Einfluss eines dichten Nagetierbestandes auf Pflanzendecke und Bodenform braucht hier nicht näher auseinander gesetzt zu werden. Ich möchte lediglich auf die von FARROW (1925) festgestellte Tatsache hinweisen, dass in O s t-E n g l a n d Heidelandschaft den Klimax bildete, da Kaninchen jede weitere Entwicklung von Wald verhinderten. Die Waldbildung setzte aber nach Abzäunung spontan ein. Auch auf T e r s c h e l l i n g werden die Kaninchen junges Holz vernichtet und so die Regeneration erschwert haben.

Ausser dem Schaden, den diese Tiere durch ihr Nagen und Graben anrichteten, hatte auch die Jagdmethode grossen Einfluss auf das Pflanzenkleid. Die Jagd mit Bogen, Büchse und Schiessgewehr war von alters her auf der Insel verboten (Oude rechten, 1537 usw.; Wetten en keuren von W. und O.-T e r s c h e l l i n g 1678 und 1788; 15. 8. 1781 Schiessverbot für die ganze Insel bei Strafe von 3.— fl. Rep. 33, 1855 Gemeindearchiv T e r s c h e l l i n g). Die Jagd war vertragsmässig auf die drei letzten und die zwei ersten Monate des Jahres beschränkt. Der Dünenmeyer war verpflichtet, die Kaninchen mit Hund und Schippe auszugraben. So wurde zur Zeit der Herbst- und Winterstürme der Dünenkörper mit metertiefen Furchen durchzogen; diese scheuerte der Wind bald zu tiefen Klüften und Kratern aus. Dadurch wurde der Dünenkörper in kurzer Zeit bis auf das Grundwasser gespalten, und die in diesen Monaten latente Pflanzendecke der Vernichtung preisgegeben, da sie nicht imstande war, den Sand zu binden. In wenigen Monaten konnten so ganze Dünen entblösst werden und in Bewegung geraten. 1928 geschah dies auf der B o s c h p l a a t beim Ausgraben einiger Kaninchenbaue (vergl. Fig. XIV auf Tafel 7). Die Tiere waren einige Jahre vorher mit Zustimmung der Dünenverwaltung dort ausgesetzt worden.

Zweifelsohne waren diese menschlichen und biotischen Einflüsse im Laufe der Jahrhunderte der wichtigste Anlass zu äolischer Umsetzung. Ohne den Menschen sähe das Dünengebiet heute vollkommen anders aus.

---

1) 1932 belief sich die Pacht nur noch auf 33,— fl., gegen 280,— fl. im vorhergehenden Jahr.

Bedenken wir dann noch, dass alljährlich grosse Mengen von *Ammophila* (für Seile und Dachdecken), *Juncus* spec. (das Mark diente als Lampendocht), *Centaurium* spec. (als Heilkraut), *Sonchus arvensis, Hieracium umbellatum, H. Pilosella, Leontodon nudicaulis* (Viehfutter) und *Myrica Gale* (zum Bierbrauen und als Heilkraut) gesammelt wurden, so ergibt sich aus diesen historischen und folkloristischen Tatsachen eindeutig, dass die Dünen von altersher notgedrungen als Nutzungsgebiet galten. Hier konnte von einer ruhigen Entwicklung oder dem Instandhalten der ursprünglichen Vegetation keine Rede sein. Ein Gebiet, dessen Pflanzendecke unter Einfluss all der oben genannten Faktoren zustande kam, kann also zu allerletzt als Ergebnis „natürlicher Verhältnisse" gelten (TÜXEN und andere Forscher).

Vergleichen wir nun diese Tatsachen mit den vorläufigen Kenntnissen über Besiedelung und Gesellschaftsfolge, die auf den vorhergehenden Seiten mitgeteilt wurden, dann stellt es sich heraus, dass gerade im Überfluss vorhandene, vor allem auch dominante Arten diesem Raubbau zum Opfer fielen. Ihre Vernichtung beeinflusste u. a. die Arten mit hohem Deckungsgrad und damit den Kern der Gesellschaften. Dies hatte auch auf die anderen Bestandteile der Gesellschaft einen nachteiligen Einfluss; die unmittelbare Folge davon war Artenverarmung.

Die Pflanzendecke wurde labil; in weiten Gebieten war der Sand dem Winde ausgesetzt. Infolgedessen versandeten dahinter gelegene Grundstücke und dadurch wurde die Flora katastrophal vernichtet. So schreibt denn auch VAN REYNEGOM (1611) voll Sorge:

„in voorsz. duynen seyn tot verscheyden plaetsen seer caele stuifduynen, offe loopers, soo men die noempt, dewelke seer veel goed veldt verstuyven en bederven en mettertijd geschapen zijn groote schaede te doen".

In Übereinstimmung hiermit berichtet BLASIUS (1617), dass

„verscheyden hooge, groote, kaele duinen daer waren, daer over de duinmeyers seer klaegden, zeggende dat apparant was, dat de andere duynen en valeyen daarmede souden overloopen".

Dies sind also zwei Abschnitte aus Archivstücken, die auch für die Geomorphologie sehr wichtig sind.

Dieser lose Sand war eine Gefahr für die menschlichen Ansiedelungen am Innenrand der Dünen. In den Archiven finden wir zu wiederholten Malen Klagen über das Verwehen guter Äcker, von Wegen,

Kirchländereien und hier und da sogar eines Bauernhofes. Dass der Schaden im Laufe der Jahrhunderte indessen nicht grösser war, liegt wiederum an der Tatsache, dass der Sand parallel zur Längsachse der Insel wanderte.

Dass der Herr der Insel in seiner Verordnung von 1572 die zu Heizzwecken benötigte Heide und Plaggen auf 3 Fuhren je Haus beschränkte, ist denn wohl auch ein Versuch, die stets um sich greifende Entblössung der Dünen einzuschränken. Derartige Verordnungen wiederholen sich im Laufe der Jahrhunderte in ausgedehnter Form in allen ,,Wetten en keuren'' der Insel.

,,Uutgeseit moort, mort brant, vrouwen cracht, raroeff ende die hem settet tegen den lants here ofte scout met gewapender hant ende die misdede an onsen conijnen inden duynen, helmen ofte rijs dair of haelde of dede halen ende hier onder waerheit of bevonden worde bijden scepenen eede, die soude verbueren tegen den heren sijn lijf ende half sijn goed''. (Ungefähr 1470, 1475).

,,Dat niemandt en sal helm wynnen sonder consent vanden here, op die pene van ses gulden.'' (1537)

,,Dat niemant geen rys winnen en sal op die verbuerte van zes gulden''.

,,Oick is geaccordeert byden heere ende der gemeenten, als dat van ouderdaet ten ewigen dagen tho die heere sal mogen synen duynen afheynen ende die bepoten ende beplanten ende die beesten dairuyt keren tot zijnen profijt; . . .'' (1537).

,,Niemandt sal in de duynen ende wildernissen eenige onbehoorlijkheyt 't zij met schieten, stricken te stellen, conijnen te vangen, de bergen beschadigen, Helm ofte eenige andere Ruygte uyt de duynen te halen, ... (1678).

,,Item dat van nu voortaan niemant wie hij ook zij zal vermogen uyt de duynen eenige helm te snijden ende dezelve tot Roop te draayen (Excempt die bij den Drossaerdt en Burgemeesteren daar toe zijnde geauthoriseert) op peene die bevonden word helm te snijden ofte Roop te draayen ofte naar dezen van land te voeren sal verbeuren voor de eerste maal Twaalf Caroli Guldens, voor de tweede maal vierentwindig Guldens, ende derde maal gestraft te worden na discretie van den geregte, ende belangende de afvoerders van den Roop sullen verbeuren dubbelde breuken als hiervoren gestelt; . . . . (1788).

,,Verders dat niemant ook wie hij ook zoude moogen wesen,
'tsij jong of oud, die bevonden wert te loopen in en over de duynen (anders als op de geordonneerde plaatsen ofte gangen) in de
gepoote helm, ofte groene pollen te beschadigen met sand of anders
daaromtrent vandaan te halen, sal verbeuren een boete van drie
guldens; . . . . ende sullen ook de wagenaars niet anders als de
ordinaris paden door duyn rijden . . . . (1788).

Trotz alledem griff die Vernichtung der Pflanzendecke immer weiter
um sich. Die Beweidung der Dünen und die Zucht und das Ausgraben
von Kaninchen sollten ja nicht aufgegeben werden, da es sich hier um
eine erhebliche Einnahmequelle der Obrigkeit handelte. Ausserdem
belief sich die Zahl der Brennstoffuhren bei etwa 550 Häusern immer
noch jährlich auf wenigstens 1650.

Die Dünenverwaltung litt in all den Jahrhunderten an einem grossen Zwiespalt: einerseits intensive Ausnutzung der Dünen zur Vermehrung der herrschaftlichen Einkünfte, andererseits Schutz der
Pflanzendecke.

So war in den Jahren 1611 und 1617 der Zustand der Dünen beun-
ruhigend schlecht und die Berichterstatter VAN REYNEGOM und BLA-
SIUS rieten zu umfangreichen Bepflanzungen mit Helm. Andererseits
aber empfahlen sie intensivere Beweidung und bessere Besetzung der
Dünen mit Kaninchen.

Die Bevölkerung war teilweise auf die Ausnutzung der Dünen angewiesen. Die Herrschaft, nach 1615 die S t a a t e n v o n H o l-
l a n d, nach 1734 die 24 ,,Raden en Regenten von T e r s c h e l l i n g''
wünschten hohe Einkünfte und geringe Ausgaben. Auch die Reichsforstverwaltung, die 1909 die Bewirtschaftung der Dünen übernahm,
stellte ihrer erheblichen Ausgabenseite gern einige Einkünfte gegenüber. So blieb eine ausreichende Bepflanzung der Dünen denn auch
jahrhundertelang aus. Beim sogenannten ,,Helmpooten'' beschränkte
man sich bis 1846 auf die sogenannte ,,voorduin'', d. h. (im Gegensatz
zur ,,Vordüne'') auf die Teile der Dünen, die an die Äcker grenzten.

Die Verwaltung der Insel beschloss im 17. und 18. Jahrhundert
alljährlich nach Angabe des Resolutieboek (M. S. Polderarchiv
M i d s l a n d):

,,dat de gemeene helmpootinge zijn aanvang zal nemen ne-
vens ieder dorp of gehugt daar zulks noodig gevonden, te wezen
twee dagen helm te steeken en hetzelve te verpooten''.

Dies Auspflanzen von Helm war also offensichtlich eine Verpflich-
tung der Gehöfte. Im 19. Jahrhundert wurden jedoch jährlich 150.—
fl. dafür ausgezogen. Diese Bepflanzung der Dünen dehnte sich nicht
weiter aus als auf einen 200 m breiten Streifen längs der Äcker. Die
Pflanztage fielen im Allgemeinen in den Dezember.

Diese Tatsache ist biogeographisch und geomorphologisch von
grossem Interesse. Denn auf diese Weise blieben die mittleren Dünen
in ihrem vernachlässigten Zustand und hier entwickelten sich, vor
allem im Osten, die klassischen Formen der grossen Barkhane, die
im Laufe der Zeit am Nordrand der Insel entlang wanderten. In diesen
mittleren Dünen verschwand die Pflanzendecke vollkommen: *dagegen
wurde auf der Reihe der Innendünen ein mehrere hundert Meter breiter
Streifen immer wieder künstlich bepflanzt, sodass hier ein künstlicher Zu-
fluchtsort der Dünenflora entstand.*

Hier erhielt sich auf M i d s l a n d e r und L a n d r u m m e r
H e i d e , O u d e K o o i , L i e s i n g e r P l a k und H a r d r i j-
d e r s p l a k die sehr verarmte Biocoenose der Heide der Nordseeinseln, deren Reste infolge ihrer merkwürdigen Zusammensetzung in
so starkem Masse das Interesse von Geologen und Botanikern erregt
haben (BRUINSMA, MIQUEL, STARING, HOLKEMA, VAN EEDEN, VUYCK,
BOLDINGH, WEEVERS und andere).

Beweidung und Kaninchenstand, Brennholzlesen, Plaggenstechen
und Sandgraben beschädigten aber die Pflanzendecke immer wieder.
Der Ertrag der Beweidung musste wenigstens die Kosten der Helm-
bepflanzung decken, und so geriet die Dünenverwaltung in den Cir-
culus viciosus, aus dem sie sich bis zum heutigen Tage nicht befreien
konnte. Die Instandhaltung und Regeneration einer stabilen und geschlossenen Pflanzendecke, stellenweise mit Wald wurde verhindert.

Auf den westlichen Dünenhängen bildeten *Licheneta* den biotisch
bedingten Klimax. Immer wieder entstanden hierin Windschäden
(Haldendünen), die man, soweit es nötig war, jährlich wieder bepflanz-
te. Doch wurden sie infolge der unzweckmässigen Dünenbewirtschaf-
tung immer wieder ausgeweht, bis sich endlich Ringdünen bildeten,
die schliesslich in Parabeldünen (auf T e r s c h e l l i n g Hufeisen-
dünen genannt) übergingen.

Je nach Zeit, Ort und Umständen wird die Pflanzendecke oder die
Entblössung der Dünen durch Mensch und Tier in der Dünenland-

schaft die Oberhand behalten haben. Im 17. Jahrhundert war der Zustand der Dünen anscheinend sehr schlecht. Die Berichte aus dieser Zeit weisen auf das Bestehen bedeutender Wanderdünen. Einige Tatsachen aus dem 18. Jahrhundert lassen jedoch Verbesserungen dieses Zustandes erkennen. Damals müssen viele Dünenebenen auch im Osten wieder gut bewachsen gewesen sein. Da die Entwicklung des Walfischfanges der Inselbevölkerung eine gute Einnahmequelle verschaffte, ist diese Möglichkeit tatsächlich gegeben. Die zunehmende Kaufkraft ermöglichte den Import von Brennstoff: auch das Ausbleiben von Deichbrüchen seit 1705 hat vermutlich seinen Einfluss auf Wohlfahrt und Dünenbeweidung geltend gemacht.

Dieser Zustand änderte sich im Anfang des 19. Jahrhunderts schnell. Die napoleonische Zeit, gekennzeichnet durch das Versiegen der wichtigsten Einnahmequelle, der Handelsschiffahrt, durch hohe Steuern und Vernachlässigung der Deiche, hatte in den Jahren 1823 und 1825 eine Reihe von Deichbrüchen und eine lange während Überschwemmung (1825—29) zur Folge. Es musste ein vollkommen neuer Deich angelegt werden, ausserdem waren die Äcker brackig geworden. Gleichzeitig wurde der Walfischfang weniger lohnend, da die Fanggründe erschöpft waren. Und schliesslich machten sich auch auf Terschelling die Folgen der Ackerbaukrisis in der Mitte des 19. Jahrhunderts stark bemerkbar.

All diese Faktoren verursachten eine unerhörte Armut auf der Insel.

Infolge des Sinkens der Kaufkraft stockte die Brennstoffzufuhr (Steinkohlen und Torf); gleichzeitig spülte weniger Strandholz an (eiserne Schiffe und Verbesserung der Seezeichen), und daher wurden die Dünen erneut kräftig ausgenutzt. In den Jahren 1825—1830 weidete das Vieh fast ausschliesslich in den Dünen. Der Sand, der im reichen 18. Jahrhundert einigermassen zur Ruhe gekommen war, geriet in wenigen Jahren wieder vollkommen in Bewegung.

Im Jahre 1846 schrieb die Gemeinde an den König, dass die Dünen infolge der schweren Stürme in den Jahren 1835/37, aber vor allem infolge der „offenen" Winter sehr verändert und entblösst wären. Im letzten Jahr sei ein Streifen Land vom Sande überweht worden, doch sei die Gemeinde zu arm, um die „rohe" Düne und die zahllosen Windkuhlen zu bepflanzen, da sie drei Armenhäuser und drei Armenschulen unterhalten müsse. Durch königlichen Beschluss vom 10. November

1846 wurde festgestellt, dass das Reich den Strand und die Aussendünen unterhalten soll, während die Gemeinde mit dem Unterhalt
der Binnendünen belastet wird. Auch dürfen Kaninchen in den Dünen
nicht mehr gehalten werden; hieran störte man sich aber wenig.

Diese Regelung hatte eigenartige Folgen. Beim Festlegen der Dünen
begann der R ij k s w a t e r s t a a t (Reichswasserbauverwaltung)
im Westen. Da sehr umfangreiche Anpflanzungen nötig waren, war
die jährlich zu diesem Zwecke ausgeworfene Summe zu klein, um das
gesamte Dünengebiet zu bepflanzen. Bis etwa 1885 kan man mit dem
Festlegen der Dünen nicht weiter, als etwa Strandpfahl 10.

Infolgedessen kam der Boden in den westlichen Dünen etwa ein
halbes Jahrhundert eher zur Ruhe als im Osten. Auf den vollkommen
vegetationslosen Dünen und Dünentälern im Westen — das galt für
den grössten Teil derselben — konnte sich die Pflanzendecke also
etwa 50 Jahre eher wieder ansiedeln. Infolgedessen befindet sich die
Vegetation dort in einer Phase der Gesellschaftsfolge, die im Osten
heute noch nicht erreicht wurde.

Im Osten blieb das Dünengebiet vorläufig bis auf die Binnendünen
noch vollkommen kahl. Im Jahre 1863 wurden die innerste Dünenkette und das Heideland nördlich von H o o r n während eines sechs-
tägigen Sturmes vollkommen unter Flugsand begraben. Sogar die
Gräben waren verschwunden. In 1885 bedrohte die A r i e s d u n e
einen Komplex Kirchenländereien. Ein in der Nähe liegender Bauern-
hof musste abgebrochen und an anderer Stelle wieder aufgebaut werden (Archiv der Kirchvogtei in M i d s l a n d).

HOLKEMA (1870) teilt mit, dass man ,,weiter nach Osten, bei L i e s,
kahle Dünen und unbewachsene Sandflächen findet, die zu Recht
wegen des gefährlichen Treibsandes berüchtigt sind''.

Auch VAN EEDEN (1885) gab eine deutliche Beschreibung dieser
Landschaft: ,,Wir halten bei Strandpfahl 18. Die Pferde werden auf
dem kahlen Sande ausgespannt und wir besteigen die Düne. Hier ist
eine entsetzliche Wildnis. Die unaufhörliche Arbeit von Wind und
See schuf hier einen Anblick, der nicht weniger grossartig ist als die
Wirkung des unterirdischen Feuers in vulkanischen Gebieten. Überall
kegelförmige, kleine Dünen mit grossen Büscheln von Helm und dahinter hohe, weisse, vollkommen kahle Dünen, deren stolzer Umriss
an Bergspitzen über der Schneegrenze erinnert''.

Erst um 1885 herum, als das fortwährende Versanden von Ländereien bei O o s t e r e n d den Zustand kritisch machte, wurde anlässlich eines Berichtes der Einwohner von O s t - T e r s c h e l l i n g über den schlechten Zustand der Dünen ein Extrasubsidium ausgeworfen. In den darauf folgenden Jahren wurden auch die mittleren Dünen im Osten mit einem Schlage von der Bevölkerung unter Leitung der Reichswasserbauverwaltung bepflanzt und 1894 konnte WICHERS berichten, dass die Bepflanzung der Dünen nichts mehr zu wünschen übrig liesse, obwohl sie bis vor kurzer Zeit sehr ungenügend gewesen sei.

Diese Bepflanzung fiel in eine Zeit, wo zunehmender Wohlstand (Heringsfischerei und Handelsschiffahrt) und Intensivierung der Landwirtschaft (schwerere Deiche und künstlicher Dünger) das Suchen von Brennholz und die Dünenbeweidung einschränkte. Dies hatte auf die Pflanzendecke grossen Einfluss.

So konnten seit 1846 auf W e s t - T e r s c h e l l i n g, nach 1885 auch auf O o s t - T e r s c h e l l i n g bisher vollkommen unbewachsene, jetzt aber festgelegte Flächen von vielen hundert Hektaren plötzlich wieder mit Pflanzen besiedelt werden. Die Siedler wurden von Vögeln, Wind und Menschen eingeschleppt. Ausserdem drangen Heideelemente von der innersten Dünenkette und versprengten Resten in den westlichen Mitteldünen her in diese Gebiete ein. Die eingetretene Ruhe im Dünengebiet hatte eine floristische Rekonstruktion der Hauptkomplexe zur Folge.

Für das Verständnis von Geomorphologie, Floristik und Pflanzensoziologie war es nötig, auf den Einfluss des Menschen auf die Dünen so ausführlich einzugehen, weil man immer dazu neigt, diese Landschaft als ein fast unbeeinflusstes, natürliches Gebiet zu betrachten. In Wirklichkeit war sie aber zum grössten Teil das Objekt eines ausgesprochenen Raubbaues, der erst in der Mitte des 19. Jahrhunderts durch eine extensivere Ausnutzung ersetzt wurde. Seit 1909 trat an ihre Stelle wieder eine intensive Bewirtschaftung. Dazu wurde aufgeforstet, in den Dünenebenen Äcker und Weiden angelegt, ein Badebetrieb eingerichtet und einWegenetz angelegt, die wildenWeiden und die Kaninchenparzellen eingezäunt und das ganze Dünengebiet intensiv entwässert. Auch die Anlage einer Dünenwasserleitung wurde bereits erwogen.

Ohne den jahrhundertelangen Einfluss des Menschen sähe die Landschaft heute vollkommen anders aus. Sie bestünde fast vollkommen aus Parabeldünen und Kupsten inmitten grosser Ebenen. Diese trügen Wälder, Moore und Heideflächen, kurz den Charakter einer Parklandschaft. Es ist nicht ausgeschlossen, dass auch dann im äussersten Osten einige vollkommen kahle Dünenkomplexe entstanden wären.

Jetzt können wir vier Gebiete unterscheiden, in denen der Mensch Pflanzendecke und Bodenform ausgiebig beeinflusste:

I. Das Gebiet der Dünenbildung und die vorderste Dünenkette. Hier versuchte die Regierung durch Helmpflanzungen und das Ziehen von Buschzäunen die Dünenbildung stellenweise zu fördern, und verhinderte den natürlichen Vorgang des Parabolisierens der vordersten Dünenkette.

II. Die sogenannte ,,voorduin", die an die Äcker grenzt. Hier wurde die Pflanzendecke der Dünen durch die ,,gemeene helmpootinge" erhalten.

III. Die westlichen Mitteldünen, die im Laufe der Jahrhunderte extensiv ausgenützt, und die seit 1846 bepflanzt wurden.

IV. Die östlichen Mitteldünen, die einem Raubbau zum Opfer fielen, und erst etwa seit 1885 künstlich stabilisiert wurden.

Wie sich aus den folgenden Abschnitten ergeben wird, sind diese vier Gebiete identisch mit den vier Landschaften, die ich bereits, bevor ich die wirtschaftliche Geschichte der Dünen kannte, floristisch, geomorphologisch und soziologisch unterschied.

Noch bis gegen das Ende des 19. Jahrhunderts waren unabsehbare Dünenpartien vollkommen kahl und in massaler Bewegung. Östlich von L i e s lagen nicht weniger als 43 Barkhane, vollkommen unbewachsene, sekundäre Sicheldünen von etwa 10—20 m Höhe, die nach unabhängig voneinander angestellten Berechnungen von WIEGERSMA (in litt. 1933) und mir im neunzehnten Jahrhundert oft mit einer durchschnittlichen Geschwindigkeit von 15—20 m je Jahr nach Osten wanderten. Diese grosse Geschwindigkeit findet vermutlich ihre Ursache in der sehr geringen Korngrösse, im Fehlen des klebrigen Eisenoxydhydrats, den kräftigen Westwinden und der verhältnismässig geringen Masse der Dünen. Interessant ist folgende Mitteilung des sehr zuverlässigen und scharf beobachtenden Unternehmers von Bauten in den Dünen und am Strande C. A. SWART aus M i d s l a n d. Infolge der Massenverschiebung des Sandes während des schweren Sturmes vom 1.—6. Dezember 1863 war das ganze Dünengebiet vollkommen

verändert, sodass man darin zunächst weder Weg noch Steg fand.
Einige grundlegende Änderungen der Landschaft, die damals zustande
kamen, werde ich im geomorphologischen Teile noch besprechen.

Der Mensch war also die Hauptursache der äolischen Umsetzung
der Dünen. Sein Einfluss ist je nach Zeit, Ort und Umständen mehr
oder weniger ausgesprochen, ist aber stets vorherrschend gewesen.
Daneben hat aber auch der Mensch immer wieder eine örtliche Stabilisierung einzuleiten versucht. In der Geschichte der Pflanzendecke
nimmt der Mensch daher neben Klima und Boden den wichtigsten
Platz ein. Es ist trotz der grossen Schwierigkeiten unbedingt notwendig, auch seinen Einfluss scharf zu umreissen. Die Schwierigkeiten ergeben sich daraus, dass all seinen Handlungen fast immer Gesetz-
mässigkeit, Vernunft und Sinn fehlten. Wer die Geschichte der Dünen
untersucht, kommt wohl oder übel zu dem Schluss, dass Obrigkeit,
Dünenbevölkerung und Dünenbesitzer hinsichtlich der Bewirtschaftung, Erhaltung und Unterhalt der Dünen schwer gesündigt haben.

§ 3. Der Einfluss des Windes auf die Dünen.

In Kapitel V wurde nachgewiesen, dass die natürliche Entwickelung der Pflanzendecke auf den Westhängen der Dünen mit dem
Hauptkomplex von *Corynephorus canescens* endet. In diesem Komplex geht das *Corynephoretum canescentis* allmählich in *Licheneta*
über. In dieser Entwicklungsreihe nimmt die jährliche Produktion
vegetativer Organe vom *Ammophiletum* an je länger je mehr ab. Im
Lichenetum ist der Kontakt zwischen Pflanzendecke und Boden auf
ein Minimum reduziert. Grosse Fetzen der Flechten liegen schliesslich
nur lose auf dem Boden; eine Kleintrombe, ein Fallwind, der Schritt
eines Wanderers oder die Tritte von grasendem Vieh können sie verschieben oder wegreissen.

Damit liegt der darunter befindliche Sand wieder bloss und kann
austrocknen und wegwehen. Diese kleinen Öffnungen in der Pflanzendecke werden unter Umständen der Ausgangspunkt einer immer
weiter um sich greifenden Windkuhle. Diese verändert nicht nur die
Dünenform gründlich, sondern vernichtet infolge der äolischen Umsetzung des Bodens und des Entstehens neuer Ausblasungs- und Anhäufungszonen ganze Pflanzengesellschaften; andere erhalten Gelegenheit, sich neu zu entfalten. Das Entstehen dieser Windkuhlen hat

man bisher fast ausschliesslich biotischen Einflüssen zugeschrieben.

Windkuhlen hielt man für Beschädigungen, die ihr Entstehen direkt oder indirekt dem Menschen oder von ihm eingeführten Tieren zu verdanken hatten. In vielen Fällen ist die Initialphase der Windkuhle vermutlich in der Tat hierdurch verursacht worden.

Untersucht man die Gesellschaftsfolge, so stellt sich jedoch heraus, dass der Entwicklungsgang der Pflanzendecke selber die Möglichkeit der Windkuhlenbildung bietet. Es bildet sich ja doch ein *Lichenetum*, das bereits durch einfachen Windeinfluss verschwinden kann. *In einem natürlichen Dünengebiet können Windkuhlen auch ohne Beeinflussung durch Mensch oder Tier entstehen. Sie sind also im Prinzip rein natürliche Formen, die mit der Entwicklung jeder Dünenlandschaft unzertrennlich verbunden sind.*

Bei der Bildung von Windkuhlen ergeben sich eine Anzahl von Fragen, die dringend einer Lösung harren. Eine der merkwürdigsten ist wohl die folgende: Wie kommt es, dass die kleinen Öffnungen in der Pflanzendecke nur selten wieder zuwachsen, sondern immer weiter um sich greifen? Im Anfang ist die Ausblasungszone ja doch nur einige Quadratzentimeter gross. Bei der gewaltigen Verbreitung der Samen in der Natur wird jede offene Stelle im Allgemeinen sofort wieder besetzt. Es ist daher wirklich eigenartig, dass in einer Dünenlandschaft zahlreiche Stellen anscheinend keinerlei Gelegenheit zur Ansiedelung neuer Pflanzen mehr bieten. Die Windkuhlen werden ja doch allseitig von einer mehr oder weniger üppigen Vegetation begrenzt.

Der einzige Faktorenkomplex, der sich infolge des Verschwindens des *Lichenetum* ändert, ist das Mikroklima, und diesem Umstand ist das örtliche Ausbleiben einer neuen Pflanzendecke zuzuschreiben. Inmitten der Vegetation stellen diese anfangs sehr kleinen, kahlen Stellen „Kleinwüsten" dar.

In Kapitel IV wurde bereits nachgewiesen, dass Salzwasser und Wellenschlag allein den fehlenden Pflanzenwuchs auf weiten Flächen des Strandes nicht erklären können, denn diese Strandebenen sind diesen Einflüssen oft vollkommen entzogen. Auch dort verhinderte das ungünstige Mikroklima zusammen mit der äolischen Erosion die Ansiedelung der Pflanzen. Keimung und Entwicklung waren nur dort möglich, wo die Samen in faulenden Tangschichten oder unter frisch verwehtem Sande in kühlen, feuchten Schichten lagen.

Der fehlende Pflanzenwuchs der Windkuhlen in den Dünen beruht wahrscheinlich auf den gleichen Umständen, die auf den Strandflächen herrschen. Auch hier sind es die starken Wärmeumsetzungen an der Oberfläche des blossgelegten Sandes, die bei Sonnenschein bereits früh am Morgen sehr hohe Wärmegrade entstehen lassen. Diese Temperatur schwankt zwar infolge vertikaler Luftströmungen fortwährend, doch herrschen z. B. in 3 cm Höhe bei kräftiger Insolation dauernd Temperaturen von 30—45° C. Ausserdem wird aber der Sand auch bis in eine Tiefe von oft mehreren Zentimetern noch über 30° C erwärmt. Die Temperatur an der Erdoberfläche selber muss noch viel höher sein, wurde aber nicht gemessen, da mir ein hierzu geeignetes Instrumentarium fehlte. Hier müssen wir uns auf die Angabe beschränken, dass bei mässiger bis kräftiger Sonneneinstrahlung, je nach Jahreszeit und Lage der von ihrer Pflanzendecke entblössten Düne, infolge der intensiven Wärmeumsetzung an der Oberfläche des blossliegenden Sandes von etwa 10 cm über dem Boden, an bis etwa 5 cm unter der Erdoberfläche ein heisses, trockenes Mikroklima entsteht. Das Maximum liegt an der Erdoberfläche selber und ist ausserordentlich hoch. Nach oben nimmt die Temperatur allmählich, nach unten sehr schnell ab, sodass bereits in geringer Tiefe eine niedrigere Temperatur herrscht als in 2 m Höhe.

Bei der Keimung liegen die Kotyledonen und die Wurzel des Keimlings in der heissesten Zone. Die Keimwurzel muss die tagsüber sehr heisse und trockene Erdschicht überwinden, um wasserhaltige und kühle Schichten zu erreichen. Sie wird aber vom Winde fortwährend wieder losgewühlt und liegt dann auf der heissen Oberfläche. Wir sehen also, dass an die Wasserabgabe der Keimpflanzen Anforderungen gestellt werden, denen sie in diesem Stadium nicht gewachsen sind. Ausserdem werden die Samen und die entwurzelten Keimpflanzen zusammen mit dem Sande vom Winde gepackt, aus dem Deflationsgebiet weggeführt, und in der Akkumulationszone abgelagert.

In nassen Perioden ändert sich dieser Zustand. Infolge der Bewölkung ist die Einstrahlung gering bis äusserst gering; das Mikroklima wird weniger extrem. An der Erdoberfläche können sogar niedrigere Temperaturen herrschen als in der Luft in 2 m Höhe. Infolge des Niederschlages ist der Sand nass. So wird nicht nur die Wärmeabgabe an die Luft geringer, sondern auch die Verwehung wird verhindert. Die Keimwurzel bleibt nicht nur im Boden, sondern findet auch sofort Wasser. Ausserdem ist die Wasserabgabe der Keimpflanzen gering.

Nach Regenzeiten sieht man denn auch, dass kleine Windkuhlen vollkommen, grössere wenigstens teilweise von einem *Corynephoretum canescentis* überzogen werden; die Wunde im Dünenkörper heilt also wieder.

Hieraus können wir zwei Schlüsse ziehen: 1. dass in der Windkuhle auch in anderen Zeiten sehr viele Samen abgelagert werden; 2. dass tatsächlich das ungünstige Mikroklima mit seinen zeitweilig hohen Temperaturen, der geringen Dampfspannung der Luft, dem fehlenden pendulären Wasser und der unruhigen Oberfläche eine Ansiedlung von Pflanzen verhindert. *Eine Ansiedlung von Pflanzen in der Windkuhle ist also durch Veränderung des Mikroklima zu beeinflussen.* Die Stabilisierung der Windkuhlen ist häufig nur von vorübergehender Natur. Teilweise beruht dies auf der Tatsache, dass die Stabilisierung noch nicht beendet ist, wenn wieder eine Periode starker Einstrahlung oder starker Ausblasung eintritt. Ausserdem dürfen wir nicht vergessen, dass das neu zustande gekommene *Corynephoretum* die Neigung zeigt, wieder in *Licheneta* überzugehen. Dabei erreicht die Pflanzendecke natürlich wieder ihre ursprüngliche Empfindlichkeit. Ausserdem fördert der Bau der festgelegten Windkuhle eine mögliche Beschädigung der Pflanzendecke durch Windwirbel.

Die Dünenverwaltung hält es für nötig, die Bildung von Windkuhlen zu verhindern. Zu diesem Zweck werden oft Bündel lebender Helmpflanzen ausgesetzt. Man vergisst aber dabei, dass *Ammophila arenaria* nur in Anhäufungszonen wachsen kann. Es ist daher prinzipiell falsch, diese Art in Ausblasungsgebieten anzupflanzen. Strohwische, die auch häufig verwendet werden, erschweren die Ausblasung und können auf diese Weise die Ansiedlung von Keimpflanzen unterstützen. Aber auch das ist nicht das beste Mittel, denn das Mikroklima wird dadurch nicht günstiger. Gelingt die Ansiedlung neuer Keimpflanzen, so tritt doch nur eine vorübergehende Wiederherstellung des *Corynephoretum* × *Lichenetum* ein und dieser Komplex ermöglicht immer wieder neue Windkuhlenbildung. Das Aussetzen vom Helmpflanzen und Strohwischen ist also an sich teils falsch, teils ungenügend und hat keinen bleibenden Erfolg. Dadurch verzögern wir nur eine natürliche Verjüngung der Dünen, die an sich in der unmittelbaren Nähe von Anpflanzungen unerwünscht werden kann, doch im übrigen auf die Dauer die Dünengegend für Beschädigungen weniger empfindlich macht. Letzteres ist natürlich ein Vorteil.

Ausser zeitlichen Verbesserungen des Mikroklima, zusammen mit einem Aufhören der Ausblasung, besteht noch eine rein natürliche, organogene Festlegung der Windkuhlen, die im Folgenden besprochen werden soll.

Mehrfach findet man im Dünengebiet kleine Windkuhlen, die von den Rändern her durch ein *Caricetum arenariae* besiedelt werden. Die Bestandaufnahme des *Corynephoretum* zeigt, dass *Carex arenaria* in diesem Hauptkomplex ein regelmässiger Bestandteil ist, wenn auch mit einem sehr geringen Deckungsgrade. Blühen kann die Art in einem gut geschlossenen *Corynephoretum* × *Lichenetum* nur selten. Sie vollendet, ebenso wie *Ammophila arenaria* und *Festuca rubra* meistens ihren vollständigen Zyclus nicht und erweckt u.a. infolge ihrer geringen Sprossproduktion den Eindruck eines mehr oder weniger latenten Bestehens.

Wir haben gesehen, dass nach stellenweiser Entblössung des Sandes, Veränderungen im Mikroklima das Wiederauftreten des *Coryne-phoretum* × *Lichenetum* verhindern. Aus den Beobachtungsreihen mit Bodenthermometern ergibt sich jedoch, dass diese Temperaturerhöhungen und die damit verbundenen, ungünstigen Wasserverhältnisse sich in 20 cm Tiefe nur noch wenig geltend machen, da hier die täglichen Temperaturschwankungen der Oberfläche nur schwach und sehr verzögert zur Auswirkung kommen.

Erobert *Carex arenaria* mit Hilfe seiner kriechenden Rhizome die Windkuhlen vom Rande aus, so benutzt sie dazu die kühleren Schichten. Infolgedessen steht sie nicht nur im Kontakt mit den feuchten Schichten, sondern ist auch gegen Verwehung geschützt. Der Deflation geht sie dadurch aus dem Wege, dass sie in einem konstanten Abstand zur Oberfläche bleibt. Da die Wurzelstöcke mit grosser Geschwindigkeit in gerader Linie wachsen und dabei nach rechts und links Zweige abgeben, die zur Hauptachse in einem bestimmten Winkel stehen, wird die ganze Windkuhle mit einem dichten Netz von Rhizomen überzogen, und infolgedessen bekommt man den Eindruck, dass das Loch „zugenäht" wird. Der Zusammenhang mit dem Sande wird gesichert durch die feinen Wurzeln die von jedem Internodium aus die unmittelbare Umgebung durchziehen. Ausserdem dringt von jedem zweiten Internodium eine Wurzel senkrecht in grössere Tiefen ein. Die Sprosse erscheinen also aus den kühlen Schichten in regelmässigen Abständen an der Oberfläche. Ihre Wasserversorgung ist bereits gesichert. Diese regelmässige Anordnung der Sprosse auf einander rechtwinklig schneidenden Reihen zerlegt die Windkuhle in eine grosse Zahl kleiner Parzellen und erschwert die Verwehung. Hier sei an die experimentell entworfene Methode zum Festlegen von Wanderdünen durch das Anpflanzen von einander in kurzem Abstand schneidenden Hecken (GERHARDT 1900) erinnert, der dasselbe Prinzip zugrunde liegt.

Carex arenaria ist also von Bedeutung für das Festlegen der Windkuhlen. Als Art stellt sie einen Bestandteil des Hauptkomplexes von *Corynephorus canescens* dar. Im ganzen Dünengebiet hat sie im Rahmen des Hauptkomplexes die Aufgabe, bei Windbeschädigungen als Pionier aufzutreten und die Wiederherstellung des *Corynephoretum canescentis* einzuleiten. Dann wird sie aus einem mehr oder weniger latenten Bestandteil des Komplexes plötzlich zum Bestandesbildner; dabei werden ihre Sprosse umfangreicher und blühen regelmässig. Dies findet vermutlich seine Ursache im zeitweiligen Fehlen der Konkurrenz. Ausserdem wurzelt sie in Windkuhlen in blossgelegten, weniger erschöpften Schichten. Regenperioden zeigen uns, dass alle Elemente des Hauptkomplexes von *Corynephorus canescens* in der Windkuhle vertreten sind; ausserhalb dieser Perioden vermag jedoch nur *Carex arenaria* infolge ihrer besonderen Wuchsform die Schwierigkeiten des neuen Milieus zu überwinden. Gerade hier sehen wir, dass sich fortwährend alle Komponenten einfinden, die Umwelt aber eine Auswahl trifft (BAAS BECKING). Vorübergehende Veränderungen im Milieu lassen die organogene Festlegung der Windkuhlen in anderer Richtung verlaufen.

Auch das *Caricetum arenariae* hat ausschliesslich zur Folge, dass das *Corynephoretum* wieder auftritt. Da dieser Komplex schliesslich doch wieder in ein *Lichenetum* übergeht, treten Windverletzungen und damit eine Vergrösserung der Windkuhle früher oder später doch wieder auf. Infolgedessen werden diese Kuhlen so umfangreich, dass die Pflanzendecke sie in der kurzen Zeit, in der die Umwelt das gestattet, nicht mehr festlegen kann. Die Windkuhle ist damit zu einer Dauererscheinung geworden; sie greift immer weiter um sich, und erreicht schliesslich das Grundwasser; und dann wird aus der Haldendüne eine Ring- und später eine Parabeldüne.

Die Parabeldüne ist also ein Produkt der Wechselwirkung zwischen Pflanzendecke und Sandtransport. Auf ihr können wir ein Gebiet unterscheiden, in dem die Deflation viel stärker ist als die natürliche Stabilisierung durch die Pflanzendecke (Deflations- und Korrosionszone), und ein Gebiet, worin infolge der Anhäufung des Sandes bestimmte Pflanzengesellschaften wachsen, die an derartige Anhäufungszonen gebunden sind, bis die Deflationszone auch dies Gebiet erreicht. Erst wenn das Grundwasser eine weitere Ausblasung verhindert, siedelt sich wieder eine dauernde Pflanzendecke an.

Die Parabeldüne entsteht also aus der Haldendüne. Die natürliche Parabeldüne wandert dauernd in der Richtung des vorherrschenden Windes. Auf diesen langsam fortbewegten Sandmassen folgen die Pflanzengesellschaften einander regelmässig. Das Dünengebiet ist ein Produkt spezifischer Pflanzengesellschaften; es lässt sich zerlegen in wenige Grundformen, die immer wieder auftreten und auf denen sich dieselben Erscheinungen in gesetzmässiger Folge ständig wiederholen. Wir können also auf einer „vorbildlichen Düne" ein Feldlaboratorium mit allen von der Wissenschaft gebotenen Mitteln errichten, um für alle Erscheinungen in den unübersichtlichen und scheinbar so unregelmässigen Dünen eine exakte Formulierung zu finden. Das oben wiedergegebene Ergebnis der geomorphologischen Untersuchung erlaubt uns, diese Formulierungen dann allgemein anzuwenden. Nur auf diese Weise ist auch eine wissenschaftliche Untermauerung des praktischen Küstenschutzes möglich.

Die Erscheinungen an der lebenden Parabeldüne, der am häufigsten auftretenden Dünenform auch an anderen Stellen in den N i e - d e r l a n d e n, werden im folgenden Paragraphen untersucht und an Hand der Erscheinungen eines einzigen, charakteristischen Exemplares dargestellt.

§ 4. D i e G e o m o r p h o l o g i e d e r H a l d e n - u n d P a r a - b e l d ü n e n.

Ammophila arenaria und *Festuca rubra* sind zwar im umliegenden *Corynephoretum* × *Lichenetum* vorhanden, können aber anscheinend ebenso wenig wie *Corynephorus canescens*, das neu entstandene Verwehungsgebiet besetzen. Auch sind sie nicht imstande, die Erweiterung der Windkuhle zu verhindern, und infolgedessen wird die Vegetation am Rande immer weiter unterminiert. Dabei bietet die Rhizophaere den meisten Widerstand. So entstehen überhängende Kanten, die abbröckeln und austrocknen. Die miteinander verflochtenen Wurzeln verlieren schliesslich allen Sand und hängen wie eine Gardine an den Rändern herunter. Hiervon reisst der Wind Stücke ab und rollt die Fetzen zusammen. Diese werden entweder verweht oder zerfallen an Ort und Stelle.

Je nach der Art des Bestandes, in dem die Windkuhle entsteht, wird die Unterminierung der Pflanzendecke anders vor sich gehen. Dehnt sich das Windloch unter einem Bestand von *Hippophaë Rhamnoides* aus, dann sehen wir keine Fransen entblösster Wurzeln, sondern es brechen ganze Ränder ab, die in grobe Schollen zerfallen und auf dem Abhang allmählich abgleiten und zerbröckeln.

Fast alle Windkuhlen finden wir auf Westhängen. Teilweise liegt das daran, dass sich an West- und Südwesthängen im Gegensatz zu den Nord- und Nordosthängen das *Corynephoretum* × *Lichenetum* entwickelt und so der höchste Grad der Empfindlichkeit erreicht wird. Teilweise liegt es aber auch daran, dass die geomorphologisch belangreichen Winde alle aus Westen kommen. Winde aus den anderen Himmelsrichtungen sind im Allgemeinen nicht kräftig genug, um in der Landschaft bleibenden Ausdruck zu finden; die Bodenform der Dünen entwickelt sich daher unter Einfluss der Südwest-, West- oder Nordwestwinde.

Die Dünen selber bilden ein erhebliches Hindernis für den Wind. Misst man die Windgeschwindigkeit in den Dünen mit einem Windmesser von DALOZ, so kann man an beiden Seiten jedes Gipfels eine Stelle nachweisen, an der sich der Windmesser stets um seine Achse dreht. Dort finden wir denn auch häufig eine Windkuhle, die unter Einfluss der hier stets auftretenden Wirbel entstanden ist. Ausser diesen Vertikalwirbeln bilden sich hinter jedem Gipfel horizontale Wirbel, die man leicht mit einem Luftballon nachweisen kann. An der Leeseite besteht ein aufsteigender Luftstrom; daran schliesst sich eine Zone von ,,Fallwinden'' an. Im Mikroklima brechen die Pflanzen durch die Bildung zahlloser Wirbel die Kraft des Windes, sodass zwischen den Pflanzen stellenweise fast vollkommene Ruhe herrscht, auch wenn es in einigen Metern Höhe stark weht. Da die Längsachse der Dünen auf T e r s c h e l l i n g in Richtung des herrschenden Windes liegt, wird die durchschnittliche Kraft des Windes im Osten also geringer sein als im Westen.

Die Küste im Westen liegt für Winde aus dem ganzen westlichen
Sektor offen. Aus der Lage der Achse der Windkuhlen und der daraus
entstandenen Parabeldünen ergibt sich, dass hier Südwestwinde für
die äolische Umsetzung ausschlaggebend sind. Durch die sehr hohen
Dünen im Südwesten wird das dahinter liegende Dünengebiet gegen
diese Winde geschützt. Infolgedessen liegt die Hauptachse der Windkuhlen fast ausschliesslich westöstlich. Die Nordküste wird aber auch
gegen diese Winde geschützt, sodass hier der nordwestliche Sektor
den Ausschlag gibt. Infolgedessen parabolisiert die vorderste Dünenkette nicht parallel, sondern schräg zur Längsachse der Insel. Im
äussersten Osten vollziehen schliesslich nordnordwestliche bis nördliche Winde die Umsetzung.

In Richtung des herrschenden Windes liegende Dünen entziehen

Abb. 3. *Dunus parabolicus*. Formerum. Terschelling. Orig. Skizze.

weiter hinten liegende dem Einfluss von Winden aus diesem Sektor.
Infolgedessen wechselt, abgesehen von lokalen Umständen, die
Achse der Windkuhlen und der daraus entstandenen Parabeldünen je
nach ihrer Lage im Dünengebiet. Sie verläuft im Westen im Allgemeinen nach Nordosten, im Norden nach Südosten und im Osten
nach Südsüdost bis Süd. Auf diese für Entwicklung, Umgrenzung und
Gliederung des Dünengebietes so wichtigen Punkte werde ich in dem
Abschnitt über die Geomorphologie der Dünen nochmals zurück-
kommen.

Vereinzelt kommen Windkuhlen auch auf Süd-, Nordost- oder
Osthängen vor. Sie sind teilweise aus einer biotischen Verletzung der
Pflanzendecke und dem Einfluss der örtlichen Umstände zu erklären.
Es könnte z.B. ein im Westen liegender Dünenkomplex Winde aus
der Richtung abfangen. Oder aber die Ostseite der Düne wurde durch

biotische Einwirkung entblösst und dann entstand infolge von Wirbelbildung an der Leeseite eine Windkuhle, die aber geomorphologisch abweichend gebaut ist. Diese Bildungen sind jedoch selten.
Besteigt man z.B. nördlich von M i d s l a n d einen Dünengipfel und
schaut nach Westen, dann ist das Dünengebiet scheinbar vollkommen bewachsen. In östlicher Richtung sieht man aber in zahllose
weisse Krater, die auf den Westhängen entstanden sind.

In einer grossen Zahl der Fälle ist die Pflanzendecke also nicht
imstande, die Lücke, die durch biotische oder klimatologische Faktoren entstanden ist, wieder auszufüllen.

Der Wind erfasst den wieder freigekommenen Sand und transportiert ihn in der Windrichtung. Die offenen Stellen im Pflanzenwuchs
entstehen also vor allem auf Westhängen und fressen sich unter Einfluss der Westwinde weiter. In den folgenden Zeilen werde ich untersuchen, wie die Dünenverjüngung unter Einfluss all dieser Faktorenkomplexe vor sich geht.

Bei diesem Transport in östlicher Richtung wird der Sand von den
Halmen des *Corynephoretum* aufgefangen. Die Pflanzen, welche unmittelbar am Ostrand der jungen Windkuhle wachsen, fangen den
meisten Sand. Infolgedessen entsteht hier ein niedriger Wall, der den
östlichen Sektor abschliesst und dessen höchster Punkt der Richtung
des stärksten Windes ungefähr gegenüber liegt. Dieser Wall bildet
auch ein rein mechanisches Hindernis für die Sandkörner, die aus der
Windkuhle weggeweht werden. Schwache bis mässig starke Winde
werden die Körner höchstens bis auf den Kamm dieser „Verjüngungszone" transportieren: danach rollen sie an der Leeseite herab. Bei
Sturm und durch Windwirbel wird aber der Sand mit Kraft über eine
breitere Zone verstreut.

Geomorphologisch können wir also drei Gebiete unterscheiden:
1. die Windkuhle selbst (Ausblasungszone), 2. die Ablagerungszone,
3. die Streuzone. Die beiden letzten sind Untergliederungen der Anhäufungszone oder des Verjüngungswalls. Zunächst besteht die Windkuhle aus einer einfachen, schlüsselförmigen, mehr oder weniger
runden Vertiefung im Boden. Da die Windkuhle meist in westöstlicher
Richtung verläuft, unterscheiden wir einen Südhang, der im Norden,
und einen Nordhang, der im Süden liegt.

Der Südhang wird daher zu einem erheblichen Teil des Tages von
der Sonnenstrahlung mehr oder weniger senkrecht getroffen, während

der Nordhang zu einem grossen Teil nur diffuse Strahlung erhält.

Infolgedessen unterscheidet sich das Mikroklima der beiden Hänge. Am Südhang ist die Wärmeumsetzung erheblich grösser. Infolgedessen trocknet der Sand schnell aus und verliert damit sein Widerstandsvermögen gegen Ausblasung. Der Nordhang bleibt kühler und hält die Feuchtigkeit länger fest. Hier bleiben die Sandschichten daher widerstandsfähiger. Nach Nächten mit Tau oder Regen ist dieser mikrometereologische Unterschied zwischen den beiden Abhängen am verschiedenen Feuchtigkeitsgehalt deutlich zu sehen.

Als Folge hiervon findet die Ausblasung am Südhang weniger Widerstand; hier verschwindet der Sand schneller und bis in tiefere Schichten. Daher wird die Windkuhle asymmetrisch. Der Sand am Südhang trocknet bis in einige Tiefe aus. Wird der Abhang

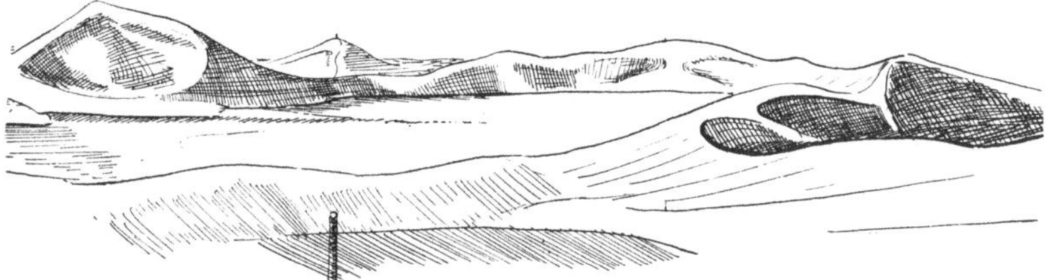

Abb. 4. *Dunus parabolicus*. Parabelachse 500 m, W.—O. Formerum. Terschelling. Originalskizze.

zu steil, dann strömt der Sand wieder nach unten. Am Nordhang ist der Sand dagegen dazu zu feucht. Infolgedessen bleibt hier der Nachschub von Sand aus. Dadurch wird dieser Hang immer steiler: zuletzt ist er nahezu senkrecht. Da die Rhizosphaere verhältnismässig den grössten Widerstand bietet, wird sie jeweils unterminiert, und kann nicht unerheblich überhängen. Infolgedessen wird die Schattenwirkung auf dem Nordhang noch erhöht. Vor allem zu Zeiten heftigen Regens stürzen diese überhängenden Stücke dann ab.

Die Folge dieser Formentwickelung ist, dass der Wind, der durch die Windkuhle weht, vor allem auf dem Südhang Sandkörner aufnimmt. Er steigt teilweise am Ostrand auf und lagert dabei seine Fracht in der Anhäufungszone ab. Durch die Form der Windkuhle und der Verjüngungszone wird aber ein Teil des mit Sand beladenen Windes abgelenkt. Er streicht am Rand der Windkuhle entlang und trifft den steilen Nordhang, der ihn weiterleitet bis zu dem Punkte, wo er in die Kuhle eintrat.

So entsteht also in der Windkuhle ein Wirbel, der am Südhang lose liegende Sandkörner aufnimmt und damit den resistenteren Nordhang bombardiert, d.h. *der Südhang ist eine Deflations-, der Nordhang vorwiegend eine Korrosionszone.*

Die Sandschichten, die am Nordhang zutage treten, sind der Korrosion gegenüber nicht alle gleichmässig resistent. Dieser Hang zeigt denn auch eine starke Schichtung, die durch das Ausschleifen der weicheren Schichten entstanden ist. Manchmal entstehen hier typische „Wüstenformen", z.B. kleine Höhlen, die durch resistentere Sandschichten und -pfeiler voneinander getrennt werden. Derartige Bildungen haben WALTHER, PASSARGE und andere Forscher aus Wüstengebieten beschrieben.

Dieser Gegenstrom lagert seinen Sand also an der Stelle ab, wo der Wind sein Werk begann. Meistens wird der Sand dort wieder aufgenommen, sodass er zuletzt doch in die Verjüngungszone gerät. Es kann aber sein, dass an der Westseite der Windkuhle ein Steilhang entstanden ist, der den Sand dieses „Gegenstromes" vor weiterer Windeinwirkung schützt. In der Windkuhle entsteht dann eine zweite Anhäufungszone in Gestalt einer kleinen Düne, die ich „Zentraldüne" nennen werde.

Sowohl in der Anhäufungs- als in der Ausblasungszone sind also verschiedene Gliederungen zu unterscheiden. In der Windkuhle selbst, die asymmetrisch ist, können wir den schrägen, trockenen, warmen und also pulverigen Südhang als Deflationszone unterscheiden vom steilen, kühlen, feuchten und harten Nordhang, wo die Korrosion durch vom Südhang stammenden Sand die Hauptrolle spielt. Dieser Sand kann an der Westseite der Windkuhle als Zentraldüne angehäuft werden. Der meiste Sand wird aber über den Ostrand der Windkuhle geworfen und dort von der Vegetation oder der gegenseitigen Reibung der abgelagerten Körner festgehalten. In diesem Verjüngungsgebiet können wir eine Ablagerungszone mit Luv- und Leeseite und eine diffusere Streuzone unterscheiden.

§ 5. Die Pflanzengesellschaften der Parabeldünen.

Die Reste der ursprünglichen Düne werden zunächst, soweit sie von der Parabolisierung noch nicht ergriffen worden sind, ihren ursprünglichen Charakter behalten. Auf West- und Südhängen wird sich das *Corynephoretum canescentis*, oft in mosaikartigem Wechsel mit dem *Salicetum repentis*, auf den Nordosthängen dagegen das *Empetretum* eine Zeitlang halten können.

Aber im übrigen zerfällt das Düneindividuum in zwei Teile: ein Deflationsgebiet und ein Anhäufungsgebiet. Aus dem ersten wird Sand entnommen, wie auf dem Strande, im zweiten wird der Sand wieder angehäuft, wie im Gebiet der Dünenbildung. In der Zone der Anhäufung, die wir auch Verjüngungsgebiet nennen können, lassen sich drei Teile unterscheiden: die Ablagerungszone, die Streuzone und die zentrale Düne.

In den vorhergehenden Abschnitten wurde wahrscheinlich gemacht, dass der Sandtransport teilweise eine Nährstoffzufuhr aus der mehr oder weniger fruchtbaren Strandzone landeinwärts vermittelte.

Dieser Sand bekam seinen Nährwert dadurch, dass Abbauprodukte der organischen Seeablagerungen und Salze aus dem Meeres- und dem aufgestauten Grundwasser infolge der Verdampfung des Wassers um die Sandkörner niederschlugen.

Von derartigen Erscheinungen kann natürlich im Dünengebiet keine Rede sein. Es handelt sich daher nicht um eine vollkommen gleichförmige Wiederholung der Dünenbildung, die im Gebiete des Strandes stattfindet.

Dagegen kommen bei der Ausblasung nicht oder nur wenig ausgelaugte, tiefere Schichten frei, in denen sich jetzt die Spaltungsprodukte von Mineralen und von Pflanzenresten angehäuft haben. Derartige Schichten untersuchte van der Sleen. Die Humusschichten, die aus den begrabenen Jahrgängen der Sprosse dünenbildender Pflanzen entstanden sind, kommen ebenfalls zutage und verwittern. Auch ist die Windkuhle bald bis auf den Grundwasserspiegel ausgeblasen. Infolgedessen schlagen sich die darin befindlichen Stoffe bei der intensiven Verdunstung um die Sandkörner nieder.

Beim Transport des Sandes aus der Windkuhle in die Anhäufungszone findet also ohne Zweifel auch eine Verlagerung von Nährsalzen statt, sie muss aber je Einheit Sand bedeutend geringer sein, als im Gebiet der primären Dünenbildung.

Der verwehte Sand bedeckt also das *Corynephoretum* × *Lichenetum*. Dadurch ändert sich dessen Zusammensetzung plötzlich, denn es verschwinden nicht nur alle *Lichenes*, sondern auch Rosettenpflanzen, wie *Leontodon nudicaulis*, *Hypochoeris radicata*, *Lotus corniculatus* und *Jasione montana*.

Ist die Sandzufuhr nicht sehr intensiv, wie z.B. in der Streuzone, dann können sich *Corynephorus canescens*, *Carex arenaria*, *Viola tricolor* und *Hieracium umbellatum* noch halten, da sie zu Etagenbildung imstande sind (vergl. MASSART und JESWIET). Es ändert sich jedoch ihr gegenseitiges Mengenverhältnis. *Festuca rubra* wird nun auf einmal wieder dominant, und gleichzeitig erscheint *Anthyllus Vulneraria* wieder, die wir als charakteristisches Mitglied des Komplexes von *Festuca rubra* kennen gelernt haben.

TABELLE 30. *Festuca rubra*-H.K. Bestand von *Festuca rubra* in einer Streuzone. 20 qm. 21.9.1932.

	Fr. %	G.S/qm	S/qm
Festuca rubra	100	3—4	4
Carex arenaria	90	½—1	1
Corynephorus canescens . . .	85	1—2	1—2
Viola tricolor ssp. *maritima* .	60	½—2	1—2
Ammophila arenaria	40	½	1
Hieracium umbellatum . . .	25	½	1
Lotus corniculatus	5	2	2
Anthyllus Vulneraria (Keimpflanzen)	5	½	1

In der Ablagerungszone und meistens auch auf der Zentraldüne ist die Sandanfuhr jedoch sehr intensiv. Hier bleiben nur *Ammophila arenaria* und *Festuca rubra* leben. *Ammophila arenaria* wird wieder dominant, während *Festuca rubra* fast vollkommen verschwindet. Hier tritt auch regelmässig wieder *Sonchus arvensis* auf, ein Element, aus dem Komplex von *Ammophila arenaria*.

TABELLE 31. *Ammophila arenaria*-H.K. Bestand von *Ammophila arenaria* auf der Ablagerungszone einer Parabeldüne. 20 qm. 21.8.1932.

	Fr. %/o	G.S./qm	S./qm
Ammophila arenaria	100	2—3	2
Sonchus arvensis	100	½—1	1
Festuca rubra	30	½—1	1
Hieracium umbellatum . . .	5	½	1
Phallus iosmus	5	½	1
Holcus lanatus (K)	1	½	1

Interessant ist nun das Ergebnis der Sprosszählung auf diesen 20 qm. Auch im vorliegenden Falle habe ich noch kein Gewicht und Volumen bestimmt. Das Resultat wäre dann noch deutlicher, da auch Höhe und Grösse der Individuen sich von denen der Strandzone erheblich unterscheidet.

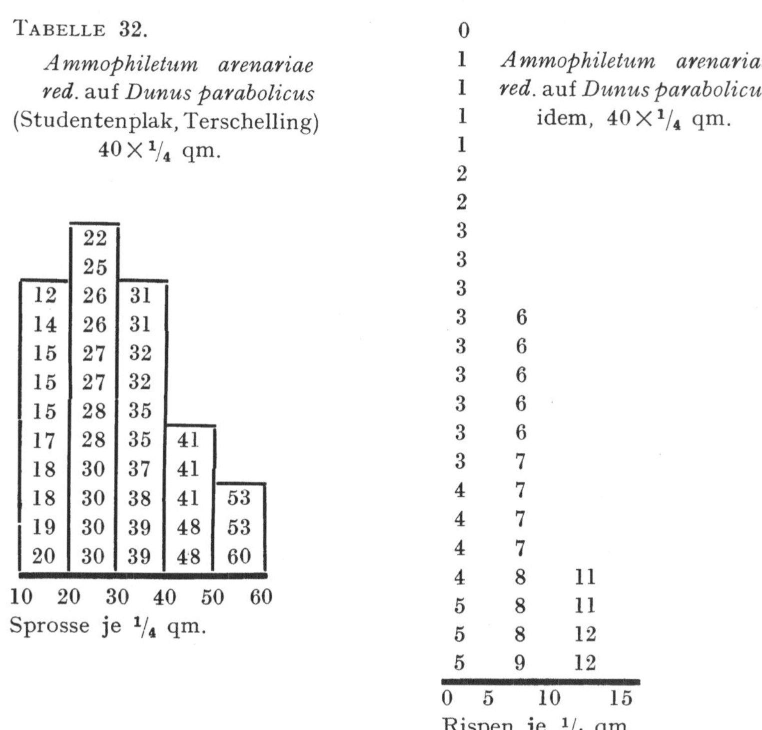

In § 3 dieses Abschnittes habe ich mitgeteilt, dass die Deflation in nassen Perioden gehemmt ist, das Mikroklima günstiger wird und die zahllosen, in der Windkuhle abgelagerten Samen und Sporen keimen können. Dann tritt das *Corynephoretum* wieder auf.

Infolge dieser natürlichen Stabilisierung hört die Sandzufuhr in Ablagerungs- und Streuzonen auf. Wieder sehen wir, dass das *Ammophiletum* hier abstirbt. Anfangs tritt danach das *Festucetum rubrae* auf, das auch nun wiederum mit oder ohne das Stadium des *Hippophaëtum † Festucetum* je nach der Lage des Hanges in ein *Empetretum* oder ein *Corynephoretum × Lichenetum* übergeht.

Pflanzensoziologisch besteht also ein Unterschied zwischen einer

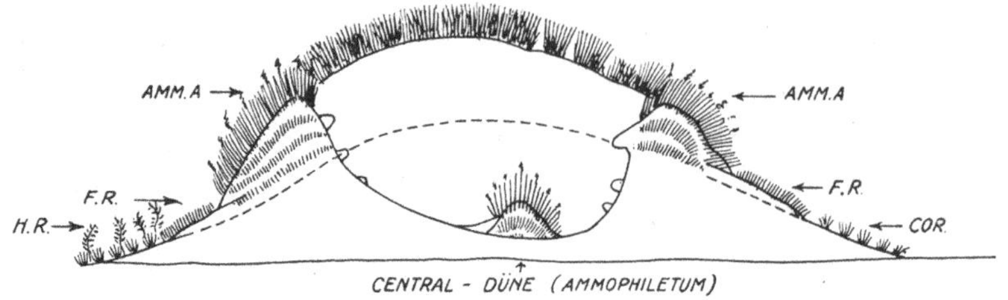

AMM.A. = AMMOPHILETUM ARENARIAE.
F.R. = FESTUCETUM RUBRAE.
COR. = CORYNEPHORETUM. CANESCENTIS.
H.R. = HIPPOPHAËTUM RHAMNOIDIS

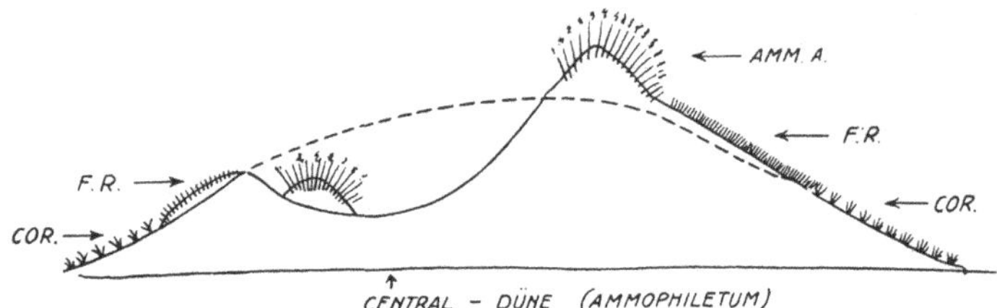

AMM. A = AMMOPHILETUM ARENARIAE.
F.R. = FESTUCETUM RUBRAE.
COR. = CORYNEPHORETUM. CANESCENTIS.

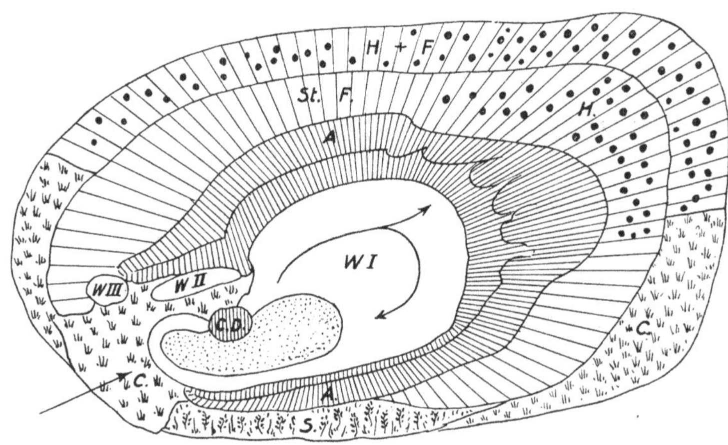

H + F. = HIPPOPHAETUM RHAMNOIDES + FESTUCETUM RUBRAE.
St.-F. = STREUZONE - FESTUCETUM RUBRAE.
A. = STURZZONE - AMMOPIHLETUM ARENARIAE.
W = WINDKUHLE.
C.D. = CENTRAL.DÜNE - AMMOPHILETUM ARENARIAE.
C. = ALTE DÜNE - CORYNEPHORETUM CANESCENTIS
S. = SALICETUM REPENTIS.

Abb. 5. Schema des Baues einer Windkuhle.

aktiven und einer zur Ruhe gekommenen Haldendüne, und somit auch zwischen der aktiven und latenten Parabeldüne, die aus der aktiven Haldendüne entstand.

Die Gliederung der Parabeldüne ist gesetzmässig. Der Typus dieser Düneindividuen wiederholt sich überall. Aus ihnen ist, wie wir sehen werden, der Kern der gesamten Dünenlandschaft in den N i e d e r - l a n d e n aufgebaut. Jedes ihrer Glieder hat aber seine charakteristische Pflanzengesellschaft, die selbst zu einem erheblichen Teile dessen Charakter bestimmt hat. Auf jeder Halden- oder Parabeldüne werden wir eine Anzahl von Pflanzengesellschaften in der gleichen Weise angeordnet finden, und dies Mosaik wiederholt sich im gesamten Dünengebiet.

Es ist einerseits möglich, dass scheinbar so verwirrte und unregelmässige Dünengelände zu zerlegen in eine kleine Zahl primärer Dünenformen, die sich jedesmal wiederholen. Andererseits trägt jeder Dünentypus seine spezifische Pflanzendecke, die teilweise seine Form bestimmt. Kennen wir also die Struktur des Dünengebietes und die Soziologie der Dünentypen, so haben wir damit eine Vereinfachung erreicht, die es uns gestattet, an einer kleinen Zahl von Düneindividuen das anfangs so unübersichtliche Dünengebiet gründlicher zu untersuchen, als es uns sonst möglich wäre.

Abb. 5 zeigt uns eine Skizze einer grossen ,,Ringdüne'' die die vorderste Dünenkette bei Strandpfahl 12 nach Süden zu begrenzt. Die Aufnahme stammt aus dem August 1932. Es handelt sich um eine bis aufs Grundwasser ausgewehte Haldendüne, die infolge des Windschutzes eines genau westlich gelegenen hohen Gipfels, hauptsächlich in südwestlicher Richtung angegriffen wurde. Im Nordwesten entstand eine zweite Windkuhle, die gerade im Begriff ist, sich mit der grossen Grube zu vereinigen. Zwischen beiden liegt ein Streifen mit dem Rest der ursprünglichen Pflanzendecke. Er trägt ein *Corynephoretum* × *Lichenetum*. Die nördliche Seite der grossen Windkuhle zeigt einen ziemlich schrägen Ausblasungshang: die Südseite ist dagegen äusserst steil. Die Windstösse, die von der Ostseite abgelenkt werden und mit Sand beladen am Nordhang (Korrosionszone) zurückkehren, bauen an der Nordwestseite auf dem ebenen Boden der Windkuhle gegen den Dünenrest eine Zentraldüne auf, die ein *Ammophiletum redivivum* trägt. Ein Teil dieses Sandes wird unter günstigen Umständen auch über den Westrand der Kuhle geworfen und bildet dort eine Streuzone.

Der Nordhang der ursprünglichen Düne trug ein *Hippophaëtum*
† *Festucetum*, in dem sich bereits einige *Empetrum*-Pflanzen fanden.
Die hieran grenzende, vorderste Dünenkette war mit einem sterbenden
Hippophaëtum bedeckt, das bereits zahllose Initialphasen des *Empe-
tretum* zeigte.

Der Südhang dagegen trug ein *Festucetum* × *Corynephoretum*. Ein
Hippophaëtum war hier augenscheinlich niemals entstanden; die
Gesellschaftsfolge verlief auf dem kürzesten Wege. Doch war das
Empetretum nur stellenweise erreicht, wie sich aus dem Rest auf der
Spitze zeigte. Im Süden wurde die Düne begrenzt durch ein Tal mit
einem *Calamagrostidetum Epigeios* × *Salicetum repentis*, in das die
Ablagerungszone teilweise eingedrungen war. Infolgedessen war hier
längs der Dünenbasis *Salix repens* dominant geworden.

Die Windkuhle selbst war an der Südostseite und Nordseite von
einer hohen hufeisenförmigen Ablagerungszone umschlossen. Diese
war an der Nordostseite am stärksten entwickelt und vollkommen mit
einem *Ammophiletum* bedeckt, worin ausser *Sonchus arvensis* zahlreiche *Fungi* vorkamen.

Hierunter waren zahlreiche Exemplare von *Phallus impudicus* und
Phallus iosmus BERK. Ich habe diese Arten in den Dünen ausschliesslich in derartigen Teilen des *Ammophiletum* auf dem Strandwall und
in der Ablagerungszone der Windkuhlen gefunden. Infolge der Sandzufuhr wird hier die Sprossproduktion andauernd begraben, der Pilz
ist also höchstwahrscheinlich an die frischen Humusschichten, die auf
diese Weise durch *Ammophila* gebildet werden, gebunden. Es ist
bekannt, dass in den Dünen vorwiegend *Phallus iosmus* auftritt. Hier
fand ich jedoch Exemplare mit vollkommen weisser Volva neben
Individuen mit kräftig rosa gefärbter Volva. Es ist daher bestimmt
eine falsche Meinung, dass es sich bei *Phallus iosmus* um eine durch
physikalische und chemische Umstände verursachte Modifikation von
Phallus impudicus handelt. Auch stellte es sich als falsch heraus, dass
die rosa Farbe erst unter Einfluss des Lichtes auftritt. Ich konnte
nämlich Teufelseier beider Arten ausgraben, die dem Lichte noch nicht
ausgesetzt waren und doch bereits den ausgesprochenen Farbunter-
schied zeigten. Nähere Literaturangaben findet man bei LÜTJEHARMS.

Die Streuzone zeigte schliesslich ein reines *Festucetum rubrae
redivivum*, in dem *Hippophaë Rhamnoides* nur an den Rändern
wieder auftreten konnte.

Der Umfang der Windkuhle war 1932 bereits so weit fortgeschritten, dass eine Stabilisation auch in nassen Perioden fast ausgeschlossen erschien. In den folgenden Jahren können wir einen Durchbruch in südwestlicher Richtung erwarten, dann ist diese Düne also in das Parabelstadium gekommen.

Es ist deutlich, dass die Verjüngungszone sich fortwährend verschieben muss. An der Innenseite wird das *Ammophiletum* andauernd unterwühlt und vernichtet, an der Aussenseite breitet es sich über das *Festucetum rubrae* aus, und infolgedessen findet eine weitere Regression statt. Diese Verschiebung der Verjüngungszone verläuft nicht überall gleichmässig schnell. An welcher Stelle die Verschiebung am grössten sein wird, hängt von örtlichen Umständen ab. Im Allgemeinen liegt das Optimum aber in östlicher Richtung.

Auf die Dauer ergibt sich aus der Windkuhle ein hufeisenförmiger Wall, dessen zwei Arme mehr oder weniger in der Richtung des vorherrschenden Windes gestreckt sind. Im Osten stehen beide durch ein bogenförmiges Zwischenstück miteinander in Verbindung. Beim Wandern dieses Dünenwalles wird seine Oberfläche grösser. Infolgedessen müssen bei gleichbleibender Masse Breite und Höhe dieser Wälle abnehmen. Je mehr diese Wälle parallel zur Richtung des herrschenden Windes liegen und je niedriger sie werden, desto weniger Widerstand bieten sie dem Winde. Infolgedessen nimmt die Windempfindlichkeit des Dünenindividuum dementsprechend ab.

Diese parallelen Dünenarme sind geomorphologisch nicht gleichwertig. Aus ihrer Entwicklungsgeschichte ergibt sich, dass die Nordseite des Nordwalls und die Südseite des Südwalls ungefähr den gleichen Neigungswinkel haben müssen. Dieser ist zustande gekommen infolge der Wechselwirkung zwischen *Ammophiletum* und Sandtransport.

Der Südhang des Nordwalls zeigt jedoch die sanfte Neigung der Deflationszone, während der Nordhang des Südwalls den steilen bis senkrechten Abhang der Korrosionszone zeigt.

Der bogenförmige Wall bricht oft im Nordosten und Südwesten durch. Infolgedessen geht der Zusammenhang zwischen beiden Wällen verloren, z.B. dadurch, dass das bogenförmige Zwischenstück seinen Weg allein fortsetzt. Durch Verschmelzen können Systeme von Parabeldünen einen sehr grossen Umfang annehmen. Es entstehen viele Kilometer lange und breite Parabeldünen, die nicht ohne weiteres zu übersehen sind und erst auf Karten ihren Charakter verraten.

In derartigen Gebieten trifft man dann eine Anzahl von Dünenketten, die parallel zum herrschenden Winde verlaufen, häufig paarweise angeordnet sind, und durch in der Windrichtung verlaufende Täler voneinander getrennt werden. Bei einer eingehenderen Untersuchung zeigt es sich dann meistens, dass sie im Osten durch bogenförmige Wälle miteinander verbunden sind, doch ist dies nicht unbedingt notwendig.

Am Querschnitt jedes Dünenwalles können wir erkennen, ob wir es mit dem Nord- oder Südwall der Parabel zu tun haben. So lässt sich die Entstehungsgeschichte des betreffenden Gebietes rekonstruieren. Diese Tatsache war mir beim Erkennen des Dünenaufbaus auf T e r s c h e l l i n g ein wichtiger Leitfaden. Bei den im siebenten Kapitel besprochenen Ergebnissen wurde hiervon häufig Gebrauch gemacht. Zum Schlusse sei noch nach den hier besprochenen Ergebnissen ein Schema der Sukzession aufgestellt.

SCHEMA DER GESELLSCHAFTSFOLGE AUF EINER PARABELDÜNE
PRIMÄRES DÜNENINDIVIDUUM

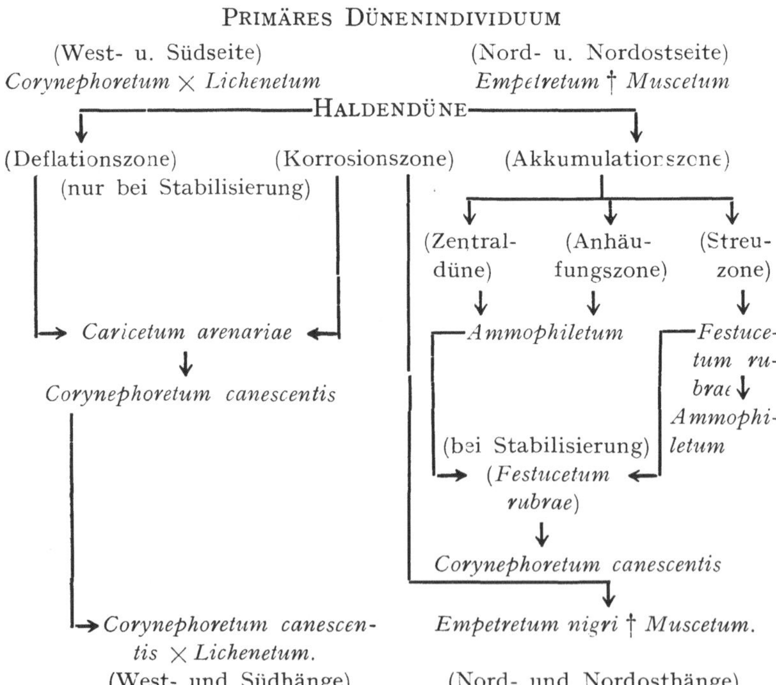

TABELLE 33.

PARABELDÜNE : 80 qm.	DÜNE			STREUZONE			ABLAGE-RUNGSZONE		
	Corynephoretum canescentis × Lichenetum.			Festucetum rubrae redivivum.			Ammophiletum arenariae redivivum.		
	Fr.%	G. S.	S.	Fr.%	G. S.	S.	Fr.%	G. S.	S.
Corynephorus canescens . .	100	2–3	3	85	1–2	1–2	–	–	–
Festuca rubra	95	$\frac{1}{2}$–1	1	100	3–4	4	20	$\frac{1}{2}$–1	1
Ammophila arenaria . . .	93	$\frac{1}{2}$	1–2	40	$\frac{1}{2}$–1	1	100	2–3	2
Carex arenaria	68	$\frac{1}{2}$–1	1	90	$\frac{1}{2}$–1	1	–	–	–
Hieracium umbellatum . .	50	$\frac{1}{2}$	1–2	25	$\frac{1}{2}$	1	1	$\frac{1}{2}$	1
Jasione montana	45	$\frac{1}{2}$–1	1–2	–	–	–	–	–	–
Leontodon nudicaulis . . .	43	$\frac{1}{2}$	1	–	–	–	–	–	–
Hypochoeris radicata . . .	23	$\frac{1}{2}$	1	–	–	–	–	–	–
Viola tricolor ssp.	13	$\frac{1}{2}$	1	60	2	1	–	–	–
Viola canina	5	$\frac{1}{2}$	1	–	–	–	–	–	–
Lotus corniculatus	5	$\frac{1}{2}$–1	2	5	2	2	–	–	–
Anthyllus Vulneraria . . .	–	–	–	5	$\frac{1}{2}$	1	–	–	–
Sonchus arvensis	–	–	–	–	–	–	100	$\frac{1}{2}$–1	1
Phallus iosmus	–	–	–	–	–	–	5	$\frac{1}{2}$	1
Cornicularia aculeata . .	95	4	2–4	–	–	–	–	–	–
Cladonia spec. div. . . .	66	2	2	–	–	–	–	–	–
Rhacomitrium canescens. .	28	$\frac{1}{2}$	1	–	–	–	–	–	–
Polytrichum piluliferum .	17	$\frac{1}{2}$	2	–	–	–	–	–	–

SIEBENTES KAPITEL

Die Geomorphologie der Dünen

§ 1. Einteilung der Dünen an den Küsten West-
Europas und ihre Nomenklatur.

An Hand der Entwicklungsgeschichte der Dünenindividuen können
wir eine Einteilung in verschiedene Dünentypen versuchen. Dünenformen, die auf Grund physikalischer Erscheinungen entstanden,
können wir prinzipiell unterscheiden von Formen, in deren Entstehungsgeschichte Organismen oder Gesellschaften von Organismen,
für welche die Dünenbildung *lebensnotwendig* ist, eine Rolle gespielt
haben. Die Sprossproduktion dieser Organismen bildet, nachdem sie
vom Sande begraben war und humifizierte, einen spezifischen Bestandteil des Dünenindividuum. *Zur Dünenlandschaft rechne ich alle unter
Mitwirkung des Windes aus Sand aufgebauten Erhöhungen.*

Gleichzeitig schlage ich eine einheitliche, international verständ-
liche Nomenklatur vor, um die bestehende Verwirrung von Begriffen
und Namen zu beenden.

A. Physikalische Dünenformen.

(Die Dünenbildung ist das Ergebnis der gemeinsamen Arbeit von
Sand, Wind und Reibung. Letztere kann auch durch lebende
Organismen verursacht werden; Sandtransport ist für diese Orga-
nismen aber keine Lebensnotwendigkeit.)

A. I. Duni obsionales passivi (passive Hindernisdünen). Die Sandanhäufung entsteht infolge der durch einen Fremdkörper hervorgerufenen Windschatten und Windwirbel.

a. Dunus verticosus („wervelduin", Staudüne, Stufendüne
(Jentsch 1900)). Sie entsteht dadurch, dass ein undurchlässiges
oder wenig durchlässiges Hindernis an seiner Luvseite einen
Wirbel hervorruft; infolgedessen entsteht dort ein Graben oder
eine Hohlkehle. An der Windseite dieser Hohlkehle bildet sich
dann eine Sandanhäufung. Ist das Hindernis rund, so ist die
Sandanhäufung sichelförmig. Die Düne kann auch infolge von

Windwirbeln hinter dem Hindernis gebildet werden (oberste
Stufendüne), (siehe Kühnholtz-Lordat 1923; Jentsch 1900;
Faber 1926). Das Hindernis kann bestehen aus einer Mauer,
einer Steilküste, einem dichten Busch, einem Düneindividuum
oder ähnlichen Objekten.

b. Dunus lingulatus („tongduin", Sandschwanz, Strichdüne
(Behrmann 1919)). Die Sandablagerung entsteht an der Leeseite
eines undurchlässigen Gegenstandes; ihre Längsachse wird sich
also in der Windrichtung erstrecken. Ihre Form ist das Ergebnis
der Wechselwirkung zwischen Anhäufung und Deflation. Hinter
kleinenHindernissen besitzt sie Zungenform; bei unregelmässigem
Winde können auch fächerförmige Bildungen entstehen.

c. Dunus prismaticus („stuifdijk", Zungenhügel (Jentsch
1900)). Sandablagerung in einem durchlässigen Hindernis; die
optimale Ablagerung findet im Hindernis statt und nimmt nach
beiden Seiten ab. So entsteht ein Sandhaufen, dessen Querschnitt ungefähr prismatisch ist.

Hierher gehört die Dünenbildung mit Hilfe von Reisig (Buschzaun) und toten Kiefernstämmen, sowie die zeitweilige, zufällige
Sandanhäufung in und hinter Kräutern und Sträuchern, doch
wird die Sandanhäufung in diesem Falle nicht vom Wurzelsystem durchzogen, festgelegt und ausgenutzt. Die Sandanhäufung ist also durch die Reibung an Ort und Stelle rein physika-
lisch bedingt.

A. II. D u n i m i g r a t o r e s p a s s i v i (passive Wanderdünen).
Die Sandanhäufung wird an der betreffenden Stelle verursacht
durch eine Wechselwirkung zwischen Sand, Wind und Reibung,
ohne dass diese Reibung an sich durch einen Fremdkörper bedingt
wäre.

a. Duni undosi („windribbels", Windrippelmarken, Wellenfurchen, ripplemarks). Hier ist der Sand in Wellen angeordnet, die
senkrecht zur Windrichtung verlaufen. Die Erscheinung findet
ihre Erklärung in einer Berechnung von Helmholtz, aus der sich
ergibt, dass die gegenseitige Reibung zweier, sich gegeneinander
bewegender Medien bei wellenförmiger Trennungsfläche am
geringsten ist (siehe auch Vaughan Cornish 1899). Es gibt verschiedene Typen dieser Erscheinung, z.B. 1. Kettenform,
2. Sichelform (Sven Hedin. Bertololy 1900; Solger 1910;

VAN BAREN 1924; in den genannten Arbeiten findet man nähere
Literaturangaben.)

b. *Duni falcati* („sikkelduin, looper, blinkert," siuf, ghurud,
gedear, Fuldjes, Barkhan, medanos, Wanderdüne, Bogendüne,
Sicheldüne). Dünen mit allmählich ansteigender Luv- und steiler
Leeseite (30—33°), deren Grundriss sichelförmig ist und die in
der Richtung des Windes wandern. „Während des Wanderns
eines Barkhanes braucht der Sand, um vom Fuss der Stosseite
zum Fuss der Fallseite zu gelangen, ebenso viel Zeit, wie auf
den Flügeln. Bei diesen ersetzt die grössere Entfernung die geringere Höhe. So wandert denn der Barkhan im Winde vorwärts,
ohne seine Form zu verändern." (PASSARGE-SALOMON).„Gegen-
winde veranlassen eine völlige Umkrempelung der Sicheldüne."
(BASCHIN 1903).

Bei den Sicheldünen können wir unterscheiden:

1. *Dunus falcatus litoralis* (Strandbarkhan). Hierbei handelt
es sich um eine vergängliche Form des Sandtransportes. Die
Sicheldünen bilden sich auf nassen Strandflächen (aufgetauch-
ten Sandbänken), die bei hohen Fluten noch überschwemmt
werden. Zu ihrer Bildung muss ein lang anhaltender Wind
aus der gleichen Himmelsrichtung auf grosse Massen marin
umgesetzten Sandes einwirken.

(1*a.* *Dunus falcatus desertorum* (Wüstenbarkhan). Hier handelt
es sich um geomorphologisch identische Formen, die sich
jedoch genetisch vom Strandbarkhan dadurch unterscheiden,
dass sie in Wüsten auftreten und infolgedessen einen sehr
grossen Staubgehalt besitzen.)

2. *Dunus falcatus obsidionalis* (sekundärer Barkhan). Dies ist
die gesetzmässige Form, in der ein entblösstes Düneindividuum oder ein Dünenkomplex ein organogenes Dünengebiet
verlässt (K u r i s c h e   N e h r u n g (SOLGER 1911), H i n-
t e r p o m m e r n (HARTNACK 1927), T e r s c h e l l i n g (VAN
DIEREN 1932)).

3. *Dunus falcatus linearis* (Strich-Barkhan, Strichdüne, Längs-
düne). Parallel zur vorherrschenden Windrichtung gestreckte
Dünenkette mit einer allmählich ansteigenden Luvseite, steiler
Fallseite und steilen Flanken. Sie entstehen dort, wo der Wind
so stark ist, dass der Sand keinen nennenswerten Widerstand

bietet. Derartige Gebilde entstanden z.B. auf T e r s c h e l-
l i n g während des Sturmes vom 1.—6.12.1863 aus sekundären Barkhanen. Verwandte Bildungen aus Wüsten beschrieb
SVEN HEDIN (Scientific Results I, S. 323, 351) und PASSARGE-
SALOMON.

(Hieran schliessen sich zusammengesetzte Bildungen an,
wie z.B. die *Wanderdünenkette*. Sie besteht aus einer Reihe von
mehr oder weniger ineinander übergehenden Sicheldünen, die
ungefähr senkrecht zur Richtung des vorherrschenden Windes
verläuft. Ausserdem gehört hierher der *Agrad*, d.h. sternför-
mige Komplexe von Wüstenbarkhanen, die oft sehr grosse
Höhe erreichen können (PASSARGE-SVEN HEDIN).)

A. III. D u n i a b r u p t i p a s s i v i (Passive Erosionsformen).
Dunus tabularis („tafelduin", Windtisch, Pilzdüne, Sandschwänzchen). Kleine Dünenformen in einem Ausblasungsgebiet,
die dadurch entstanden, dass Sand unter einem Stein, einer
Muschelschale oder einer resistenteren Sandschicht liegen blieb.
An der Leeseite schliesst sich hieran ein *Dunus lingulatus* an, der
sich bildet als Ergebnis von Anhäufung und Ausblasung. Derartige Bildungen entstehen meistens im Strandwall.

B. O r g a n o g e n e D ü n e n f o r m e n.

(Die Dünenbildung ist das Ergebnis von Sand, Wind und Reibung;
letztere wird hauptsächlich durch Gesellschaften lebender Organismen verursacht, für die der Sandtransport lebensnotwendig ist. Ihre
Reste werden begraben und bilden in humifiziertem Zustand einen
spezifischen Bestandteil der Düne).

B. I. D u n i o b s i d i o n a l e s a g r e s s i v i (offensive Hindernisdünen, Grasdünen (REINKE 1903)). Diese Dünen entstehen
infolge des Sandtransportes und der Wirkung von Organismen
oder Organismengesellschaften.

a. Duni embryonales (primäre Dünen, (REINKE 1903), Embryonaldünen (BRAUN 1911), Strichdünen (BEHRMANN 1919),
Zungenhügel (SOKOLOW 1894)).

1. *Dunus embryonalis fugax* (einjährige Embryonaldüne). Die
Düne entsteht infolge der Sprossproduktion kurze Zeit lebender, höchstens einjähriger Pflanzen, oder einer Gesellschaft

derartiger Pflanzen. Der Sand wird von ihrem Wurzelsystem durchzogen und ausgebeutet. An derartige Dünen schliesst sich meistens ein *Dunus lingulatus* in Richtung des herrschenden Windes an (Dünen von *Cakile maritima*).

2. *Dunus embryonalis fundatus* (perennierende Embryonaldüne). Es handelt sich um mehr oder weniger schildförmige Dünen, die infolge der Sprossbildung einer mehrjährigen Pflanze oder einer mehrjährigen, homogenen Pflanzendecke entstehen. Die Wurzeln dieser Pflanzen durchziehen den abgelagerten Sand und nutzen ihn aus. Ihre Sprosse werden begraben und bilden in humifiziertem Zustande einen spezifischen Bestandteil der Düne. An der Luvseite entsteht häufig eine Staudüne (*Dunus verticosus*), an der Leeseite schliesst sich stets ein Sandschwanz (*Dunus lingulatus*) an. (Die Dünen von *Triticum junceum, Ammophila arenaria, Elymus arenarium, Honckenya peploides*. Hierher gehört auch die von SCHIPPER beschriebene semimarine Dünenbildung durch *Obione portulacoides*).

Die Zentraldüne in Windkuhlen findet man unter B. II, 1.

3. *Dunus anticus* (Sekundäre Düne, „zeelooper, strandlooper zeereep," Dünenwall, primäre Dünenkette, Vordüne, weisse Düne.) Sie entsteht durch Verschmelzen von Embryonaldünen und wächst rhythmisch infolge des dauernden Sandtransportes unter Etagenbildung der dünenbildenden Pflanzengesellschaft. Die Luvseite steigt allmählich an, die Leeseite ist steil. Der Kamm steht meistens senkrecht zur an der betreffenden Stelle vorherrschenden Windrichtung, doch kann seine Richtung auch im Zusammenhang mit dem Verlauf der Küste und damit mit dem Sandtransport stehen. Die überwehten Jahrgänge der Sprosse bilden in humifiziertem Zustande einen spezifischen Bestandteil der Düne; auf Querschnitten sehen wir dies am Vorhandensein grauer Humuslinsen.

B. II. **D u n i   m i g r a t o r e s   a g r e s s i v i** (offensive Wanderdünen).

Hier können wir ein Ausblasungs- und ein Anhäufungsgebiet unterscheiden. Ersteres trägt keine Pflanzendecke, letzteres ist dagegen

von dünenbildenden Pflanzengesellschaften besetzt. Der hier angeführte Sand wird von ihnen festgehalten und ausgenutzt.

a. *Dunus erumpens* (,,windkuilduin'', Haldendüne). Es handelt
sind um Düneninividuen, die (meistens an der Luvseite) eine
asymmetrische, ungefähr runde bis elliptische Windkuhle tragen.
In letzterer können wir häufig eine nördliche Ausblasungs- und
eine südliche Korrosionszone unterscheiden. Der aus dieser
Windkuhle verwehte Sand wird an ihrer Leeseite als Wall (Verjüngungswall) abgesetzt. Dieser Wall trägt dünenbildende Pflanzengesellschaften. Wir können ihn zerlegen in eine Streuzone und
eine Anhäufungszone. Kleine, isolierte Sprossbestände können
auf diesem Wall Dünenembryonen mit Zungenhügeln bilden.
Auf dem Boden der Windkuhle bildet sich oftmals eine zweite
Anhäufungszone, ebenfalls in Gestalt einer ausdauernden
Embryonaldüne: die Zentraldüne.

b. *Dunus erumpens annularis* (,,ringduin'', Hohldüne).
Es handelt sich hier prinzipiell um dieselbe Form wie bei der
Haldendüne, doch ist die Windkuhle bis aufs Grundwasser aus-
geweht.Der Boden der Kuhle wird daher nicht mehr vertieft und
bleibt somit eben. Infolge der günstigeren Wasserverhältnisse
siedeln sich hier Pflanzen an. Diese Dünenebene wird vom
Düneninividuum noch allseitig umschlossen.

c. *Dunus parabolicus* (,,hoefijzerduin, paraboolduin'', Parabeldüne, dune parabolique.) Diese Form lässt sich genetisch aus
der Haldendüne (*Dunus erumpens*) und der Hohldüne (*Dunus
erumpens annularis*) ableiten. Die Düne besteht aus zwei Armen,
die sich gegen die Richtung des herrschenden Windes erstrecken
und durch einen hufeisenförmigen, mit dünenbildenden Pflanzengesellschaften bewachsenen Verjüngungswall miteinander
verbunden sind.

An unseren Küsten ist der Nordhang des Südarmes steiler als
der Südhang des Nordarmes. Die Aussenseite dieser Dünenwälle
zeigt grundsätzlich den maximalen Neigungswinkel des Sandes,
wird aber vom örtlichen Zustand der Pflanzendecke stark beeinflusst. Da die Gesamtmasse des Sandes nur, wenn hinter
oder neben der Parabel liegende Dünen aufgenommen werden, grösser wird, sonst aber während der Wanderung abnimmt, wird die
Parabeldüne fortwährend niedriger und häufig auch schmaler.

Beim Übergang der Hohldüne (*Dunus erumpens annularis*) in die Parabeldüne bleibt der Vorderrand stehen („pollenrij", Dünenstrang); dasselbe beobachten wir nach Perioden, in denen die Windkuhle von der Pflanzendecke geschlossen wird. Der Verjüngungswall ist das Ergebnis einer Zusammenarbeit zwischen Wind, Sand und Pflanzenwuchs. Reicht diese Wechselwirkung aus irgend einem Grunde nicht mehr aus (Nahrungsmangel im Sande, zu intensiver Sandtransport, Entblössung durch den Menschen), dann entsteht aus der Parabeldüne der sekundäre Barkhan, der bewachsen und festgelegt, wiederum Ausgangspunkt einer neuen Parabeldünenbildung werden kann, im übrigen aber die gesetzmässige Form ist, in der der Sand das organogene Dünengebiet verlässt (vergleiche auch A. II. *b.* 2).

d. Duni abrupti retracti (aktives Dünenkliff). Es handelt sich um eine oder mehrere Dünen oder einen Dünenwall, die an das Meer grenzen und in denen bei Hochwasser eine Brandungskehle entstanden ist. Infolgedessen wird der Hang zunächst untergraben, rutscht nach und wird schliesslich weggeschlagen; so entsteht eine Steilkante ohne Pflanzenwuchs. Der blossgelegte Sand wird nun, falls die Kliffküste senkrecht zur Richtung des vorherrschenden Windes liegt, über den Gipfel der Düne geweht und bildet an der Leeseite ein Verjüngungsgebiet. So weicht die Kliffküste zurück. Meist geschieht dies nicht vollkommen gleichmässig. Infolgedessen zerfällt das Kliff in Restgebilde (Kupsten, Pollen) und Parabeln. (Primärparabel (HARTNACK 1927), aufgelöste Vordünenlandschaft (BRAUN 1911).

B. III. **D u n i   a b r u p t i   a g r e s s i v i** (Erosionsformen).

a. Dunus abruptus evanescens (passives Dünenkliff).

In einer an See grenzenden Dünenlandschaft ist während der Flut eine Brandungskehle entstanden. Infolgedessen wurde der von Pflanzen bedeckte Abhang unterwühlt und rutschte in Brocken ab. Die von diesen Brocken mitgeführte Pflanzendecke wurde auf dem Strande weggeschlagen. So entstand ein vegetationsloser Steilhang. Wenn dieser Steilhang in Lee des herrschenden Windes liegt oder infolge seiner Lage nur wenig oder garnicht nachrutscht, finden wir keinen Sandtransport über den Dünenkamm und infolgedessen auch keine Dünenverjüngung

Diese Kliffküste weicht also nicht zurück, sondern ihre Masse nimmt infolge der marinen Erosion fortwährend ab und verschwindet schliesslich vollkommen ins Meer.

b. Dunus abruptus persistens („Polle", Kupste, Zeugenberg, Tafelberg). Reste eines primären oder sekundären Dünenindividuum, das in einer rezenten oder alten Ausblasungszone liegt. Wegen seiner resistenteren Pflanzendecke widerstand es der Ausblasung; infolge der Einwirkung von Korrosion und Deflation sind die Kanten meistens steil. Vor diesen Kupsten kann ein *Dunus verticosus* liegen; dahinter kann sich ein *Dunus lingulatus* anschliessen. Sie sind häufig reihenweise angeordnet (Dünenstrang) und entstehen dann aus der Vorderseite der *Duni erumpentes* während der Parabolisierung. So können derartige Bildungen Ruhepunkte auf dem Wege von Parabeldünen andeuten.

Auf Grund einer Untersuchung der Entwicklungsgeschichte von Dünenindividuen lässt sich also ein genetisches System der Dünenbildung aufstellen. Schon früher unternahmen BRAUN (1911), HESS VON WICHDORFF (1915), HARTNACK (1925) und SOLGER (1925) einen derartigen Versuch. Da sich in meinem Untersuchungsgebiet alle Entwicklungsphasen finden und das untersuchte Verhalten der Pflanzendecke neues Beweismaterial ergab, können wir jetzt die Hauptlinien eines derartigen Systems mit vollkommener Sicherheit festlegen.

GENETISCHES SYSTEM DER DÜNENFORMEN AUF DER
WESTFRIESISCHEN INSEL TERSCHELLING.

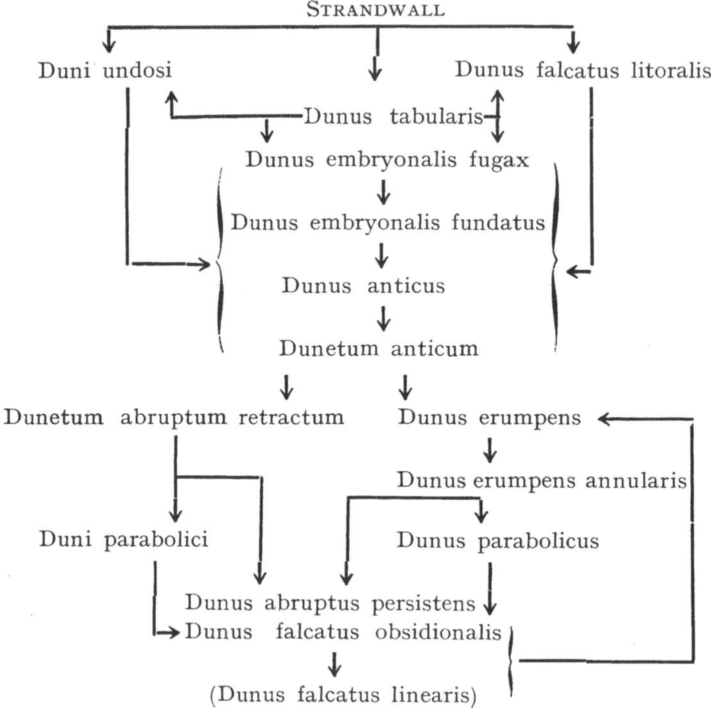

Die Geomorphologie der Dünen zeigt uns, dass Bildung und Umbildung der Dünen unter Einfluss westlicher Winde stattfindet. Winde
aus anderen Himmelsrichtungen haben eine nur geringe, vorübergehende Bedeutung. Da die Dünen die Kraft des Windes von Westen
nach Osten erheblich herabsetzen, weht der geomorphologisch ausschlaggebende Wind in den Dünen nicht überall aus der gleichen
Richtung. Abgesehen von ausgesprochen lokalen Unterschieden, die
auf der Gliederung der Dünenlandschaft selber beruhen, herrschen
auf der vollkommen offen liegenden Westküste Winde aus südwestlicher Richtung vor. An der Nordküste der Insel wirken jedoch nordwestliche Winde, während im äussersten Osten nördliche Winde die
Geomorphologie ausschlaggebend bestimmen. Da die Hauptachse von

Windkuhlen und Parabeldünen fast vollkommen parallel zum vorherschenden Winde verläuft, ist diese Achse in den westlichen Dünen von West-Südwest nach Ost-Nordost, in den alleröstlichsten Dünen dagegen von Nordwesten nach Südosten gerichtet.

Ist das hier aufgestellte genetische System richtig, so wird man bei einer Wanderung durch die Dünen von Westen nach Osten die verschiedenen Dünenformen in derselben Reihenfolge wiederfinden müssen, in der sie oben aufgestellt wurden: auf dem Strande finden wir *Duni falcati litorales*, *Duni undosi* und *Duni tabulares*. Danach betreten wir das Gebiet der Dünenbildung, worin wir nacheinander *Duni embryonales*, *Duni antici* und schliesslich ein System von mehr oder weniger miteinander parallel verlaufenden Dünenwällen (*Dunetum anticum*) antreffen werden. Die innersten dieser Dünenwälle bestehen bereits aus *Duni erumpentes*. Damit sind wir im Gebiet der äolischen Umsetzung angekommen. Durch eine Kette von *Duni abrupti persistentes* gelangen wir nun in das *Dunetum parabolicum*, das je weiter wir nach Osten kommen, immer weniger Pflanzenwuchs trägt, und so finden wir schliesslich ein Gelände, in dem *Duni falcati obsidionales* und *Duni falcati lineares* vorwiegen. Stellenweise werden wir jedoch wieder Übergänge finden zwischen diesen *Duni falcati* und den *Duni parabolici*.

An Hand der Sukzessionsschemata können wir gleichzeitig voraussagen, welche Pflanzengesellschaften wir in den verschiedenen Gebieten finden werden. Im Gebiet der Dünenbildung werden wir nacheinander das *Cakiletum maritimae*, das *Triticetum juncei* und den Hauptkomplex von *Ammophila arenaria* durchschreiten. Die innersten Dünenwälle werden den Hauptkomplex von *Festuca rubra* und schliesslich das *Corynephoretum canescentis* tragen. In den beiden letzten Hauptkomplexen entstehen die Windkuhlen und auf deren Verjüngungswällen finden wir wieder eine Ablagerungszone mit dem *Ammophiletum arenariae* und eine Streuzone mit dem *Festucetum rubrae*. Auf den von primären Dünenwällen umschlossenen Strandebenen werden nacheinander das *Scirpetum + Phragmitetum*, der Hauptkomplex von *Agrostis stolonifera* mit *Parnassia palustris* und das *Hippophaëtum* auftreten. In den am weitesten landeinwärts gelegenen Dünentälern stirbt der Sanddorn ab und an seine Stelle treten *Empetrum nigrum* und schliesslich *Calluna vulgaris*. Bei der Besiedelung der sekundären Dünentäler, die entstehen, wenn der Boden einer

Windkuhle das Grundwasser erreicht, wird sich dieselbe Gesellschaftsfolge wiederholen.

*Es ist ausserordentlich bemerkenswert, dass sich auf T e r s c h e l-
l i n g diese theoretischen Projektionen tatsächlich von Westen nach
Osten bis in alle Einzelheiten so finden. Die Dünenformen liegen
von Westen nach Osten so hintereinander angeordnet, wie die Entwicklungsgeschichte dies erwarten liess.*

§ 2. D i e P e r i o d e n d e r D ü n e n b i l d u n g a m V l i e.

Schon bei der Besprechung der Frage, woher der Dünensand
stammt, konnte ich darauf hinweisen, dass auf T e r s c h e l l i n g
ein grosser Teil aus dem Unterwasserdelta des V l i e kommt. Hier
möchte ich diese wichtige Tatsache an Hand des verfügbaren Karten-
materials näher begründen.

Aus einer vergleichenden Untersuchung der Seekarten von ungefähr 400 Jahren zeigt es sich, dass der V l i e s t r o o m seewärts einen
Kranz von Sandbänken aufbaut, die durch tiefe Rinnen voneinander
getrennt sind. Diese Rinnen wandern regelmässig von Westen nach
Osten; daraus ergibt sich logischerweise, dass auch die dazwischen
liegenden „Gronden" und Bänke die gleiche Tendenz zeigen. Gleichzeitig werden im Laufe der Jahrhunderte aber auch im Osten Rinnen
und Sandbänke verschwinden, während im Westen fortwährend Neubildungen auftreten müssen.

An Hand einiger Karten werde ich hier in kurzen Zügen die Verschiebung der Rinnen und Sandbänke nachweisen. Die Aufzählungen
erfolgen immer in der Richtung von Osten nach Westen.

Die ältesten Angaben entstammen den sogenannten „Zeekaart-
boeken" (Seekartenbücher). Ich benutzte die Bände von JAN SCUERS-
ZOON (1532) und von LAURENDTZ BENEDICKT (1568) und verglich sie
mit den Angaben der Karten von SGROOTEN (1573) und BEELDSNIJ-
DER (1575). Hieraus ergibt sich in diesen Jahren folgender Zustand:
westlich der Insel T e r s c h e l l i n g liegt das R a n s e r d i e p,
das „nu ter tijt" (1532) von Osten nach Norden verläuft. Im Westen
hiervon liegen in See zwei Bänke: die R o b b e p l a a t und der
P i e t e r s s a n d e oder B u s. Diese grenzen wieder an das O o s-
t e r b o o m s g a t, das durch die S c h o r r e g r o n d e n vom W e s-
t e r b o o m s g a t getrennt wird. Hieran schliesst sich eine Sandbank, die später N o o r d v a a r d e r heissen wird, die durch das

Seegatt „S t o r t e m e l k" von V l i e l a n d getrennt wird.

Im Verlauf des 17. Jahrhunderts findet nun eine Verschiebung nach Osten statt; infolgedessen wird etwa um 1700 das R a n s e r- d i e p durch R o b b e p l a a t und B u s zugeschüttet. Diese Sandbank verbindet sich schliesslich im Norden mit der Insel T e r- s c h e l l i n g. Nach einer undatierten Skizze aus dieser Zeit (im Reichsarchiv in H a a r l e m) vollzog sich dieser Anschluss innerhalb von 8 Jahren; im Anfang konnten die Schiffe noch bei Hochwasser über die Schwelle segeln. Diese abgeschnürte Bucht bildete in der Folgezeit die Reede von T e r s c h e l l i n g: H e t M a c k e l i j k O u t. Dies ergibt sich aus verschiedenen Karten aus dem Anfang des 18. Jahrhunderts u. a. MULLER 1709 und DE MUTSERT 1749. Schloss sich zunächst nur die Nordspitze der Sandbänke an T e r s c h e l- l i n g an, so vollzog sich später der Anschluss auch im Süden, in- folgedessen wurde H e t M a c k e l i j k O u t schmaler und ver- sandete. Der gesamte Weststrand der Insel wurde erheblich ver- breitert.

Inzwischen gehen die Verschiebungen in der V l i e mündung wei- ter. Etwa um 1750 versandet auch das O o s t e r b o o m s g a t, da die S c h o r r e g r o n d e n aufrücken; diese verbinden sich ganz im Norden mit dem R o b b e z a n d. Die abgeschnittene Fahrrinne bildet nun eine neue Reede: T o e r e n M o l e n p o l. Inzwischen hat sich im 17. Jahrhundert der N o o r d v a a r d e r aufgespalten in W e s t e r g r o n d e n, S c h e e r und N o o r d v a a r d e r. Eine neue Fahrrinne mit zwei Mündungen, die S l e n k, entsteht. Die östliche Mündung heisst N i e u w e oder R u s s e g a t, die westliche Mündung wird zur H o l l e p o o r t. Beide umschliessen also die S c h e e r oder N o o r d e r g r o n d e n. Später wird in den W e s t e r g r o n d e n wieder eine Rinne gebildet, das I J z e r- g a t, das zunächst aber keine Durchfahrt bietet (VAILLANT, Ende des 18. Jahrhunderts).

Infolgedessen zerfallen die Bänke im äussersten Westen in die N o o r d w e s t e r g r o n d e n zwischen H o l l e p o o r t und IJ z e r g a t und die W e s t e r g r o n d e n zwischen IJ z e r g a t und S t o r t e m e l k.

In den Jahren 1794 (PEEREBOOM) und 1796 (BUISKES) sind die S c h o r r e g r o n d e n sowie der R o b b e z a n d bereits voll- kommen mit der Insel verschmolzen. Infolgedessen hat eine zweite

erhebliche Verbreiterung des Strandes stattgefunden. T o e r e n
M o l e n p o l versandet nun völlig. Der N o o r d v a a r d e r, der
den Umriss einer Sicheldüne zeigt, ist bereits näher an die Küste her-
angerückt und infolgedessen zeigt nunmehr auch das W e s t e r-
b o o m s g a t im Norden Spuren von Versandung. Im Jahre 1802
(GOUDRIAAN) wird infolge des Aufrückens der N o o r d e r g r o n-
d e n ausserdem das N i e u w e oder R u s s e g a t abgeschnitten,
das in Wirklichkeit kurz darauf vollkommen verschwindet, doch wird
sein Name für die ursprüngliche H o l l e p o o r t noch in den Karten
genannt. 1818 können wir von Osten nach Westen unterscheiden:
T e r s c h e l l i n g mit einem breiten Weststrande (R o b b e z a n d,
S c h o r r e g r o n d e n), W e s t e r b o o m s g a t, N o o r d v a a r-
d e r (der alte N o o r d v a a r d e r verbreitert durch die N o o r-
d e r g r o n d e n,), H o l l e p o o r t (fälschlich auch R u s s e g a t
genannt), N o o r d w e s t e r g r o n d e n, IJ z e r g a t, W e s t e r-
g r o n d e n und S t o r t e m e l k. Die W e s t e r g r o n d e n werden bereits wieder von einer neuen Rinne durchzogen, die 1831 als
N o o r d e r s t o r t e m e l k erwähnt wird. Seit 1573 sind also verschwunden: R a n s e r d i e p, O o s t e r b o o m s g a t und das
ursprüngliche R u s s e g a t.

Im Laufe der folgenden Jahre finden wir irreführende Namens-
wechsel. Die H o l l e p o o r t, die nun anstatt nach Nordwesten
allmählich nach Norden verläuft, erhält zunächst den Namen
N o o r d g a t und dann N o o r d o o s t g a t (1831, 1871).
Das ursprüngliche IJ z e r g a t heisst wahrscheinlich zunächst
T h o m a s-S m i t g a t (1831), später N o o r d w e s t g a t (1873)
und schliesslich ebenfalls N o o r d g a t (1920). Die N o o r d e r-
s t o r t e m e l k von 1831 wird 1871 vermutlich als N i e u w e
K a a p e n T o r e n g a t, später als H a n s e g a t (1921) und
schliesslich auch als N o o r d w e s t g a t bezeichnet. Das Z u i-
d e r s t o r t e m e l k heisst 1885 wieder S t o r t e m e l k und
stimmt vielleicht mit dem heutigen L u t i n e g a t überein. Ganz
im Süden entstand unterdessen wiederum ein neues Z u i d e r s t o r-
t e m e l k. Das Tohuwabohu der Namen wird dadurch fast vollkommen undurchsichtig, dass die Namen auch noch wiederholt verwechselt werden.

In alten Zeiten behielten die Rinnen bei ihrer Wanderung ihre
ursprünglichen, kennzeichnenden Namen, während man heute keine

besseren Namen bedenken kann als N o o r d e r g r o n d e n, N o o r d w e s t e r g r o n d e n, N o o r d g a t und N o o r d-w e s t g a t. Diese verlieren durch die Verschiebung jeden Augenblick ihre ursprüngliche Bedeutung.

Es ist die Aufgabe der Hydrographen, auf Grund einer genauen, vergleichenden Untersuchung die richtigen Namen zu bestimmen. Für neue Fahrrinnen und Sandbänke dürfen weder die alten Namen gebraucht, noch neue Namen nach den Richtungen der Windrose ersonnen werden; letzteres ist bei den schnell wechselnden Verhält-nissen vollkommen sinnlos.

Im Jahre 1831 können wir also unterscheiden: die Insel T e r-s c h e l l i n g mit einem schnell schmaler werdenden Weststrande, das allmählich für Schiffe unzugänglich werdende W e s t e r b o o m s-g a t, den schnell näherkommenden N o o r d v a a r d e r, die H o l l e p o o r t (jetzt N o o r d o o s t g a t), das nunmehr T h o-m a s-S m i t g a t genannte IJ z e r g a t; dazwischen die N o o r d-w e s t e r g r o n d e n, die W e s t e r g r o n d e n, das N o o r d e r-S t o r t e m e l k, die G r o n d e n und das Z u i d e r S t o r t e-m e l k.

Im Jahre 1866 versandet das W e s t e r b o o m s g a t endgültig; sein südlicher Teil wird eine stille Bucht. Schon im Jahre 1796 lag hier eine kleine Sandbank: A m e r i k a a n; diese hat sich ver-grössert und wird nun ebenfalls in den Komplex des N o o r d v a a r-d e r aufgenommen. In diesen Jahren wird der Strand von T e r-s c h e l l i n g um etwa eine Wegstunde verbreitert. Der N o o r d-v a a r d e r besteht also aus wenigstens 3 Sandbänken (der alte N o o r d v a a r d e r, die ursprünglichen N o o r d e r g r o n d e n und A m e r i k a a n). Diese Verbreiterung von T e r s c h e l l i n g nach Westen ist also die dritte und grösste seit 1573.

Für die Untersuchung der Dünen genügen diese Angaben. Nähere Einzelheiten findet man in den Arbeiten von van der Vegt (1865) und in dem angegebenen Kartenmaterial.

Wir sehen also, dass in der am weitesten nach Südwesten gelegenen Rinne Sandbänke entstehen, die diese Rinne in einen nördlichen und einen südlichen Ast teilen. Diese Bänke (G r o n d e n) zeigen die Tendenz, sich zu vergrössern; sie wirken als „Kondensatoren". Gleichzeitig wandern sie in nordöstlicher Richtung. Hierin entstehen bei zunehmendem Umfang neue Fahrrinnen, die von Westen her durchbrechen. Es ist jedoch auch möglich, dass diese Fahrrinnen unmittelbar Teile des S t o r t e m e l k sind, das bei V l i e l a n d fortwährend neu entsteht. Dieser Zustand bleibt bei allen weiteren Formveränderungen im Prinzip gleich. Die Sandbänke und die dazwischen liegenden Fahrrinnen verschieben sich allmählich; dabei zeigen die Sandbänke oft Neigung, sich zu vergrössern und, wie wir am N o o r d v a a r d e r sehen, auch miteinander zu verschmelzen. Die jeweils benachbarte Bank nähert sich also der Insel T e r s c h e l l i n g je länger je mehr. In der Fahrrinne zwischen der Insel und der näher kommenden Bank tritt dann eine Periode intensiver mariner Erosion ein. Das sind die Zeiten, in denen man auf der Insel über ein erschreckendes Abnehmen der Küste klagt. Im Laufe der Zeit wird die Rinne jedoch von Norden her zugeschüttet. Die Sandbank strandet; es tritt eine plötzliche Küstenverbreiterung auf. Der neue breite Strand liegt dem Westwind offen. Infolgedessen kommt es zu einer intensiven Dünenbildung.

Wir konnten also aus dem Kartenmaterial drei Perioden des Rückganges der Küste und drei Perioden plötzlicher Küstenverbreiterung ableiten. Die Letztgenannten stellten gleichzeitig Perioden der Dünenbildung dar. Die Dünenbildung hängt also mit der Verschiebung von Sandbänken im V l i e unmittelbar zusammen.

Es ist nun auffallend, dass ein Teil des Sandes in diesem Unterwasserdelta von V l i e l a n d selbst stammen muss. Im Laufe der Zeit ist die Nordostküste dieser Insel erheblich abgeschlagen worden; in neuerer Zeit wurde dies nur durch die Anlage sehr kostspieliger schwerer Buhnen verhindert.

O o s t v l i e l a n d nähme also unter natürlichen Umständen schnell ab und die Küstenlinie von T e r s c h e l l i n g würde sich infolge der Küstenverbreiterungen nach Westen verschieben. Die Behauptung, *alle* friesischen Inseln wanderten nach Osten, ist daher unrichtig. Die Wanderung einer Insel wird davon abhängen, in welchem Verhältnis Bodensenkung, marine Erosion und Sandanfuhr zueinander stehen.

Auf W e s t t e r s c h e l l i n g überwiegt seit 1863 die Anschwemmung die gemeinsame Wirkung von Senkung und Zerstörung. Diese Anschwemmung wird umso mächtiger sein, je grösser die strandenden Sandbänke sind. Wir können also erwarten, dass die plötzliche Küstenverbreiterung, und infolgedessen auch die Dünenbildung, östlich der grössten und tiefsten Seegatten am intensivsten sein werden. Dies ist für die historische Geographie und die Landschaftsgeschichte von T e r s c h e l l i n g ein wichtiger Gesichtspunkt. Da in diesem Küstensektor das V l i e wahrscheinlich das älteste und mächtigste Seegatt war, ergibt sich daraus, dass die Lage der Insel, abgesehen von lokalen Formveränderungen, ziemlich gleich geblieben ist.

Dies ist u.a. die Folge der Tatsache, dass der V l i e s t r o o m sein Bett in westlicher Richtung zu verschieben sucht. Zu diesem Resultat kam bereits Jessen. Ein Abbröckeln der Küste ist an der Westseite von T e r s c h e l l i n g stets eine vorübergehende Erscheinung, kommt dagegen auf V l i e l a n d ständig vor. Für die Verteidigung der Küste sind diese Tatsachen von Interesse, da in Zeiten plötzlicher Küstenverbreiterung das Verteidigungsmaterial — der Sand — in richtiger Weise gesammelt werden muss. Dass die Bänke und Rinnen in den Öffnungen zwischen den Inseln die Neigung haben, mit der Sonne zu wandern, ist bereits seit langem bekannt (van der Vegt 1865; Jessen 1922; Krüger 1929; van Dieren 1932). Versluys (1917) beschrieb die Erscheinung für T e x e l und suchte einen Zusammenhang zwischen dem Stranden der in Richtung des Westwindes gelegenen Sandreservoire und der Dünenbildung. Da dies für die Inseln von primärem Interesse ist, ist eine nähere Analyse der Erscheinungen, die hier nur beiläufig berührt sind, äusserst erwünscht. Auch Wentholt (1912) beschrieb derartige Perioden der Dünenbildung auf G o e r e e.

Krüger (1929) bewies ausserdem auf historisch-geographischer Grundlage, dass die Kapazität eines Seegatts tatsächlich einen Einfluss auf Form und Wanderung der danebenliegenden Insel ausübt.

W a n g e r o o g grenzt im Westen an das H a r l e g a t, im Osten an die A u s s e n j a d e. Beide Seegatte bilden je ein Unterwasserdelta. Das H a r l e g a t t war früher das Seegatt der H a r l e - b u c h t, eines ursprünglich sehr grossen Meerbusens. Die H a r l e - b u c h t verkleinerte sich aber allmählich seit 1200 infolge von Verlandung. Daher nahm auch der Umfang des unterseeischen Deltas ab. Vergleicht man Karten von 1667 mit den heutigen, so ist diese Abnahme sehr auffallend. Da sich die Bänke auch hier fortwährend nach Osten verschoben, zeigte W a n g e r o o g genau wie das heutige T e r s c h e l l i n g und T e x e l fortwährend plötzliche

Küstenverbreiterung in westlicher Richtung. KRÜGER nimmt denn auch an, dass W a n g e r o o g infolgedessen viel grösser war und sich weit nach Nordwesten ausstreckte (Anschwemmung > Zerstörung + Senkung).

Die Insel hat sich jedoch in den letzten Jahrhunderten fast in ihrer ganzen Länge nach Osten verschoben. Die Westküste erhielt infolgedessen keinen erheblichen Zuwachs mehr, erlitt wohl aber umfangreiche Verluste. Diese Erscheinung bringt KRÜGER in Zusammenhang mit dem Verschwinden der H a r l e b u c h t. Daher nahm nämlich das unterseeische Delta im H a r l e g a t t und im Verhältnis dazu auch die Sandzufuhr an der Westküste ab. (Anschwemmung < Zerstörung + Senkung). An dieser erheblichen Formveränderung und Verschiebung ist jedoch auch der grösser werdende J a d e b u s e n schuld, der sich W a n g e r o o g gegenüber verhält wie der V l i e s t r o o m V l i e l a n d gegenüber. In den letzten 20 Jahren ist die Fahrrinne der J a d e 0,36 m, das davor liegende Riff sogar 1,98 tiefer geworden. Die heutige Küste erstreckt sich infolgedessen nach Südosten. W a n g e r o o g ist also ein schlagender Beweis für die Behauptung, dass die Dünenbildung auf das engste mit dem Umfang des Seegatts zusammenhängt, das im Westen der Insel liegt. Die Dünenbildung wird umso intensiver sein, je grösser die Kapazität dieses Seegatts ist.

Da jedoch auch dann noch immer Perioden von Küstenabnahme mit Perioden von Küstenverbreiterung abwechseln, ist es von grosser Bedeutung, das Verteidigungsmaterial zur Zeit der Dünenbildung in richtiger Weise zu sammeln. Mit anderen Worten: es muss ein *Dunetum anticum* aufgebaut werden, das zu Zeiten der Küstenabnahme die Verteidigung der dahinter liegenden Landstriche übernehmen kann. Ausserdem wird die natürliche Verschiebung des Sandes bei der Parabolisierung zur Folge haben, dass auch das weiter nach Osten gelegene Dünengebiet verstärkt wird. Der Umfang des aufzubauenden *Dunetum anticum* muss also derartig sein, dass die Sandmassen zur Parabelbildung übergehen können.

Da die ganze heutige Dünenküste der N i e d e r l a n d e nicht dank, sondern trotz des Menschen entstanden ist, wird man dies zu einem erheblichen Teil der Natur überlassen können. Die Interessen der Volksgemeinschaft können jedoch erfordern, dass dieser natürliche Vorgang stellenweise in bestimmte Bahnen geleitet wird. Unter

Umständen hält der Mensch die Bildung einer Dünenkette dort für nötig, wo die Natur von sich aus sie nicht in einem erheblichen Masse entstehen lässt. Es ist dann die Aufgabe der Küstenverwaltung, die Massregeln zu ergreifen, die an der betreffenden Stelle eine natürliche, also organogene Dünenbildung in die Wege leiten. Wir haben gesehen, dass bestimmte Faktoren, die im extremen Mikroklima zu suchen sind, die Dünenbildung verhindern können. Auch dann ist es die Aufgabe des Menschen, nach Massnahmen zu suchen, die die organogene Dünenbildung einleiten.

Man darf aber niemals vergessen, dass die Natur die Dünenküste der N i e d e r l a n d e kostenlos aufgebaut hat. Die Bildung steriler Sandhaufen hinter totem Material (physikalische Dünenbildung) hat dabei niemals eine irgendwie bedeutende Rolle gespielt. Bei der Bildung der *Duni obsidionales passivi* entsteht etwas grundsätzlich anderes, da die Humuslinsen der organogenen Dünen fehlen. Das hat sehr grossen Einfluss auf die Wasserkapazität, die Adsorption, das Mikroklima und den Nährstoffgehalt. Dadurch findet die Pflanzendecke, die man post festum anbringt, um diesen Sandhaufen um jeden Preis festzulegen und festzuhalten, oft zu ungünstige Bedingungen, um anzuwachsen und die Gesellschaftsfolge zu durchlaufen.

Auch haben wir oben nachgewiesen, dass die wichtigsten Dünenbildner nur infolge des Sandtransportes wachsen können. Es ist daher physiologisch prinzipiell falsch, diese Pflanzen (z.B. *Ammophila arenaria*) erst anzupflanzen, wenn der Sandtransport beendet ist. Helm ist ein offensives Material und daher ungeeignet zu Verteidigungszwecken, d.h. zum Festlegen von künstlichen Dünen und Windkuhlen. Das Anpflanzen dieser Art in Ausblasungsgebieten ist sogar vollkommen unsinnig. Fundierungspfähle verwendet man nicht zum Dachdecken und mit *Ammophila arenaria* kann man die Ausblasung nicht verhindern. Diese Pflanze kann sich nur in Anhäufungszonen entwickeln. Ihre Aufgabe ist beendet, wenn die Anhäufung aufhört, d.h. die Düne zur Ruhe kommt oder die Ausblasung überwiegt. Dann setzt eine Entwickelung ein, die zu einer maximalen Verwundbarkeit (*Lichenetum*) führt, und somit die Dünenverjüngung einleitet.

Es ist auch falsch, dass jede Düne um jeden Preis durch Verhindern der sogenannten Verwehung an Ort und Stelle festgehalten werden muss. Für den Aufbau des Dünengebietes ist die Dünenverjüngung ein notwendiger und nützlicher Vorgang. Auch ist es besser, eine

Dünenküste rechtzeitig vorübergehend zurückzunehmen, als sie durch übertriebenes Festhalten der Küstenlinie zugrunde gehen zu lassen (G o e r e e, V l i e l a n d). Die auf Grund der physikalischen Dünenbildungstheorie von GERHARDT-JENTSCH (1900) konsequent durchgeführte künstliche Dünenbildung hat zu grossen, materiellen Verlusten geführt. Stellenweise hat die Natur trotz des Menschen die Situation noch gerettet.

Die natürliche und darum lebendige Seewehr der N i e d e r l a n d e zeigt, dass sich auf Grund einer wissenschaftlichen Analyse der Dünen biologische Arbeitsmethoden finden lassen müssen, die mit Hilfe der Natur das erreichen, was heute mit dem Auswerfen grosser Geldsummen augenscheinlich nicht zustande kommen kann.

§ 3. D i e g e o m o r p h o l o g i s c h e B e s c h r e i b u n g d e r D ü n e n.

An der Westküste von T e r s c h e l l i n g wechselten, infolge der Verschiebung der Sandbänke im V l i e, Perioden der Dünenbildung mit Perioden ab, in denen sich, infolge eines vorübergehenden Rückzuges der Küste, ein Kliff bildete.

Von etwa 1700 bis etwa 1800 ist wahrscheinlich an der Westküste eine Vordüne, vielleicht sogar ein Vordünensystem (*Dunetum anticum*) entstanden, das etwa um 1800 und 1860 teilweise verschwand, teilweise aber in eine aktive Kliffküste (*Dunetum abruptum retractum*) überging. In einem vorhergehenden Abschnitt wurde gesagt, dass diese aktiven Kliffküsten parabolisieren, d.h. in ein *Dunetum parabolicum* übergehen und sich so zurückziehen. Ist die äolische Umsetzung stärker als die marine Erosion, so bleibt der Sand auf diese Weise für die Dünenlandschaft erhalten. In dem Falle kann eine Periode des Küstenrückganges eine Anfuhr von Sand im übrigen Dünengebiet zur Folge haben.

Es ist daher nicht erwünscht, das *Dunetum anticum* um jeden Preis festzuhalten, als wäre es ein Deich. Je nach Zeit, Ort und Umständen wird es sogar besser sein, dies Dunetum durch Windkuhlenbildung künstlich zum Zurückweichen zu bringen.

Als sich der Weststrand (W i t t e S t r a n d) von T e r s c h e ll i n g um die Sandmassen des N o o r d v a a r d e r verbreitete, entstand also zwischen der Kliffküste des frühen 19. Jahrhunderts und dem Meere ein eine Wegstunde breiter Strand. Daraufhin hat sich wahrscheinlich ein neues *Dunetum anticvm* gebildet. Sind die oben wiedergegebenen Betrachtungen richtig, so muss sich im Norden von West-Terschelling mitten im Dünengebiet an einer Stelle der damaligen Küstenlinie diese alte Kliffküste finden lassen. Dies gelang tatsächlich.

Im Nordwesten der sogenannten Kaapduinen liegt der Groene Strand. Der Boden besteht hier aus Torf, der augenscheinlich in einem primären Dünental gebildet wurde, heute aber stellenweise mit Seeton bedeckt und mit Seewasser getränkt ist. Später wurde ein Teil des Torfes durch einen kleinen Deich dem Einfluss des Meeres wieder entzogen. Dieser Groene Strand wird im Westen vom Noordvaarder getrennt durch zwei in einigem Abstand voneinander liegende, miteinander parallel verlaufende Dünenketten, im Osten von den Resten der alten, heute im Dünengebiet gelegenen Kliffküste. Bei Strandpfahl 1 beginnt in der Nähe der sogenannten Kooltjedune eine Reihe sehr charakteristischer Kupsten (*Duni abrupti persistentes*). Zwischen diesen Kupsten parabolisierte die Dünenkette. Dicht hinter den Kupsten sind die Parabeldünen miteinander verschmolzen, aber weiter im Osten finden wir mindestens zwölf, parallel zum herrschenden Winde verlaufende Dünenwälle, die zum grössten Teile am Ende durch hufeisenförmige Verbindungsstücke miteinander in Verbindung stehen. Die alte Kliffküste hat sich hier also augenscheinlich in eine Anzahl schmaler, parallel zueinander verlaufender *Duni parabolici* aufgelöst. In der Gegend von Strandpfahl 2 finden wir jedoch nur noch einige niedrige Dünen ohne deutliche Anordnung oder Struktur (Abb. 6). Bei Strandpfahl 3 ist die Kliffküste wieder deutlich nachzuweisen, dazwischen besteht eine Lücke. Das stimmt mit der Überlieferung überein; diese spricht von einem „Slufter", der sich hier in der Richtung auf den kleinen Dünensee Doodemanskisten gebildet haben soll. Eine Vereinigung des „Slufters" mit dem Dünensee soll damals durch Kistendämme verhindert worden sein. Hier finden wir also von der Kliffküste nichts mehr, doch spricht ein regelmässiger, niedriger, künstlicher Sanddamm von dem Bestreben, die Öffnung zu schliessen.

Dagegen ist weiter im Norden ein etwa 2 km langes Stück des ursprünglichen Dünenkliffs noch vollkommen erhalten.

Im Westen davon wurde unter Mitwirkung des Menschen ein neues Vordünensystem (Kroonpolders) aufgebaut. Die innerste

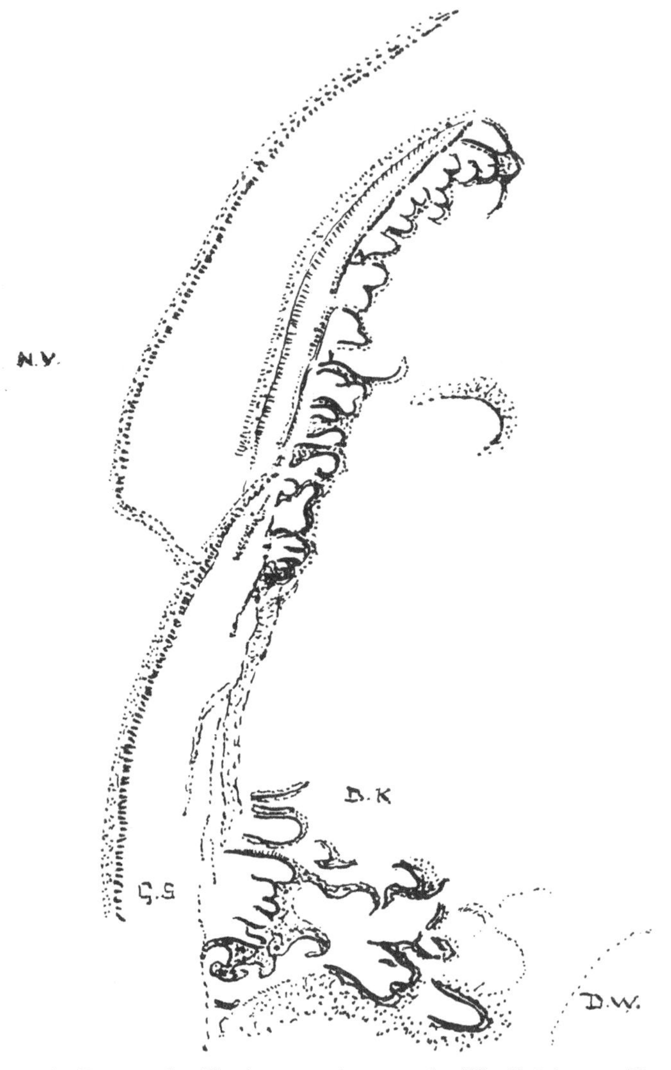

Abb. 6. Auflösung des Vordünensystems an der Westküste von Terschelling. Übergang: *Dunetum anticum → Dunetum parabolicum.* (N.V. =
Noordvaarder; G.S. = Groene Strand; D.K. = Dünensee Doodemanskisten; D.W. = Wattstrand Dellewal). 1 : 20.000. Original skizze.

Reihe begrenzt einen schmalen Streifen des ursprünglichen Strandes, das Tal des R i v i e r t j e, das eine typische, primäre Dünenebene darstellt. An der anderen Seite dieses Tales liegt die alte Kliffküste. Sie steigt steil aus der Ebene auf. Gerade dieser reichlich 2 km lange, fast senkrechte Hang ist sehr kennzeichnend. Handelte es sich hier um eine Vordüne, so stiege der Westhang allmählich an und zeigte einen unregelmässigen Fuss. In dieser Dünenkette haben sich stellenweise schmale Gänge gebildet. Das Kliff parabolisierte und wurde infolgedessen in eine grosse Anzahl parallel zueinander verlaufender, teilweise verschmolzener Parabeldünen aufgelöst. An der Stelle des alten Kliffs liegt tatsächlich nur noch eine Reihe von Kupsten, an die sich die Arme der Parabeln anschliessen. Diese Arme werden im Osten durch eine Girlande von Verjüngungszonen miteinander verbunden. Ein vereinzelter Verjüngungswall ist durchbrochen. Infolgedessen entstand über die Parabelbahn eine Verbindung zwischen der dahinter liegenden Ebene und der primären Strandebene. Diese Ebene wurde durch das R i v i e r t j e in natürlicher Weise auf den Strand entwässert. In späteren Jahren hat man den Bach kanalisiert.

Einerseits sehen wir also in diesem Verhalten einen Beweis dafür, dass das *Dunetum anticum* einer zurückweichenden Küste in ein *Dunetum erumpens* übergeht und sich dadurch in ein *Dunetum parabolicum* auflöst, das nun in östlicher Richtung wandert. Ein *Dunetum abruptum persistens* (Kupstenlandschaft) bleibt bestehen, falls es von der marinen Erosion nicht auch weggeschlagen wird.

Zweitens ergibt sich hieraus, dass diese, senkrecht zur herrschenden Windrichtung verlaufende Küste sich zunächst in eine grosse Anzahl *sehr schmaler* Parabeln auflöst. Gehen wir nun in nordöstlicher Richtung weiter, dann ändert sich diese Richtung der alten Küstenlinie bald. Zwischen den Strandpfählen 5 und 7 schwenkt der Dünenfuss in ost-nordöstliche Richtung um. Bis Strandpfahl 18 liegt das *Dunetum anticum*, das stellenweise in ein *Dunetum abruptum retractum* übergegangen ist, parallel zur herrschenden Windrichtung.

Diese Abschnitte werden also vom vorherrschenden Winde aus einer völlig anderen Richtung beeinflusst. Nur selten können wir beide Küstenformen miteinander vergleichen; es ist daher interessant, inwieweit das Verhalten der Nordküste bei äolischer Umsetzung von dem der Westküste abweicht. Als Objekt einer derartigen Untersuchung wählte ich das *Dunetum anticum* zwischen den Strandpfählen 11 und 13.

Es ergab sich, dass auch hier eine Parabolisierung der alten Küste
stattfand. Da Winde aus westlicher bis südwestlicher Richtung diese
Nord-Nordwesthänge nicht angreifen können, ist ihr Einfluss auf die
äolische Umsetzung geomorphologisch nicht von Bedeutung. Die
Dünen parabolisieren hier unter Einfluss von Nordwestwinden. Infolgedessen zerfällt die Küste in eine Reihe paralleler Parabeldünen,
deren Achse die Küstenlinie in schrägem Winkel schneidet. Es ist
eigenartig, dass Windkuhlen und Parabeldünen hier im Allgemeinen
viel breiter sind als am Weststrand. Dies ergibt sich schon aus einem
Vergleich der Skizzen (Abb. 7 I, II, III). Diese Beobachtung ist interessant, denn sie liefert den Beweis für eine Behauptung von
HARTNACK (1925, S. 38). Hat ein Dünenwall eine bestimmte Breite,
dann wird es tatsächlich einen erheblichen Unterschied ausmachen,
in welchem Winkel der Wind einfällt. Die Ausdehnung einer vom
Winde angegriffenen Fläche wird, wenn wir die senkrecht angegriffene
Fläche als Einheit annehmen, um so grösser, je kleiner der Einfallswinkel des Windes ist; und zwar ist sie dem Sinus dieses Einfallswin-
kels umgekehrt proportional. Ausserdem erhalten wir auch längere
Parabelarme. Hieraus ergibt sich also bereits, dass die Parabelbahnen
an der Nordküste breiter werden. Ausserdem bewirkt die Erscheinung,
dass der Rest zwischen dem Vorderrand der Düne und der in ost-
südöstlicher Richtung verlaufenden Windkuhle umso schmaler ist, je
kleiner der Einfallswinkel wird, ein schnelles Einstürzen der Dünenreste
im Osten. Damit erhält der Wind eine bedeutend breitere Angriffs-
fläche. Überlässt also die vorderste Dünenkette sich selbst, dann
parabolisiert auch sie. Verschieben sich die sekundären Dünen an der
Westküste also nach Ost-Nordosten, so wandern sie an der Nordküste
zunächst in südöstlicher bis ost-süd-östlicher Richtung.

Es ist klar, dass die beiden Richtungen im Verlaufe der Wanderung
über die Insel nicht beibehalten werden. Eine Düne wandert ja unter
Einfluss des *an ihrem jeweiligen Standorte* herrschenden Windes. An
einer bestimmten Stelle im Hinterland kann also immer nur eine
Richtung ausschlaggebend sein. Es muss einen Punkt geben, an dem
die Richtungen beider Dünenkomplexe gleichgeschaltet werden.

Aus einer Untersuchung der Achsenrichtung von Parabeldünen
ergibt sich, dass die Achse der Parabelbahn in den mittleren Dünen,
abgesehen von örtlichen Ausnahmen, im allgemeinen ausschliesslich
von Westen nach Osten verläuft. Im äussersten Westen ist die Achse

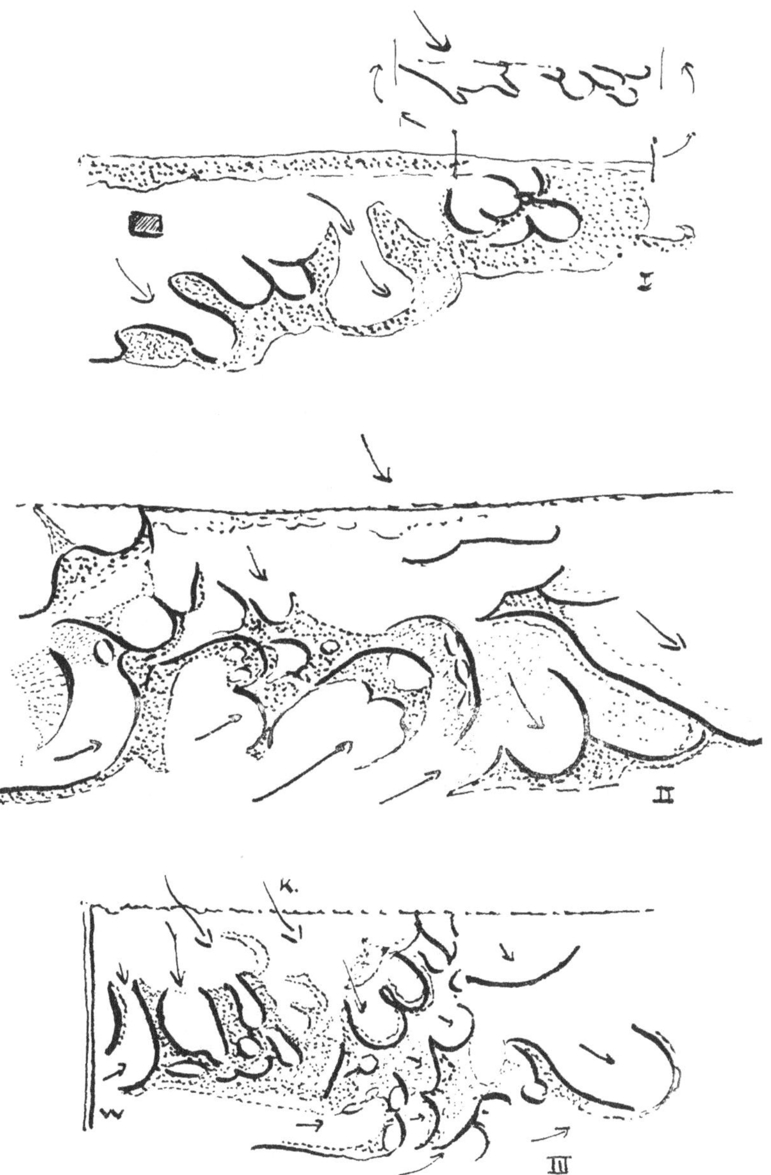

Abb. 7. Auflösung des Vordünensystems der Nordküste. Anfangs SO-Richtung (I); im Mitteldünengebiet Gleichschaltung in O-Richtung (II, III). *Duni parabolici*. 3 × 300 m. Strandpfahl 11—12. Terschelling. Originalskizze.

jedoch von West-Südwest nach Ost-Nordost, im äussersten Osten von Nordwesten nach Südosten gerichtet.

Infolge der Veränderung der geomorphologisch ausschlaggebenden Windrichtung wird die Parabeldüne also je nach dem Ort, den sie gerade erreicht, eine Schwenkung in die an der betreffenden Stelle geltende Hauptrichtung ausführen.

Die aus dem äussersten Westen kommenden Dünen machen eine kleine Schwenkung nach Süden. Zeichnet man eine Karte, so tritt das ganz deutlich hervor. Die Achse der Parabeldünen verschiebt sich allmählich aus Ost-Nordost in eine fast reine Ost-Westrichtung.

Bei den Parabeldünen, die von der Nordküste her in süd-östlicher bis ost-südöstlicher Richtung landeinwärts wandern, ist diese Schwenkung viel schärfer. Die aus dem Westen kommenden Parabeldünen schwenken auf einer viele Kilometer langen Wanderung allmählich in die Ost-Westrichtung ein; hier dagegen ändert sich die Achsenrichtung der Parabel plötzlich, da die ganze Verjüngungszone auf einmal ins Mitteldünengebiet eintritt.

Schon in kurzem Abstand von der ursprünglichen Küstenlinie geraten die nach Südosten gestreckten Arme der Parabel unter den Einfluss des in den mittleren Dünen geomorphologisch ausschlaggebenden Westwindes.

Infolgedessen entstehen auf der Westseite der Parabelarme Windkuhlen. Der Transport nach Südosten verliert seinen Einfluss, u.a. dadurch, dass der Nordwestwind durch neue Dünenbildungen an der Küste abgefangen wird. So verschiebt sich der Verjüngungswall nach Osten (Abb. 7 iii).

Die nebeneinander nach Südosten gewanderten Parabeldünen ergeben bei dieser Schwenkung also eine Reihe von hintereinander liegenden, einander mehr oder weniger umfassenden Parabeldünen mit anfangs sehr kurzen Armen.

Nicht nur die Westküste, sondern auch die Nordküste ist also wichtig für die Dünenbildung. Beide versorgen unter natürlichen Bedingungen das dahinter liegende Dünengebiet mit neuen Dünen. Diese wandern fortwährend nach Osten. Die Dünen an der Innenseite der Dünenlandschaft sind also nicht an Ort und Stelle entstanden, es sind vielmehr Parabeldünen, deren Sand an der West- oder Nordwestküste angeschwemmt wurde und die bereits eine sehr lange Wanderung hinter sich haben. Will man die Breite einer Dünenlandschaft bestimmen, so muss man auch nicht nur die Tiefe des Dünengebietes an einem willkürlichen Punkt senkrecht zur Küstenlinie messen, sondern die Breite in der Richtung der Hauptachse der Parabelbahnen. Geht man von diesem Gesichtspunkt aus, so ist die Dünenlandschaft von T e r s c h e l l i n g eine der breitesten in den N i e d e r l a n d e n.

Bevor wir nun die durch Verjüngung und Verschmelzung der Primärparabeln an der Küste entstandenen Parabeldünen im eigentlichen Dünengebiet näher besprechen, müssen wir im Anschluss an das bereits im vorigen Kapitel über die Geomorphologie Gesagte noch eingehen auf die geomorphologischen Erscheinungen, die bei diesem Verschmelzungsprozess auftreten. Wandern zwei Parabeldünen nebeneinander nach Osten, so werden ein Nord- und ein Südarm der

Abb. 8. *Dunetum parabolicum*. Kinnumer Mitteldünen zwischen Strandpfahl 7—11. Rechts: ein *Dunus falcatus linearis*. Parabelachse W—O. 1 : 40.000. Originalskizze.

Parabeln miteinander verschmelzen. Daher entsteht eine aus zwei Einheiten aufgebaute, parallel zum vorherrschenden Winde gestreckte Dünenkette mit einem steilen Nordhang und einem weniger steilen Südhang, die im Querschnitt ausserdem zwischen den von beiden Seiten gebildeten Verjüngungszonen einen sattelförmigen Einschnitt hat (Abb. 8: Dünensattel). Derartige, oft viele hundert Meter lange Dünenketten leisten bei der Rekonstruktion fast völlig unübersichtlicher Parabeldünen sehr gute Dienste.

Wären dies konstante Formen, so bestünde die Dünenlandschaft schliesslich aus einer Reihe parallel zueinander verlaufender Dünenketten, die selbst jeweils aus einem nördlichen und einem südlichen Arm der Parabel aufgebaut wären und durch die Parabelbahn voneinander getrennt würden.

Dieser Zustand tritt jedoch nicht ein. Aus den Skizzen (Abb. 9, I, II und III) ergibt sich, dass diese Dünenketten von beiden Seiten vom Winde angegriffen werden. Nicht nur auf dem Südhang sondern auch auf dem steilen Nordhang, entsteht eine Reihe von Windkuhlen. Ihre Bildung ist ein rein natürlicher Vorgang und wird sowohl durch den Klimax (*Corynephoretum canescentis* × *Lichenetum*), als auch durch das Mikroklima gegeben. Da die Verjüngungszonen ineinander übergehen, entstehen auf diese Weise eigentümliche Dünengirlanden. Schliesslich verschmelzen die Windkuhlen miteinander und die parallelen Dünenketten werden nun zu einer Reihe von hintereinander liegenden, einander umfassenden Parabeldünen. Da auch diese, wie sich aus den Skizzen ergibt, wieder miteinander verschmelzen, zerfällt die alte Dünenkette in zwei kleinere, niedrigere Reihen, die doch wieder parallel zur ursprünglichen Kette liegen. Von dieser bleibt nur eine Kupstenreihe übrig. Da sich dieser Vorgang im Laufe der Jahrhunderte wiederholen kann, wird die Dünenlandschaft schliesslich in eine „Kupstenlandschaft" übergehen, in der die Kupsten jeweils reihenweise angeordnet sind. Diese Kupstenlandschaft besteht dann aus einer Ebene, in der der Sand bis zur phreatischen Oberfläche weggeweht wurde. Die Kupsten bilden die letzten Reste einer Dünenlandschaft, wie Inselberge auf einer Rumpfebene. Auf die Dauer werden auch diese Kupsten verschwinden. Doch kommt es in einer natürlichen Landschaft nicht so weit, da in den Dünenebenen Wald den natürlichen Klimax darstellt, der grössere Komplexe dem Einfluss des Windes entzieht. Gleichzeitig werden alte Komplexe durch vom Strande herkommende Neubildungen überweht und in sie aufgenommen. So gehen alte Dünen in Neubildungen über. Das „jugendliche Äussere" gewisser Dünenformen besagt also nichts über das absolute Alter einer bestimmten Dünengegend.

Es liegt im Charakter der Parabeldüne, dass sie fortwährend nach Osten wandert. Die Gesellschaftsfolge lässt in Ruheperioden doch wieder eine maximale Empfindlichkeit (*Lichenetum*) auftreten. Ist also die Düne in einer feuchten Periode vorübergehend zur Ruhe gekommen, so dauert dieser Zustand doch nur verhältnismässig kurz.

Wird das Dünengebiet zu seinem Nachteil intensiv biotisch beeinflusst oder ist die Einstrahlung eine Zeit lang stark und der Niederschlag gering, so wirken sich diese Faktoren ohne Zweifel in der Pflanzendecke und infolgedessen auch in der Geomorphologie der

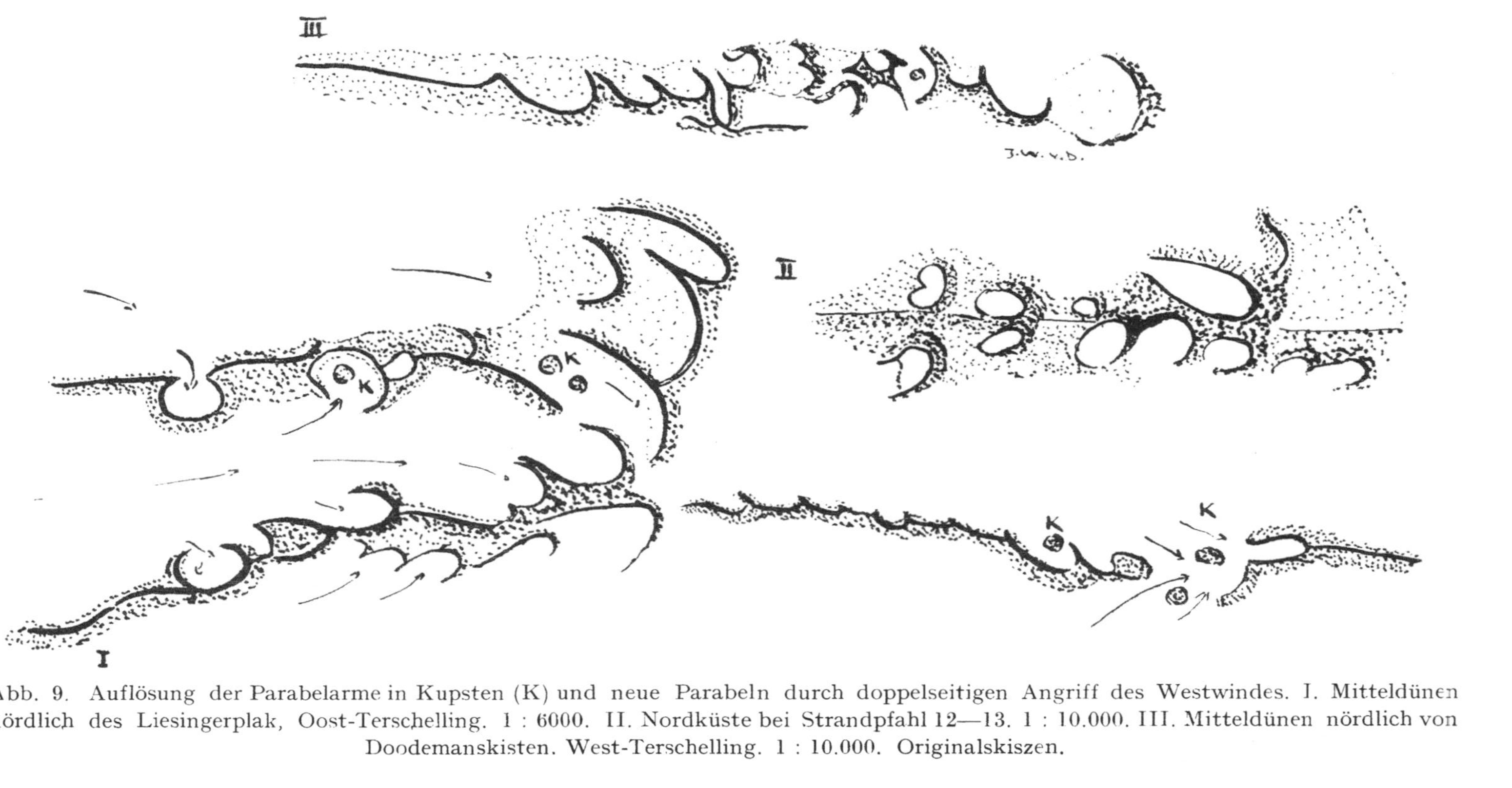

Abb. 9. Auflösung der Parabelarme in Kupsten (K) und neue Parabeln durch doppelseitigen Angriff des Westwindes. I. Mitteldünen nördlich des Liesingerplak, Oost-Terschelling. 1 : 6000. II. Nordküste bei Strandpfahl 12—13. 1 : 10.000. III. Mitteldünen nördlich von Doodemanskisten. West-Terschelling. 1 : 10.000. Originalskiszen.

Dünen aus. *Die Parabeldüne ist eine Gleichgewichtsform zwischen Sand und Pflanzendecke.* Herrschen günstige Bedingungen für die Entwickelung der Pflanzendecke, so befindet sich die Düne in Ruhe. Je ungünstiger diese Bedingungen werden, desto mehr Sand erscheint zwischen den Pflanzen und desto schneller vollzieht sich die äolische Umsetzung. Wir können uns eine so weitgehende Verschiebung des Gleichgewichtes zugunsten des Sandes vorstellen, dass die Pflanzendecke in der Verjüngungszone nicht mehr rechtzeitig regeneriert wird.

Jeder Faktor, der die Entwicklung der Pflanzendecke ungünstig beeinflusst, verschiebt also das Gleichgewicht zugunsten des kahlen Sandes, und dann wird der *Dunus parabolicus* in den *Dunus falcatus obsidionalis* übergehen. Auf natürlichem Wege lässt sich auf diesen *Duni falcati* nur sehr schwer wieder eine Pflanzendecke ansiedeln, denn bei andauernder äolischer Erosion besteht meistens auch ein ungünstiges Mikroklima. Dies konnten wir bereits auf dem Strande und in den Windkuhlen beobachten. Die Oberfläche des sekundären Barkhans bildet wieder eine „Kleinwüste".

Da die *Duni falcati obsidionales* aus den *Duni parabolici* entstehen, werden wir meistens im Osten einer Parabeldünenlandschaft sekundäre Barkhane finden. Tatsächlich sehen wir bei einer Wanderung durch T e r s c h e l l i n g von Westen nach Osten, dass die *Duni falcati obsidionales* je länger, je häufiger werden.

Nördlich von H o o r n ändert sich das Bild der Dünenlandschaft erheblich. In einem System von sich in der Windrichtung erstreckenden Ebenen mit hier und da einigen Kupsten liegen ungefähr 43 sehr regelmässige, höchstens 22 m hohe Dünen. Alle sind gekennzeichnet durch einen ganz langsam ansteigenden Westhang und einen sehr steilen Osthang. Ausserdem zeigen viele von ihnen einen ausgesprochen sichelförmigen Grundriss. Ich habe schon oben darauf hingewiesen, dass wir diese Ebenen auffassen müssen als Wanderbahn dieses Sicheldünenkomplexes, der heute festgelegt ist, aber 1880 noch fast völlig ohne Pflanzenwuchs war (Abb. 10).

Einige Angaben aus dieser Zeit mögen dies bestätigen.

Ein wichtiger Augenzeuge ist HOLKEMA (1868), der mitteilt, dass er im Osten der Insel, gegenüber von L i e s „kahle Dünen und nackte Sandflächen angetroffen hat, die mit Recht wegen des gefährlichen Treibsandes berüchtigt waren." [1]

---

1) Aus dem Holländischen übersetzt.

Auch VAN EEDEN (1885) beschreibt diese Landschaft (siehe S. 180).
Doch knüpft er hieran keine weiteren Betrachtungen.

Sehr wichtig sind die Mitteilungen des Unternehmers von Arbeiten
an Strand und Dünen C. A. SWART und des Deichgrafen J. ROGGEN.
Beide erinnerten sich noch sehr gut, dass dies ganze Gebiet in ihrer
Jugend kahl war und sich vor allem bei heftigen Stürmen vollkommen
verändern konnte. SWART stand einmal während eines kräftigen
Windes an der Ostseite eines Barkhans und beobachtete, wie sich
dieser durch massenhaftes Anfliegen und Abrutschen von Sand sehr
schnell verschob. Aus den von ihnen unabhängig voneinander er-
haltenen Angaben konnte ich feststellen, wie schnell einige dieser
Komplexe wanderten. Die W i t d u u n auf der G r o e d e hat sich
von 1825 bis 1885 um reichlich 1500 m verschoben. Ein Sicheldünen-

Abb. 10. *Dunetum falcatum obsidionale.* Mitteldünen zwischen Hoorn und
Oosterend. Oost-Terschelling. Einige *Duni falcati lineares.* Rechts: Künst-
licher Dünenwall, gebildet ± 1883, 1 : 40.000. Nach WINTERWERP u.
BULKENS.

komplex, der heute nördlich von H o o r n liegt, verschob sich in
derselben Zeit um 1400 m. Die Bevölkerung wusste heute noch, dass
dieser Komplex früher nördlich von L i e s lag. In diesem Zeitraum
wurde also das Naturschutzgebiet „De K o e g e l w i e k" durchlaufen. Dies ist also eine Wanderbahn und gehört geomorphologisch
zu den nun im Osten liegenden, vor kurzem aufgeforsteten Sicheldünen. WIEGERSMA, früher Hauptlehrer in H o o r n, teilte mir anlässlich meiner Veröffentlichung über diesen Sicheldünenkomplex
(VAN DIEREN 1932) brieflich mit, dass er schon 1915 auf Grund von
Mitteilungen der Bevölkerung zu der Erkenntnis gekommen sei, dass
es sich bei diesen regelmässig gebauten Dünen um festgelegte, „fossilisierte" Barkhane handele. Auf Grund genauer Mitteilungen alter

Einwohner erhielt er für die Schnelligkeit des Fortschreitens dieser Dünen dieselben Ergebnisse.

Besonders wichtig ist jedoch, dass die Bevölkerung den alten kahlen Zustand und die schnelle Wanderung in östlicher Richtung noch genau kennt. Wir finden hier also in den östlichen Mitteldünen eine Bildung, die mit den Barkhankomplexen in H i n t e r p o m - m e r n vollkommen homolog ist. Dies ist besonders interessant, da derartige Komplexe an der Nordseeküste bisher unbekannt waren (SOLGER 1911). Wahrscheinlich sind sie jedoch häufiger, denn auch die „L i d d e n" auf V l i e l a n d stellen zweifelsohne fossilisierte *Duni falcati obsidionales* dar.

Das Auftreten von Treibsand ist eine regelmässige Begleiterscheinung der Barkhane und an das Vorkommen dieser Dünen und ihrer Wanderbahn gebunden. Er entsteht durch eine Grundwasserstauung am Fuss des Barkhans. Schon die oben genannte Mitteilung von HOLKEMA beweist, dass die Erscheinung auch hier in grossem Umfang auftrat.

Eine interessante Angabe hierüber stammt aus dem Jahre 1882. Damals strandete auf dem B o r n r i f das Weizenschiff „Marna". Das an der Innenseite der Dünen stationierte Rettungsboot von O o s t e r e n d musste wegen der ausgedehnten Treibsandflächen einen Umweg über H o o r n machen. Dies Ereignis gab Veranlassung, einen Sanddeich quer durch diese Ebenen zu legen, der O o s t e r e n d in Zukunft direkt mit der See verbinden sollte. Diese künstliche Dünenkette, die heute mitten in Wiesen liegt, trägt auch jetzt noch den Seeweg von O o s t e r e n d; sie ist ein schlagender Beweis dafür, wie kahl das Gebiet in der damaligen Zeit war. (Abb. 10).

Die Mitteldünen im Osten sind also gekennzeichnet durch die vollkommen ebenen Wanderbahnen, in denen Kupstenketten Anfang und Ruhestadien der heute festgelegten, die Ebenen im Osten abschliessenden Wanderdünen zeigen.

Hiermit ist also bewiesen, dass vom 15. Jahrhundert an — auf dem von LUCAS JANSZ WAGENAER (1583) gezeichneten Profil von T e r s c h e l l i n g sind die Sicheldünen deutlich zu erkennen, — bis etwa 1890 die östlichen Dünen von T e r s c h e l l i n g zu einem erheblichen Teile kahl waren. Erst als um 1885 die Felder von O o s t e r e n d vom Sande überweht wurden und die Bewohner von O o s t -

Terschelling in einer Bittschrift darum ersuchten, die Dünen zu bepflanzen, warf der Staat besondere Summen aus, um dies Gebiet festzulegen. Diese Arbeit wurde in den nun folgenden Jahren von der Bevölkerung selber ausgeführt. Im folgenden Abschnitt werde ich besprechen, welchen Einfluss diese gleichzeitige Festlegung des gesamten Gebietes auf die Pflanzengeographie der Dünen hatte.

Eine grosse Anzahl dieser sekundären Barkhane zeigt heute noch die reine Sichelform. Andere sind zu einem Komplex verschmolzen, in dem zwar die individuelle Sichelform verloren gegangen, dagegen die Gliederung in einen allmählich ansteigenden Westhang und einen sehr steilen Osthang noch erhalten ist. Alle tragen jetzt ein *Corynephoretum canescentis* × *Lichenetum*. Bei einigen ist hierin wieder eine Windkuhle entstanden und der Barkhan wird von einer Verjüngungszone gekrönt, die als hufeisenförmiger Wall auf dem Westhange liegt. Eine Sicheldüne bei Strandpfahl 19 ist bereits wieder bis auf das Grundwasser ausgeweht und geht gerade in eine Parabeldüne über.

Die Festlegung der Dünen hat hier dazu geführt, dass der nunmehr bewachsene *Dunus falcatus obsidionalis* über das Stadium des *Dunus erumpens annularis* in den *Dunus parabolicus* überging. Die sehr geringe Masse der Pflanzendecke des Verjüngungswalles — gering im Verhältnis zur grossen Sandmasse, die hier in Bewegung gerät — lässt die Vermutung aufkommen, dass das mittlere Stück der Verjüngungszone wieder in einen *Dunus falcatus obsidionalis* übergehen wird, während die beiden Arme der Parabel als *Duni abrupti persistentes*, als Inselberge, stehen bleiben werden.

Diese Düne liegt in der äussersten Nordostecke des Naturschutzgebietes Boschplaat. Ihre Geschichte ist seit Jahren bekannt und wurde Jahr für Jahr photographisch festgehalten. Es ist zu hoffen, dass dieses wichtige Belegstück nicht wieder festgelegt wird, damit ihre weiteren Formveränderungen untersucht werden können.

Manche Dünen aus diesem Komplex weisen jedoch eine erheblich abweichende Form auf. Sie zeigen zwar denselben allmählich ansteigenden, regelmässigen Umriss, aber ihr Grundriss ist lang nach Osten gedehnt. Infolgedessen ist die Sichelform verloren gegangen und ein Dünenwall entstanden, der sich von einem Parabelarm durch die wenig steilen Hänge und den symmetrischen Querschnitt unterscheidet. Ich vermute, dass wir diese Düneindividuen als Strichbarkhane (*Duni falcati lineares*) auffassen müssen. Hiermit verwandte

Formen beschrieb SVEN HEDIN aus Wüstengebieten. Sie sollen unter Einfluss sehr kräftiger Winde durch die Verwehung von *Duni falcati obsidionales* entstehen. Diese Annahme wird durch die bekannte Tatsache gestützt, dass das M e i s t e r p l a k nördlich von M i d s - l a n d während des Sturmes vom 1.—6.12.1863 durch einen der- artigen Dünenwall in zwei Teile zerlegt wurde. Auch einige Dünen im Westen (an der Südseite des G r i l t j e p l a k) und zwischen H o o r n und O o s t e r e n d sind, wie ich vermute, derartige Strichbarkhane (siehe Abb. 9 u. 10).

Die *Duni falcati obsidionales* und *Duni falcati lineares* sind also immer aus organogenen Dünenkomplexen entstanden. Wir dürfen sie daher nicht als vollkommen entwickelte *Duni falcati litorales* betrachten. Dies erklärt, warum man niemals Übergangsformen zwischen den Kleinbarkhanen des Strandes und den Grossbarkhanen im älteren Dünengebiet gefunden hat (BRAUN 1911). Es handelt sich ja um genetisch verschiedene Formen. Auch die Geomorphologie der Dünen- landschaft auf der K u r i s c h e n N e h r u n g (*Dunetum anticum* → *Dunetum abruptum persistens* (sogen. Kupstenlandschaft) → Wander- bahn oder P a l w e → *Dunetum falcatum* (sogen. Wanderdünenkette)) weist darauf hin, dass es sich auch bei den dortigen Wanderdünen um echte *Duni falcati obsidionales* handelt, die durch Entblössung or- ganogener Dünenkomplexe entstanden sind.

Die Parabeldünen stellen also einen Gleichgewichtszustand zwischen dem Sand und den Wirkungen bestimmter Pflanzengesellschaften dar; ein sekundärer Barkhan entsteht, wenn dies Gleichgewicht zum Nachteil der Pflanzendecke verschoben wird. Wir müssen daher untersuchen, welche Umstände zur Entblössung der Dünen führen.

Vorläufig lassen sich drei derartige Faktorenkomplexe unterschei- den, die häufig ineinander greifen:

1. Zunächst kann man sich vorstellen, dass der Sand durch Aus- laugen und Auswaschen in älteren, oft umgesetzten Dünenlandschaf- ten dermassen verarmt, dass *Ammophila arenaria* nicht mehr die nötigen Sprosse liefern kann, um den Sand festzuhalten. Diese Ver- mutung wird sehr wahrscheinlich gemacht durch die Beobachtung, dass die Sprossproduktion in der älteren Dünenlandschaft tatsächlich sehr stark abnimmt. Auf T e r s c h e l l i n g sieht man in den öst- lichen Dünen viel mehr Sand zwischen den Pflanzen. Auch der inten- sivere und schnellere Verlauf der äolischen Verjüngung in kalkarmen

Dünengebieten (S c h o o r l, S c h o u w e n, W e s t f r i e s i s c h e
I n s e l n) weist hierauf hin.

2. An manchen Stellen können wir eine derartige Grössenzunahme
der Ausblasungszone beobachten, dass die Menge des verwehten
Sandes und die schnelle Verschiebung der Verjüngungszone eine recht-
zeitige ausreichende Regeneration der Pflanzendecke verhindert. Die
Pflanzen sind nicht mehr imstande, den verwehten Sand festzuhalten.
Der Verjüngungswall wandert schneller als die Entwicklungsperiode
der Pflanzen erfordert.

3. Biotische und anthropogene Einflüsse (z.B. Viehweide und Ab-
mähen des Helms) können einerseits die Pflanzendecke vollkommen
vernichten, andererseits eine ausreichende, schnelle Wiederherstellung
der Pflanzendecke in den unter 2. genannten Fällen verhindern.

Die äolische Umsetzung wird daher nicht nur im Osten, sondern
auch dort, wo sich anthropogene Einflüsse am kräftigsten geltend
gemacht haben, sehr intensiv gewesen sein. Man wird also ein *Dunetum
falcatum obsidionale* vor allem an Stellen finden, wo die genannten
Faktorengruppen gemeinsam einwirkten.

In dem Paragraphen über den anthropogenen Einfluss auf die Dünen
habe ich schon darauf hingewiesen, dass O o s t - T e r s c h e l l i n g
von der Bodennutzung lebte, W e s t - T e r s c h e l l i n g dagegen
Hafenort war.

Doch auch in der Umgebung von W e s t - T e r s c h e l l i n g
wurde die Pflanzendecke fortwährend durch Brennstofflesen und
Kleinviehweide beeinflusst. Am wenigsten hat sie im Laufe der Jahrhunderte in dem ausgedehnten Dünengebiet zwischen W e s t - und
O o s t - T e r s c h e l l i n g (K i n n u m e r M i d d e n d u i n) zu
leiden gehabt. Dies war von beiden Orten zu weit entfernt, um intensiv
ausgenutzt zu werden.

Westlich dieses Gebietes hat vermutlich eine ziemlich erhebliche
Vernichtung der Pflanzendecke stattgefunden. Dafür spricht u.a., dass
nördlich von W e s t - T e r s c h e l l i n g zwei ausgedehnte Dünenebenen liegen: F o p p e p l a k und G r o e n e P o l l e n. Beide
sind durch einen viele Kilometer langen, doppelten Parabelarm voneinander getrennt (Abb. 9 III). Kupsten weisen auf Ruhestadien der
Dünen und Dünenwälle hin, die über diese Ebene wanderten und deren
Sand die sehr umfangreichen hohen Dünenrücken aufbaute, von denen,
diese Ebenen heute im Osten begrenzt werden. Diese Dünenlandschaft,

in der Einzelformen von Düneindividuen verloren gehen, halte ich
für einen durch Anhäufung und Aufstauung vieler Parabeldünen und
einiger Barkhane entstandenen Komplex, der einerseits nicht weiter
nach Süden durchdrang, da er die Grenzen der Äcker und Wohn-
stätten erreichte, wo der Sand alljährlich von der allgemeinen Helm-
anpflanzung (gemeene helmpootinge) festgelegt wurde, andererseits
im Norden in die Zone geringer biotischer Beeinflussung geriet, wo sich
die natürliche Pflanzendecke, wie die betreffenden Dünenformen (viele
deutliche Parabeldünen, keine Barkhane!) zeigen, im Laufe der Jahrhunderte halten konnte und den jeweils angewehten Sand festhielt.

Das Landschaftsbild der mittleren Dünen in der Umgebung von
W e s t - T e r s c h e l l i n g halte ich für eine Rumpfebene, in dem
einige *Duni abrupti persistentes*, und einige Parabelarme als Reste
zurückgeblieben sind. Der weggeblasene Sand bildete den hohen,
ausgedehnten Komplex von *Duni obsidionales agressivi*, *Duni migra-
tores passivi* und *Duni erumpentes*, der diese Ebenen im Osten abschliesst. Das Ganze können wir gewissermassen als zwei zusammengesetzte Parabeldünen von sehr grossen Ausmassen auffassen. Es ist
ein typisches entblösstes Durchgangsgebiet, das erst ungefähr in der
Mitte des vorigen Jahrhunderts zur Ruhe kam. In diesen Ebenen
findet man heute umfangreiche, halbwilde Kulturen von *Oxycoccus
macrocarpus* neben ausgedehnten, staatlichen Wäldern, Wiesen und
Dünenäckern. All diese Kulturen wurden erst etwa um 1893 angelegt.

Östlich von diesem W e s t e r - M i d d e n d u i n liegt also die
K i n n u m e r M i d d e n d u i n (Abb. 9). Infolge ihrer abgeson-
derten Lage ist sie als weniger intensiv ausgenutztes Gebiet aufzufassen. Die Dünenlandschaft ist hier augenscheinlich aus verhältnismässig kleinen, häufig miteinander verschmolzenen Parabeldünen der
klassischen Form aufgebaut. Die Dünen lagen also ausserhalb des
künstlich bepflanzten Gebietes. *Oxycoccus macrocarpus* konnte hier
schon 1840 verwildern; diese Tatsache weist darauf hin, dass das
Gebiet schon damals eine Heideflora trug. Erst etwa um 1890 konnte
sich die Art in den westlichen Dünentälern ansiedeln. Vorher hatte
die Gesellschaftsfolge, die ungefähr um 1846 in dieser bisher kahlen
Dünenlandschaft einsetzte, noch kein für das *Oxycoccetum macrocarpi*
geeignetes Stadium erreicht.

In dem M i d s l a n d e r M i d d e n d u i n treten dagegen neben
Parabeldünen mit langer Achse bereits wieder barkhanartige Formen

auf (*Duni falcati lineares*). Auch nördlich von F o r m e r u m ist das der Fall. Diese Landschaften werden jedoch an der Küste überall von einem *Dunetum parabolicum* begrenzt. Dies zeigt die gleichen Erscheinungen, die wir schon an der Nordküste sahen. Die Binnendünen bestehen ebenfalls aus einem, wenn auch abweichend gebauten *Dunetum parabolicum* (Abb. 11). Dies liegt daran, dass in den mittleren Dünen niemals versucht wurde, die äolische Umsetzung zu hemmen; infolgedessen entstanden hier sekundäre Barkhane und Parabeldünen mit langer Achse. Die Binnendünen wurden dagegen seit vielen Jahrhunderten von der Bevölkerung künstlich bepflanzt, um ein Versanden von Äckern und Ländereien zu verhindern. Da auch die Binnendünen durch Beweidung und Brennstofflesen beeinflusst wurden und ausserdem die Gesellschaftsfolge jeweils wieder ein *Corynephoretum*

Abb. 11. *Dunetum parabolicum*. Binnendünen zwischen Landrum und Lies, Oost-Terschelling. (L.M. = Lanryummer Meibrandsdüne; F.M. = Formerummer Meibrandsdüne; L.P. = Liesingerplak). 1 : 20.000. Originalskizze.

canescentis × *Lichenetum* ergab, entstanden hier immer neue Windkuhlen, die jedoch nach kurzer Zeit wieder bepflanzt wurden. So entstanden schliesslich Parabeldünen, deren gezackter Kamm zeigt, dass die Parabolisierung jeweils wieder an einer anderen Stelle einsetzte und immer wieder gehemmt wurde. Daher zeigen diese Dünen einen völlig anderen Aufbau als die Parabeldünen im K i n n u m e r M i d d e n d u i n, die sich immer nach allen Seiten frei entfalten konnten.

Die mittleren Dünen von L i e s bis zur B o s c h p l a a t bestehen also aus dem oben beschriebenen *Dunetum falcatum obsidionale*. In diesem Gebiet finden wir in den ausgedehnten Ebenen, die wir mit den P a l w e n und den Bahnen der Wanderdünen auf der K u r i s c h e n und H i n t e r p o m m e r s c h e n N e h r u n g vergleichen können, die *Duni abrupti persistentes*. Wie überall auf der Insel werden auch hier die inneren und äusseren Dünenketten durch mehr oder weniger ineinander geschobene *Duni parabolici* und *Duni erumpentes* gebildet. Nach der künstlichen Festlegung sind, wie oben angegeben bereits einige *Duni falcati* wieder ins Parabelstadium übergegangen. Die Achse dieser Parabeln weist ganz im Osten stark nach Südosten.

Wir müssen im Folgenden noch die Gebiete der *Dünenbildung* beschreiben. Die Lage der Insel bedingt, dass wir sie an der ganzen West-, Nord- und Ostküste suchen müssen, soweit die marine Erosion die Dünenbildung nicht verhindert. Zwischen den Strandpfählen 13 und 17 finden wir heute eine Kliffküste. Das ist nicht immer so gewesen. Sie entstand an dieser Stelle im Jahre 1887.

Sonst finden wir überall Dünenbildung. Diese wird am stärksten sein auf den breiten Strandebenen, die in Richtung des vorherrschenden Windes liegen. Das Optimum der Dünenbildung liegt zwischen den Strandpfählen 3 und 8. Auch von Strandpfahl 8—13 findet sich noch Neubildung. In späteren Jahren ist hier vor der alten Dünenküste ein neuer *Dunus anticus* entstanden, der weiter im Osten als neuer Dünenfuss gegen die alte Küste auskeilt.

Erhebliche Neubildungen haben auch hinter Strandpfahl 17 stattgefunden. Da die Küste hier jedoch nach Südosten umbiegt, nimmt die Höhe dieser *Duni antici* schnell ab, obwohl der davor liegende Strand durch Anschluss an die B o s c h p l a a t breiter wird. Die östlichen Winde haben jedoch zu wenig Bedeutung; der Sand wird daher nicht ins Dünengebiet transportiert, sondern weiter nach Osten, wo er schliesslich im A m e l a n d e r g a t verschwindet oder in den primären Dünenwällen liegen bleibt, welche die kleinen Dünenkomplexe auf der B o s c h p l a a t begrenzen.

Hier am Ostrande der T e r s c h e l l i n g e r Dünen finden wir also ein wenig entwickeltes *Dunetum anticum*. Seine Wälle divergieren nach Süden zu und umschliessen eine primäre Strandebene, die durch Priele mit dem Wattenmeer in Verbindung steht. Dies Gebiet wurde bereits in dem Kapitel über Dünenbildung ausführlich besprochen.

Die umfangreichste Dünenbildung dürfen wir dagegen auf der Westküste erwarten und dort hängt sie zusammen mit der Wanderung der Sandbänke im V l i e.

An die Stelle der weggeschlagenen Dünen und der Kliffküste [1)]

---

1) HOLKEMA teilt mit, dass die Küste noch 1851 hier jährlich um 150 Ellen (105 m!) zurückging.

trat seit der Mitte des vorigen Jahrhunderts ein erheblicher Küsten-
zuwachs. Wir können daher erwarten, dass seither vor der alten Kliffküste ein stark entwickeltes *Dunetum anticum* entstand. Vor ihm muss
seewärts ein Gebiet von *Duni embryonales* liegen.

Diese Dünenlandschaft ist jedoch nur in der Theorie vorhanden.
Dort, wo kurz vor der Mitte des vorigen Jahrhunderts Schiffe ein-
fuhren, liegt heute eine Landschaft, die aus einem System von nach
Norden zusammenlaufenden Sanddeichen besteht. Diese schliessen
einen Komplex von primären Strandebenen ein. Die äussersten zeigen

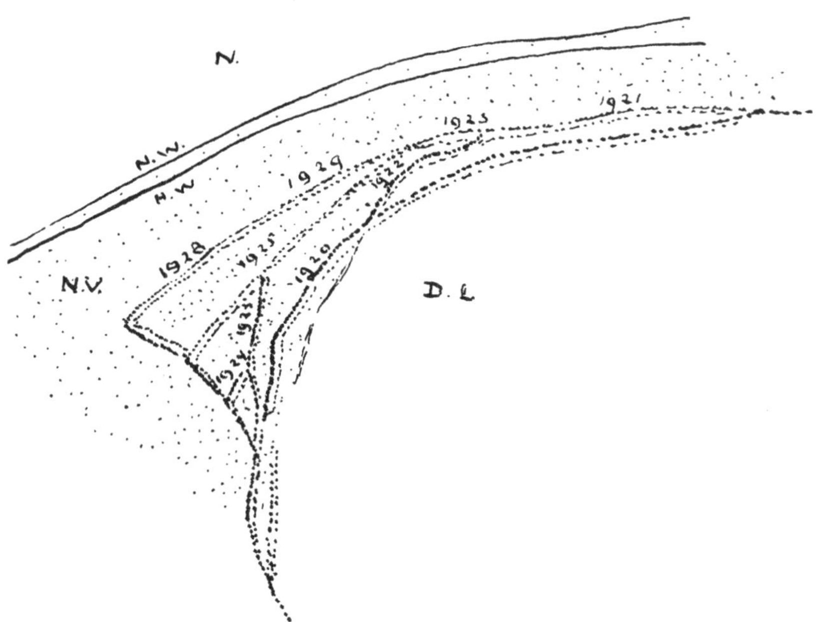

Abb. 12. *Dunetum prismaticum.* Noordvaarder (N.V.) West-Terschelling.
(N. = Nordsee; D.L. = Dünenlandschaft). N.W. Küste: Strandpfahl
2—6/7). 1 : 50.000. Nach Hoekstra.

einen kaum nennenswerten Pflanzenwuchs, die innersten und an-
scheind also die ältesten tragen ein dichtes *Hippophaëtum Rhamnoidis*
— als Unterwuchs findet sich u.a. ein *Pyroletum rotundifoliae* —, das
gerade in ein *Empetretum nigri* und Heïde übergehen will. Die grosse
Regelmässigkeit dieses Komplexes und die geringe Masse der einzelnen
Sandwälle lässt uns schon vermuten, dass hier nur zu einem sehr
geringen Teile eine natürliche Bildung vorliegt (Abb. 12).

Tatsächlich hat in diesem Gebiet die Reichswasserbauverwaltung eingegriffen und die Dünenbildung in Bahnen gelenkt, die ihr erwünscht schienen.

Infolgedessen hat die Entwickelung einen völlig anderen Verlauf genommen, als unter natürlichen Umständen der Fall gewesen wäre. Prinzipiell lässt sich natürlich nichts dagegen einwenden, in die Bildung von Dünen einzugreifen und diese dort zu fördern, wo aus ökonomischen Gründen eine Dünenbildung erwünscht erscheint. Man muss sich aber dabei fragen, ob die dazu verwendeten Methoden geeignet und die damit erreichten Ergebnisse wertvoll sind.

Zweck einer Küstenverwaltung ist es, mit möglichst geringen Kosten zu Zeiten einer periodischen Küstenverbreiterung ein Dünengebiet aufzubauen, das beim Eintritt einer Periode des Küstenrückganges den grösstmöglichen defensiven Wert besitzt. Da das gesamte Dünengebiet der N i e d e r l a n d e von der natürlichen Pflanzendecke aufgebaut wurde, liegt es vor der Hand, auch beim künstlichen Aufbau die Pflanzendecke zu Hilfe zu rufen.

Zweitens muss es das Ziel der Küstenverwaltung sein, ein Dünengebiet *mit der grösstmöglichen Masse* aufzubauen, da bei vordringendem Meere die defensive Wirkung für das dahinter liegende Gebiet am grössten ist, wenn die Sandmasse nicht über ein grosses Gebiet verstreut ist, sondern in umfangreichen Dünenketten kompakt beieinander liegt. Diese müssen gleichzeitig gross genug sein, um sich auf weite Strecken zurückziehen zu können, ohne dass Lücken in der Dünenkette entstehen. Es ist nun sehr eigenartig, dass vor 1920 auf dem eigentlichen N o o r d v a a r d e r keine organogene Dünenbildung auftrat. Es war nur in einiger Entfernung von der alten Küste eine Wanderdünenlandschaft entstanden, die bei anhaltendem Winde aus einer bestimmten Richtung ein schönes *Dunetum falcatum litorale* bildete. Es bestanden also Umweltfaktoren, die die Bildung von *Duni embryonales fundati* verhinderten. In einem vorhergehenden Kapitel habe ich bereits den Schluss gezogen, dass es sich hier um dieselben Faktoren handelt, die den Pflanzenwuchs auf Windkuhlen und *Duni falcati obsidionales* im eigentlichen Dünengebiet verhindern. Diese Faktoren hängen mit Ausblasung und Mikroklima zusammen.

Die organogene Dünenbildung beschränkte sich darauf, einen umfangreichen *Dunus anticus* in *direktem Anschluss an die alte Dünenlandschaft* aufzubauen. Der Mensch griff zwar auch hier regelnd ein;

diese Vordüne wuchs aber doch fast vollkommen organogen. So entstand seit der Mitte des vorigen Jahrhunderts an der Westseite des G r o e n e S t r a n d und vom Tal des R i v i e r t j e eine hohe, kräftige Dünenkette, die dauernd einen gut entwickelten Hauptkomplex von *Ammophila arenaria* trug. Diese Vordüne erstreckte sich von Strandpfahl 2 bis Strandpfahl 11. Zwischen ihr und der alten Küste lag fast überall eine sehr schmale, primäre Dünenebene.

Da die Ansiedelung einer natürlichen Pflanzendecke auf dem N o o r d v a a r d e r auf Schwierigkeiten stiess, bestand also aller Grund, dort die Dünenbildung einzuleiten. Man musste sich dabei vor Augen halten, dass das Verwehungsgebiet einerseits möglichst wenig angegriffen werden durfte, andererseits aber vor dem zuerst gebildeten *Dunus anticus* ein zweiter mit mindestens der gleichen Masse entstehen musste. Die herrschende Auffassung üebr Dünenbildung, die die etwa um 1900 von GERHARDT in seinem Buch über „Dünenbau" entwickelten Grundsätze praktisch anwendete, verhinderte, dass der Sand in dieser Periode in richtiger Weise angehäuft wurde.

Von 1920—1929 polderte man den N o o r d v a a r d e r durch Anlage eines Systems von Buschzäunen ein. Dazu verwendete man sowohl totes Reisig als ausgehackte Stämme aus Kiefernschonungen. Beide mussten von weit her gebracht werden. In den Jahren 1920, 1921, 1923, 1924, 1925 und 1928—1929 errichtete man nacheinander immer weiter westlich neue Buschzäune. Die Sandanhäufung hinter einem Buschzaun konnte sich infolgedessen oft kaum ein Jahr lang entwickeln. So entstand ein System von, hinter totem Material gebildeten, sehr wenig umfangreichen *Duni prismatici*, die den N o o r d v a a r d e r in eine Zahl von Parzellen zerlegte (K r o o n p o l d e r s). Schliesslich schloss man diese Polder auch im Süden durch einen von West-Nordwest nach Ost-Südost gestreckten Sanddeich ab. Dadurch wurde die natürliche Entwässerung verhindert und das Grundwasser aufgestaut. So wurde in kürzester Zeit die Deflationszone, die das aufbauende Material hätte liefern müssen, durch ein System von Sanddeichen ihrer Aufgabe entzogen. Auf den nassen, primären Strandebenen siedelte sich bald eine üppige Flora an, die ich in Kapitel VIII besprechen werde.

Bei der Bildung dieser Sanddeiche hat man also abgesehen von der Verwendung lebenden Materials, das dort üppig wachsen könnte, wenn man ihm nur die Gelegenheit zur Ansiedelung gegeben hätte.

Nachträglich ging man jetzt dazu über, diese Sanddeiche zu bepflanzen. Für die Vegetation war es eine sehr schwere Aufgabe, diese losen, humusfreien Sandhaufen mit ihrem ungünstigen Mikroklima zu besiedeln. Ausserdem kann sich Helm nur in der Anhäufungszone optimal entwickeln und diese Zone wurde durch Anlage eines neuen Buschzaunes immer dann gerade nach Westen verlegt, wenn *Ammophila* angepflanzt werden sollte. Es konnte daher kein normales *Ammophiletum arenariae* entstehen. Merkwürdigerweise blieb auch die nächste Gesellschaft, das *Festucetum rubrae* aus und es folgte eine offene Pflanzendecke von *Anthyllus Vulneraria*, der immerhin zum Hauptkomplex von *Festuca rubra* gehört. Da *Anthyllus* mit Hilfe von Wurzelbakterien freien Stickstoff assimilieren kann, ist dies unter Umständen ein Hinweis darauf, dass die Mykorrhiza von *Festuca rubra* im Dünengebiet auf den Humus der begrabenen Sprosse angewiesen ist.

Von einer normalen Gesellschaftsfolge konnte also keine Rede sein. Anstelle eines einfachen, organogenen *Dunetum anticum* errichtete man ein künstliches *Dunetum prismaticum*. Das *Ammophiletum* ist später zwar stellenweise auf den äussersten *Duni prismatici*, die längere Zeit im Gebiete des Sandtransportes lagen, doch noch angewachsen, trotzdem blieb die Anlage dieser Buschzäune im Grunde eine Bildung steriler Sandhaufen.

Diese zeigen die folgenden Nachteile:
1. fehlt ihnen ein wesentlicher Bestandteil der Dünen, der Humus;
2. auf ihnen stossen Ansiedelung und Gesellschaftsfolge auf Schwierigkeiten und verlaufen abweichend;
3. ist ihr defensiver Wert sehr gering;
4. ist ihre Masse viel zu klein, um neue Individuen für die dahinter liegenden Dünen zu liefern;
5. können sie sich in Zeiten vorübergehenden Küstenrückganges nicht zurückziehen;
6. wurde durch ihre Anlage die Ausblasungszone als Quelle der Dünenbildung in kürzester Zeit unbrauchbar gemacht.

Material, das imstande ist, Dünen aufzubauen, und bei dem die oben genannten Nachteile nicht auftreten, stellt die Natur an Ort und Stelle im Überfluss zur Verfügung. Es ist daher nicht richtig, untaugliches Material unter Anwendung grosser Kosten kommen zu lassen. Die Anlage von Sanddeichen in Buschzäunen stall der Förderung organogener Dünenbildung beruht auf einer verkehrten Anwendung des Materials. Die echte Dünenbildung ist das Monopol besonderer, lebendiger Pflanzengesellschaften mit einer gesetzmässigen Struktur. Die Komponenten dieser dünenbildenden Bestände wachsen nicht trotz, sondern auf Grund des Sandtransportes und sterben ausserhalb der Anhäufungsgebiete ab. Schon eine oberflächliche Untersuchung der Dünen zeigt, dass die Hauptkomplexe von *Triticum junceum* und von *Ammophila arenaria* streng auf die Anhäufungsgebiete beschränkt sind, d.h. sie finden sich nur auf dem, noch in der Entwicklung begriffenen *Dunetum anticum* und in der Verjüngungzone von Dünenindividuen, die sich äolisch verlagern. Niemals sieht man *Ammophila arenaria* z.B. in Ausblasungsgebieten. Wo kein Sand liegen bleibt, sondern Sand verschwindet, kann diese Art nicht wachsen, obwohl ihre Samen in Mengen dorthin gelangen.

Wie wenig man noch im Allgemeinen von den wirklichen Fähigkeiten dieser Pflanze weiss, ergibt sich aus der Tatsache, dass man davon abgesehen hat, sie in der Anhäufungszone zu verwenden, d.h. an der einzigen Stelle, wo sie ihre günstigsten Entwicklungsbedingungen findet. Dort ersetzt man diesen natürlichen Dünenbildner durch sehr kostspielige Buschzäune. Dagegen verwendet man sie wohl in Ausblasungsgebieten (zum Festlegen von Windkuhlen), also der einzigen Stelle im Dünengebiet, wo sie keinesfalls wachsen kann, in der Natur auch niemals vorkommt, und nach Anpflanzung regelmässig zugrunde geht.

Diese unbiologische Arbeitsmethode findet man auch in anderen Ländern. Dies ergibt sich aus der im Literaturverzeichnis angeführten internationalen Dünenliteratur. Besonders verweise ich auf einen Arbeit von KRÜGER (1929), in dem die Anlage von Sanddeichen eingehend besprochen wird. Er geht von dem falschen Prinzip aus, man müsse den Sandtransport durch Buschzäune aufhalten, *um den Helm vor Verwehung zu schützen.* Diese Methode wurde auf W a n - g e r o o g in grossem Massstabe durchgeführt. Wohl nirgends in der Welt sind die Funktion des Sandtransportes und die Lebensbedingungen des Helms gründlicher verkannt worden.

In den N i e d e r l a n d e n ist die Wissenschaft von der Anlage und Unterhaltung von Deichen zur höchsten Blüte gelangt. Dagegen stehen auf dem Gebiete der Dünenverwaltung heute noch Fragen auf der Tagesordnung, über die man sich im Mittelalter den Kopf zerbrach.

Das ausgedehnte und reichgegliederte Dünengebiet, das die N i e-
d e r l a n d e gegen das Meer schützt, wurde trotz des menschlichen
Einflusses von der Natur kostenlos aufgebaut. Diese Tatsache hätte
uns eigentlich veranlassen müssen, die Arbeitsmethoden der Natur
zu untersuchen, um dann ihre aufbauenden und erhaltenden Kräfte
im Kampf gegen Wasser und Sand nutzbar zu machen.

Die einfache Tatsache, dass sich hinter einem Zweig, einer Muschelschale oder einem Stein vorübergehend ein Sandschwänzchen absetzt,
kann als Grundlage für die praktische Dünenverwaltung doch wohl
keineswegs genügen. Erst eine gründliche Kenntnis ,,des Lebens der
Dünen'' (KÜHNHOLTZ-LORDAT) wird uns instand setzen, eine biologische
Arbeitsmethode zu entwerfen, die von der Natur ausführen lässt, was
heute mit Kunstgriffen nicht zu erreichen ist. Die Art und Weise, in
der wir ein Dünengebiet verwalten müssen, ist kein Problem der
Wasserbaukunde, sondern der angewandten Biologie. Es kann erst
durch jahrelange Untersuchungen einer biologischen Küstenstation
befriedigend gelöst werden. Hier liegt ein fruchtbares Feld für Untersuchungen brach, dessen Bearbeitung geradezu eine ökonomische Not-
wendigkeit ist.

ACHTES KAPITEL

KURZE ÜBERSICHT ÜBER ANSIEDELUNG UND GESELLSCHAFTSFOLGE DER
PFLANZENDECKE IN DEN DÜNENTÄLERN (HYGROSPHÄRE)

Die meisten Dünentäler auf T e r s c h e l l i n g sind sekundär, d.h.
sie entstanden durch Deflation bis auf die phreatische Oberfläche. Infolgedessen finden wir erhebliche Unterschiede in ihrer Höhenlage.
Geomorphologisch unterscheiden wir Ringdünenebenen, Parabelbahnen und Wanderbahnen, doch ist dies für die vorliegende Frage nicht
von besonderem Interesse. Die sekundäre Dünenebene kann längere
Zeit kahl bleiben, aber bei hohem Grundwasserstand siedelt sich bald
eine Pflanzendecke an. Diese wandert vor allem von den Rändern her
ein. Infolgedessen ist die Gesellschaftsfolge im westlichen Teile der
Dünentäler weiter fortgeschritten als im östlichen Teil, über den die
Düne gerade hingegangen ist. Diesen Zustand finden wir z.B. im
Naturschutzgebiet K o e g e l w i e k. Die Westseite trägt ein *Empetretum nigri*, die Ostseite ein *Agrostidetum stoloniferae*. Ältere Parabelbahnen haben daher auch eine andere Pflanzendecke als junge.

Die Heidedecke der westlichen Dünen entstand nach 1860, vor allem
zwischen 1890 und 1900, wie sich aus einem Vergleich der floristischen Bestandaufnahmen und aus der zunehmenden Verbreitung von
Oxycoccus macrocarpus (VAN DIEREN 1928, 1933) ergibt. Zur Zeit
vollzieht sich dieser Prozess in den östlichen Dünen. Daraus lässt sich
schliessen, dass die Gesellschaftsfolge 40 bis 50 Jahre nach Festlegung
wieder in das Stadium der atlantischen Heide eingetreten ist. In diesem Zustande tragen die Dünengipfel das *Corynephoretum canescentis*
× *Lichenetum*, der Rand der Täler und die Nordosthänge das *Empetretum nigri*, die Dünentäler selbst je nach der Höhenlage ein *Callunetum vulgaris*, ein *Ericetum tetralicis*, ein *Myricetum Gale* oder ein *Oxycoccetum macrocarpi*. Diese Bestandestypen bilden in derselben Reihenfolge Gürtel um jedes Dünental und bestimmen das Äussere der
Landschaft.

Primäre Dünenebenen, die dadurch entstanden, dass ein neuer

Dunus anticus einen Teil der primären Strandebene abtrennte, sind verhältnismässig viel seltener. Sie beschränken sich auf die Nordwest- und Nordostküste der Insel. Teilweise bleiben diese primären Dünen- ebenen im Anfang noch mit dem Meere in Verbindung (O o s t-T e r- s c h e l l i n g); dann wird auch Ton abgelagert und die Ansiedelung der Pflanzendecke beginnt mit dem *Salicornietum herbaceae* oder dem *Puccinellietum maritimae*; nähere Angaben hierüber findet man in Kapitel V. Unter Umständen wird aber der marine Einfluss von der Natur oder dem Menschen schon bald ausgeschlossen. Dies ist auf W e s t-T e r s c h e l l i n g (K r o o n p o l d e r s) der Fall. Da das Alter der *Duni prismatici*, die diese Ebenen einschliessen, genau be- kannt ist, steht auch das absolute Alter der Pflanzendecke in diesen primären Dünentälern fest.

Wir sehen, dass die seit 1928 und 1929 abgeschlossenen, jüngsten Ebenen noch vollkommen kahl sind. An ihrem Innenrande stehen einige *Duni embryonales* mit *Triticum junceum*.

Die darauf folgende Ebene stammt aus dem Jahre 1925. In der Mitte ist das Grundwasser zu einem See aufgestaut. Sein Umfang ändert sich infolge der wechselnden Niederschläge und der Verdun- stung fortwährend; im Herbst und Winter ist beinah die ganze Ebene überschwemmt, im Sommer dagegen liegt nur in der Mitte des Tales eine kleine Wasserfläche. Dieser See wirkt als Fangapparat für schwe- bende Samen. Ausserdem ist es sehr wahrscheinlich, dass Vögel, die diesen See in sehr grosser Anzahl bevölkern, hier Samen hinterlassen. Diese Samen werden in Spülsäumen abgelagert. Das Wasser sortiert sie nach Grösse und Gewicht und infolgedessen auch nach den Arten. So entstehen konzentrische Gürtel, die fast reine Bestände darstellen und den nacheinander abgelagerten Spülsäumen entsprechen. Im Sep- tember 1932 fanden sich hier von Westen nach Osten hintereinander ein *Agrostidetum stoloniferae*, ein *Cakiletum maritimae*, ein *Chenopo- dietum (rubrae?)* und ein *Senecionetum vulgaris*. Dieser Beginn der Sukzession entspricht völlig den Vorgängen auf dem Strande. Auch hier treten in den Spülsäumen schnellwüchsige, einjährige, auf eutro- phe Böden beschränkte Arten in sehr homogenen Beständen auf. Das Auswandern der Pioniere am Strand nach neuen Flutmarken am Ende des Jahres ist auch bei dieser Flora zu beobachten. 1933 lagen die Bestände an ganz anderen Stellen. Das *Chenopodietum* war sogar aus dem ganzen Gebiet wieder verschwunden.

Die Pflanzendecke dieses Teiles war jedoch nicht auf die oben genannten Arten und Bestände beschränkt. An der Westseite drängt das *Agrostidetum stoloniferae* überall zur Mitte und im äussersten Osten standen fast gar keine Pflanzen, mit Ausnahme einiger sehr grosser Exemplare von *Cakile maritima*, die aus dem Sande, der noch aus der Dünenebene transportiert wurde, einen *Dunus embryonalis fugax* aufgebaut hatten. Dagegen war die Südostseite bedeckt mit einer grossen Zahl von Arten, die noch nicht zu einer homogenen Pflanzendecke zusammentraten; trotzdem zeigten schon einige Arten Anfänge der Bestandbildung.

Hierunter befanden sich in erster Linie eine Anzahl ausgesprochener Halophyten (*Salicornia herbacea, Cochlearia officinalis, Plantago maritima, Batrachium* spec., *Aster Tripolium, Cakile maritima, Honckenya peploides, Atriplex patulum*(!), *Rumex crispus* und *Matricaria maritima*). Diese Arten finden wir zum Teil auch auf den Winterflutmarken. Sie gehören oft zur Vegetation der Marschen.

Eine zweite Artengruppe bestand aus charakteristischen Unkräutern und Arten der eutrophen Weiden, die sich selten oder niemals in den übrigen Dünen finden und auf der Insel auf den T e r s c h e l- l i n g e r P o l d e r und das Ruderalgebiet um die Dörfer beschränkt sind (*Sonchus oleraceus, Holcus lanatus, Stellaria media, Onopordon Acanthium, Bellis perennis, Ranunculus sceleratus, Filago minima* und *Solanum nigrum*).

Diese Arten waren zum grössten Teil in vielen Exemplaren vorhanden, sodass eine offene Pflanzendecke entstand. Hierzwischen standen nun aber kleine Bestände von *Scirpus maritimus, Schoenoplectus Tabernaemontani, Heleocharis acicularis, Typha angustifolia* und *Phragmites communis*. Diese Bestände beschränken sich auf den Südostrand, wo sich das junge Tal an die übrige Dünenlandschaft anschliesst. Der Boden war hier infolge des aus dem Dünengebiet abfliessenden Süsswassers sehr feucht.

Im Tal des Jahres 1924 hatte sich dagegen schon 1932 eine völlig geschlossene Pflanzendecke gebildet. Auch hier fand sich in der Mitte des übrigens erheblich kleineren Tales ein untiefer, durch aufgestautes Grundwasser gebildeter Teich, dessen Ränder fast völlig mit ineinander übergehenden Beständen des *Heleocharetum acicularis* bewachsen waren. Ein vereinzeltes Exemplar des *Schoenoplectetum Tabernaemontani* und des *Scirpetum maritimi* fanden sich ebenfalls, waren aber bereits vollkommen vergilbt. Die Stengel des *Phragmitetum communis* standen sehr zerstreut und waren sehr spröde. An der Ostseite des Gebietes wurden mit der Quadratmethode 40 qm untersucht. Die Ergebnisse findet man in Tabelle 35. (Siehe am Ende dieses Kapitels.)

Hieraus ergibt sich ganz deutlich, dass *Agrostis stolonifera* die Hauptmasse der Pflanzen liefert, doch waren auch *Juncus bufonius, J. articulatus* und *Sonchus arvensis* in zahlreichen, sehr üppigen Exemplaren vorhanden. Auffallend war noch die grosse Zahl der Arten von eutrophen Weiden und Ruderalstellen. Andererseits fand sich, wenn auch noch sehr verstreut und oft nur als Keimpflanzen, eine Gruppe von Arten, die den Hauptbestandteil der Pflanzendecke in den anschliessenden Tälern der Dünen ausmachen (*Carex flava, Ranunculus Flammula, Hippophaë Rhamnoides* (K.)[1]). *Salix repens* (K.). *Leontodon autumnalis, Helleborine palustris, Juncus anceps* var. *atricapillus, Lotus corniculatus, Mentha aquatica, Hydrocotyle vulgaris, Juncus balticus, Parnassia palustris, Sagina nodosa* und *Centaurium vulgare*).

In dem sehr ausgedehnten Dünental des Jahres 1920 fanden sich dagegen noch vereinzelte kümmernde Exemplare von *Cakile maritima, Atriplex patulum, Rumex crispus, Matricaria maritima* und *Sonchus oleraceus* (K.). Obwohl die Bestandaufnahme beinah dieselben Sorten ergab als im Tal 1924, waren inzwischen doch erhebliche Verschiebungen in den Mengenverhältnissen der Pflanzendecke zustande gekommen. Das *Agrostidetum stoloniferae* besetzt noch den grössten Teil der Oberfläche, hat sich aber aufgelöst in eine Anzahl floristisch verwandter, mosaikartig miteinander abwechselnder Bestände, in denen neben *Agrostis stolonifera, Juncus anceps* var. *atricapillus, Juncus articulatus, Carex flava, C. glauca* und *Potentilla anserina* als Hauptarten auftraten. Ausserdem fanden sich noch einige Bestände von *Heleocharis acicularis* und einige abgestorbene Exemplare des *Phragmitetum*, des *Scirpetum maritimi* und des *Schoenoplectetum Tabernaemontani*.

Ausserdem kamen im *Agrostidetum* vor: *Festuca rubra, Senecio vulgaris, Sonchus arvensis, Ranunculus Flammula, Leontodon nudicaulis, Hippophaë Rhamnoides* (K!), *Salix repens* (K!), *Helleborine palustris, Lotus corniculatus, Mentha aquatica* (K!), *Parnassia palustris* (K!), *Trifolium pratense, Centaurium vulgare* und *Juncus balticus* (K!).

Ich untersuchte zweimal 10 qm des zum Hauptkomplex von *Agro-*

---

1) (K.) = Keimpflanze.

stis stolonifera gehörigen *Juncetum ancipitis*. Die Ergebnisse sind in der Tabelle 36 dargestellt.

In den älteren Teilen dieses Tales wurden *Agrostis* und die Bestände von *Juncus anceps, J. bufonius, J. articulatus, Carex flava* und *C. glauca* jedoch fast vollkommen durch *Salix repens* und *Juncus balticus* verdrängt.

Auf der sekundären Dünenebene „D e K o e g e l w i e k", einer Wanderbahn, siedelten sich erst vor 15 Jahren Pflanzen an. Hier fand ich eine ebenso zusammengesetzte Pflanzendecke, doch waren die Individuen im Westen, auf den primären Dünenebenen, bedeutend kräftiger entwickelt. Da die Pflanzendecke im Osten infolge des ebenen Bodens gleichförmiger war, setzte ich die Bestandaufnahme dort fort und untersuchte 8 mal 10 qm genauer. Diese wurden so gewählt, dass jeweils 20 qm einem Bestande angehörten. In den Dünen habe ich wiederholt beobachtet, dass die Gesellschaftsfolge vom *Agrostidetum stoloniferae* über das *Juncetum baltici* und *Salicetum repentis* + *Parnassietum palustris* ins *Hippophaëtum Rhamnoidis*, und an tiefer gelegenen Stellen ins *Schoenetum nigricantis* übergeht. Es wurden daher von den Beständen, die diesen Typen angehören, jeweils zweimal 10 qm aufgenommen.

Vergleichen wir die Ergebnisse dieser Bestandaufnahmen miteinander, so ergibt sich, dass von der Initialvegetation des Tales 1925, die aus 25 Arten bestand, nur noch *Agrostis* in diesem *Salicetum repentis* vorkommt; *Agrostis* geht aber als Masse im *Salicetum* unter, wenn sich auch einige Arten seines Hauptkomplexes noch bis über das *Hippophaëtum* hinaus halten können.

Je näher die mengenmässig unterschiedenen Bestände einander in der Gesellschatfsfolge stehen, desto mehr Arten haben sie miteinander gemeinsam. Im *Agrostidetum* + *Juncetum ancipitis* finden wir die Artenkombination *Heleocharis acicularis, Juncus bufonius, Agrostis stolonifera, Juncus articulatus, Carex flava, Ranunculus Flammula, Juncus anceps* var. *atricapillus, J. balticus, Potentilla anserina, Centaurium vulgare, Epilobium* spec., *Leontodon autumnalis, Radiola linoides, Veronica scutellata, Comarum palustre* und *Marchantia polymorpha* (K o e g e l w i e k !). Aus H i n t e r p o m m e r n ist eine Artenkombination mit teilweise denselben Bestandteilen als Gesellschaft von *Ranunculus Flammula — Radiola linoides* bekannt (WANGERIN, 1921 und HUECK, 1932; in der letztgenannten Arbeit werden auch die Dünentäler der K u r i s c h e n N e h r u n g als Standort dieser Assoziation erwähnt).

An Stellen, wo diese Dünentäler vom Grundwasser überschwemmt werden (D o o d e m a n s k i s t e n, G r i l t j e p l a k, E l d o r a- d o), geht das *Agrostidetum* in einen mosaikartigen Komplex von Helophyten über. Untersucht man diese Bestände, so ergibt sich, dass es vielleicht richtig ist, beide Komplexe, die genetisch in derselben Entwicklungsphase der Pflanzendecke auftreten und floristisch verwandt sind, sich aber im Aussehen und ökologisch unterscheiden, als Hauptkomplex (Serienkomplex) zusammenzufassen. Eine floristische Bestandsaufnahme des Dünensees D o o d e m a n s k i s t e n ergab u.a. folgende Arten: *Pilularia globulifera, Ranunculus Flammula, Radiola linoides, Juncus pygmaeus, J. subnodulosus, Potamogeton lucens, P. gramineus, P. natans, Heleocharis palustris* ssp. *eupalustris, Malaxis paludosa, Echinodorus ranunculoides, Sagina maritima, Ranunculus aquaticus, Apium inundatum, Myriophyllum alterniflorum, Heleocharis multicaulis, Hydrocotyle vulgaris, Anagallis tenella, Cicendia filiformis, Limosella aquatica, Veronica scutellata, Mentha aquatica, Lycopus europaeus, Litorella uniflora* und *Comarum palustre.* Nur einige dieser Arten bilden Bestände. Infolgedessen entsteht ein mosaikartiger Komplex (*Pilularietum* + *Litorelletum* + *Heleochareta* + *Echinodoretum* + *Comaretum* + *Anagalletum*). Erst eine nähere Analyse dieser Komplexe, in denen entweder *Agrostis stolonifera* oder auf nassen Standorten einer oder mehrere dieser Bestandestypen überwiegen, kann nachweisen, ob es richtig ist, beide Komplexe als Hauptkomplex zusammenzufassen, wie es in dieser Arbeit geschah. Es ist noch unbekannt, in welcher Richtung sich diese helophile Gesellschaft weiter entwickelt. Wahrscheinlich geht sie ins *Eriophoretum angustifoliae* über (G r i l t j e p l a k).

Aus den Pflanzenlisten, die HOFKER und VAN RIJSINGE von der Pflanzendecke des B r e e d e W a t e r im Dünengebiet von V o o r n e aufgestellt haben, ergeben sich zahlreiche Übereinstimmungen.

Die Bedeutung der oben genannten Arten im *Juncetum baltici* † (*Salicetum repentis* + *Parnassietum palustris*) ist teils viel geringer, teils verschwinden sie sogar völlig. Dafür treten eine Anzahl anderer Arten hervor (*Helleborine palustris, Lotus corniculatus, Mentha aquatica, Hydrocotyle vulgaris, Juncus balticus, Parnassia palustris, Schoenus nigricans, Linum catharticum, Liparis Loeselii, Euphrasia curta,*

Pedicularis silvatica, Carex trinervis, Pyrola rotundifolia, Orchis incarnata, Rhinanthus major, Ophioglossum vulgatum und *Samolus Valerandi*).

Dieser Hauptkomplex des *Juncetum baltici* † (*Salicetum repentis* + *Parnassietum palustris*) geht an höher gelegenen Standorten im *Hippophaëtum Rhamnoidis*, an tiefer gelegenen im *Schoenetum nigricantis* unter. Er ist floristisch fast identisch mit der Assoziation von *Calamagrostis Epigeios* (sous-association à *Parnassia palustris*) aus den Dünen von C a l a i s und L a n c a s h i r e, (HOQUETTE 1927 und TANSLEY).

Hippophaëtum und *Schoenetum* treten stets gleichzeitig auf. Genetisch und floristisch sind sie verwandt, wenn ihre Hauptarten einander auch anschliessen und die begleitenden Arten einem der beiden Beständen den Vorzug geben. Bei gleichbleibenden Grundwasserverhältnissen geht das *Hippophaëtum* jedoch ins *Empetretum nigri — Callunetum vulgaris — Ericetum tetralicis* über, das *Schoenetum* dagegen ins *Myricetum Gale — Oxycoccetum macrocarpi — Molinietum coeruleae.* Es bestehen also auf ökologischem (vor allem auch mikrometereologische) Gebiet und im Habitus grössere Unterschiede.

Beim Auftreten des *Hippophaëtum — Schoenetum* fallen wieder einige Arten weg, die sich auch in den älteren Gesellschaften höchstens in vereinzelten Exemplaren finden werden. (*Agrostis alba, Carex flava, Ranunculus Flammula, Leontodon autumnalis, Juncus anceps* var. *atricapillus, J. balticus, Parnassia palustris, Carex glauca, Trifolium pratense, Liparis Loeselii, Euphrasia curta, Equisetum arvense, Samolus Valerandi*). Im älteren *Hippophaëtum* nimmt die Anzahl von *Pyrola rotundifolia* jedoch merklich zu (*Hippophaëtum* † *Pyroletum*). Sporadisch treten *Monotropa Hypopitys, Sambucus nigra, Solanum Dulcamara, Rubus* spec., *Cirsium lanceolatum* und *Sonchus arvensis* auf. Auf diesem Stadium beginnt *Hippophaë Rhamnoides* zu kümmern und nun setzt das Aufkommen von *Empetrum nigrum* ein. Schliesslich ragen nur noch die lichtgrauen Stämme zwischen den jetzt ausgiebig fruchtenden Exemplaren von *Empetrum* auf. Zweimal 10 qm dieses *Hippophaëtum Rhamnoidis senile* wurden näher untersucht. (Tabelle 40 und 41).

In den Tabellen **40** und **41** finden wir noch typische Arten des *Hippophaëtum*, doch treten bereits *Calluna, Erica, Myrica* und *Molinia* in vereinzelten Exemplaren auf. Dieses Übergangsstadium ist im Augenblick für den Osten von T e r s c h e l l i n g sehr kennzeichnend. Das spontane Absterben vieler Hektare des *Hippophaëtum* hat man oft dem Frass der Goldafterraupen (*Porthesia chrysorrhoea*) zugeschrieben, doch ist dies nicht richtig. Anscheinend beruht die Erscheinung auf Veränderungen im Boden, die sich unter Einfluss von Auslaugung und Humusanhäufung vollziehen. BAAS BECKING, dem ich diese sterbenden Gesellschaften zeigte, wollte die Ursache im Absterben der Wurzelsymbionten suchen.

Aus dem *Empetretum nigri* entwickelt sich bei gleichbleibenden Grundwasserverhältnissen der Serienkomplex *Empetretum — Callunetum — Ericetum*. Das *Empetretum* selbst bleibt auf den höheren Stellen der Nordosthänge bestehen. Naturgemäss ist es also oft auf den Dünenfuss beschränkt und enthält dann zahlreiche Arten aus dem *Corynephoretum*, die teilweise mit dem Strom von Sand, Samen und Humusbestandteilen, der bei Regenböen über die Hänge fliesst, hierher geraten. Das *Empetretum* schliesst sich also einerseits ans *Corynephoretum canescentis*, andererseits an das *Callunetum* an. (Tabellen 45—48).

Das *Corynephoretum* entsteht meistens aus dem *Hippophaëtum Rhamnoidis* † *Festucetum rubrae* der Dünenhänge, das *Empetretum* aus dem *Hippophaëtum* † *Pyroletum rotundifoliae* der Dünentäler. *Callunetum* und *Ericetum* folgen entsprechend dem Profil der Landschaft. Um die Täler entstehen so Zonen, die ökologisch (Mikroklima!, Feuchtigkeit und Humusgehalt des Bodens!) und im Aussehen voneinander erheblich abweichen, wenn auch genetisch und floristisch eine gewisse Verwandschaft besteht. Die Tabellen 49 bis 53 zeigen uns das Ergebnis einer Untersuchung von 4 mal 10 qm der Feldschicht des *Callunetum* und des *Ericetum*.

Das *Schoenetum* dagegen überlässt seinen Standort dem *Oxycoccetum macrocarpi*. Dies geht auf seinen höheren Standorten in den geschichteten Komplex *Myricetum Gale* † *Oxycoccetum macrocarpi*, an den tieferen Stellen ins *Molinietum coeruleae* über. Bei Senken des Grundwasserspiegels kann das *Oxycoccetum* völlig im *Myricetum* untergehen. Es bildet als einfacher Bestand nur dort den Subklimax, wo die Dünentäler im Winter unter Wasser stehen.

Oxycoccus macrocarpus ist in Westeuropa ein Neophyt. Die Art wurde bei der ersten floristischen Untersuchung von T e r s c h e l l i n g (HOLKEMA 1868) in einem abgelegenen Dünental, dem S t u d e n t e n p l a k, in der K i n n u m e r M i d d e n d u i n in

TABELLE 34. Bodentemperatur des Westhanges in 5 cm Tiefe.
Versuchsdüne. Formerum.

8 m

August 1932	Ox. [1]	Er. [1]	Call. [1]	Cor. [1]
16. 19 Uhr	16,8	17,5	18	21,6
17. 8 —	16,1	16,8	17,1	19,7
— 14 —	18,3	21,7	25,7	26,3
18. 8 —	17,1	18,6	19,9	20,7
— 19 —	17,2	18,1	22,2	25,4
19. 14 —	19,7	23,8	29,9	29,6
— 19 —	19	20,4	24	27
20. 8 —	17,8	19,1	21,4	22,3
— 19 —	19,6	21	25,4	28,4
21. 14 —	18,1	19,3	21,1	21,9
— 19 —	17,7	18,2	19,2	21,3
22. 14 —	16,5	16,7	19	20,2
— 14 —	18,3	19,5	25,8	26,4
23. 19 —	16,5	16,2	18,7	20,7
24. 8 —	17	17,5	20,7	21,8
25. 8 —	16	15,9	18,1	18,9
— 19 —	16,5	16,4	19,3	21,9
26. 8 —	15,7	16	17,6	18,6
— 19 —	18,8	18,6	22,2	25,2

grosser Zahl wild gefunden. HOLKEMA glaubte, es handele sich um
eine echte, autochthone Art, doch wurde bald auch die Meinung ge-
äussert, die Art könne mit der gleichen Wahrscheinlichkeit durch
einen Schiffbruch auf die Insel gelangt oder von einem unternehmungs-
ustigen Seemann in den Dünen ausgepflanzt sein.

Im Laufe der Jahre untersuchte ich Herkunft, Ausdehnung der
Kultur, Befruchtung, Fruchtansatz, das Auftreten von Typen inner-
halb der Art und, im Zusammenhang mit der Empfindlichkeit gegen
Nachfröste, auch das Mikroklima des Standortes von *Oxycoccus macro-*

---

[1] Vegetationszonen: Cor. = *Corynephoretum canescentis* (Westhang).
Call. = *Callunetum vulgaris* (2 m).
Er.   = *Ericetum tetralicis* (2 m).
Ox.   = *Oxycoccetum macrocrapi* (Dünental).

carpus. Ein Teil der Ergebnisse wurde bereits veröffentlicht (VAN DIEREN, 1928, 1933d, e und f). Hier sei lediglich auf die pflanzengeographisch wichtigsten Tatsachen hingewiesen. *Oxycoccus macrocarpus* (*Vaccinium macrocarpon* AIT.) erschien um 1840 auf T e r s c h e l l i n g. Seit Anfang des 19.Jahrhunderts wurde die Art, für die besonders Engländer, Schweden und Finnen eine grosse Vorliebe zeigten, in den atlantischen Staaten von N o r d a m e r i k a gezüchtet und in Fässern auch nach E n g l a n d verschickt. Bereits um 1760 wurde die Art versuchsweise in E n g l a n d angepflanzt und schon 1846 fand sie sich verwildert bei M o l d in W a l e s. Auch in D e u t s c h l a n d bestand bereits seit längerer Zeit Interesse für die ,,Cranberry''. WANGENHEIMER empfahl 1778 Versuche, STRÜVE pflanzte 1848 Exemplare am S t e i n h u d e r M e e r aus. 1871 gelang es MAURER, eine Pflanzung in W a l d e c k bei W e i m a r anzulegen. Die deutsche Regierung richtete daraufhin in 31 Oberförstereien Versuchsfelder ein.

Etwa um 1840 fand der Strandgutsammler PIETER SIPKES CUPIDO aus K i n n u m auf T e r s c h e l l i n g auf dem Strande ein Fass, das er mit nach Hause nahm. Im K i n n u m e r M i d d e n d u i n (S t u d e n t e n p l a k) entdeckte er jedoch, dass in diesen Fass nur verfaulte Beeren waren, und entleerte es neben dem Wege. Infolgedessen trugen im Jahre 1869 etwa 20 ha im S t u d e n t e n p l a k Pflanzen, die diesen Beeren entstammten. Das neue Indigen wurde von der Bevölkerung ,,*Pieter Sipkes Heide*'', ,,*Leppeltjeheide*'' oder ,,*Blaedjeheide*'' genannt. Aus den langen Ausläufern machte man Beesen; die Beeren wurden nicht gegessen, da man annahm, sie seien giftig. In diesem Jahr entdeckte HOLKEMA die Art für die niederländische Flora.

Zunächst breitete sich die Pflanze nicht über das S t u d e n t e n p l a k aus. Die Dünen im Osten waren zu der Zeit noch vollkommen kahl, die Dünen im Westen kamen zu der Zeit gerade ins Stadium des *Hippophaëtum*.

Inzwischen erschienen zahlreiche Arbeiten in Gartenbauzeitschriften, aus denen sich ergab, dass mit der Kultur der ,,Cranberry'' in A m e r i k a grosse Gewinne erzielt wurden. Die schlechte Lage der holländischen Landwirtschaft erweckte auch hier Interesse für ein Gewächs, das vorzüglich auf nassen, sauren Böden gedeiht und obendrein erhebliche Gewinne abwirft. Daher erwog im Jahre 1885

BORGESIUS, der Sohn eines bekannten Landwirtes, die Möglichkeit künstlicher Kultur der „Cranberry". Er sah ein, dass die betreffenden Standorte niemals sein Eigentum werden konnten, ausserdem würden sich bei der Regelung des Grundwasserstandes durch Drainage, die zum Gelingen der Kulturen unbedingt nötig ist, grosse Schwierigkeiten ergeben. Er beschränkte sich also darauf, mit ausgestochenen Plaggen der Pflanze bei S t a d s m u s s e l k a n a a l in D r e n t e eine ungefähr 27 ha grosse Kultur anzulegen.

1893 erwarben die Herren MULDER und WICHERS das Recht, in den Dünen die Beeren zu ernten und auszupflanzen. In dieser Zeit wurde nun aber der Boden der W e s t e r m i d d e n d u i n „reif" für *Oxycoccus macrocarpus*. Die Art breitete sich daher schnell in westlicher Richtung aus. Im Jahre 1909 fand sie sich zwischen W e s t - t e r s c h e l l i n g und Strandpfahl 12 in allen Dünenebenen und bedeckte ungefähr 40 ha.

Von T e r s c h e l l i n g aus wurden Stecklinge nach vielen anderen Orten verschickt. Diese Pflanzversuche missglückten zum grössten Teil, doch kommt *Oxycoccus macrocarpus* heute (1934) in den N i e - d e r l a n d e n an folgenden Stellen vor: auf den Inseln T e r s c h e l - l i n g , V l i e l a n d und S c h i e r m o n n i k o o g , sowie bei H a a r l e m m e r l i e d e (N o o r d h o l l a n d), H a r d e g a r ij p (F r i e s l a n d) und V e e n h u i z e n (D r e n t e). Früher fand sie sich auch auf A m e l a n d und bei D e n H e l d e r.

Regelmässige Kulturen bestehen nur auf T e r s c h e l l i n g und V l i e l a n d , sowie bei B o v e n s m i l d e (D r e n t e), ausserdem früher (1887—1902) bei S t a d s m u s s e l k a n a a l. *Oxycoccus macrocarpus* bedeckt in den N i e d e r l a n d e n ungefähr eine Oberfläche von 80 bis 100 ha.

In D e u t s c h l a n d ist die Pflanze in Kultur in M o o r e n d e bei B r e m e n , auf der Insel S c h a r f e n b e r g bei B e r l i n , bei P r o s k a u , H o h e n w e h s t e d t und in der P f a l z. Verwildert findet sie sich am S t e i n h u d e r M e e r , im H a s p e l - m o o r bei M ü n c h e n , im S e n n e l a g e r , S c h l e s w i g - H o l s t e i n und bei S w i n e m ü n d e.

Da sich die Pflanzendecke der O o s t e r m i d d e n d u i n nach der künstlichen Stabilisierung durchschnittlich auf dem Stadium des absterbenden *Hippophaëtum — Schoenetum* befindet, breitet sich das Areal von *Oxycoccus macrocarpus* auf T e r s c h e l l i n g in den letzten Jahren auch schnell in östlicher Richtung aus.

Die Verbreitung der Art in den N i e d e r l a n d e n beruht fast ausschliesslich auf der Einwirkung des Menschen, der die Pflanze immer wieder auf gut Glück in freier Natur aussetzte. Vögel haben bei der Verbreitung eine sehr geringe Rolle gespielt, wenn die Beeren auch in der letzten Zeit auf V l i e l a n d wiederholt im Kropf von *Phasianus colchicus* L. gefunden wurden. Auch aus Fütterungsversuchen ergab sich, dass die Beeren von Fasanen, Hühnern und Kaninchen gern aufgenommen werden. Es ist nicht richtig, dass Silbermöven (*Larus argentatus* PONT.) ebenfalls eine Rolle bei der Verbreitung der Art über die Watteninseln gespielt haben; sie fressen die Beeren nicht. Auf allen Inseln ist die Pflanze vom Menschen ausgesetzt worden; es besteht aber die Möglichkeit, dass sie durch Vögel von T e r s c h e l l i n g oder B o v e n s m i l d e aus nach H a r d e g a r ij p (F r i e s - l a n d) verschleppt worden ist.

Oxycoccus macrocarpus ist ausschliesslich auf nasse Dünentäler beschränkt. Das *Oxycoccetum* bildet den Subklimax der Zone, die im Winter durch Aufstauen des Grundwassers überschwemmt wird, im Sommer aber über der phreatischen Oberfläche liegt. Ausserhalb dieser Überschwemmungszone wird *Myrica Gale* dominant. Seit 1909 werden die Dünen der Aufforstung wegen intensiv entwässert. Dies bewirkte, dass fast alle reinen Bestände in den geschichteten Komplex *Myricetum Gale* † *Oxycoccetum macrocarpi* oder sogar ins reine *Myricetum* übergingen. Die Züchter versuchen, dies durch Ausjäten von *Myrica Gale* zu verhindern.

Die Blüten und die jungen Sprosse von *Oxycoccus* sind gegen Nachtfröste ausserordentlich empfindlich. Da der Heidehumus die Wärme sehr schlecht leitet, ist das Mikroklima in diesen Dünentälern sehr ungünstig. Tagsüber tritt hier an der Oberfläche des schwarzen Bodens eine sehr intensive Wärmeumsetzung auf. Andererseits ist aber, besonders in hellen Frühlingsnächten, die Ausstrahlung besonders stark, sodass diese Dünentäler wahre ,,Frostlöcher'' sind. Die Temperatur sinkt schon kurz nach Sonnenuntergang sehr schnell bis unter den Nullpunkt. Früher wurden die Pflanzen durch den hohen Wasserstand ausreichend hiergegen geschützt, aber nach der intensiven Entwässerung durch die Reichsforstverwaltung hat sich das Mikroklima erheblich verschlechtert.

Kurz nach Öffnen der Blüte, wenn der Stempel mit den Staubgefässen auf gleicher Höhe steht, kommt Selbstbefruchtung regelmässig vor. Daneben beobachtete ich jedoch auch Bestäubung durch *Apis mellifica*. Die Blüten wurden an sonnigen Tagen häufig von zahlreichen, sehr kleinen *Dipteren* besucht, doch vollzogen diese keine Bestäubung, sondern versuchten an der Basis der Staubgefässe, zwischen den dort stehenden weissen Haaren hindurch den Honig zu erreichen. Die Lebensdauer der Blüte betrug vom ersten Öffnen bis zum Abfallen von Staubgefässen und Blütenkrone 9—10 Tage. Die Pflanzen blühten im Jahre 1932 in meinem Feldlaboratorium vom 28. Juni bis 15. August. Die erste Beere rötete sich am 27. Juli.

Von 1000 gezeichneten Blüten setzten 315 Frucht an; die Zahl der Früchte je Ranke schwankte von 1—8. In einer Population waren die Früchte folgendermassen über 362 Ranken verteilt:

Zahl der Früchte je Ranke:	1	2	3	4	5	6	6	8
Zahl der Ranken:	39	71	108	83	44	11	3	1

Inzwischen konnte ich innerhalb der Art etwa 14 Typen unterscheiden, deren Fruchtansatz erhebliche Unterschiede zeigte.

Das *Oxycoccetum macrocarpi* besteht augenscheinlich aus einem mosaikförmigen Komplex von Beständen scharf zu umgrenzender Typen innerhalb der Art, die sich in Fruchtform und Fruchtgrösse (runde Beere, elliptische Beere, stark abgeplattete Beere, birnförmige Beere), Fruchtfarbe (dunkellila, hellrot, dunkelrot), dem Auftreten oder Fehlen einer Wachsschicht auf der Frucht, Form und Farbe der Brakteen, Zahl der Blüten und Früchte je Ranke, Länge der Blütenstiele und zahlreiche andere Merkmale unterscheiden. Neben ausgesprochen runden und birnförmigen, mikrokarpen Formen mit Früchten von ungefähr 5,9—9,7 × 6,6—10,3 mm, fanden sich Typen mit ständig sehr grossen Früchten 14,0—16,1 × 12,5—13,5 mm. Diese Früchte sind auch im Geschmack verschieden. Eine nähere Analyse derartiger Typen hat auch für die Kultur grosse Bedeutung. Da unter Umständen, wenn auch nicht allgemein, Kreuzbefruchtung auftritt, und die Pflanze sich in erheblichem Masse durch Ausläufer vermehrt, können Bastardformen lange bestehen bleiben. Übrigens können wir bei einer Analyse vermutlich auch hier Mutabilität feststellen.

Es ist eigenartig, dass sich ein fremdes Element so eng mit der ursprünglichen Flora verbindet, dass es aus der Gesellschaftsfolge nicht mehr wegzudenken ist, und so das Aussehen einer scheinbar vollkommen natürlichen Landschaft auf weiten Strecken fast ausschliesslich durch einen Neophyten bestimmt wird. Bevor ich hierauf noch kurz eingehe, soll erst an Hand der Tabellen 53—63 die Zusammensetzung von 100 mal 1 qm des *Myricetum Gale † Oxyxoccetum macrocarpi* untersucht werden. In den ersten Tabellen findet man Angaben aus verhältnismässig noch jungen Beständen, in denen sich Reste der vorhergehenden Gesellschaften finden (*Juncus balticus, J. anceps, Agrostis stolonifera*), dann folgen die Resultate einiger Parzellen des *Myricetum Gale*, in dem das *Oxycoccetum* in der Nähe der H e l m e n d u i n untergegangen ist. Infolge des Ausfalls von Arten aus den jüngeren Dünentälern wird das ältere *Oxycoccetum* anscheinend immer artenärmer und gleichförmiger. Diese Angaben sollen natürlich keine vollständige Artenliste sein. Erst eine soziographische Untersuchung, in die eine grössere Anzahl von Komplexen einbezogen werden, können uns einen ausreichenden Einblick geben in die Zusammensetzung derartiger Gesellschaften. In dieser Arbeit muss ich mich darauf beschränken, an Hand eines Querschnittes von 800 einzelnen Quadratmetern quer durch die Landschaft den Verlauf der Gesellschaftsfolge zu skizzieren, später hoffe ich, diese Fragen noch weiter auszuarbeiten. Bei der vorliegenden Untersuchung beschränkte ich mich auf die mengenmässig unterscheidbaren Einheiten, die das Aussehen der Landschaft und die Bodenform der Dünen bestimmen.

Die Gesellschaftsfolge beginnt also mit sehr schnellwüchsigen einjährigen Pflanzen, die auf eutrophe Böden beschränkt sind. Sie finden sich vor allem auf Watten, auf Flutmarken, deren Bestandteile schnell verwesen, auf gedüngten Wiesen, Äckern und Höfen. Sie fehlen in den übrigen Dünen. Erst nach etwa 8 Jahren treten die ersten Dünenpflanzen auf, die bekanntlich auf neutralen bis schwach sauren Böden wachsen und in den Dünen auf junge Dünentäler und Dünenketten unmittelbar am Strande, wo die Anfuhr kalkhaltiger Substanz ein Versauern des Bodens verhindert. In diesen Ebenen finden sich *Samolus Valerandi* (pH 7), *Parnassia palustris* (pH 7,5—7—5,6), *Helleborine palustris* (pH 8,5—6,5) und *Hippophaë Rhamnoides* (pH 7,3—6). Die pH-Werte sind den Angaben von BIJHOUWER (1926) entnommen. Nachdem die betreffende Pflanzendecke ungefähr 25—35 Jahre alt geworden ist, beobachten wir, dass das *Hippophaëtum Rhamnoidis* —

Schoenetum nigricantis abstirbt und durch das *Empetretum nigri* und das *Oxycoccetum macrocarpi* ersetzt wird. Dann hält also die Heide ihren Einzug mit *Calluna vulgaris* (pH 6,6 — 5,8 — 5,4 — 4,9 — 4,8 — 4,7 — 4,5 — 3,9 — 3,6), *Empetrum nigrum* (pH 5,7 — 5,3 — 5,1 — 4,9 — 4,7 — 4,5 — 4,2 — 3,9), *Genista anglica* (pH 5,6 — 4,7), *Erica tetralix* (pH 6,1 — 5,6 — 5,4 — 4,9 — 4,7 — 4,5), *Myrica Gale* (pH 5,1 — ?) (BIJHOUWER).

Der Säuregrad des verwandten *Callunetum* in H i n t e r p o m - m e r n betrug in der Rohhumusschicht 4,9 — 4,5, in der Bleichsand- schicht 5,0 — 4,6 (HUECK).

Sowohl die Pflanzendecke der Dünen [*Elymetum:* pH 7; *Hippo- phaëtum* † *Festucetum:* pH 6 — 5,5 — 5,2 (B e r g e n); *Corynephore- tum* × *Lichenetum:* pH 5,0 — 4,8 (H i n t e r p o m m e r n)], als auch die Pflanzendecke der Dünentäler, setzt also ein mit sehr schnell- wüchsigen Pflanzen eutropher, basischer bis schwachsaurer Böden; dann finden sich Arten neutraler bis saurer Böden ein, diese wachsen erheblich langsamer, ihre jährliche Sprossproduktion ist erheblich geringer, ihren Stickstoffbedarf decken sie durch Erschliessen des Humus der inzwischen verwehten ersten Vegetation oder durch Sym- biose mit stickstoffassimilierenden *Actinomyceten* oder Bakterien (*Leguminosae, Hippophaë, Pyrola* und *Monotropa*, sowie zahlreiche *Fungi*). In den jungen, marinen Sedimenten beobachteten FEEKES, HARMSEN und HECHT Ansammlung von Nitraten, welche von *Honk- kenya* und *Cakile* gespeichert wurden (*Hesselmann*); hier im *Lichenetum* und *Callunetum* (Untergrund) beträgt der Stickstoffgehalt 0,053 % und 0,081 %, der P_2O -Gehalt resp. 0,094 % und 0,064 % und der K_2O-Gehalt resp. 0,103 % und 0,075 %. An der Oberfläche des *Callune- tum* ist der Stickstoffgehalt aber bereits 0,234 % (Humus!). Schliess- lich wird infolge des massenhaften Absterbens dieser Pflanzen und der Ansiedelung von Pflanzen sehr saurer und humöser Böden, die eben- falls verhältnismässig wenig Sprosse im Jahr hervorbringen, das Heidestadium erreicht. Sie decken ihren Stickstoffbedarf aus einer stickstoffassimilierenden zyklischen Mykorrhiza (*Calluna, Oxycoccus* mit *Phoma radicis* (RAYNER)), durch Symbiose mit einem stickstoff- bindenden Organismus (*Pseudomonas radicicola* bei *Myrica Gale*); oder durch Assimilieren von tierischem Eiweiss (*Drosera*).

In den primären Dünenebenen und auf dem Strande fanden wir also Pflanzen, die durch das Verwehen der Sprossproduktion während der

Dünenbildung und die Ablagerung eines, vom kalkarmen Boden nicht gesättigten, sauren Humus, Stickstoffverbindungen sammeln. Die Gesellschaftsfolge beginnt anscheinend auf halikolen (nitrat- und kalkhaltigen) *humusarmen* Böden zu führen. *Während der Dünenbildung wird also nicht nur Sand angehäuft, sondern gleichzeitig ändert sich unter Einfluss der Pflanzendecke die Struktur des Bodens; dies spiegelt sich wiederum in der Gesellschaftsfolge und dadurch sekundär in der Bodenform.*

Die Heide hat sich an der Innenseite der Dünen und stellenweise auch im eigentlichen Dünengebiet seit Jahrhunderten halten können. Die Bevölkerung benutzte die Rohhumusplaggen und die grösseren Sträucher als Brennstoff und beweidete das Gebiet intensiv. Gleichzeitig wurden zahlreiche Kaninchen ausgesetzt. Dies verhinderte die weitere Entwickelung, die zum Walde hätte führen können. Da jedoch Brennholzlesen und Dünenbeweidung seit kurzer Zeit der Vergangenheit angehören, kommt in den abgelegenen Dünentälern bereits überall wieder Wald auf (*Betula, Quercus, Populus tremula, Salix* spec. div.) Die Reichsforstverwaltung, legte seit 1909 etwa 500 ha Mischwald an und sorgte also gewissermassen für eine Wiederherstellung des Klimax. Doch ist dieser Wald keineswegs natürlich zusammengesetzt (*Pinus austriaca, P. montana, P. maritima, Quercus, Larix, Alnus, Castanea, Prunus, Ulex* usw. BOODT 1934).

Auf weiten Strecken wurde die Heide jedoch vernichtet. Zum Teil ist dies anscheinend eine rein natürliche Erscheinung. Oben stellten wir fest, dass die äolische Umsetzung des Düneninividuum ein notwendiges Ergebnis der Gesellschaftsfolge darstellt, die zum höchst empfindlichen *Lichenetum* führt. Eine Verjüngungszone kann nur dann auftreten, wenn an der betreffenden Stelle ein *Ammophiletum* vorhanden und die Sprossproduktion gross genug ist, um die in Bewegung geratene Sandmasse festzuhalten. Es ist jedoch wahrscheinlich, dass diese Sprossproduktion mit der qualitativen Zusammensetzung des Sandes zusammenhängt. Im Osten ist, offensichtlich infolge der Verarmung des Sandes, das Verhältnis zwischen Sprossproduktion und Sandmasse bereits sehr ungünstig und diese Tatsache überzeugte mich davon, dass die *Duni falcati obsidionales* im Osten als natürliche Formen auftreten können.

WEEVERS untersuchte den Artenreichtum der Heide auf den Westfriesischen Inseln und verglich sie mit den Heide-

gebieten in D r e n t e. Der Kalkgehalt des *Callunetum* auf V l i e-
l a n d betrug 0,04 % und stimmte, ebenso wie das pH, mit dem
Zustand des *Callunetum* auf den Binnendünen von G o e r e e überein. WEEVERS kam denn auch zu dem Schlusse, dass die Dünenheiden
nördlich von B e r g e n (N o o r d h o l l a n d) deswegen mit den
diluvialen Heidegebieten übereinstimmen, weil sich ihre Böden in
physikalischer und chemischer Hinsicht gleichen. Floristisch waren
jedoch die Heidegebiete auf den Watteninseln erheblich ärmer.
WEEVERS betonte im Zusammenhang hiermit die geringere Grösse der
Komplexe, die abweichenden klimatologischen Umstände, kleine Abweichungen in der physikalischen und chemischen Zusammensetzung
des eutrophen Grundwassers und das Fehlen natürlicher Waldstücke.
Doch genügten diese Faktoren nicht, um das Fehlen oder die grosse
Seltenheit bestimmter Pflanzen zu erklären. Er nahm daher an, dass
die Artenarmut primär sei. Die Dünengebiete der Nordseeinseln entstanden erst im Holozän, sodass das absolute Alter der Pflanzendecke
erheblich geringer ist, als auf den diluvialen Heiden. Zahlreiche Pflanzen, die in den Dünen nur an vereinzelten Stellen vorkommen (*Vaccinium Vitis-idaea, Vaccinium myrtillus, Vaccinium uliginosum, Trientalis europaea*), wären denn auch keine Relikte, sondern Neusiedler,
die sich erst in den späteren Jahren eingefunden hätten.

Diese Annahme ist zweifelsohne richtig. Zahlreiche neue Arten
haben sich im Verlauf des letzten Jahrhunderts auf der Insel angesiedelt und man kann die Vermehrung der Artenzahl von Jahr zu Jahr
an Hand floristischer Untersuchungen verfolgen.

Ich glaube aber, dass die Geschichte der Dünenlandschaft, so wie
wir sie in dieser Arbeit in grossen Zügen rekonstruierten, nicht unbedingt erfordert, das ursprüngliche Fehlen dieser Arten mit dem holozänen Alter der Dünen zu erklären.

Aus der geologischen Entwickelungsgeschichte und aus dem Verlauf der Gesellschaftsfolge ergab sich, dass die Dünenlandschaft seit
dem späteren Teil des Altholozäns dauernd bestanden hat. Die
Bohrungen beweisen, dass die primäre Kalkarmut von Anfang an ein
dauerndes Merkmal dieser Dünen gewesen ist. Es bestand also die
Möglichkeit, dass hier bereits wenige Jahre nach dem Entstehen dieser
Landschaft Heideflächen entstanden. Ausserdem standen diese
Dünenheiden im Jungholozän mit dem diluvialen Komplex von
T e x e l - W i e r i n g e n - G a a s t e r l a n d und mit dem Dilu-

vium im nördlichen F r i e s l a n d in unmittelbarer Verbindung.
Die Zusammensetzung des jungholozänen Wattentorfs zeigt, dass hier
im Boreal auf weiten Gebieten ein *Callunetum — Eriophoretum* stand.
Auch wenn diese Landbrücke nicht ganz vollkommen gewesen sein
sollte, so erleichterte sie doch zweifelsohne die Einwanderung von
Arten, die sich in der kalkarmen Dünenlandschaft ansiedeln
konnten.

Trotz der intensiven Ausnutzung hat sich ein Kern dieser Organismen dauernd bis zur Jetztzeit auf den Heideflächen der K i n n u-
m e r M i d d e n d u i n und den Heidegebieten und Heidetümpeln
von M i d s l a n d, L a n d e r u m, L i e s und H o o r n halten
können.

Dass jedoch vor allem seit dem Auftreten des Menschen eine Artenverarmung eingetreten ist, ist ohne weiteres einleuchtend. Das Dünengebiet wurde ja doch einer intensiven Ausnutzung unterworfen und
infolgedessen weite Flächen teils völlig entblösst, teils fortwährend
beschädigt. Ausserdem war die Möglichkeit des Entstehens von *Duni
erumpentes* und *Duni falcati obsidionales* aus der Natur der Landschaft
heraus gegeben. Die fortwährende äolische Umsetzung vernichtete
katastrophenartig jeweils grosse Teile der Pflanzendecke. So entstand
die verwehende, vom Pflanzenwuchs völlig entblösste Landschaft
des 19. Jahrhunderts. Sie bestand vor allem im Osten von T e r-
s c h e l l i n g aus Sandebenen von riesiger Ausdehung, nur unterbrochen durch hohe, kahle Sicheldünen. Die Reste der Heide waren
bis auf einige schmale Streifen zurückgedrängt, wo der Mensch die
Pflanzendecke entweder weniger intensiv ausnutzte oder sie durch
ausgedehnte Anpflanzungen gegen weitere Vernichtung schützte.
Erst die künstliche Festlegung der westlichen Mitteldünen im Jahre
1846 und der östlichen Mitteldünen nach 1890, das Ende des Brenn-
stofflesens infolge der Einfuhr von Steinkohlen, die Einschränkung
der Dünenweide infolge von künstlichem Dünger und Urbarmachung,
sowie die Ausrottung der Kaninchen brachte einen gründlichen Um-
schwung. Weite Gebiete boten plötzlich den Pflanzen die Möglichkeit
einer neuen Ansiedelung. In weite Gebiete wanderte eine Flora ein,
deren Elemente aus den letzten Schlupfwinkeln kamen oder von
Menschen, Vögeln, See und Wind mitgebracht wurden. Unter Einfluss der neuen Pflanzendecke änderte sich der Zustand des Bodens.
Wurde dabei ein bestimmtes Stadium erreicht, so waren die Bedin-

gungen einer neuen Artengruppe erfüllt; diese Pflanzen machten sich
in wenigen Jahren zu Herren der Landschaft, bestimmten zeitweilig
ihr Aussehen, um, nachdem sie ihrerseits den Standort verändert
hatten, zu verschwinden und neuen Arten Platz zu machen. *Es sind
letzten Endes die dominanten Arten, die diese Entwicklung des Bodens
beeinflussen, wie es auch die dominanten Arten sind, die die Geomorphologie und das Aussehen der Landschaft bestimmen.*

Dass HOLKEMA (1870) nur 66 % der heute auf T e r s c h e l l i n g
gefundenen Arten erwähnt, liegt denn auch nicht an der Unvollstän-
digkeit seiner Arbeit. Vielmehr haben in der Dünenlandschaft und
in den Poldern starke Veränderungen durch bessere Deiche, Ent-
salzung des Bodens, bessere Entwässerung, künstlichen Dünger und
fremdes Saatgut stattgefunden. WEEVERS beobachtete vollkommen
richtig, dass sich in den letzten Jahren zahlreiche neue Arten auf den
Inseln eingefunden haben, die im Begriff sind, sich weiter zu verbreiten. Daneben stellen aber die Reste der alten Dünenheide, die sich
in entlegenen Gebieten und an den Rändern der Dünen jahrhundertelang gehalten haben, eine erhebliche Zahl der Arten auf den neu
besiedelten Gebieten. Sie wandern heute in die festgelegten Dünenebenen ein. Zu dieser Kategorie gehören Arten, die also gewissermassen ,,Relikte'' sind. Torf und Humusschichten dicht unter der
Oberfläche der Täler zeigen uns ja, dass die kahlen Gebiete nicht
immer ohne Pflanzen waren. In derartigen Schichten fanden sich auf
A m e l a n d z.B. Reste von *Juniperus communis,* der bisher auf den
W e s t f r i e s i s c h e n I n s e l n nur auf T e x e l vorkam und
erst kürzlich wieder auf W e s t t e r s c h e l l i n g erschienen ist.

Die Ergebnisse meiner floristischen Untersuchung seit 1923 liegen
in den Archiven des ,,I n s t i t u u t v o o r V e g e t a t i e o n d e r -
z o e k i n N e d e r l a n d''. Es würde an dieser Stelle zu weit
führen, ausführliche Verbreitungslisten zu geben.

Die rezente Verbreitung einiger wichtiger Arten, die ich für *sekundär* halte, soll hier noch eben in grossen Linien umrissen werden.
Hippophaë Rhamnoides fand HOLKEMA nur in einigen Tälern der westlichen Dünen. Die Einwohner konnten ihm jedoch mitteilen, dass die
Art ursprünglich auf der Insel nicht vorkam, sondern erst vor kurzem
durch Vögel eingeschleppt worden war. Die Art hatte sich plötzlich
augenscheinlich in Gebieten angesiedelt, die etwa um 1850 durch die
Reichswasserbauverwaltung festgelegt worden waren und die sich,

wie wir auf Grund unserer Kenntnis der Gesellschaftsfolge annehmen können, zur Zeit von HOLKEMA im Stadium des *Hippophaëtum* befanden. Die Pflanze war aber noch verhältnismässig selten (vergleiche auch VAN EEDEN, 1885).

Die Art hatte sich im Jahre 1885 jedoch bis Strandpfahl 12 ausgedehnt. Dort wurden damals die ersten Exemplare durch Beamte der Reichswasserbauverwaltung gemeldet (Mitteilung von C. A. SWART).

Etwa im Jahre 1910 war nun aber das Gebiet der O o s t e r - M i d d e n d u i n reif für diesen Bestand. Infolgedessen wurden schlagartig mehrere hundert Hektare dieser Ebenen, die noch HOLKEMA und VAN EEDEN als vollkommen kahle Sandwüsten kannten, vom *Hippophaëtum* besiedelt.

Heutzutage (1934) beginnt die Pflanze dort fast überall zu kümmern. Bei Strandpfahl 12 ist sie sogar schon vollkommen ausgestorben. Sie überwuchert zur Zeit die jungen Dünentäler von N o o r d - v a a r d e r und B o s c h p l a a t , die in späteren Jahren entstanden sind, bis auch dort die Heide ihren Einzug halten wird. In nicht allzu langer Zeit wird *Hippophaë Rhamnoides* verhältnismässig selten auf T e r s c h e l l i n g vorkommen; die Zeit des *Hippophaëtum* ist schon heute wieder vorbei.

Nach langem Suchen fand HOLKEMA auf W e s t t e r s c h e l l i n g ein einziges Exemplar von *Pyrola minor*, einer charakteristischen Pflanze des älteren *Hippophaëtum* × *Salicetum repentis*. Seine Nachfolger melden die Art entweder als fehlend oder äusserst selten (GROLL 1881; VUYCK 1887; Bot. Verein. 1886). Im Jahrzehnt von 1910 bis 1920 breitete sie sich jedoch schnell aus und ist nun stellenweise eine allgemeine Erscheinung in Dünengebieten, die im Jahre 1885 noch völlig kahl waren.

Floristen, wie HOLKEMA, GROLL, VAN EEDEN und GOETHART, sowie eine Exkursion der NIEDERLÄNDISCHEN BOTANISCHEN VEREINIGUNG konnten *Platanthera bifolia*, eine Pflanze des jüngeren *Oxycoccetum macrocarpi* nicht finden. Erst LEEGE (1906) erwähnt sie, und kurz darauf beschreiben JONGENS (1909) und THIJSSE (1917) das allgemeine Auftreten der Art in Gebieten, die alle vorhergehenden Forscher untersuchten.

Die Lösung dieser Frage gibt uns die Geschichte der Dünentäler und die damit zusammenhängende Gesellschaftsfolge. Das Eindringen von *Platanthera bifolia* auf O o s t - T e r s c h e l l i n g ist zu erwarten und wird mit dem Absterben des heute dort bestehenden *Hippophaëtum — Schoenetum* zusammenhängen.

Auch die ,,Cranberry'' liefert hierfür ein charakteristisches Beispiel. Bekanntlich erschien *Oxycoccus macrocarpus* ungefähr im Jahre 1840 auf T e r s c h e l l i n g. Die Art geriet zufälligerweise in eines der sehr wenigen nassen Heidegebiete, die damals auf der Insel bestanden. Eine sehr genaue Verbreitungskarte aus dem Jahre 1885 zeigt uns, dass die Art zunächst auf S t u d e n t e n p l a k und G r o e n p l a k beschränkt blieb. In den folgenden Jahren zeigten sich einige Keimpflanzen im weiter nach Westen gelegenen F o p p e p l a k (1893— 1894) und B o l l e p l a k (1895). Diese breiteten sich so schnell aus, dass 1909 40 ha eine geschlossene Decke von *Oxycoccus macrocarpus* trugen. Im Osten liess sich die Art zunächst nicht ansiedeln. Dort setzten damals gerade das *Agrostidetum stoloniferae* und das *Juncetum baltici † Salicetum repentis* × *Parnassietum palustris* ein.

Infolge der etwa 1850 erfolgten Festlegung der Westdünen waren dort um 1890 für *Oxycoccus macrocarpus* günstige Wachstumsbedingungen gegeben, nachdem sich die Art etwa 50 bis 60 Jahre lang mit Mühe und Not im S t u d e n t e n p l a k gehalten hatte. Wir können innerhalb der nächsten 20 Jahre eine erneute schlagartige Ausdehnung des *Oxycoccetum*, aber nunmehr in östlicher Richtung erwarten, falls die Reichsforstverwaltung dies nicht durch Aufforstung, Anlage von wilden Weiden, Kaninchengehegen, Äckern und Drainage verhindert. Meines Erachtens hat *Oxycoccus macrocarpus* bei der erneuten Ansiedelung der alten Heide auf T e r s c h e l l i n g die Stelle von *Oxycoccus quadripetalus* eingenommen.

Ähnliche Beispiele sind auf T e r s c h e l l i n g noch in Menge zu finden. Die rezente Einschleppung von *Vaccinium uliginosum* (V l i e- l a n d 1928, T e r s c h e l l i n g 1931), von *Vaccinium Vitis-idaea* (V l i e l a n d 1928), *Trientalis europaea* (T e r s c h e l l i n g 1921 und 1924, V l i e l a n d, 1928) passen vollkommen in dieses Bild. Es ist sehr wahrscheinlich, dass Zugvögel aus dem Norden bei der Verbreitung dieser Arten eine Rolle gespielt haben (WEEVERS).

Meine Kartothek enthält ungefähr 200 Arten mehr als die Liste von HOLKEMA. Dass ein so vorzüglicher Florist nach einem langen Besuch in den Jahren 1868 und 1869 33 % der höheren Pflanzen übersehen haben sollte, ist völlig ausgeschlossen! Diese Tatsache zeigt also die erheblichen Veränderungen der Pflanzendecke schon zur Genüge. Eine

Erklärung dieser Änderungen finden wir in der Geschichte der Landschaft. Dass diese Florenbereicherung eine rezente Erscheinung von sekundärem Charakter ist und mit lokalen Faktoren eng zusammenhängt, ergibt sich aus dem hier dargestellten Verlauf der Gesellschaftsfolge.

Abgesehen von den in späterer Zeit angelegten staatlichen Forsten findet man Wald seit vielen Jahrhunderten am Innenrande der Dünen. Der Boden dieses Waldstreifens, übrigens ein typischer Bauernwald, gehört seiner Herkunft nach noch zu den Dünen. Der Wald steht auf einem breiten Streifen Flugsand, den H e i d e l a n d e n, der in das Polderland verwehte, und also als Transgression der Dünen in den Polder aufzufassen ist. Von altersher wurde dies Gebiet als Ganzes von den Gehöften gemeinsam benutzt („meanschaer, miente"). Wahrscheinlich wurden die ersten Streifen dieses Gebietes in der Mitte des 16. Jahrhunderts unter der Regierung des Droste DIRK VAN REYNEGOM (R e y n e g o m s l a n d e n bei M i d s l a n d) urbar gemacht. Wer das Land urbar machte, war verpflichtet, seine „krochten" (Äcker) mit Erlenhecken (*Alnus glutinosa*) einzufassen. Ausserdem wurden reine Erlenwälder angelegt, die man zumeist einmal in 4 Jahren abholzte.

Der Bau dieses Bestandes von *Alnus glutinosa*, in dessen Baumschicht vereinzelt auch *Alnus incana*, *Corylus Avellana* (F o r m e r u m), *Betula* spec. und *Acer campestre* (G r i e), sowie *Sambucus nigra* (D e K o o y) auftreten, ist sehr einfach:

Baumschicht	Obere Feldschicht	Untere Feldschicht
	Dryopteretum austriacae	*Holcetum mollis*
Alnetum glutinosae	*Urticetum dioicae*	*Trientaletum europaeae*
	Rubetum spec.	*Corydaletum claviculatae*

Die folgenden Arten sind auf Terschelling fast ausschliesslich auf diesen Wald beschränkt:

Alnus glutinosa, *Trientalis europaea*, *Betula verrucosa*, *Lonicera Periclymenum*, *Populus tremula* [1]), *Betula pubescens*, *Pinus* spec. [1]),

---

[1]) Nur in den Dünentälern.

Holcus mollis, Epilobium angustifolium, Quercus spec. [1]), *Blechnum spicant, Salix aurita* [1]), *Dryopteris austriaca, Corylus Avellana, Rubus* spec. div., *Calystegia sepium, Corydalis claviculata, Epilobium hirsutum, Glechoma hederaceum, Lycopus europaeus, Ranunculus Ficaria, Scutellaria galericulata, Osmunda regalis, Scrophularia nodosa, Urtica dioica, Scilla non-scripta, Listera ovata, Carex inflata, Carex Pseudocyperus, Polygonum Hydropiper, Eupatorium cannabinum, Senecio paluster, Valeriana officinalis, Lemna minor, Phalaris arundinacea, Chelidonium majus, Melandryum dioecum, Melandryum album.*

Soziofloristisch gehört er also zum *Querceto-Betuletum* im Sinne von Tüxen.

Dieser Wald wurde also vor mindestens 300 Jahren von der Bevölkerung auf der Heide angepflanzt. Er wird schon im Jahre 1648, als T a k k e k o o y genannt. Heute ist der Waldhumus stellenweise reichlich 1 m dick.

Am Ende dieses Kapitels möchte ich als Übersicht ein vorläufiges Schema der Gesellschaftsfolge in den Dünentälern von T e r s c h e l l i n g geben:

Schema der Gesellschaftsfolge in den Dünentälern der Westfriesischen Insel Terschelling

I: Initialbestände

Cakiletum maritimae
Chenopodietum (rubrae?)
Atriplicetum patuli
Senecionetum vulgaris

Hauptkomplex II: *Scirpetum maritimi † Phragmitetum communis.*

(„Association à *Phragmites* + Association à *Eleocharis*", Hoquette.)

Scirpetum maritimi
Schoenoplectetum Tabernaemontani
Heleocharetum acicularis initiale
Phragmitetum communis
Typhetum angustifoliae
Typhetum latifoliae
Mariscetum serrati

Hauptkomplex III: *Agrostidetum stoloniferae — (Litorelletum uniflorae † Pilularietum piluliferae).*

(,,Association à *Litorella uniflora* et *Eleocharis acicularis''*, Malcuit)
(*Ranunculus Flammula — Radiola linoides* Assoziation, Hueck.)

(Dünental)

(Dünensee)

a
- *Agrostidetum stoloniferae*
- *Juncetum articulati*
- *Juncetum ancipitis atricapilli*
- *Juncetum bufonii*
- *Caricetum glaucae*
- *Radioletum linoidis*
- *Anagalletum tenellae*

b
- *Heleocharetum palustris*
- *Litorelletum uniflorae*
- *Pilularietum piluliferae*
- *Echinodoretum uniflorae*
- *Heleocharetum acicularis*
- *Comaretum palustris*

Hauptkomplex IV: *Juncetum baltici † (Salicetum repentis + Parnassietum palustris).*

(,,Association à *Calamagrostis Epigeios* — sous-ass. à *Parnassia''*
Hoquette.)

- *Juncetum baltici*
- *Calamagrostidetum Epigeios initiale*
- *Salicetum repentis*
- *Hippophaëtum Rhamnoidis initiale*
- *Parnassietum palustris*
- *Caricetum flavae Oederi*
- *Caricetum trinervis*

Hauptkomplex V: *(Hippophaetum Rhamnoidis † Pyroletum rotundifoliae) — Schoenetum nigricantis.*

(,,Idem. Faciès à *Hippophaë''*, Hoquette.)

a
- *Hippophaëtum rhamnoidis* × *Calamagrostidetum Epigeios*
- *Salicetum repentis* × *Calamogrostidetum*
- *Salicetum repentis*
- *Hippophaëtum Rhamnoidis*
- *Pyroletum rotundifoliae*
- *Empetretum nigri initiale*

b
- *Schoenetum nigricantis*

Hauptkomplex VI: (*Callunetum vulgaris — Ericetum tetralicis*) — (*Myricetum Gale † Oxycoccetum macrocarpi*).

(„*Calluneto-Genistetum*" mit Facies.)

a {
Callunetum vulgaris
Empetretum nigri
Salicetum repentis
Festucetum ovinae
Genistetum anglicae
Hieracietum Pilosellae
Ericetum tetralicis
Droseretum rotundifoliae
}

b {
Myricetum Gale
Oxycoccetum macrocarpi
Molinietum coeruleae
}

Hauptkomplex VII: *Wälder* (nicht näher analysiert).

(Vermutlich Facies des „*Querceto-Betuletum*" von Tüxen.)

Staatsforst	Dünenwald	Bauernwald
a. *Pinetum austriacae*	*Betuletum* (*verrucosae*)	*Alnetum glutinosae †*
	Populetum tremulae	*Dryopteretum austriacae † Holcetum mollis*
b. *Alnetum glutinosae*	*Salicetum* spec. div.	*+ Trientaletum europaeae + Corydaletum claviculatae.*

TABELLE 35. H.K. III: Bestand von *Agrostis stolonifera.* 40 qm.
Kroonpolder 1924. West-Terschelling. Strandpfahl 3.

	Fr. %	G.S./qm	S./qm
Agrostis stolonifera	100	4–5	4–5
Sonchus arvensis	72	1–2	1–2
Juncus articulatus	58	2	1–3
Ammophila arenaria	40	$\frac{1}{2}$	1
Hippophaë Rhamnoides	38	2–3	1
Juncus bufonius	35	$\frac{1}{2}$	3
Phragmites communis	30	2	1
Ranunculus Flammula	28	2	1
Senecio vulgaris	25	$\frac{1}{2}$	1
Centaurium vulgare	24	$\frac{1}{2}$	1
Leontodon nudicaulis	20	$\frac{1}{2}$	1
Heleocharis acicularis	20	2	3
Salix repens	18	$\frac{1}{2}$	1
Scirpus maritimus	13	$\frac{1}{2}$	1
Carex flava	13	1–2	2
Taraxacum officinale	10	$\frac{1}{2}$	1
Leontodon autumnalis	8	2	1
Matricaria maritima	8	1–2	1
Bellis perennis	3	2	1
Festuca rubra	3	2	2
Ranunculus sceleratus	3	$\frac{1}{2}$	3
Filago minima	3	$\frac{1}{2}$	1
Cakile maritima	3	$\frac{1}{2}$	2
Epilobium angustifolium . . .	3	$\frac{1}{2}$	1
Helleborine palustris	3	$\frac{1}{2}$	1
Juncus anceps var. *atricapillus.*	3	$\frac{1}{2}$	1
Chenopodium rubrum	3	$\frac{1}{2}$	3
Cirsium lanceolatum	3	$\frac{1}{2}$–2	1
Schoenoplectus Tabernaemontani	3	$\frac{1}{2}$	1
Anthyllus Vulneraria	3	2	1
Lotus corniculatus	3	2	1
Trifolium repens	3	2	1
Cerastium triviale	3	2	1
Solanum nigrum	3	2	2
Mentha aquatica	3	$\frac{1}{2}$	2
Hydrocotyle vulgaris	3	2	1
Jasione montana	3	$\frac{1}{2}$	1
Juncus balticus	(1)	$\frac{1}{2}$	1
Parnassia palustris	(1)	$\frac{1}{2}$	1
Potentilla anserina	(1)	$\frac{1}{2}$	1
Sonchus oleraceus	(1)	$\frac{1}{2}$	1
Honckenya peploides	(1)	$\frac{1}{2}$	1
Epilobium spec.	(1)	$\frac{1}{2}$	1
Aster Tripolium	(1)	$\frac{1}{2}$	1
Echinodorus ranunculoides . .	(1)	$\frac{1}{2}$	1
Sagina nodosa	(1)	2	1

TABELLE 36. H.K. III: Bestand von *Juncus anceps* var. *atricapillus*. Groene Strand. Juli 1932. 20 qm.

	Fr. %	G.S./qm	S./qm
Juncus anceps var. *atricapillus*	100	4	3
Leontodon nudicaulis	100	½–2	1
Salix repens (K.)	100	½ 1	1
Sonchus arvensis	85	½–2	1
Agrostis stolonifera	60	1	2
Honckenya peploides	50	2	1–2
Carex glauca	50	½	1 2
Potentilla anserina	35	½	1
Heleocharis acicularis	35	½–1	2
Helleborine palustris	35	½	1
Juncus articulatus	35	½	2
Taraxacum officinale	30	½	1
Sagina nodosa	25	½–2	1
Ranunculus Flammula	15	½	1
Centaurium vulgare	10	½	1
Phragmites communis	10	½	1
Cirsium lanceolatum	5	½	1
Epilobium spec. (*palustre* ?) . .	5	½	1
Hippophaë Rhamnoides (K.) .	5	½	1
Ranunculus sardous	1	½	1
Senecio vulgaris	1	½	1

TABELLE 37. H.K. IV: Bestand von *Juncus balticus* und *Salix repens*. Koegelwiek. 10 qm. Sept. 1932.

	G.S.										Fr.	S.
Juncus balticus	3	3	2	3	3	3	3	4	3	3	10	4
Salix repens	3	3	3	2	3	2	2	3	3	3	10	4
Schoenus nigricans. . .	2	2	2	2	2	2	2	2	2	2	10	2
Parnassia palustris . .	½	2	½	2	2	1	1	½	1	½	10	2
Agrostis stolonifera . .	1	½	½	½	1	½	½	1	1	1	10	1–2
Potentilla anserina. . .	1	½	½	–	½	½	½	½	½	½	9	1
Linum catharticum . .	1	1	1	1	1	½	1	½	1	–	9	1
Carex flava Oederi . .	½	1	1	½	½	½	½	½	–	–	8	1
Carex glauca	½	½	–	½	½	½	½	1	1	–	8	1
Euphrasia curta . . .	½	½	1	1	–	½	½	–	½	–	7	1
Leontodon nudicaulis .	½	–	1	½	½	–	–	½	½	½	7	1
Mentha aquatica . . .	½	–	–	½	1	1	–	1	1	1	7	1
Helleborine palustris. .	1	½	½	–	1	–	–	3	3	3	7	1
Hydrocotyle vulgaris. .	1	1	–	–	½	–	–	½	1	1	6	1
Equisetum arvense . .	½	–	–	½	½	½	–	–	½	–	5	1
Liparis Loeselii . . .	–	½	1	–	–	–	1	–	–	–	3	1
Sagina procumbens . .	½	–	–	–	½	½	–	–	–	–	3	1
Pedicularis silvatica. .	–	–	–	–	–	½	½	–	–	–	2	1
Juncus articulatus . .	½	½	–	–	–	–	–	–	–	–	2	1
Trifolium pratense. . .	½	–	–	–	–	–	–	–	–	–	1	1

TAB. 38. H.K. IV: *Salicetum repentis*. 10 qm. Koegelwiek, Aug. 1932.

	G. S./qm.										Fr.	S.
Salix repens	5	5	5	5	5	5	5	5	5	5	10	5
Lotus corniculatus . .	2	2	2	2	2	2	2	2	2	2	10	2
Leontodon nudicaulis .	1	1	1	1	1	1	1	1	2	2	10	1
Mentha aquatica . .	½	½	½	½	½	½	½	1	½	½	10	1
Carex glauca	1	–	½	½	–	½	1	½	2	½	8	1
Linum catharticum . .	½	½	–	½	½	½	½	–	1	½	8	1
Carex trinervis . . .	–	–	½	½	1	½	½	½	½	½	8	1
Junus anceps var. atric.	½	–	½	½	½	½	½	–	½	–	7	1
Euphrasia curta . . .	–	–	½	½	1	½	½	½	–	½	7	1
Pyrola rotundifolia . .	½	–	½	½	½	–	½	½	–	–	6	1
Helleborine palustris .	–	–	2	1	½	–	½	–	½	½	6	1–2
Leontodon autumnalis .	–	½	–	–	½	½	½	½	–	–	5	1
Agrostis stolonifera . .	–	–	–	–	–	–	–	½	–	½	2	1
Trifolium repens . . .	½	½	–	–	–	–	–	–	–	–	2	1
Trifolium pratense . .	½	½	–	–	–	–	–	–	–	–	2	1–3
Calamagrostis Epigeios	–	½	–	–	–	–	½	–	–	–	2	1
Carex flava Oederi . .	½	½	–	–	½	–	–	–	–	–	3	1
Potentilla anserina . .	–	–	–	–	–	–	–	½	–	½	2	1
Taraxacum officinale .	–	–	–	–	–	–	–	½	–	½	2	1
Galium verum	–	–	–	–	–	–	–	–	–	½	1	1
Anthyllus Vulneraria .	½	–	–	–	–	–	–	–	–	–	1	1
Parnassia palustris .	–	–	–	–	–	–	–	–	½	–	1	1

TABELLE 39. H.K. IV: *Salicetum repentis.* Idem.

	G.S.										Fr.	S.
Salix repens	5	5	5	5	5	5	5	5	5	5	10	5
Juncus anceps var. atric.	1	1	1	$\frac{1}{2}$	1	$\frac{1}{2}$	−	$\frac{1}{2}$	$\frac{1}{2}$	$\frac{1}{2}$	9	1
Parnassia palustris . .	−	$\frac{1}{2}$	1	1	1	1	1	$\frac{1}{2}$	1	1	9	1
Potentilla anserina. . .	$\frac{1}{2}$	−	$\frac{1}{2}$	$\frac{1}{2}$	$\frac{1}{2}$	$\frac{1}{2}$	$\frac{1}{2}$	$\frac{1}{2}$	$\frac{1}{2}$	$\frac{1}{2}$	9	1
Agrostis stolonifera . .	$\frac{1}{2}$	−	$\frac{1}{2}$	$\frac{1}{2}$	$\frac{1}{2}$	$\frac{1}{2}$	$\frac{1}{2}$	$\frac{1}{2}$	$\frac{1}{2}$	$\frac{1}{2}$	9	1
Mentha aquatica . . .	$\frac{1}{2}$	$\frac{1}{2}$	1	−	$\frac{1}{2}$	−	1	$\frac{1}{2}$	$\frac{1}{2}$	1	8	1
Carex glauca	$\frac{1}{2}$	−	$\frac{1}{2}$	$\frac{1}{2}$	$\frac{1}{2}$	$\frac{1}{2}$	$\frac{1}{2}$	$\frac{1}{2}$	$\frac{1}{2}$	−	8	1
Lotus corniculatus . . .	2	$\frac{1}{2}$	−	2	−	2	2	2	2	−	7	1
Linum catharticum. . .	$\frac{1}{2}$	−	1	1	$\frac{1}{2}$	$\frac{1}{2}$	−	−	$\frac{1}{2}$	−	6	1
Trifolium repens . . .	−	$\frac{1}{2}$	2	$\frac{1}{2}$	−	−	−	$\frac{1}{2}$	$\frac{1}{2}$	1	6	1
Carex flava Oederi . .	1	−	$\frac{1}{2}$	$\frac{1}{2}$	−	−	−	$\frac{1}{2}$	$\frac{1}{2}$	$\frac{1}{2}$	6	1
Helleborine palustris. .	2	$\frac{1}{2}$	−	−	2	−	−	$\frac{1}{2}$	1	1	6	1
Carex trinervis	−	$\frac{1}{2}$	$\frac{1}{2}$	1	−	1	−	$\frac{1}{2}$	$\frac{1}{2}$	$\frac{1}{2}$	7	1
Hydrocotyle vulgaris . .	−	$\frac{1}{2}$	−	−	$\frac{1}{2}$	−	1	$\frac{1}{2}$	$\frac{1}{2}$	−	5	1
Leontodon nudicaulis .	−	−	$\frac{1}{2}$	−	−	$\frac{1}{2}$	−	$\frac{1}{2}$	−	−	3	1
Leontodon autumnalis .	−	$\frac{1}{2}$	−	−	−	−	$\frac{1}{2}$	$\frac{1}{2}$	−	$\frac{1}{2}$	3	1
Sagina nodosa	−	−	$\frac{1}{2}$	−	$\frac{1}{2}$	$\frac{1}{2}$	−	−	$\frac{1}{2}$	−	4	1–2
Trifolium pratense. . .	2	−	−	−	$\frac{1}{2}$	$\frac{1}{2}$	$\frac{1}{2}$	−	−	−	4	1
Centaurium vulgare . .	−	−	$\frac{1}{2}$	−	−	$\frac{1}{2}$	−	−	−	$\frac{1}{2}$	3	1
Cerastium triviale . . .	−	−	1	$\frac{1}{2}$	−	$\frac{1}{2}$	−	−	−	−	3	1
Equisetum arvense . .	$\frac{1}{2}$	−	−	−	−	−	−	−	$\frac{1}{2}$	−	2	1
Schoenus nigricans. . .	−	−	−	−	−	−	$\frac{1}{2}$	−	$\frac{1}{2}$	−	2	1
Ophioglossum vulgatum	$\frac{1}{2}$	−	$\frac{1}{2}$	−	−	−	−	−	−	−	2	1
Juncus balticus	$\frac{1}{2}$	$\frac{1}{2}$	−	−	−	−	−	−	−	−	2	1
Hippophaë Rhamn. (K.)	−	−	−	−	−	−	−	$\frac{1}{2}$	−	−	1	1
Orchis incarnata. . . .	−	−	$\frac{1}{2}$	−	−	−	−	−	−	−	1	1
Calamagrostis Epigeios .	−	−	−	−	−	−	$\frac{1}{2}$	−	−	−	1	1

TABELLE 40. Bestand von *Hippophaë Rhamnoides*. Strandpfahl 4.
10 qm. Sept. 1932.

	G. S./qm.										Fr.
Hippophaë Rhamnoides . .	3	4	5	5	5	5	5	4	5	4	10
Salix repens	1	1	2	2	2	1	½	1	1	1	10
Leontodon nudicaulis . . .	1	½	½	½	½	½	½	1	1	½	10
Parnassia palustris . . .	1	1	3	3	3	2	2	–	1	2	9
Festuca rubra	½	2	2	–	2	2	2	½	1	1	9
Sagina nodosa	–	–	½	½	1	1	1	1	½	½	8
Agrostis stolonifera	1	–	½	½	½	1	–	½	½	1	8
Lotus corniculatus	2	–	–	–	–	½	½	–	½	–	5
Polygala vulgaris dunensis	½	–	½	–	½	2	½	–	–	–	5
Cerastium triviale	–	–	½	–	–	–	–	½	–	½	3
Calamagrostis Epigeios . .	½	–	–	1	1	–	–	–	–	–	3
Anthyllus Vulneraria . . .	–	–	–	½	½	½	–	–	–	–	3
Helleborine palustris . . .	½	–	–	–	½	–	–	–	–	–	2
Sonchus arvensis	–	–	–	–	½	–	–	½	–	–	2
Epilobium spec.	–	–	–	½	–	½	–	–	–	–	2
Stellaria media	–	–	–	½	–	–	–	–	–	–	1
Juncus articulatus	–	–	–	–	–	–	–	–	–	½	1
Linum catharticum	–	–	1	–	–	–	–	–	–	–	1
Potentilla anserina	½	–	–	–	–	–	–	–	–	–	1
Juncus anceps var. *atric.* .	–	–	–	–	–	–	–	–	½	–	1
Pyrola rotundifolia	–	–	–	–	–	½	–	–	–	–	1
Jasione montana	–	–	–	–	–	½	–	–	–	–	1
Rumex acetosa	–	–	–	–	½	–	–	–	–	–	1
Trifolium pratense	–	–	–	–	–	–	½	–	–	–	1
Schoenus nigricans	–	–	–	–	–	–	–	–	–	½	1

TABELLE 41. Idem: 10 qm.

	G. S.										Fr.
Hippophaë Rhamnoides . .	4	3	4	4	4	4	5	3	3	3	10
Salix repens	2	1	1	1	3	2	2	1	2	3	10
Agrostis stolonifera	½	1	1	1	1	½	½	½	1	1	10
Parnassia palustris . . .	½	1	2	1	½	½	½	1	1	½	10
Leontodon nudicaulis . . .	1	1	½	½	—	½	½	½	½	½	9
Lotus corniculatus	—	½	½	1	2	—	3	2	2	2	8
Festuca rubra	2	—	2	2	2	—	—	3	1	1	7
Carex flava Oederi	½	½	½	½	—	½	½	—	½	—	7
Helleborine palustris . . .	—	½	½	½	1	2	—	2	—	½	7
Rhinanthus major	½	—	—	½	½	—	1	—	—	1	5
Potentilla erecta	—	1	1	—	—	½	—	—	½	½	5
Linum catharticum	½	½	½	—	—	—	—	—	½	—	4
Juncus anceps var. atric. .	—	—	½	—	—	½	½	½	—	—	4
Juncus articulatus	½	½	—	½	—	½	—	—	—	—	4
Trifolium pratense	2	—	—	—	½	½	½	—	—	—	4
Juncus balticus	1	—	—	—	—	½	1	½	—	—	4
Hydrocotyle vulgaris . . .	—	—	—	—	—	½	½	—	½	—	3
Pedicularis silvatica . . .	½	½	—	—	—	—	—	—	—	—	2
Cerastium caespitosum . .	—	—	—	½	—	—	—	—	—	½	2
Ammophila arenaria . . .	—	—	—	½	—	—	—	—	—	—	1
Pyrola rontundifolia . . .	—	—	—	—	—	½	—	—	—	—	1
Calamagrostis Epigeios . .	—	—	—	—	1	—	—	—	—	—	1
Mentha aquatica	—	—	—	—	—	½	—	—	—	—	1
Hieracium umbellatum . .	—	—	—	—	—	—	½	—	—	—	1
Avena praecox	—	—	—	—	—	—	1	—	—	—	1
Orchis incarnata	—	—	—	—	—	—	—	—	½	—	1
Holcus lanatus	—	—	—	—	—	—	—	—	½	—	1
Jasione montana	—	—	—	—	—	—	—	½	—	—	1

TABELLE 42. H.K. V. Bestand von *Schoenus nigricans*. Koegelwiek. 10 qm. Sept. 1932.

	G.S./qm.										Fr.
Schoenus nigricans	5	5	5	5	5	5	5	5	5	5	10
Salix repens	½	2	2	1	1	2	2	2	2	2	10
Parnassia palustris . . .	½	½	½	1	½	½	½	½ ½	½	1	10
Mentha aquatica	½	–	½	½	½	½	½	½	½	½	9
Calamagrostis Epigeios . .	½	½	1	½	½	½	½	½	½	–	9
Agrostis stolonifera	½	½	–	½	½	½	–	½	½	–	7
Helleborine palustris . . .	–	1	½	½	½	1	1	1	–	–	7
Taraxacum officinale . . .	½	½	½	–	–	½	½	½	–	–	6
Leontodon nudicaulis . . .	½	½	–	–	½	–	–	–	½	½	5
Hippophaë Rhamnoides . .	–	½	–	½	½	–	–	–	–	½	4
Molinia coerulea	–	–	–	–	½	–	½	–	–	½	3
Ophioglossum vulgatum . .	½	½	–	–	–	–	–	–	–	–	2
Juncus conglomeratus . . .	–	–	–	–	–	½	–	–	–	–	1
Ranunculus Flammula . .	–	–	–	½	–	–	–	–	–	–	1
Junus articulatus	–	–	–	–	½	–	–	–	–	–	1
Brunella vulgaris	–	–	–	–	–	–	–	–	–	½	1
Lotus corniculatus	–	–	–	–	–	–	½	–	–	–	1
Luzula campestris	–	–	–	–	–	–	–	½	–	–	1
Empetrum nigrum	–	–	–	–	–	–	–	–	½	–	1

TABELLE 43. Idem. 10 qm.

	G.S./qm.										Fr.
Schoenus nigricans	5	5	5	5	5	5	5	5	5	5	10
Salix repens	½	½	3	1	1	1	3	½	½	½	10
Parnassia palustris . . .	½	½	½	½	½	–	½	1	–	½	8
Calamagrostis Epigeios . .	–	–	½	–	½	½	–	1	1	½	6
Taraxacum officinale . . .	–	–	½	½	–	–	½	½	½	½	6
Leontodon nudicaulis . . .	–	–	½	½	½	–	–	½	½	½	6
Phragmites communis . .	½	–	½	–	–	½	–	½	–	½	5
Agrostis stolonifera	–	½	–	–	–	½	–	–	½	½	4
Mentha aquatica	–	–	½	–	½	–	–	–	½	½	4
Helloborine palustris . . .	½	1	½	–	–	–	–	–	–	–	3
Hippophaë Rhamnoides . .	–	–	½	½	–	½	–	–	–	–	3
Hydrocotyle vulgaris . . .	½	–	–	–	–	–	–	–	–	½	2
Centaurium vulgare . . .	–	–	–	–	–	–	½	½	–	–	1
Ranunculus Flammula . .	–	–	–	–	–	½	–	–	–	½	2
Orchis incarnata	–	½	–	–	–	–	–	–	–	½	2
Carex trinervis	–	–	–	–	–	–	½	½	–	–	2

TABELLE 44.

Bestandaufnahme Koegelwiek. Sept. 1932	Juncetum baltici	Salicetum repentis	Schoenetum nigricantis	Hippophaëtum Rhamnoidis
		Fr. % (G.S.) S.		
Agrostis stolonifera . .	—	10 (2) 1	60 ($\frac{1}{2}$) 1	15 ($\frac{1}{2}$) 1
Juncus articulatus . .	86 (1) 1–2	65 ($\frac{1}{2}$–1) 1	90 ($\frac{1}{2}$) 1	18 ($\frac{1}{2}$–1) 1
Carex flava Oederi . .	14 ($\frac{1}{2}$) 1	—	5 ($\frac{1}{2}$) 1	20 ($\frac{1}{2}$) 1
Trifolium repens . . .	—	45 ($\frac{1}{2}$–2) 1	—	5 ($\frac{1}{2}$) 1–2
Ranunculus Flammula	—	—	5 ($\frac{1}{2}$) 1	—
Leontodon nudicaulis .	79 ($\frac{1}{2}$) 1	70 (1–2) 1	60 ($\frac{1}{2}$) 1	100 ($\frac{1}{2}$) 1
Hippophaë Rhamnoides.	—	5 ($\frac{1}{2}$) 1	45 ($\frac{1}{2}$) 1	**100 (4) 5**
Salix repens	100 (3–4)	**100 (5) 5**	100 (2) 3	100 (2) 3
Leontodon autumnalis .	7 ($\frac{1}{2}$) 1	40 ($\frac{1}{2}$) 1	—	—
Helleborine palustris . .	86 (2) 1	65($\frac{1}{2}$–2)1–2	50 ($\frac{1}{2}$–1) 1	40 ($\frac{1}{2}$–2) 1
Juncus anceps var. atric.	7 ($\frac{1}{2}$) 1	85 ($\frac{1}{2}$) 1	—	20 ($\frac{1}{2}$) 1
Lotus corniculatus . . .	—	85 (2) 2	5 ($\frac{1}{2}$) 1	65 (2–3) 2
Mentha aquatica . . .	79 ($\frac{1}{2}$) 1	90 ($\frac{1}{2}$–1) 1	15 ($\frac{1}{2}$) 1	5 ($\frac{1}{2}$) 1
Hydrocotyle vulgaris . .	7 (1) 1	30 ($\frac{1}{2}$ 1) 1	49 ($\frac{1}{2}$) 1	15 ($\frac{1}{2}$) 1
Juncus balticus	**100 (3) 4**	15 ($\frac{1}{2}$) 1	—	9 (2–3) 2
Parnassia palustris . .	94 (1–2) 2	—.	—	5 ($\frac{1}{2}$) 1
Potentilla anserina. . .	71 ($\frac{1}{2}$) 1	45 ($\frac{1}{2}$) 1	—	30 ($\frac{1}{2}$) 1
Sagina nodosa . . . : .	—	20 ($\frac{1}{2}$) 1	10 ($\frac{1}{2}$) 1	40 ($\frac{1}{2}$) 1
Carex glauca	—	80 ($\frac{1}{2}$) 1	—	—
Trifolium pratense. . .	—	25($\frac{1}{2}$–2)1–3	—	—
Centaurium vulgare . .	—	10 ($\frac{1}{2}$) 1	5 ($\frac{1}{2}$) 1	25 ($\frac{1}{2}$) 1
Schoenus nigricans. . .	94 (2) 2	15 ($\frac{1}{2}$) 2	**100 (5) 3**	—
Linum catharticum . .	86 (1) 1	75 ($\frac{1}{2}$–1) 1	—	20 ($\frac{1}{2}$) 1
Liparis Loeselii. . . .	21 (1) 1	—	—	—
Euphrasia curta . . .	64 ($\frac{1}{2}$) 1	—	—	—
Equisetum arvense . .	—	65 ($\frac{1}{2}$–1) 1	—	—
Pedicularis silvatica . .	43 ($\frac{1}{2}$) 1	10 ($\frac{1}{2}$) 1	—	—
Carex trinervis	—	—	—	10 ($\frac{1}{2}$) 1
Pyrola rotundifolia . .	7 ($\frac{1}{2}$) 1	65 ($\frac{1}{2}$–1) 1	5 ($\frac{1}{2}$) 1	25 ($\frac{1}{2}$) 1
Orchis incarnata. . . .	—	10 ($\frac{1}{2}$) 1	2 ($\frac{1}{2}$) 1	5 ($\frac{1}{2}$) 1
Rhinanthus major . . .	—	20 ($\frac{1}{2}$) 1	—	40 ($\frac{1}{2}$) 1
Ophioglossum vulgatum .	—	5 ($\frac{1}{2}$–1) 1	12 ($\frac{1}{2}$) 1	—
Galium verum	—	5 ($\frac{1}{2}$) 1	—	—
Samolus Valerandi . .	—	5 ($\frac{1}{2}$) 1	—	—

TABELLE 45. H.K. V—VI: Bestand von *Empetrum nigrum*.
Initialphase. Strandpfahl 5. 10 qm. Aug. 1932.

	G.S./qm.										Fr.
Empetrum nigrum	2	4	4	4	5	4	½	4	4	4	10
Salix repens	3	2	3	3	3	3	3	3	3	3	10
Lotus corniculatus	3	2	2	2	2	2	3	3	3	3	10
Pyrola rotundifolia	2	2	1	1	1	1	3	1	½	½	10
Hippophaë Rhamnoides(tot)	2	–	2	2	2	3	2	3	3	3	9
Leontodon nudicaulis	½	1	½	½	½	½	½	½	–	½	9
Helleborine palustris	2	2	–	5	5	½	–	–	½	–	6
Schoenus nigricans	2	–	2	–	½	2	½	–	–	½	6
Carex trinervis	–	–	½	½	–	–	–	1	½	½	5
Anthyllus Vulneraria	–	–	–	–	½	2	½	½	½	–	5
Juncus balticus	1	1	–	–	–	–	–	–	1	–	3
Festuca rubra	–	–	–	1	1	–	–	–	½	–	3
Trifolium repens	½	½	–	–	–	–	–	–	1	–	3
Holcus lanatus	½	1	–	–	–	–	–	–	–	–	2
Cerastium tetrandrum	–	–	–	–	–	–	½	–	–	–	1
Cerastium caespitosum	–	–	–	–	–	–	–	–	½	–	1
Hieracium umbellatum	–	–	–	½	–	–	–	–	–	–	1
Rhinantus major	–	–	–	–	½	–	–	–	–	–	1
Mentha aquatica	–	½	–	–	–	–	–	–	–	–	1

TABELLE 46. H.K. VI: Bestand von *Empetrum nigrum*.
Studentenplak. 10 qm. Aug. 1932.

	G.S./qm.										Fr.
Empetrum nigrum	5	5	5	5	5	5	5	5	5	5	10
Salix repens	3	3	2	3	3	2	3	3	½	½	10
Carex trinervis	2	2	1	2	½	½	1	1	2	½	10
Hieracium umbellatum	½	½	½	–	½	½	½	–	½	½	8
Erica tetralix	½	–	–	½	3	–	–	2	2	2	6
Jasione montana	–	–	½	–	–	½	–	–	–	–	2
Carex arenaria spiralis	–	½	–	–	½	–	–	–	–	–	2
Lotus corniculatus	–	–	–	–	–	–	–	½	–	2	2
Calluna vulgaris	–	–	–	½	–	–	–	½	–	–	2
Festuca rubra	–	–	–	–	–	½	–	–	–	–	1
Oxycoccus macrocarpus	½	–	–	–	–	–	–	–	–	–	1
Anthoxanthum odoratum	–	–	–	–	–	–	–	–	–	½	1

TABELLE 47. H.K. VI: Bestand von *Empetrum nigrum*.
Studentenplak. 10 qm. Aug. 1932.

	G.S./qm.										Fr.
Empetrum nigrum	4	4	3	4	3	4	4	5	4	4	10
Salix repens	3	3	4	3	4	2	2	2	4	3	10
Lotus corniculatus	2	3	3	3	3	2	2	3	2	2	10
Hippophaë Rhamnoides (tot)	3	3	2	2	3	3	$\frac{1}{2}$	3	$\frac{1}{2}$	3	10
Pyrola rotundifolia	$\frac{1}{2}$	1	$\frac{1}{2}$	−	1	−	−	$\frac{1}{2}$	3	3	7
Carex trinervis	$\frac{1}{2}$	$\frac{1}{2}$	$\frac{1}{2}$	−	−	−	$\frac{1}{2}$	$\frac{1}{2}$	$\frac{1}{2}$	$\frac{1}{2}$	7
Leontodon nudicaulis	1	1	−	−	$\frac{1}{2}$	$\frac{1}{2}$	$\frac{1}{2}$	−	$\frac{1}{2}$	−	6
Holcus lanatus	−	−	−	−	1	−	$\frac{1}{2}$	$\frac{1}{2}$	$\frac{1}{2}$	$\frac{1}{2}$	5
Festuca rubra	−	−	$\frac{1}{2}$	$\frac{1}{2}$	−	$\frac{1}{2}$	−	−	$\frac{1}{2}$	$\frac{1}{2}$	5
Helleborine palustris	$\frac{1}{2}$	$\frac{1}{2}$	1	$\frac{1}{2}$	$\frac{1}{2}$	−	−	−	−	−	5
Anthyllus Vulneraria	−	−	$\frac{1}{2}$	−	−	−	$\frac{1}{2}$	$\frac{1}{2}$	−	−	3
Cerastium caespitosum	−	$\frac{1}{2}$	$\frac{1}{2}$	−	−	−	−	−	−	−	2
Schoenus nigricans	−	−	2	−	−	−	−	−	−	−	1
Trifolium repens	−	−	−	−	−	−	−	1	−	−	1
Carex glauca	−	−	−	−	−	−	−	−	$\frac{1}{2}$	−	1
Erica tetralix	−	−	−	$\frac{1}{2}$	−	−	−	−	−	−	1
Myrica Gale	−	−	−	−	−	−	−	−	$\frac{1}{2}$	−	1
Parnassia palustris	−	$\frac{1}{2}$	−	−	−	−	−	−	−	−	1
Carex arenaria	−	−	−	−	−	−	−	$\frac{1}{2}$	−	−	1
Calluna vulgaris	−	−	−	−	−	−	−	$\frac{1}{2}$	−	−	1
Molinia coerulea	−	−	−	−	−	−	−	−	$\frac{1}{2}$	−	1

TABELLE 48. Idem. 10 qm.

	G.S./qm.										Fr.
Empetrum nigrum	5	5	5	5	5	5	5	5	5	5	10
Carex trinervis	−	$\frac{1}{2}$	$\frac{1}{2}$	$\frac{1}{2}$	−	−	$\frac{1}{2}$	1	2	$\frac{1}{2}$	7
Salix repens	3	$\frac{1}{2}$	$\frac{1}{2}$	3	−	2	−	$\frac{1}{2}$	−	−	6
Erica tetralix	2	−	−	2	−	2	$\frac{1}{2}$	−	−	$\frac{1}{2}$	5
Calluna vulgaris	$\frac{1}{2}$	−	−	−	−	−	$\frac{1}{2}$	$\frac{1}{2}$	$\frac{1}{2}$	$\frac{1}{2}$	5
Hieracium umbellatum	−	$\frac{1}{2}$	$\frac{1}{2}$	−	$\frac{1}{2}$	−	$\frac{1}{2}$	$\frac{1}{2}$	−	−	5
Corynephorus canescens	−	−	−	$\frac{1}{2}$	$\frac{1}{2}$	−	$\frac{1}{2}$	−	−	$\frac{1}{2}$	4
Ammophila arenaria	−	−	−	−	−	−	$\frac{1}{2}$	$\frac{1}{2}$	$\frac{1}{2}$	$\frac{1}{2}$	4
Jasione montana	−	−	−	$\frac{1}{2}$	$\frac{1}{2}$	−	−	−	−	−	2
Festuca rubra	−	−	−	$\frac{1}{2}$	−	−	−	−	−	−	1
Viola canina	−	$\frac{1}{2}$	$\frac{1}{2}$	−	−	−	−	−	−	−	2

TABELLE 49. H.K. VI: Bestand von *Calluna vulgaris*.
Landrummer Heide. 10 qm. Juli 1932.

	G.S./qm										Fr.	S./qm
Calluna vulgaris . . .	5	5	5	5	5	5	5	5	5	5	10	5
Carex arenaria spiralis .	$\frac{1}{2}$	$\frac{1}{2}$	$\frac{1}{2}$	$\frac{1}{2}$	$\frac{1}{2}$	$\frac{1}{2}$	$\frac{1}{2}$	$\frac{1}{2}$	–	$\frac{1}{2}$	9	1–2–3
Festuca ovina	–	$\frac{1}{2}$	$\frac{1}{2}$	$\frac{1}{2}$	2	$\frac{1}{2}$	–	–	$\frac{1}{2}$	$\frac{1}{2}$	7	1–2
Empetrum nigrum . .	$\frac{1}{2}$	$\frac{1}{2}$	$\frac{1}{2}$	$\frac{1}{2}$	$\frac{1}{2}$	–	2	–	–	–	6	1 2
Carex trinervis	–	–	$\frac{1}{2}$	–	–	–	–	$\frac{1}{2}$	$\frac{1}{2}$	$\frac{1}{2}$	4	1
Erica tetralix	–	–	$\frac{1}{2}$	–	–	–	–	–	$\frac{1}{2}$	2	3	1–2
Ammophila arenaria .	$\frac{1}{2}$	$\frac{1}{2}$	–	–	–	–	–	–	–	–	2	1–2
Salix repens	–	–	–	–	$\frac{1}{2}$	–	–	–	2	–	2	1–2
Lotus corniculatus . . .	–	–	–	–	–	–	–	–	$\frac{1}{2}$	–	1	1
Potentilla erecta . . .	–	–	–	–	–	–	–	–	$\frac{1}{2}$	–	1	1
Rosa spinosissima . .	–	–	–	–	–	–	–	–	–	$\frac{1}{2}$	1	1
Genista anglica	–	$\frac{1}{2}$	–	–	–	–	–	–	–	–	1	2
Galium verum	–	–	$\frac{1}{2}$	–	–	–	–	–	–	–	1	2

TABELLE 50. Idem. 10 qm.

	G.S./qm										Fr.	S./qm
Calluna vulgaris . . .	5	5	5	5	5	5	5	5	1	5	10	5
Carex trinervis	$\frac{1}{2}$	1	1	1	1	–	$\frac{1}{2}$	$\frac{1}{2}$	$\frac{1}{2}$	$\frac{1}{2}$	9	1
Festuca ovina	$\frac{1}{2}$	–	–	–	–	$\frac{1}{2}$	$\frac{1}{2}$	$\frac{1}{2}$	$\frac{1}{2}$	$\frac{1}{2}$	6	1
Carex arenaria spiralis .	–	–	–	–	–	$\frac{1}{2}$	$\frac{1}{2}$	$\frac{1}{2}$	$\frac{1}{2}$	$\frac{1}{2}$	5	1–2
Ammophila arenaria .	–	–	–	–	–	2	$\frac{1}{2}$	$\frac{1}{2}$	$\frac{1}{2}$	$\frac{1}{2}$	5	1–2
Salix repens	$\frac{1}{2}$	–	–	–	–	–	2	–	–	–	2	1–2
Empetrum nigrum . .	–	–	1	$\frac{1}{2}$	–	–	–	–	–	–	2	1–2
Myrica Gale	$\frac{1}{2}$	–	–	–	–	–	–	–	–	–	1	1
Anthoxanthum odoratum	–	–	–	–	–	–	–	–	$\frac{1}{2}$	–	1	1
Genista anglica	–	$\frac{1}{2}$	–	–	–	–	–	–	–	–	1	2
Cuscuta Epithymum .	–	–	–	$\frac{1}{2}$	–	–	–	–	–	–	1	4

TABELLE 51. H.K. VI: Bestand van *Erica tetralix*.
Landrummer Heide. 10 qm. Aug. 1932.

	G.S./qm.										Fr.	S.
Erica tetralix	5	5	5	5	5	5	5	5	5	5	10	5
Calluna vulgaris . . .	2	3	4	3	3	2	2	1	2	1	10	5
Salix repens	½	2	–	2	2	½	2	2	–	3	8	1–2
Carex trinervis	½	–	–	–	½	1	1	1	½	½	7	1
Potentilla erecta . . .	½	–	–	½	–	–	½	–	½	½	5	1
Myrica Gale	3	3	2	3	2	–	–	–	–	–	5	2
Agrostis stolonifera [1]) .	–	–	–	–	1	–	–	1	½	2	4	1–2
Molinia coerulea . . .	–	1	½	½	½	–	–	–	–	–	4	1
Juncus conglomeratus .	½	–	–	½	–	–	½	–	–	–	3	1
Luzula campestris . . .	½	–	–	½	–	–	–	–	–	–	3	1
Oxycoccus macrocarpus.	–	–	–	–	–	–	1	–	–	½	2	1
Calamagrostis Epigeios.	–	–	–	–	–	–	–	½	–	–	1	1
Lotus corniculatus. . .	–	–	–	–	–	–	–	½	–	–	1	1
Empetrum nigrum . .	–	–	–	–	–	–	–	2	–	–	1	1

TABELLE 52. Idem. 10 qm.

	G.S./qm.										Fr.
Erica tetralix	5	5	5	5	5	5	5	5	5	5	10
Calluna vulgaris	3	3	4	3	3	3	3	4	2	3	10
Salix repens.	2	2	2	2	½	½	½	2	2	1	10
Carex trinervis	½	½	½	–	–	½	½	½	½	–	7
Myrica Gale	–	–	–	–	½	2	3	2	2	3	6
Potentilla erecta	–	–	2	–	–	–	½	–	½	–	3
Luzula campestris	–	–	–	½	–	–	½	–	–	–	2
Agrostis stolonifera [1]) . . .	–	–	–	½	–	–	½	–	–	–	2
Molinia coerulea.	–	–	–	–	½	–	–	–	–	–	1
Hydrocotyle vulgaris . . .	–	–	–	–	–	–	–	–	⋅	½	1

1) *Agrostis alba genuina.*

TABELLE 53. H.K. VI: Bestand von *Oxycoccus macrocarpus*.
Landrum. 10 qm. Aug. 1932.

	G.S./qm										Fr.	S.
Oxycoccus macrocarpus .	5	5	5	5	5	5	5	5	5	5	10	5
Carex trinervis	1	½	½	½	½	½	1	½	1	1	10	1–2
Juncus anceps var. *atric.*	½	2	2	½	½	–	½	½	1	½	9	1–2
Juncus balticus	½	½	–	½	½	1	2	½	½	½	9	1–2
Salix repens	2	2	2	1	–	1	2	2	1	1	9	1–2
Erica tetralix	½	½	2	½	½	–	–	–	½	–	6	1–2
Juncus conglomeratus .	1	½	½	–	1	½	–	–	–	–	5	1–2
Myrica Gale	–	–	–	–	½	–	½	½	2	½	5	1–2
Ranunculus Flammula	–	½	½	–	–	–	–	–	½	½	4	1
Pedicularis silvatica . .	½	½	½	½	–	–	–	–	–	–	4	1
Hydrocotyle vulgaris . .	–	–	–	–	–	–	–	–	2	½	2	1–2
Lythrum Salicaria . .	–	–	–	–	–	–	–	–	½	½	2	1
Holcus lanatus	–	–	½	–	–	–	–	–	–	–	1	1

TABELLE 54. Idem. 10 qm.

	G.S./qm										Fr.	S.
Oxycoccus macrocarpus .	5	5	5	5	5	5	5	5	5	5	10	5
Juncus balticus	1	2	2	2	1	1	2	2	½	1	10	1–2
Carex trinervis	1	½	1	½	½	1	1	½	1	1	10	1–2
Salix repens	½	½	½	1	1	½	½	1	½	2	9	1
Erica tetralix	½	–	–	–	½	½	½	2	–	–	5	1–2
Juncus anceps var. *atric.*	½	½	–	–	–	–	½	–	1	1	5	1–2
Ranunculus Flammula	–	–	–	–	½	–	–	–	2	1	3	1
Calamagrostis Epigeios .	–	–	–	–	–	–	–	½	½	½	2	1
Lythrum Salicaria . .	–	–	–	–	–	–	–	–	½	½	2	1
Molinia coerulea . . .	–	–	–	–	–	–	–	–	½	½	2	1
Hydrocotyle vulgaris . .	–	–	–	–	–	–	–	2	½	–	2	1
Myrica Gale	–	–	–	–	–	–	½	–	–	–	1	1

TABELLE 55. H.K. VI: Bestand von *Oxycoccus macrocarpus*. Studentenplak. 10 qm. 1933.

	G.S./qm										Fr.	S.
Oxycoccus macrocarpus	5	5	5	5	5	5	5	5	5	5	10	5
Salix repens	2	2	2	2	$\frac{1}{2}$	2	2	2	$\frac{1}{2}$	$\frac{1}{2}$	10	2
Carex trinervis	1	1	1	1	2	2	1	2	1	1	10	2
Calamagrostis Epigeios .	$\frac{1}{2}$	$\frac{1}{2}$	2	$\frac{1}{2}$	–	–	–	–	–	–	4	1
Juncus anceps var. *atric.*	–	–	$\frac{1}{2}$	–	$\frac{1}{2}$	$\frac{1}{2}$	$\frac{1}{2}$	–	–	–	4	1
Erica tetralix	–	$\frac{1}{2}$	–	2	–	–	–	–	–	–	2	1
Juncus conglomeratus .	–	1	–	–	–	–	–	–	–	–	1	1
Luzula campestris . . .	$\frac{1}{2}$	–	$\frac{1}{2}$	–	–	–	–	–	–	–	2	1
Hydrocotyle vulgaris . .	2	1	–	–	2	–	–	–	–	–	3	2
Molinia coerulea . . .	$\frac{1}{2}$	–	–	–	–	–	–	–	–	–	1	1

TA ELLE 56. Idem. 10 qm.

	G.S./qm										Fr.	S.
Oxycoccus macrocarpus .	5	5	5	5	5	5	5	5	5	5	10	5
Salix repens	$\frac{1}{2}$	2	2	2	2	2	2	2	2	2	10	2
Carex trinervis	2	1	1	1	1	2	2	1	1	$\frac{1}{2}$	10	2
Erica tetralix	$\frac{1}{2}$	$\frac{1}{2}$	2	$\frac{1}{2}$	2	2	2	2	$\frac{1}{2}$	$\frac{1}{2}$	10	2
Lotus corniculatus . . .	–	$\frac{1}{2}$	$\frac{1}{2}$	–	–	$\frac{1}{2}$	1	$\frac{1}{2}$	$\frac{1}{2}$	$\frac{1}{2}$	7	1
Calamagrostis Epigeios	–	1	1	$\frac{1}{2}$	$\frac{1}{2}$	–	–	–	–	1	5	1
Juncus anceps var. *atric.*	–	–	–	–	$\frac{1}{2}$	$\frac{1}{2}$	–	1	–	–	3	1
Potentilla erecta . . .	–	–	$\frac{1}{2}$	$\frac{1}{2}$	–	–	–	–	–	–	2	1
Juncus balticus	$\frac{1}{2}$	–	–	–	–	–	–	–	–	–	1	1
Agrostis stolonifera . .	–	–	–	–	–	–	–	–	–	$\frac{1}{2}$	1	1

TABELLE 57. Idem. Studentenplak. 10 qm.

	G.S./qm										Fr.	S.
Oxycoccus macrocarpus .	5	5	5	5	5	5	5	5	5	5	10	5
Carex trinervis	1	2	2	2	2	2	2	2	2	2	10	1–2
Salix repens	$\frac{1}{2}$	2	2	$\frac{1}{2}$	2	2	2	2	$\frac{1}{2}$	$\frac{1}{2}$	10	1–2
Myrica Gale	$\frac{1}{2}$	1	–	–	$\frac{1}{2}$	$\frac{1}{2}$	1	$\frac{1}{2}$	$\frac{1}{2}$	–	7	1
Erica tetralix	$\frac{1}{2}$	–	1	–	–	–	–	–	–	–	2	1
Lythrum Salicaria . .	–	–	–	–	$\frac{1}{2}$	–	$\frac{1}{2}$	–	–	–	2	1
Calamagrostis Epigeios .	–	–	–	–	$\frac{1}{2}$	–	–	–	–	–	1	1

TABELLE 58. H.K. VI: Bestand von *Oxycoccus macrocarpus*. Foppeplak. 10 qm.

	G.S./qm										Fr.	S.
Oxycoccus macrocarpus .	5	5	5	5	5	5	5	5	5	5	10	5
Salix repens	3	2	2	2	2	2	1	1	2	2	10	1–2
Carex trinervis	1	1	2	2	2	2	1	1	1	2	10	1–2
Erica tetralix.	½	–	½	2	2	1	½	½	½	2	9	1
Juncus conglomeratus .	–	–	½	–	½	–	1	2	½	2	6	1–2
Myrica Gale	–	–	–	–	–	½	½	½	½	½	5	1
Lythrum Salicaria . .	½	–	–	–	–	–	–	–	–	½	2	1

TABELLE 59. H.K. VI: Bestand von *Myrica Gale* und *Oxycoccus macrocarpus*. Studentenplak. 10 qm.

	G.S./qm										Fr.	S.
Myrica Gale	5	5	5	5	4	5	5	5	5	4	10	5
Oxycoccus macrocarpus .	1	1	2	3	3	4	5	5	5	4	10	4
Erica tetralix.	3	2	2	–	–	½	2	–	–	½	6	1–2
Salix repens	–	–	2	½	½	½	½	–	–	–	5	1–2
Carex trinervis	–	–	½	½	–	–	½	–	½	½	5	1
Calamagrostis Epigeios	–	–	–	–	½	½	–	1	–	–	3	1
Calluna vulgaris . . .	½	2	–	–	–	–	–	–	–	–	2	1–2

TABELLE 60. Idem. 10 qm.

	G.S./qm										Fr.	S.
Myrica Gale	4	5	5	5	4	4	5	5	5	5	10	5
Oxycoccus macrocarpus .	5	4	5	5	5	4	5	5	4	5	10	4
Carex trinervis	1	½	1	1	1	½	½	1	1	½	10	1
Calamagrostis Epigeios	–	1	1	–	1	½	½	½	–	½	7	1
Erica tetralix.	–	–	–	–	–	2	–	–	2	–	2	1–2
Salix repens	–	–	–	–	–	–	–	–	½	–	1	1

TABELLE 61. H.K. VI. Bestand von *Myrica Gale*. Foppeplak. 10 qm.

	G.S./qm										Fr.	S.
Myrica Gale	5	5	5	5	5	5	5	5	5	5	10	4–5
Juncus conglomeratus .	1	2	2	1	2	2	2	1	2	2	10	2
Hydrocotyle vulgaris . .	1	1	½	½	½	½	1	1	1	2	10	2
Calamagrostis Epigeios	2	1	½	½	–	–	–	½	1	½	7	1
Salix repens	½	½	–	–	1	–	½	½	–	½	6	1
Carex trinervis	–	–	–	–	–	–	–	–	½	–	1	1
Oxycoccus macrocarpus	–	–	–	–	–	–	–	–	–	½	1	1

TABELLE 62. Bestand von *Myrica Gale*. Foppeplak. 10 qm.

	G.S./qm										Fr.	S.
Myrica Gale	5	5	4	5	5	5	5	5	5	5	10	5
Juncus conglomeratus .	3	3	1	2	3	3	3	2	3	3	10	1
Hydrocotyle vulgaris . .	3	3	3	3	3	2	3	2	3	3	10	1
Calamagrostis Epigeios .	2	2	1	1	1	1	$\frac{1}{2}$	$\frac{1}{2}$	1	1	10	1
Salix repens	$\frac{1}{2}$	2	$\frac{1}{2}$	2	2	$\frac{1}{2}$	$\frac{1}{2}$	$\frac{1}{2}$	$\frac{1}{2}$	2	10	1–2
Erica tetralix	$\frac{1}{2}$	–	$\frac{1}{2}$	–	–	$\frac{1}{2}$	1	1	1	1	7	1
Lythrum Salicaria . .	–	$\frac{1}{2}$	–	$\frac{1}{2}$	$\frac{1}{2}$	–	–	–	$\frac{1}{2}$	–	4	1
Carex trinervis	–	–	–	–	–	$\frac{1}{2}$	$\frac{1}{2}$	–	$\frac{1}{2}$	$\frac{1}{2}$	4	1
Oxycoccus macrocarpus	–	–	–	–	–	–	$\frac{1}{2}$	1	$\frac{1}{2}$	$\frac{1}{2}$	4	1

TABELLE 63. Untergang des *Oxycoccetum macrocarpi* im *Myricetum Gale*. Zusammenfassung. 10 × 10 qm.

	Fr.										Fr.%	
Oxycoccus macrocarpus	10	10	10	10	10	10	10	10	4	1	85	X
Carex trinervis . . .	10	10	10	10	10	10	10	5	4	1	80	X
Salix repens	8	10	10	9	10	10	1	5	10	6	79	X
Myrica Gale	5	–	–	1	5	7	10	10	10	10	58	VIII
Erica tetralix	6	10	2	5	9	2	2	6	7	–	49	IX
Calamagrostis Epigeios	–	5	4	2	–	1	7	–	10	7	36	VII
Juncus conglomeratus	5	–	1	–	6	–	–	–	10	10	32	V
Hydrocotyle vulgaris .	2	–	3	2	–	2	–	–	10	10	29	VI
Juncus anceps var. *atricapillus* . . .	9	3	4	5	–	–	–	–	–	–	21	IV
Juncus balticus . . .	9	1	–	10	–	–	–	–	–	–	20	III
Lythrum Salicaria .	2	–	–	2	2	–	–	–	4	–	10	IV
Ranunculus Flammula	4	–	–	3	–	–	–	–	–	–	7	II
Lotus corniculatus . .	–	7	–	–	–	–	–	–	–	–	7	I
Pedicularis silvatica .	4	–	–	–	–	–	–	–	–	–	4	I
Molinia coerulea . .	–	–	1	2	–	–	–	–	–	–	3	II
Calluna vulgaris . .	–	–	–	–	–	–	–	2	–	–	2	I
Luzula campestris . .	–	–	2	–	–	–	–	–	–	–	2	I
Potentilla erecta . . .	–	2	–	–	–	–	–	–	–	–	2	I
Agrostis stolonifera .	–	1	–	–	–	–	–	–	–	–	1	I
Holcus lanatus . . .	1	–	–	–	–	–	–	–	–	–	1	I

VERZEICHNIS DER BENUTZTEN KARTEN
(VLIE UND TERSCHELLING).

R.A. Hg. = Algemeen Rijks Archief te 's-Gravenhage.
R.A. Hl. = Rijks Archief voor de Provincie Noord-Holland, Haarlem.
R.A. Hg. Mar. = Departement van Marine im R.A. Hg.
G.A. = Gemeente Archief, Terschelling.
P.A. = Polder Archief, Midsland, Terschelling.
Acad. Lugd. Bat. = Coll. BODEL-NIJENHUIS, Leiden.
Coll. v. D. = Collectie J. W. VAN DIEREN. [1]

1. Die Caerte van der See van JAN SCUERSZOON (1532). Herdruk:
   's-Gravenhage, 1914. R.A. Hl.
2. Søkartet Offner Oster oc Vester søon. Prentet I. Kiøbenhafen off
   LAURENDTZ BENEDICHT, 1568 enz. København, 1915. R.A. Hl.
3. Profiel van het Eyland van der Schelling. 16de eeuw. Gedrukt.
   Acad. Lugd. Bat.
4. Phrisia occidentalis (es Watterlandia). Kaart van CHRIST.
   SGROOTEN. Vóór 1573 gedrukt. R.A. Hl.
5. Kaart van de Biltlanden met de eilanden Terschelling en Ameland.
   M.S. 16de eeuw. M. S. R.A. Hg.
6. Kaart van de Biltlanden met de eilanden Terschelling en Ameland.
   M.S. einde 16de eeuw. M.S. R.A. Hg.
7. JOOST JANSZ. BEELDSNIJDER. De Resteerende Noorderhoek met de
   bijliggende eylanden en diepten enz. uit diens Grondighe Beschrijvinghe von Noort-Hollant ende West-Vriesland, behoorende bij de
   houtsnede van 31 July 1575. R.A. Hl.
8. LUCAS JANSZ. WAGENAER VAN ENCKHUYSEN. Spieghel der Zeevaerdt
   van de navigatie der Westersche Zee. 1583. (Beschrijvinghe van
   't Vlye). R.A. Hl.
9. Beschrivinghe van Schellingherlant enz. bij SYBRANDT HANSEN.
   Begin 17de eeuw. M.S. R.A. Hg.
10. Pascaerte van de Zuyder zee, Texel en Vliestroom, alsmede 't Ame-
    lander Gat behorent bij De Lichtende Colonne ofte Zeespiegel.

---

1) Ir. J. H. VAN DE BURGT, Ingenieur des R ij k s w a t e r s t a a t,
H o o r n (N o o r d - H o l l a n d) verweigerte mir, auch nach wiederholten Bitten, in den Jahren 1931—1934 den Zutritt zu dem wichtigen
R ij k s w a t e r s t a a t - A r c h i e f in H o o r n. Dieses Kartenver-
zeichnis ist dadurch leider unvollständig geblieben, ebenso mein
Studium über die Sandbänke im V l i e als Quelle der Dünenbildung
und das Kapitel über die anthropogene Beeinflussung des Dünengebiets.

Inhoudende eene beschrijving der Seekusten van de Oostender en Noordsche Schipvaert. Amsterdam. Anno 1657. R.A. Hl.

11. Pascaart van de Zuyderzee, Texel en Vliestroom enz. Amsterdam, 1664 bij HENDRICK DONKER, R.A. Hg. Mar.

12. Caarte van Oost-Vlielant met Westerschelling enz. door ISAAC HARING HUYSEN e.a. 1688. M.S. R.A. Hg.

13. Kaart van de voor- en achterduinen en gorsingen van het Oosteinde van Terschelling, Sept. 1688, door DIRK ABBESZE. M.S.: R.A. Hg.

14. Kaart van West-Terschelling met omliggende gronden. M.S. zonder jaartal (z.j.) (omstreeks 1700). R.A. Hl.

15. Caarte van de Situatie ende gelegentheyt van het West Eynde des Eylandes Der Schellingh met desselfs stranden enz., door P. MULLER 1709. M.S.: Acad. Lugd. Batav.

16. Texel en Fliestroom bij eygen herhaelde peylingen in lange ondervindinge mitsgaders uyt mondeling verslag enz,. door N. WITSEN, getekend door ISAAK DE GRAAFF. 1712. M.S. R.A. Hg. Op koper door JACOB KEYSER: R.A. Hl.

17. Kaarte van het West End van het Eyland Ter Schelling enz. gemeeten enz. November 1749 door FRANS DE MUTSERT AARTSZ. M.S. en gedrukt: R.A. Hg.; R.A. Hl.; Acad. Lugd. Bat.; G.A. Tersch.; Coll. v. D.; Coll. VAN BLOM.

18. Plans en Profielen van den verrigten werken aan het eiland Terschelling allen behoorende bij de resolutie der Staten van Holland. 2 Juny 1753. Gedrukt: R.A. Hg.; Acad. Lugd. Bat.

19. Afbeeldinghe van het West Eynde des Eylands Terschelling met der Zelver Dyken, Duynen en Stranden, enz. April 1759, door P. HARGE. M.S.: R.A. Hg.

20. Kaartje waar de Rooying der Kerken van de eilanden . . . . Terschelling ten dienste der schulpenvisscherije. Amsteldam bij F. HOUTTUYN. 1762. R.A. Hl.

21. Kaart van de zeegaten van het Vlie, als het Russegat, enz. Omstreeks 1780. M.S.: R.A. Hg.

22. Generaale Figuratieve Kaart van de Noordelijke Kust van NoordHolland, de Eylanden van Texel, Vlieland en TerSchelling enz. gecop. in May 1781 door E. FLORIJN. M.S.: R.A. Hg.

23. Paskaartje van de zeegaten van 't Vlie als Russegat, de Hollepoort enz. door J. P. ASMUS, 1786. M.S.: R.A. Hg. Mar.

24. Paskaart van de zeegaten van het Vlie, als het Rottegat, de Hollepoort enz. door J. P. ASMUS. 1786. M.S.: R.A. Hg.

25. Nieuwe kaart van het inkomen van het Vlie door de zeegaten de Hollepoort, het Rottegat enz. Uitgave HULST VAN KEULEN, 1786: R.A. Hg.

26. Kaart van het eiland Terschelling gelegen etc. Meetk. opgenomen in 1794 etc., door JAN PEEREBOOM. M.S. en gedrukt: R.A. Hg.; Coll. v. D.

VAN DIEREN, *Dünenbildung.* 19

27. Vergroot gedeelte van Wester Schelling aanwijsende de groote Rijs of Steenendam, enz. in Sept. 1794, door JAN PEEREBOOM. M.S.: R.A. Hg.

28. Platte Grond Teekening van een opneming van het Inkoomen in het Vlie, door A. A. BUISKES (1796). M.S.: R.A. Hg. Mar.

29. Plan van het Inkomen in het Vlie opgenomen op ordre enz. in den jare 1796, door A. A. BUISKES. div. M.S.: R.A. Hg.

30. Schets van het Amelander Gat, door A. A. BUISKES. 1798. M.S.: R.A. Hg.

31. Schets van de Rheede in 't Vlie, de Sloot en 't inkoomen der differente Zeegaten enz. gedaan door den Capitein J. C. VAILLANT, einde 18de eeuw(?) M.S. Atlas KRIJGER. Photoarchief VAN BLOM: id. v. D.

32. Kaart van een gedeelte van Westerschelling enz. door P. DE LEEUW naar JAN PEEREBOOM. 1801. M.S. met profiel. R.A. Hg. Idem, 1803.

33. Kaart van het Vlie, opgenomen door A. F. GOUDRIAAN in 1802, overgebracht door J. F. W. CONRAD in 1863. R.A. Hl. Not. Kon. Inst. van Ingenieurs, 1862—1863.

34. Verkleinde kaart van het eiland Ter Schelling naar JAN PEEREBOOM, door C. BOLING. 1805. M.S. en gedrukt. R.A. Hg.

35. Kaart van het Noordelijk gedeelte der Zeekusten van het Koninkrijk Holland, door J. W. DE THOMÈRE. 1807. Gedrukt. R.A. Hg.

36. Plan de la Digue Méridionale de l'Ile de Terschelling etc. par C. BOLING. 1811. R.A. Hg.

37. Profils de la Digue Meriodionale de l'Ile de Terschelling etc. par C. BOLING, 1811. M.S.: R.A. Hg.

38. Plan d'une partie de l'Ile de Terschelling etc. par C. BOLING, 1813. M.S.: R.A. Hg.

39. Kaart van Westter Schelling door JAN PEEREBOOM, nageteekend en aangevuld door C. J. BOLTEN, 1816. M.S.: R.A. Hg.

40. Afteekening van het Eiland Terschelling met deszelfs omliggende gronden, 1818. M.S.: Acad. Lugd. Batav.

41. Kaart van de Zuiderzee met derselver boorden, enz., door D. J. TOMKINS, 1841. R. A. Hl.

42. Kaart van een gedeelte van het eiland Terschelling, aanwijzende een gedeelte der buitenwaarden langs de Zuidzijde van dit eiland gelegen, enz. 20 December 1847, door E. DE KRUYFF. M.S.: R.A. Hl.

43. Kaart der Provincie Noord-Holland van A. KOOT Jr. en H. F. PULS. Gedrukt. Amsterdam, 1848. R.A. Hl., Idem 1875, idem.

44. Topografische en Militaire Kaart van het Koninkrijk der Nederlanden. 1: 50.000, 1850. Gedrukt. R.A. Hl.

45. Kaart van de Provincie Noord-Holland, gemaakt op last van de Heeren Staten der Provincie, door CORNELIS GROLL, 1853. Gedrukt. R.A. Hl.

46. Hydrografische Kaart der zeegaten van Vlieland, Terschelling en Ameland, door A. R. BLOMMENDAAL, 1866. Gedrukt. R.A. Hl.

47. Situatie van de Haven op het eiland Terschelling. Behoort bij brief van den ondergeteekenden Ingenieur van den Waterstaat ad 16 Augustus 1866, door J. VAN DER VEGT. M.S.: R.A. Hl.

48. Waterstaatkaart van Nederland. Blad: Terschelling, 1868. Gedrukt. R.A. Hl.

49. Kaart van de Ligging der wrakken van de Lutine, Eldorado en Octa. Uit de tweede Circulaire betreffende de voortzetting van de Duikerij met de stoomboot Antagonist op de Lutine en andere wrakken. Amsterdam, 1872. Coll. v. D.

50. Terschellinger Bank en Zeegat. Hydrografische kaart 1 : 100.000. Jhr. T. E. DE BRAUW, 1880. Gedrukt. 's-Gravenhage, 1881. Acad. Lugd. Bat.

51. Kaart van het Eiland Terschelling. Naar een terreinopname in de jaren 1891 en 1893 onder leiding van . . . A. KEMENAAR, verricht door . . . . J. S. BULKENS en J. C. WINTERWERP. Photolitho. Amsterdam. R.A. Hl.

52. Zeegaten van Vlieland, Terschelling en Ameland. 1 : 50.000. Opgenomen in 1904, de buitengangen herzien in 1920 en 1921. Bijgewerkt 1926. Uitgave Departement van Marine. Coll. v. D.

53. Kaarten van den Topografischen Dienst, verkend door Militaire Verkenningen. Hoogtemeting verricht in 1928. Blad West-Terschelling, Oosterend (Tersch.), no. 38 en 39. Coll. v. D.

54. Kaart der ontginning te West- en Oost-Terschelling, 1928. M.S. naar de officieele kaarten van de Boschwachterij Terschelling. coll. v. D.

55. Kaart van den Noordvaarder te Terschelling met stuifdijken (geteekend door den opzichter van den Rijkswaterstaat HOEKSTRA). Terschelling, 1930. Coll. v. D.

56. Kaart van het eiland Terschelling met aanduiding der strandpalen. Schaal 1 : 50.000. 1928. M.S. coll. v. D. Naar kaartje ten dienste van Waterstaatsbeambten.

57. Kaart van de Boschplaat of Noordoosterhoek. Gemeente Terschelling. Schaal 1 : 20.000. 1928. M.S. naar kaart van de Boschwachterij Terschelling. Coll. v. D.

58. Kadastrale Kaart van de Terschellinger Polder. Geteekend naar de kadastrale kaart door Ir. E. VAN DIEREN. 1931. M.S. coll. v. D. Gedrukt idem. Coll. VAN BLOM. Met landerijnamen voorzien. idem.

59. Wandelkaart van het eiland Terschelling. Schaal 1 : 50.000. (Geteekend door J. H. VAN HUENEN). Gedrukt. Uitgave Nap (1930). Terschelling. z.j. Coll. v. D..

60. Nieuwe verbeterde Wad en Buytenkaart van het Vlie tot Hamburg enz., door MATHURIN GUITET. Amsterdam z.j. Gedrukt. R.A. Hg. Mar.

61. Paskaarte van een gedeelte van Vriesland, Groeninger en Emder-
land. Met zijn onderhoorige Eylanden, streckende van 't Eyland der
Schelling tot aan Wangeroog. JOANNIS VAN KEULEN. Amsterdam
z.j. R.A. Hg. Mar.

62. Ongedateerde kaart van Bosplaat, geschreven KOBOS met KOUDIEP.
M.S.: R.A. Hl.

63. Hollandiae septentrionalis e Friseae. Kaart van REINIER en JOSUA
OTTENS. Begin 18de eeuw. Gedrukt. R.A. Hl.

64. Paskaerte van de Zuyder Zee met alle deszelfs inkoomende Gaaten,
enz. JOANNIS VAN KEULEN, Amsterdam z.j.. R.A. Hg. Mar.

65. Paskaarte van de Kuste van Holland en Vriesland. Amsterdam bij
JOHANNES VAN KEULEN, 18de eeuw. R.A. Hl.: R.A. Hg. Mar.

66. Carte des Entrées du Suyder Zee et de l'Embe avec les Isles, Bancs
etc. Amsterdam z.j. bij P. MORTIER. R.A. Hg. Mar.

67. Nieuwe kaart van Noord-Holland, verdeeld in Hoogheemraad-
schappen van Kennemerland enz., bevattende mede de eilanden
Texel, Vlieland en Terschelling, door JOHANNES CORENS en Zoon.
Amsterdam, z.j. R.A. Hl.

68. Kaart van de Zuiderzee. Behelzende voornamelijk het vaarwater
van Amsterdam na Texel en 't Vlie, enz. Amsterdam, z.j. bij G.
HULST VAN KEULEN. R.A. Hg. Mar.

69. Schetskaart van het Amelander Gat, z.j.. M.S.: R.A. Hg.

70. Kaart van de banken tusschen Vlielant en Westerschelling, z.j. M.S.:
R.A. Hg. Mar.

71. Kaart van de Gemeente Terschelling. Schaal 1 : 200.000. Uitgave
Hugo Suringar te Leeuwarden. Acad. Lugd. Batav.

72. Kaart van het eiland Terschelling. Gedrukt naar de kaart van
BULKENS en WINTERWERP. Uitgave Oepkes, Terschelling, z.j.
Coll. v. D.

LITERATURVERZEICHNIS

(T.K.N.A.G. = Tijdschr. v. h. Kon. Ned. Aardr. Gen. Leiden)

1. ARENDS, F., Natuurkundige geschiedenis van de kusten der Noordzee. M. aant. van WESTERHOFF. Groningen, 1835, 1837, 3 Bde.
2. BAAS BECKING, L. G. M., De oorzaak van de zure reactie van het hoogveenwater. Hand. v. h. XXIVste Ned. Nat. en Geneesk. Congres. April 1933. 8 pag.
3. BAAS BECKING, L. G. M., Geobiologie of inleiding tot de milieukunde. Den Haag, 1934. 263 pag.
4. BALEN, C. L. VAN, Duinvlakten en windkuilen. T.K.N.A.G., 1908. 12 pag.
5. BAREN, J. VAN, Geologische excursie op Terschelling. Natura, 1912. 3 pag.
6. BAREN, J. VAN, De vertikale bouw der zeeduinen in Nederland. T.K.N.A.G., 1913. 20 pag.
7. BAREN, J. VAN, De bodem van Nederland. Amsterdam, 1908—1927. 1365 pag.
8. BAREN, J. VAN, Düne und Moor bei Vogelenzang. Mitt. des geolog. Inst. der Landbouwhoogeschool. Wageningen, 1927. 39 pag.
9. BASCHIN, O., Die Entstehung wellenähnlicher Oberflächenformen. Zeitschr. der Gesell. f. Erdkunde zu Berlin, 1899. 16 pag.
10. BASCHIN, O., Dünenstudien. Ebenda, 1903. 8 pag.
11. BEHRMANN, W., Borkum. Strand- und Dünenstudien. Institut f. Meereskunde an der Univ. Berlin, 1919. 40 pag.
12. BENECKE, W., Zur Biologie der Strand- und Dünenpflanzen I. Ber. der Deutsche Bot. Gesell. 48. 1930.
13. BENECKE, W. u. A. ARNOLD, Zur Biologie der Strand- und Dünenpflanzen II. Ebenda, 49. 1931.
14. BENTHEM JUTTING, W. S. S. VAN, Lijst van gemeenten als vindplaatsen van Nederlandsche Mollusken. Tijdschr. Ned. Dierk. Ver. 1927. 16 pag.
15. BERKHEY, J. LE FRANCQ VAN, Natuurlijke Historie van Holland. Deel I—III a und b.. 1475 pag.. Amsterdam, 1769—1771.
16. BERTOLOLY, E., Kräuselungsmarken und Dünen. München, 1900. 189 pag..
17. BEIJERINCK, W., De subfossiele plantenresten in de terpen van Friesland en Groningen. I—III. Wageningen, 1929—1931. 226 pag..

18. BEIJERINCK, W., Stuifmeelkorrels en sporen in humushoudende lagen onzer zandgronden. De Levende Natuur, Oct. 1930. 4 pag.
19. BEIJERINCK, W., Die micropaläeontologische Untersuchung äolischer Sedimente und ihre Bedeutung für die Florengeschichte und Quartärstratigraphie. Proceed. Kon. Acad. v. Wet. Amsterdam, 1933. 8 pag.
20. BEIJERINCK, W., Humusortstein und Bleichsand als Bildungen entgegengesetzter Klimate. Ebenda, 1934. 3 pag.
21. BEIJERINCK, W., Erratica des Würmglacials in den Niederlanden. Ebenda, 1933. 4 pag.
22. BEIJERINCK, W., Over toendrabanken en hunne beteekenis voor de kennis van het Würmglaciaal in Nederland. T.K.N.A.G., 1933. 15 pag.
23. BEIJERINCK, W., Een palaeolithische nederzetting aan het Kuinderdal nabij Oosterwolde (Fr.). I. Geologisch-palaeobotanisch gedeelte. T.K.N.A.G., 1933. 16 pag.
24. BEIJERINCK, W., De oorsprong onzer heidevelden. Ned. Kruidk. Arch., 1933. 20 pag.
25. BEIJERINCK, W., De bodemprofielen onzer heidevelden. Tijdschr. v. d. Ned. Heidemaatsch., 1934. 20 pag.
26. BLAAUW, A. H., Over flora, bodem en historie van het meertje van Rockanje. Verh. der Kon. Akad. v. Wet. te A'dam, 1917. 107 pag.
27. BLASIUS, J., Rapport over Terschelling. M.S. 1617. Rijks Arch. 's-Gravenhage.
28. BLINK, H., Woeste gronden, ontginning en bebossching in Nederland voormaals en thans. Den Haag, 1929. 244 pag.
29. BLOM, D. VAN, Dorpscommunisme uit geslachtenbezit? Naar aanleiding van Urk en Ameland. Gedenkboek Schuiling. Groningen, 1924. 37 pag.
30. BOODT, P., Het gebruik van windsingels bij de duinbebossching. Ned. Boschb. Tijdschr., 1928. 23 pag.
31. BOODT, P., De bebossching op de Noordzee-eilanden. Ned. Boschb. Tijdschr., 1934. 18 pag.
32. BOLDINGH, I., De flora van Terschelling. Ned. Kruidk. Arch., 1912. 2 pag.
33. BOLDINGH, I., Over de plantengroei der duinvalleien op Terschelling en het ontstaan der duinvlakten in het algemeen. Ebenda, 1912. 10 pag.
34. BOSSCHA, J., Beschouwingen over het zanddiluvium in Nederland. Diss. Leiden, 1879. 58 pag.
35. BRAAK, K., Morphologie der Schoorlsche duinen. T.K.N.A.G., 1919. 18 pag.
36. BRAAT, W. C., De Archaeologie van de Wieringermeer. Een bijdrage tot de geschiedenis van het ontstaan van de Zuiderzee. Diss. Leiden, 1932. 44 pag.

37. BRAUN, G., Entwickelungsgeschichtliche Studien an europäischen Flachküsten und ihren Dünen. Berlin, 1911. 174 pag.
38. BRAUN-BLANQUET, J., Pflanzensociologie. Gründzüge der Vegetationskunde. Berlin, 1928. 330 pag.
39. BROCKMANN, CHR., Die Diatomeen im marinen Quartär Hollands. Abh. d. Senckenberg. Naturf. Gesell. 41. Frankfurt, 1928.
40. BRUNHES, M. J., Erosion tourbillionnaire éolienne. Estratto dalle mem. della Pont. Accad. Rom. dei Nuovi Lincei, 1903. 19 pag.
41. BURGT, J. H. VAN DER, De kustverdediging langs het oostelijk deel der Noordzee en in het bizonder van Nederland. De Ingenieur, 1933. 16 pag.
42. CHRISTIANSEN, W., Die Vegetationsverhältnisse der Dünen auf Föhr. Bot. Jahrb. 61, 1927. 13 pag.
43. COMBER, N. M., An Introduction to the Scientific Study of the soil. London, 1932. 208 pag.
44. CORNISH, V., Formation des dunes de sable. Geograph. Journ. 1897. 37 pag.
45. CORNISH, V., On Kumatology. Ebenda, 1899. 5 pag.
46. CRESSEY, G. B., The Indiana Sanddunes and Shore Lines of the Lake Michigan Basin. Chicago, 1928. 77 pag.
47. DARBISHIRE, O. V., Die Dünen der englischen Westküste gleich südlich von Southport (Grafschaft Lancashire). Vegetationsb. 16 Reihe. Heft 1—2, 1924. Tafel 1—12.
48. DIEREN, J. W. VAN, Bijdrage tot de kennis der Terschellinger Molluskenfauna. De Levende Natuur, 1923. 7 pag.
49. DIEREN, J. W. VAN, Herkomst, uitbreiding en Cultuur van *Vaccinium macrocarpon Ait.* in Nederland. Ned. Kruidk. Arch., 1928. 47 pag.
50. DIEREN, J. W. VAN, De beteekenis van het natuurmonument voor den bioloog. I. Voor den Botanicus. Vakblad voor Biologen, 1929. 10 pag.
51. DIEREN, J. W. VAN, De ontwikkeling van het duinlandschap van Terschelling. T.K.N.A.G., 1932. 42 pag.
52. DIEREN, J. W. VAN, Duinvorming als functie van homogene plantenmassa's. Hand. v. h. XXXVste Ned. Nat. en Geneesk. Congr., 1933. Wageningen, 1933. 4 pag.
53. DIEREN, J. W. VAN, De wegen van het plantensociologisch onderzoek in Nederland. Vakblad voor Biologen, 1933. 14 pag.
54. DIEREN, J. W. VAN, Geografische und geomorphologische Ergebnisse einer Untersuchung nach der Entwickelungsgeschichte der West-Friesischen Insel Terschelling. Leiden, 1933. 4 pag.
55. DIEREN, J. W. VAN, De ontwikkelingsmogelijkheden van de cultuur van *Vaccinium macrocarpon* Ait. in Nederland. Landbouwk. Tijdschr., 1933. 16 pag.
56. DIEREN, J. W. VAN, Nieuwe gegevens over de herkomst van

Vaccinium macrocarpon Ait. in Nederland. De Lev. Nat., 1933.
3 pag.

57. DIEREN, J. W. VAN, Een merkwaardige bevestiging van het volks-
verhaal over de herkomst van *Vaccinium macrocarpon Ait.* in
Nederland. Ebenda, 1933. 2 pag.

58. DUBOIS, E., Over duinvalleyen, den vorm der Nederlandsche kust-
lijn en het ontstaan van het laagveen, in verband met bodembewegingen. T.K.N.A.G., 1910.

59. DUBOIS, E., De prise d'eau der Haarlemsche Waterleiding. Haarlem, 1909. 29 pag.

60. DUBOIS, E., De natuurlijke grens van Nederland beschouwd in
verband met de daling van den bodem. Hand. v. h. Ned. Nat. en
Geneesk. Congr. Amsterdam, 1915.

61. DUBOIS, E., Hollands duin als natuurlijke zeewering en de tijd.
T.K.N.A.G., 1916.

62. DUBOIS, E., e.a. Wateronttrekking aan het duingebied. Ver. tot
Beh. van Natuurmon. in Ned. 1931. 29 pag.

63. DUYST VAN VOORHOUT, D. und D. VAN REYNEGOM, Rapport aen-
gaende d'Eylanden van der Schellinck en de Grindt. M.S. 1611:
Rijks Archief, Den Haag.

64. DIJT, M. D., TESCH, P. u.a., Cultuur en Waterleidingbelangen.
Uittreksel uit h. Rapp. inzake verband tusschen wateronttrekking
en plantengroei. Med. v. h. Rijksboschbouwproefstr., 1924.
46 pag.

65. EDELMAN, C. H., Petrologische provincies in het Nederlandsch
Kwartair. Diss., Amsterdam, 1933. 104 pag.

66. EEDEN, F. W. VAN, De duinen en bosschen van Kennemerland.
Groningen, 1868. 105 pag.

67. EEDEN, F. W. VAN, Terschelling. Onkruid. Haarlem, 1885. 21 pag.

68. ENGEL, H., Fauna van Nederland. Afl. VII. *Echinodermata.*
Leiden, 1932. 91 pag.

69. FEEKES, W., De natuurlijke vegetatie in de Wieringermeer. Hand.
v. h. XXIVste Ned. Natuur- en Geneesk. Congres, 1933. Wageningen. 2 pag.

70. FLORSCHÜTZ, F., Fossiele overblijfselen van den plantengroei
tijdens het Würmglaciaal in Nederland. Proceed. Kon. Acad. van
Wet. Amsterdam, 1930. 2 pag.

71. FLORSCHÜTZ, F., Over het microbotanisch onderzoek van aeolische
afzettingen. T.K.N.A.G., 1934. 6 pag.

72. FRECH, F., Wüsten und Dünen in der Gegenwart. Monatsh. f. d.
Naturwiss. Unterricht. II. Leipzig, 1909. 19 pag.

73. GALLÉ, P. H., Stormvloeden langs de Noordzee- en Zuiderzee-
kusten. Zuiderzeever., 1917. 54 pag.

74. GEIGER, R., Das Klima der bodennahen Luftschicht. Braunschweig,
1927. 246 pag.

75. GERHARDT, P., J. ABROMEIT, u.a. Handbuch des deutschen Dünenbaues. Berlin, 1900. 656 pag.
76. GIFFEN, A. E. VAN, Die Fauna der Wurten. III. Gron., 1913. 166 pag.
77. GOOR, A. C. J. VAN, Het zeegras (*Zostera marina* L.) en zijn beteekenis voor het leven der visschen. Rapp. en verh. uitgeg. d. h. Rijksinst. voor visscherij-onderzoek, 1919. 93 pag.
78. GOOR, A. C. J. VAN, Die *Zostera*-Association des holländischen Wattenmeeres, Rec. d. Trav. bot. Néerl., 1921. 20 pag.
79. GRAAF, A. DE, Bijdrage tot de kennis van bodem en plantengroei van de Beer (Hoek van Holland). De Lev. Nat.. Nov. 1930. 11 pag.
80. GUTSCHOW, A., See, Sand u. Sonne. Hamburg, 1930. 75 pag.
81. GRÜNER, H., Die Marschbildungen an den deutschen Nordseeküsten. Berlin, 1913. 155 pag.
82. HARTING, P., De bodem onder Amsterdam onderzocht en beschreven. Verh. der Eerste Kl. v. h. Kon. Ned. Inst. 5de reeks. 1852. 160 pag.
83. HARTNACK, W., Wanderdünen Pommerns. Greifswald, 1925. 112 pag.
84. HARTNACK, W., Die Küste Hinterpommerns unter besonderer Berücksichtigung der Morphologie. Greifswald, 1926. 324 pag.
85. HARTZ, N., Bidrag til Danmarks tertiaere og diluviale Flora. Danmarks geol. Undersögelse II Raekke, 20. 292 pag.
86. HECHT, F., Der Verbleib der organischen Substanz der Tiere bei meerischer Einbettung. Senkenbergiana, 15. 1933. 84 pag.
87. HEIMANS E. und R. SCHUILING, Nederlandsche landschappen. Duinlandschap bij Schoorl. II. Groningen. 20 pag.
88. HESSELMANN, H., Studier över saltpeter bildungen i. naturliga jordmäner u.s.w. Medd. f. Statens. Skogsförsöksanst, 1917. 233 pag.
89. HINRICHS, M., Nordsee, Deiche, Küstenschutz und Landgewinnung. Husum, 1931. 120 pag.
90. HOEK, P. P. C., Rapport over schelpdierenvisscherij en schelpdierenteelt in de Noordelijke Zuiderzee. 's-Gravenhage, 1911. 163 pag.
91. HOFKER, J. en C. VAN RIJSINGE, Voorne's duin. De Levende Natuur, 1932 I, 13 pag. II, 13 pag.
92. HOLKEMA, F., De plantengroei der Nederlandsche Noordzee-eilanden. Amsterdam, 1870. 268 pag.
93. HOLMGREN, V., Bidrag till tangavjars ekologi Bot. Not. Lund., 1921.
94. HOLWERDA, J. W., Nederland's vroegste geschiedenis. Amsterdam. 2 Aufl. 1925. 303 pag.
95. HOQUETTE, M., Etude sur la Végétation et la Flore du littoral de la Mer du Nord de Nieuport à Sangatte. Archives de Botanique, 1927. I. Mém. 4. 179 pag.

96. HOUWINK, J., De staatkundige en Rechtsgeschiedenis van Ameland tot deze eeuw. Diss. Leiden, 1899. 252 pag.

97. HUECK, K., Erläuterung zur Vegetationskundlichen Karte der Lebanehrung (Ostpommern). Neudamm, 1932. 33 pag.

98. HULL, W. VAN DER, Over den oorsprong en de geschiedenis der Hollandsche duinen. Haarlem, 1838.

99. JESSEN, O., Die Verlegung der Flussmündungen und Gezeitentiefs an der festländischen Nordseeküste in jungalluvialer Zeit. Stuttgart, 1922. 181 pag.

100. JESWIET, J., Die Entwickelungsgeschichte der holländischen Dünen. Beih. z. Bot. Centralbl., 1913. 133 pag.

101. JESWIET, J., Eine Einteilung der Pflanzen der niederländischen Küstendünen in ökologische Gruppen. Ebenda, 1914. 50 pag.

102. JESWIET J. und H. J. VENEMA, Verslag der excursie onder leiding van Dr. TÜXEN gehouden op 30 Sept. 1933 op de landgoederen Geerestein, enz. Ned. Boschb. Tijdschr., 1933. 10 pag.

103. JONGMANS, W. J., Die Palaeobotanische Literatur. 3 Bde. Jena, 1910—1913.

104. JURASZEK, H., Pflanzensociologische Studien über die Dünen bei Warschau. Bull. de l'Acad. Pol. des Sciences et des Lettres, 1927. Cracovie, 1928. 45 pag.

105. KOLUMBE, E., Vegetationsverhältnisse der Inlanddünen Schleswig-Holsteins. Ber. d. Deutsche Bot. Gesell., 1925. 12 pag.

106. KOLUMBE, E., Die Landgewinnung an den Küsten der Nordsee auf biologischer Grundlage. Der Biologe, 1933. 5 pag.

107. KOPS, J., Tegenwoordige Staat der duinen in het voormalig gewest Holland. Leiden, 1798.

108. KRAUS, G., Boden und Klima auf kleinstem Raum. Jena, 1911. 184 pag.

109. KRAUSE, G. C. A., Der Dünenbau auf der Ostsee-Küsten WestPreussens. Berlin, 1850. 229 pag.

110. KREBS, N., Morphologische Beobachtungen in den Wüsten Ägyptens. Mitt. der K. K. Geogr. Gesellsch. in Wien. 57, 1914. 11 pag.

111. KÜHNHOLTZ-LORDAT, G., Les Dunes du Golfe du Lion. Monspellier, 1923. 307 pag.

112. LEEGE, O., Der Memmert. Eine entstehende Insel und ihre Besiedlung durch Pflanzenwuchs. Abh. Nat. Ver. Bremen. Bnd. XXI. 43 pag.

113. LEMBERG, B., Ueber die Vegetation der Flugsandgebiete an den Küsten Finnlands. Helsingforsiae, 1933. 143 pag.

114. LINDNER, FR., Die preussische Wüste einst und jetzt. Osterwieck, 1898. 72 pag.

115. LORIÉ, J., Les dunes intérieures et les tourbières basses et les oscillations du sol. Arch. du Musée Teyler, 1890.

116. LORIÉ, J., Binnenduinen en bodembewegingen. T.K.N.A.G., 1890.

117. LORIÉ, J., De stormvloed van December 1894 en het vraagstuk
      der schelpenvisscherij langs onze kust. T.K.N.A.G., 1887.
118. LORIÉ, J., Duinvalleien en duinpannen. Ebenda, 1910. 4 pag.
119. LORIÉ, J., Beschrijving van eenige nieuwe grondboringen VIII.
      Verh. der Kon. Ak. v. Wetensch. te Amsterdam, 1933. 65 pag.
120. LOUMAN, G. G., On the Occurence of interglacial (Risz-Würm)
      Peat in Holland. Proc. Kon. Akad. v. Wetensch. Amsterdam,
      1934. 5 pag.
121. LUNDEGARDH, H., Klima und Boden in ihrer Wirkung auf das
      Pflanzenleben. Jena, 1925. 419 pag.
122. LÜTJEHARMS, W. J., Observations historiques et systématiques
      sur les Phalloïdées dans les Pays-Bas. Med. v. h. Rijksherb. Leiden,
      1931. 17 pag.
123. MALCUIT, G., Les associations végétales de la vallée de la Lanterne.
      Arch. de Bot., 1929.
124. MASCHHAUPT, K., Bijdragen tot de kennis van de Provincie Gro-
      ningen. Neue Folge. 2. Teil. Groningen, 1923.
125. MASSART, J., Essai de géographie botanique des districts littoraux
      en alluviaux de la Belgique. Rec. de l'inst. bot. Léo Errera. VIII,
      1907. 417 pag.
126. MASSART, J., Sur le litoral Belge. Bull. de la Soc. roy. de bot. de
      Belg. LI, 1912. 200 pag.
127. MAXIMOV, N. A., The plant in relation to water. London, 1929.
      451 pag.
128. MERULA, F., Placaten en ordonnancien op het stuk van de wilder-
      nissen. 's-Gravenhage, 1605. 3 St.
129. MEVIUS, W., Reaktion des Bodens und Pflanzenwachstum. Frei-
      sing-München, 1927. 153 pag.
130. MIQUEL, F. A. W., Disquisitio geographico-botanica de plantarum
      regni Batavi distributione. Lugduni Batavorum, 1837. 88 pag.
131. MOERMAN, H. J., Schiermonnikoog. De Levende Natuur, 1926.
      10 pag.
132. OLDENBORGH, J. VAN u. J. STEENHUIS, Rapport omtrent de uit-
      komsten van een grondwater- en bodemonderzoek in het duin-
      gebied nabij Schoorl. Rijksbur. voor Drinkwatervoorziening.
      's-Gravenhage, 1915.
133. ORDEMANN, W., Beiträge zur morphologischen Entwickelungsge-
      schichte der deutschen Nordseeküste met besonderer Berücksichti-
      gung der Dünen tragenden Inseln. Diss. Halle-Wittenberg, 1912.
      42 pag.
134. OVERBECK, F. u. H. SCHMITZ, Zur Geschichte der Moore, Marschen
      und Wälder Nord-West deutschlands I. Mitt. d. Prov.stelle f.
      Naturdenkmalpflege. Hannover, 1931. 205 pag.
135. PALMGREN, A., Hippophaes rhamnoides auf Aland. Acta soc. pro
      fauna et flora fennica, 1931. 188 pag.

136. PARTSCH, J., Dünenbeobachtungen im Altertum. Ber. ü. d. Verhandl. d. Kön. Sächs. Gesell. der Wissensch. zu Leipzig, 1917. 27 pag.

137. PASSARGE, S., Ueber Winderosion. Naturwiss. Wochenschr., 1901. 5 pag.

138. PASSARGE, S., Die Inselberglandschaften im tropischen Afrika. Ebenda, 1904. 11 pag.

139. PASSARGE, S., Rumpfflächen und Inselberge, Dezemberprotoc. der Deutschen geól. Gesell., 1904. 13 pag.

140. PASSARGE, S., Geomorphologische Probleme aus der Sahara. Zeitschr. der Gesell. f. Erdkunde zu Berlin, 1907. 6 pag.

141. PASSARGE, S., Die geologische Wirkung des Windes. In SALOMON, Grundzüge der Geologie, 1924. 61 pag.

142. PENCK, A., Die Morphologie der Wüsten, Geogr. Zeitschr., 1909. 13 pag.

143. PEETERS, M. J. J., A. SCHEYGROND u. D. M. DE VRIES, Het plantendek van de Krimpenerwaard II. Ned. Kruidk. Arch., 1926. 25 pag.

144. PETERS, L. D. u.a., Nord-Friesland. Heimatbuch für Kreise Husum und Südtondern. Husum, 1929. 723 pag.

145. POLAK, B., Een onderzoek naar de samenstelling van het Hollandsche veen. Diss. Amsterdam, 1929. 187 pag.

146. POSTMA, O., De Fryske Boerderij om 1600 hinne. Snits, 1929. 35 pag.

147. PREUSS, J., Die Vegetationsverhältnisse der deutschen Ostseeküste. Schriften d. Naturf. Gesell. in Danzig. N.F. XIII, 1911, 1912. 213 pag.

148. RAMAER, J. C., Het hart van Holland in vroeger tijden. T.K.N.A.G., 1913.

149. RAYNER, M. C., Mycorrhiza, an account of non-pathogenic infection by fungi in vascular plants and bryophytes. London, 1927. 246 pag.

150. REDEKE, H. C. u.a., Flora en Fauna der Zuiderzee. Helder, 1922. 460 pag.

151. REINKE, J., Die Entwickelungsgeschichte der Dünen der Küsten des Herzogtums Schleswig. Wiss. Meeresunters. N.F. VII. Ergänzungsb. Kiel, 1903.

152. REINKE, J., Die ostfriesischen Inseln. Studien über Küstenbildung und Küstenzerstörung. Ebenda, N.F. X, 1909. 79 pag.

153. REINKE, J., Studien über die Dünen unserer Ostseeküste I—VII. Ebenda. NF. XII, 1911, 14, 1913. XVI, 1912. XVII, 1915, XVIII, 1915. 51 pag.

154. REGEL, C., Zur Klassification der Associationen der Sandböden. Bot. Jahrb. 61, 1927.

155. Resolutieboek. M.S. 1784. Polder Archief Midsland. Terschelling.

156. RICHTER, R., Eine geologische Exkursion in das Wattenmeer. Natur und Museum, 56. Frankf., 1926.

157. RICHTER, R., Sandkorallenriffe in der Nordsee. Ebenda, 57. Frankfurt, 1927.

158. RICHTER, R., Flachseebeobachtungen zur Paläobiologie und Geologie I—XVI. Senckenbergiana. Bnd. 2, 3, 4, 6 u. 8. Frankfurt, 1918—1926.

159. ROSTRUPP, H., Havvandats Indflydelse paa Fros Spire etc.. Tidskr. for Landbrugets Plantearl VII. København, 1902.

160. RUTTEN, L. M. R., Die diluvialen Säugetiere der Niederlande. Diss. Utrecht 1909. 116 pag.

161. SALISBURY, A. E., The soils of Blackenay point, a study of soil reaction and succession in relation to the plant covering. Ann. of Bot. 36, 1922.

162. SANDSTEDE, H., Die Cladonien des nordwestdeutschen Tieflandes und der Deutschen Nordseeinseln, III. Abh. Naturwiss. Ver. z. Bremen. XXV, 1922. 159 pag.

163. SCHARF, W., Die geologischen Grundlagen des Küstenschutzes an der deutschen Nordseeküste. Schr. d. Ver. f. Naturk. a. d. Unterweser. Beiträge zur Naturk. Nordw. deutschl. N.F., 1929. 79 pag.

164. SCHEYGROND, A., Het plantendek van de Krimpenerwaard IV. Sociographie van het hoofdassociatiecomplex *Arundinetum-Sphagnetum*. Diss. Utrecht, 1931. 184 pag.

165. SCHEYGROND, A., De Reeuwijksche en Sluipwijksche plassen. 3. Aufl. Gouda, 1933. 48 pag.

165a. SCHEYGROND, A. u. D. M. DE VRIES Het onbemeste hooiland in de Krimpenerwaard. Natuurw. Tijdschr. 1934. 14 pag.

166. SCHIPPER, W. W., In en om een ondergelopen Zeeuwse polder. De zeemelde als grondlegger van een duin. De Levende Natuur, 1931. 16 pag.

167. SCHUBERT, E., Zur Geschichte der Mooren, Marschen und Wälder Nordwestdeutschlands, II. Mitt. d. Prov.stelle f. Naturdenkmalpflege. Hannover, 1933. 148 pag.

168. SCHOO, J., Het barnsteeneiland Austeravia en de barnsteenrivier Eridanus. T.K.N.A.G., 1933. 3 pag.

169. SCHUILING, R. u. JAC. P. THIJSSE, Nederlandsche landschappen XIV. Vlieland en het Vlie. Groningen, 1917. 28 pag.

170. SCHÜTTE, H., Die untergegangene Jadeinsel Arngast. Abh. Nat. Ver. Bremen. XIX, 32 pag.

171. SCHÜTTE, H., Krustenbewegungen an der deutsche Nordseeküste. Aus der Heimat. 1927. 31 pag.

172. SCHÜTTE, H. u.a., Wangeroog, wie es wurde, war und ist. Bremen, 1929. 231 pag.

173. SCHÜTTE, H., Unsere Küste in den letzten 3000 Jahren. Heimat u. Welt. Varel, 1930.

174. Schwarz, A., Meerische Gesteinsbildung I. Umlagerung und Gesteinsbildungsvorgänge an einem Gezeitenmeer. (Nordsee). Senckenbergiana 15, 1933. 91 pag.

175. Seybold, A., Zur Klärung des Xerophytenproblems. Proc. Kon. Akad. v. Wetensch. Amsterdam, 1928. 5 pag.

176. Sleen, W. G. N. van der, Bijdrage tot de kennis der chemische samenstelling van het duinwater in verband met de geomineralogische gesteldheid van den bodem. Diss. Amsterdam. Haarlem, 1912. 154 pag.

177. Sokolow, N. A., Die Dünen. Bildung, Entwickelung und innerer Bau. Berlin, 1884. 298 pag.

178. Solger, F., P. Graebner, J. Thienemann u.a., Dünenbuch. Stuttgart, 1910. 404 pag.

179. Staring, W. C. H., De bodem van Nederland. 2 Bde. Haarlem, 1856, 1860. 921 pag.

180. Steenhuis, J. F., Beschouwingen over en in verband met de daling van den bodem van Nederland. Meded. omtr. de geol. van Nederland, verzameld d. d. Comm. voor h. geol. onderzoek, 1917. 112 pag.

181. Steenhuis, J. F., Nieuwe bijdrage tot de kennis van het kwartair in den ondergrond van Nederland. T.K.N.A.G., 1923.

182. Steyn, J. A. van, Duinbebossching. Diss. Wageningen. Wageningen, 1933. 318 pag.

183. Stoll, F. E., Tier- und Pflanzenleben am Rigaschen Strande. Riga, 1931. 146 pag.

184. Swart, J. J., *Trientalis europaea* L. op Terschelling. Ned. Kruidk. Archief, 1928. 2 pag.

185. Telting, A., Oude rechten van het eiland Terschelling. Verh. tot Uitg. der bronnen v. h. oude Vaderlandsche Recht, 1903. Versl. IV. 6. 20 pag.; idem 1905. V. 2. 23 pag.

186. Tesch, P., Duinstudies. De opening van het Nauw van Calais. T.K.N.A.G., 1920.

187. Tesch, P., Duinstudies. De onderscheiding tusschen jong en oud duinlandschap. Ebenda, 1921. 10 pag.

188. Tesch, P., Duinstudies. De eigenschappen van het oude duinlandschap. Ebenda, 1921. 10 pag.

189. Tesch, P., 1923. Het duinlandschap van Bergen en Schoorl. Ebenda, 1923. 10 pag.

190. Tesch, P., Lijst der land- en zoetwatermollusken aangetroffen in de kwartaire lagen in Nederland. Med. van 's Rijks geol. Dienst. Ser. A. 1929. 32 pag.

191. Tomuschat, E. und H. Ziegenspeck, Beiträge zur Kenntniss der Ostpreussischen Dünen. Schr. d. Königsberger Gelehrten Gesell. Halle-Saale, 1929. 115 pag.

192. Traeger, E., Die Halligen der Nordsee, Forsch. zur Deutschen Landes und Volksk. Bnd. VI. H. 3, 1882. 105 pag.

193. TROMP, S. W., Korrelgrootte-onderzoek van het duinzand in Meyendel. Verh. v. h. Geol. Mijnbouwk. Gen. voor Nederland en Koll. Bd. XI, 1932. 17 pag.

194. TRUSHEIM, F., Rippeln im Schlick. Natur und Museum 59. Frankfurt, 1929.

195. TINBERGEN, N., Meyendel-onderzoek. Stuifduinen. De Lev. Natuur, 1927. 5 pag.

196. TÜXEN, R., Ueber einige nordwestdeutsche Waldassoziationen von regionaler Verbreitung. Jahrbuch der Geograph. Gesell. zu Hannover, 1929. 64 pag.

197. VALLIN, H., Oekologische Studien über Wald und Strandvegetation. Lund, 1925. 124 pag.

198. VENEMA, G. A., Nieuwe en eenvoudige verklaring van de veranderingen, die de kusten van ons land langs de zee, de wadden en de zeeboezems en groote stroomen ondergaan. Groningen, 1849. 49 pag.

199. VERDOORN, FR., Over bladmossen der Hollandsche duinen. De Lev. Natuur. XXXII, 1927. 7 pag.

200. VERMEER-LOUMAN, G. G., Pollen-analytisch onderzoek van den West-Nederlandschen bodem. Diss. Amsterdam, 1934. 184 pag.

201. VERSLUYS, J., De capillaire werkingen in den bodem. Diss. Delft. Amsterdam, 1916. 136 pag.

202. VERSLUYS, J., Duinvorming aan het Marsdiep. 's-Gravenhage, 1917. 11 pag.

203. VRIES, D. M. DE, Het plantendek van de Krimpenerwaard I. Phytosociologische beschouwingen. Ned. Kruidk. Arch. 1925. 60 pag.

204. VRIES, D. M. DE, Het plantendek van de Krimpenerwaard III. Over de samenstelling van het Crempensch *Molinietum coeruleae* en *Agrostidetum caninae*. Een phytostatische bijdrage tot het associatiewetenschap. Ned. Kruidk. Arch., 1929. en Diss. Utrecht. 258 pag.

205. VRIES, D. M. DE, Grondslag van een Nederlandsche plantensociografische naamgeving. Ned. Kruidk. Arch., 1931. 10 pag.

206. VRIES, D. M. DE u. A. SCHEYGROND, Het plantenaardrijkskundig onderzoek van de Krimpenerwaard. Natuurw. Tijdschr. Gent, 1932. 9 pag.

207. VRIES, D. M. DE, De Rangorde-methode. Een schattingsmethode voor plantkundig graslandonderzoek met volgordebepaling. Verslagen van landbouwk. onderz.. Groningen, 1932. 24 pag.

208. VRIES, D. M. DE, De plantensociografische Rangordemethode. Bot. Jaarb. 1933. 11 pag.

209. VRIES, G. DE, De zeeweringen en waterschappen van Noord-Holland. Haarlem, 1894. 909 pag.

210. VUYCK, L., De plantengroei der duinen. Leiden, 1889. 368 pag.

211. WALTER, H., Der Wasserhaushalt der Pflanze in quantitativer Betrachtung, Freising-München, 1925. 97 pag.

212. WALTER, H., Die Anpassungen der Pflanzen an Wassermangel. Das Xerophytenproblem in kausal-physiologischer Betrachtung. Freising-München, 1926. 115 pag.

213. WALTER, H., Einführung in die allgemeine Pflanzengeographie Deutschlands. Jena, 1927. 458 pag.

214. WANGERIN, W., Beobachtungen über die Entwicklung der Vegetation in Dünentälern. Ber. d. Deutsche Bot. Gesell., 1921. 12 pag.

215. WARMING, E., Dansk Plantevaekst. I. Strandvegetation, II. Klitterne. København, 1906. 325 pag., 1907, 224 pag., 1909, 151 pag.

216. WASSINK, E. C., Pollenanalyse van zandafzettingen. Vakblad voor Biologen, 1934. 6 pag.

217. WEEVERS, TH., De kalkmijdende planten der binnenduinen van Goeree. Versl. Kon. Acad. van Wetensch. te Amsterdam, 1919. 6 pag.

218. WEEVERS, TH., De plantengroei van het eiland Goeree in verband met bodem en geschiedenis. Ned. Kruidk. Arch., 1920. 40 pag.

219. WEEVERS, TH., Relikte oder Pseudorelikte. Betrachtungen über die Dünenheiden der Nordseeinseln. Ned. Kruidk. Arch., 1928. 42 pag.

220. WEEVERS, TH., Bosrelikten in de Gelderse vallei. Ned. Kruidk. Arch., 1933. 42 pag.

221. WENTHOLT, L. R., Stranden en strandverdediging. Delft, 1912. 234 pag. met atlas.

222. Wetten en Keuren van Oosterschelling. M.S. 1678. Polder Arch. Midsland. Terschelling.

223. Wetten en Keuren van Westerschelling. M.S. 1788. Gemeente Arch. Terschelling.

224. WICHERS, Welke is de waarde van de *Vaccinium macrocarpon* of groote veenbes voor onze lagere, vooral veenachtige gronden? Vraagpunt op het 48ste Nederl. Landhuishoudkundig Congr., 1894.

225. WILDFANG, D., Eine prähistorische Katastrophe an der deutschen Nordseeküste und ihr Einfluss auf die spätere Gestaltung der Diluviallandschaft zwischen der Ley und dem Dollart. Emden, 1911.

226. WINKLER, T. C., Mémoire sur l'origine des dunes maritimes des Pays-Bas. Congr. géol. internat. Paris, 1878. 17 pag.

227. WINSEMIUS, P., Chronique ofte historische geschiedenisse van Friesland, tot den jare 1632. Franeker, 1632.

228. WUMKES, G. A., Schetsen uit de geschiedenis van Schellingerland. Wester Schelling, 1900. 155 pag.

Fig. I. Organogene Dünenbildung. *Dunus anticus. Ammophiletum arenariae* + *Ammophiletum balticae.* Sept. 1932. Strandpfahl 6.

Fig. II. Physikalische Dünenbildung. *Dunus prismaticus.* Künstlicher Buschzaun. Sept. 1932. Strandpfahl 20.

Van Dieren, *Dünenbildung.*

Fig. III. *Dunus falcatus litoralis.* Sept. 1932. Strandpfahl 3.

Fig. IV. *Dunus anticus* mit Winterflutmarke. *Triticetum juncei + Caki-letum maritimae.* Boschplaat. Sept. 1932. Strandpfahl 23.

Fig. V. *Triticum junceum*. Keimlinge in einer Flutmarke. Sept. 1932. Strandpfahl 8.

Fig. VI. *Duni embryonales fundati. Triticetum juncei*. Sept. 1932. Strandpfahl 8.

Fig. VII. *Dunus embryonalis fundatus. Elymetum arenarii.* Sept. 1932.
Strandpfahl 5.

Fig. VIII. *Dunus anticus. Ammophiletum arenariae + Ammophiletum
balticae.* Sept. 1932. Strandpfahl 6.

Fig. IX.   Samenanhäufung im *Ammophiletum arenariae adultum*. Sept. 1932. Strandpfahl 5.

Fig. X. Stagnieren des Sandtransportes durch Neubildung einer Vordüne auf dem Strande. Absterbendes *Triticetum juncei* und *Ammophiletum arenariae initiale*. Installation des *Sonchetum arvensis*, das in einem *Festucetum rubrae* untergeht. Sept. 1932. Strandpfahl 8.

Fig. XI. Westhang: *Dunus falcatus obsidionalis*. Hauptkomplex von *Corynephorus canescens*. Restbestand von *Hippophaë Rhamnoides* auf kalkreichen Ruheplätzen von *Larus argentatus* Pont. Sept. 1932. Strandpfahl 18.

Fig. XII. NO-Hang: *Dunus abruptus persistens. Polypodietum vulgaris* † *Empetretum nigri.* Sept. 1932. Strandpfahl 6.

Fig. XIII. *Dunetum abruptum evanescens.* Texel: NO-Küste. 1930.

Fig. XIV. *Dunus abruptus persistens.* Anthropogene Zerstörung des *Festucetum rubrae* durch Ausgraben eines Kaninchenbaues. Im Vordergrund vom Hochwasser eingespülte *Cakile maritima*-Sämlinge; im Hintergrund Neubildung des *Ammophiletum arenariae* in der Anhäufungszone. Boschplaat. Sept. 1932. Strandpfahl 24.

Fig. XV. *Dunus erumpens*. Windkuhle im *Corynephoretum canescentis* ×
Lichenetum. Streuzone mit Neubildung des *Hippophaëtum Rhamnoidis* †
Festucetum rubrae. Eroberung der Deflationsfläche durch das *Caricetum
arenariae*. Sept. 1932. Strandpfahl 10.

Fig. XVI. *Dunus erumpens annularis*, entstanden im *Corynephoretum
canescentis* × *Lichenetum*. Streuzone mit *Hippophaëtum Rhamnoidis* †
Festucetum rubrae; Anhäufungszone mit *Ammophiletum arenariae*. Wichtiger Standort von *Phallus iosmus* Berk.. Gut entwickelte Zentraldüne.
Sept. 1932. Strandpfahl 12.

Fig. XVII. *Dunus erumpens*. Anhäufungszone mit Neubildung des *Ammophiletum arenariae*. Streuzone (im Vordergrund) mit *Hippophaëtum Rhamnoidis* † *Festucetum rubrae*. Sept. 1932. Strandpfahl 6—7.

Fig. XVIII. *Dunus anticus*. N.-Küste. Anfang der Parabolisierung in S. O.-Richtung (*Duni erumpentes*). Im Vordergrund: primäre Dünenebene mit *Hippophaëtum Rhamnoidis*. Sept. 1932. Strandpfahl 7—8.

Fig. XIX. *Dunus parabolicus.* In den Dünentälern *Myricetum Gale* †
Oxycoccetum macrocarpi und *Alnetum glutinosae* (angepflanzt). Studentenplak. Ostseite. Sept. 1932.

Fig. XX. *Dunus parabolicus.* Anhäufungszone mit *Ammophiletum arenariae.* Übergang in einen *Dunus falcatus obsidionalis.* Sept. 1932. Strandpfahl 19.

Fig. XXI. *Dunus falcatus obsidionalis*. N.-Seite. Künstlich festgelegte Wanderdüne. Sept. 1932. Strandpfahl 16.

Fig. XXII. *Dunus falcatus obsidionalis*. O.-Seite. Sept. 1932.

Fig. XXIII. Wanderbahn mit **4** *Duni falcati obsidionales*. Einige Dünen zeigen wieder Anfang der Parabolisierung (Übergang in *Duni erumpentes*). Sept. 1932. Strandpfahl 16. Blick nach Osten.

Fig. XXIV. Wanderbahn mit *Duni abrupti persistentes*. ,,Kupstenlandschaft''. Sept. 1932. Strandpfahl 19. (Innen-Seite der Dünenlandschaft).

Fig. XXV. Primäre Dünenebene. Strandfläche, eingeschlossen von einem *Dunus prismaticus* (1928 künstlich bepflanzt). Das Grundwasser tritt infolge von Stauung zutage. Bakterien- und Diatomeen-Gesellschaften. Sept. 1932. Strandpfahl 3.

Fig. XXVI. Idem (eingeschlossen 1924). N. W.-Ecke. Künstliches *Ammophiletum arenariae. Agrostitedum stoloniferae — Cakiletum maritimae — Chenopodietum* spec. — *Senecionetum vulgaris*, deren Samen in den Flutmarken des Grundwasserteiches abgesetzt wurden. Zonenartige Installation. Sept. 1933. Strandpfahl 3.

Fig. XXVII. Sekundäre Dünenebene. Wanderbahn. Im Hintergrund *Dunetum parabolici* der Nordküste (Strandpfahl 14) und 3 *Duni falcati obsidionales. Agrostidetum stoloniferae* mit *Parnassia palustris.* Initialphase des *Hippophaëtum Rhamnoidis.* Sept. 1932.

Fig. XXVIII. Idem. Wanderbahn mit *Duni abrupti persistentes.* Absterbendes *Hippophaëtum Rhamnoidis.* Initialphase des *Empetretum nigri.* Strandpfahl 18. Mittlere Dünen. Sept. 1932.

Fig. XXIX. *Oxycoccetum macrocarpi*. Beerenernte. Meisterplak. Sept. 1932. Strandpfahl 10.

Fig. XXX. Untergang des *Oxycoccetum macrocarpi* im *Myricetum Gale × Salicetum* spec. Sept. 1932. Foppeplak. West-Terschelling.

Fig. XXXI. *Callunetum vulgaris* — *Ericetum tetralicis*. Landrummer Heide. Sept. 1932.

Fig. XXXII. „Kupstenlandschaft" mit *Salicetum repentis* × *Calamagrostidetum Epigeios* Installation von *Betula verrucosa*. Anfang des Dünenwaldes. Sept. 1932. Strandpfahl 19—20.

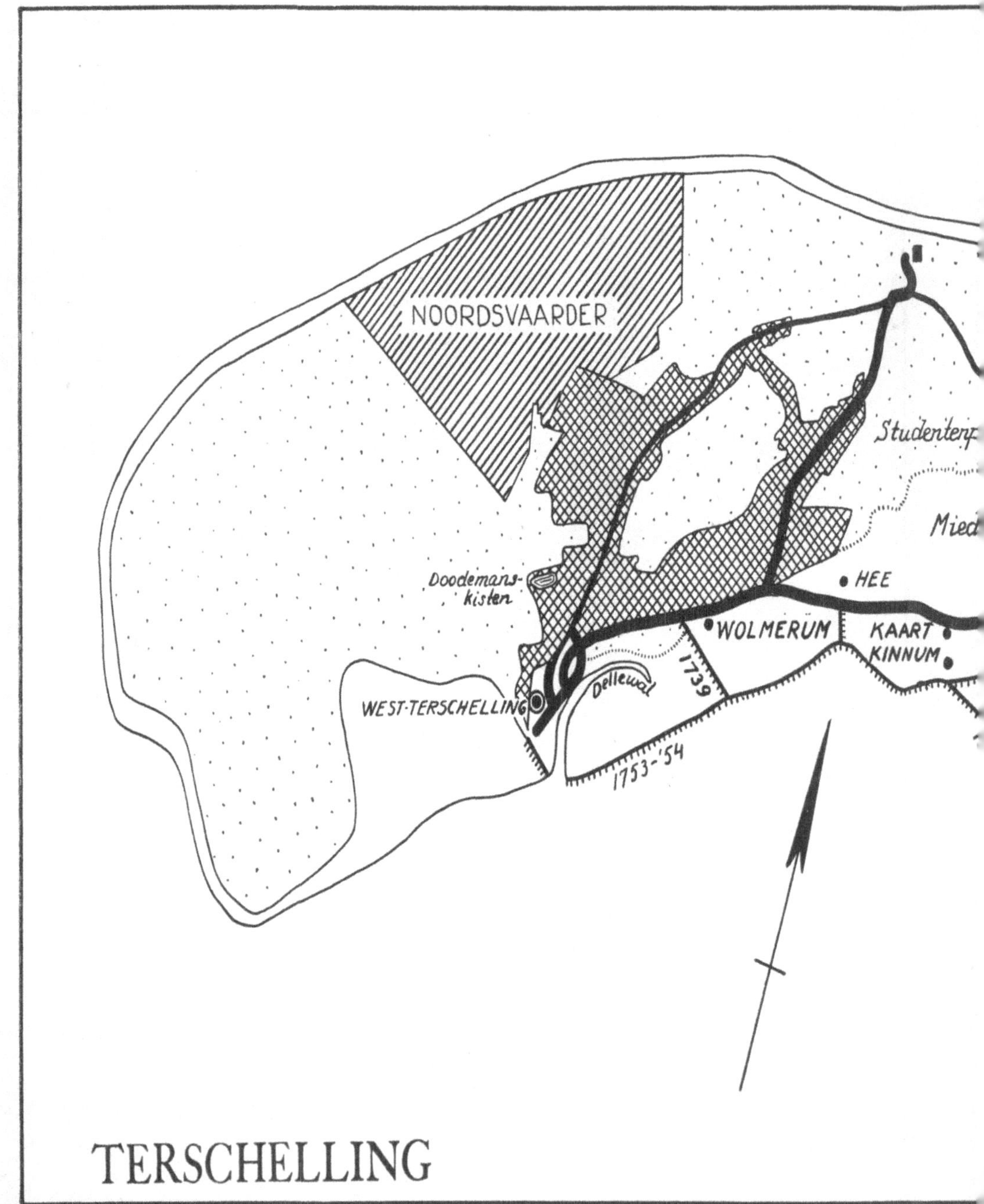

TERSCHELLING

KOEGELWIECK
DRUM-
ERHEIDE
FORMERUM
LIES
HOORN
OOSTEREND
Enten-
koje
Grie
LANDERUM
AND
Fen
GURYP

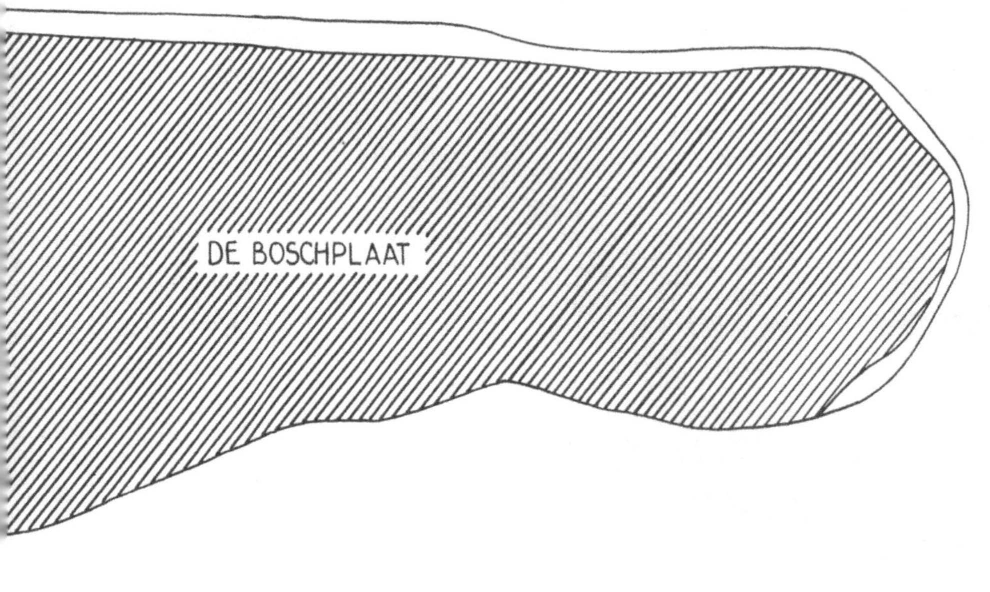

DE BOSCHPLAAT
1 Km
Wege
Deiche
Badepavillon
Naturschutzgebiet
Staatsforsten
Dünen und Strand

SCHIERMONNIKOOG
ROTTUM
AMELAND
TERSCHELLING
EMBDEN
VLIE
OOSTMEEP
DOKKUM
VLIELAND
DOLLARD
OGRIEND
LEEUWARDEN
GRONINGEN
DE COCKSDORP
WINSCHOTEN
TEXEL
DEN BURG
FRIESLAND
NORG
STEENBERGEN
DEN HELDER
MARSDIEP
AFSLUITDIJK
OOSTERWOLDE
NIEUWEDIEP
HUISDUINEN
WIERINGEN
GAASTERLAND
CALLANTSOOG
WIERINGER-
MEER
ZWANEWATER
ANHOLT
DRENTE
PETTEN
SCHOORL
BERGEN
EGMOND
ALKMAAR
ZUIDERZEE
HEILOO
BROEK IN WATERLAND
OVERVEEN
ZANDVOORT
HAARLEM
AMSTERDAM
IJSEL
RIEKERPOLDER
HAKKELAARSBRUG
HILLEGOM
GOOILAND
LISSE
VELUWE
NOORDWIJK
KATWIJK
VALKENBURG
LEIDEN
ZUTFEN
WASSENAAR
BODEGRAVEN
GRAVENHAGE
WOERDEN
MONSTER
HOEK van HOLLAND
GOUDA
RIJN
KRIMPENER
WAARD
WAAL
VOORNE
GOEREE
MAAS
SCHOUWEN
NOORD-BEVELAND
DOMBURG
TOLEN
WALCHEREN
WEST-KAPELLE
SCHELDE

ERRATA

S. 124, Zeile 2: 8 Uhr, 14 U., 21 U.

S. 152, Z. 18: *Rosetum spinossissimae.*

S. 164: *Ammophila arenaria:* 87 (4—5).

S. 260, Z. 32: ein Versauern des Bodens verhindert, *beschränkt sind.*

S. 262, Z. 2 : Die Gesellschaftsfolge beginnt anscheinend auf halikolen, humusarmen Bôden, *um zu gelikole bis pergelikole, humusreiche Böden* zu führen.

S. 269, Z. 36: *Scirpetum maritimae + Phragmitetum communis.*

Tabelle 40: *Lotus corniculatus:* Fr. 4.

T. 46 u. 47: Überschriften sind verwechselt worden.

T. 51: *Oxycoccus:* Fr. 2.

T. 54: *Calamagrostis:* Fr. 2.

T. 63: *Calamagrostis:* 3. 10. 7. 39. VIII.